E. BARRAL

PRÉCIS d'Analyse Chimique Qualitative

J.-B. BAILLIÈRE et FILS
1904

PRÉCIS
D'ANALYSE CHIMIQUE
QUALITATIVE

DU MÊME AUTEUR

Précis d'analyse chimique.

I. — Analyse chimique qualitative. 1 vol. in-18 jésus, 496 pages, avec 144 figures, cart.

II. — Analyse chimique quantitative (sous presse).

III. — Analyse chimique biologique (sous presse).

Sur le sucre du sang, 1890.

Le ferment glycolytique, 1892.

Leçons de chimie biologique. (Alimentation, digestion), par MM. L. Hugounenq et E. Barral, 1894.

Recherches sur quelques dérivés surchlorés du phénol et du benzène, 1895.

Résumé et tableaux d'analyse minérale qualitative, 1898.

Les badianes toxiques. — Recherches sur *l'Illicium Parviflorum*, 1902.

Tableaux synoptiques de minéralogie. — *Détermination des minéraux*, 1903.

Manipulations de minéralogie, 1903.

7630-03. — Corbeil, Imprimerie Éd. Crété.

PRÉCIS

D'ANALYSE CHIMIQUE

QUALITATIVE

PAR

E. BARRAL

PROFESSEUR AGRÉGÉ A LA FACULTÉ DE MÉDECINE ET DE PHARMACIE DE LYON

Avec 144 figures intercalées dans le texte

PARIS

LIBRAIRIE J.-B. BAILLIÈRE ET FILS

19, rue Hautefeuille, près du Boulevard Saint-Germain

1904

PRÉFACE

En écrivant ce *Précis*, nous nous sommes proposé de faciliter l'étude de l'analyse chimique qualitative, en simplifiant les méthodes d'investigation, pour permettre de résoudre les problèmes d'analyse les plus fréquents.

Chargé depuis huit ans de l'enseignement théorique et pratique de l'Analyse chimique à la Faculté de médecine et de pharmacie de Lyon, nous avons introduit, dans les méthodes classiques, quelques modifications que nous avons publiées en 1898.

Les bons résultats obtenus dans notre enseignement nous permettent d'espérer que cet ouvrage sera utile aux débutants et qu'il rendra des services à tous ceux qui s'occupent de l'analyse des substances minérales et organiques, non seulement aux pharmaciens, mais encore aux industriels, aux ingénieurs, aux minéralogistes.

Ce *Précis d'Analyse chimique qualitative* est divisé en quatre parties.

Les *opérations*, étudiées dans la première partie, sont indiquées très succinctement ; grâce à un grand nombre de figures, le lecteur sera mieux renseigné que par de longues descriptions.

Dans la seconde partie, sans décrire la préparation des *réactifs*, fournis par le commerce dans un état de pureté suffisant, nous avons donné la composition et la préparation des *réactifs spéciaux*, en indiquant leurs principaux usages.

Aux *réactions*, qui forment la troisième partie, nous avons donné une grande importance, tout en évitant la confusion par de trop longs développements.

Nous avons employé des caractères typographiques différents, pour indiquer les réactions des corps les plus importants; pour ceux-ci, les noms des réactifs donnant des **réactions caractéristiques** sont différenciés, à première vue, de ceux qui produisent des **réactions non caractéristiques**.

Cette distinction facilitera la recherche des éléments, ainsi que les vérifications indispensables à faire, une fois l'analyse terminée, pour s'assurer de l'existence réelle des substances trouvées dans la marche systématique de l'analyse.

Pour compléter cette distinction, l'emploi des *italiques* mettra en évidence, pour chacune des réactions, les caractères importants de solubilité, couleur, etc.

Aux réactions des métaux et des acides, nous avons ajouté les caractères analytiques des principaux corps minéraux ou organiques employés en médecine et pharmacie, dans les arts et l'industrie.

Un chapitre assez étendu est consacré aux *alcaloïdes*, un autre aux principaux *médicaments nouveaux*, dont l'importance augmente de plus en plus.

La quatrième partie est surtout consacrée à la *recherche systématique des éléments ou composés minéraux.*

Pour épargner aux commençants le risque de s'égarer, nous avons évité autant que possible les détails minutieux.

La recherche des éléments rares a été laissée de côté à dessein, bien que leurs réactions principales soient indiquées.

Tout en donnant les méthodes générales qui conviennent aussi bien à une analyse simple qu'à des cas plus complexes, nous avons beaucoup résumé cette quatrième partie.

Lyon, le 1er août 1903.

ANALYSE CHIMIQUE
QUALITATIVE

INTRODUCTION

DÉFINITION. — L'analyse chimique a pour objet la recherche et la détermination d'une matière quelconque.

Elle comprend l'ensemble des opérations et des méthodes, à l'aide desquelles on reconnaît la nature et les proportions des éléments ou des composés constituant une substance.

ANALYSE QUALITATIVE. — L'analyse chimique est *qualitative*, lorsqu'elle considère dans une substance uniquement la nature de ses parties constituantes, qu'elles soient simples ou composées, sans s'occuper de leurs proportions.

ANALYSE QUANTITATIVE. — L'analyse chimique est *quantitative*, lorsqu'elle s'occupe de séparer ces parties constituantes les unes des autres et de déterminer leurs proportions en poids ou en volume.

Ces deux parties de l'analyse se complètent l'une et l'autre, mais elles diffèrent par les procédés d'investigation, qui ne sont pas les mêmes.

Toute recherche analytique doit commencer par des déterminations qualitatives ; l'analyse chimique qualitative est donc la base de toute analyse chimique.

PROCÉDÉS DE L'ANALYSE QUALITATIVE. — Pour mettre en évidence les éléments ou groupes d'éléments, on emploie des *réactifs* qui provoquent des *réactions* ou changements d'état bien manifestes tels que: production d'un gaz ou d'une vapeur, formation d'un corps solide (précipité) au sein d'un liquide transparent, changement de couleur d'un liquide ou d'un solide, coloration d'une flamme, etc.

Exemples: en chauffant du cyanure de mercure, on obtient un changement de couleur, de blanc il devient noir, tandis qu'il se dégage du cyanogène, gaz à odeur vive et pénétrante, brûlant avec une flamme pourpre. L'acide sulfurique, versé sur des cristaux d'iodure de potassium, dégage de l'iode sous forme de vapeurs violettes se condensant en paillettes noirâtres d'aspect métallique. Si dans une solution limpide d'azotate d'argent, on verse une solution transparente d'acide chlorhydrique, il se forme un corps solide ou *précipité* blanc, qui rendra le liquide opaque. En mettant une goutte d'ammoniaque sur du calomel, la coloration blanche de la poudre devient subitement noire. Un fil de platine, imprégné d'un sel de strontium, porté dans la flamme non éclairante du bec Bunsen, communique à cette flamme une coloration rouge.

Les réactions chimiques, utilisées pour mettre en évidence les éléments d'une substance soumise à l'analyse, ne sont pas choisies au hasard; chacune de ces réactions doit être non seulement raisonnée, mais encore produite d'une certaine façon et dans un *ordre déterminé*, en suivant une *marche méthodique*, afin de provoquer des changements d'état, destinés à déceler des éléments ou groupes d'éléments.

L'analyse chimique est, à la fois, un travail intellectuel et manuel. Elle exige, non seulement la connaissance des principes fondamentaux de la chimie, afin de pouvoir se rendre compte de l'action des réactifs employés, mais encore beaucoup d'ordre, une certaine adresse et une grande propreté dans toutes les manipulations.

L'analyse chimique qualitative est *complète*, quand on se propose de déceler tous les éléments contenus dans une substance donnée; elle est *partielle* lorsqu'on cherche à déterminer la présence ou l'absence d'un élément, par exemple l'acide sulfurique ou le fer dans un acide chlorhydrique.

Tous les éléments n'ayant pas la même importance dans la chimie pratique, la recherche des corps rares sera laissée de côté ; toutefois, nous indiquerons les principales réactions de quelques éléments rares, de différentes substances organiques, des alcaloïdes et des médicaments les plus importants, employés en médecine et en pharmacie, dans les arts et l'industrie.

L'étude de l'analyse qualitative sera divisée en quatre parties :

1° Opérations chimiques ;
2° Réactifs ;
3° Réactions des corps ;
4° Marche systématique.

PREMIÈRE PARTIE

OPÉRATIONS

Les *opérations chimiques* sont les manipulations destinées à isoler ou à mettre en évidence les divers éléments; elles nécessitent l'emploi d'instruments qui seront étudiés à propos de chacune de ces opérations.

L'échantillon doit être convenablement choisi ou préparé, de façon à représenter la composition moyenne de la substance à analyser.

Les opérations générales les plus importantes sont les suivantes :

I. — Division mécanique.

II. — Opérations par voie sèche.

1° *Action de la chaleur.*

2° *Oxydation.*

3° *Coloration de la flamme.*

4° *Emploi du chalumeau.*

5° *Perle au borax.*

6° *Essais sur le charbon.*

7° *Désagrégation.*

III. — Opérations par voie humide.

1° *Dissolution.*

2° *Précipitation.*

3° *Séparation des solides et des liquides.*

I. — DIVISION MÉCANIQUE

Dans la plupart des analyses chimiques, il est fort important et parfois indispensable de réduire les substances à analyser en poudre très fine, afin d'avoir une matière bien homogène, facilement et rapidement soluble dans les dissolvants, complètement attaquable par les réactifs chimiques.

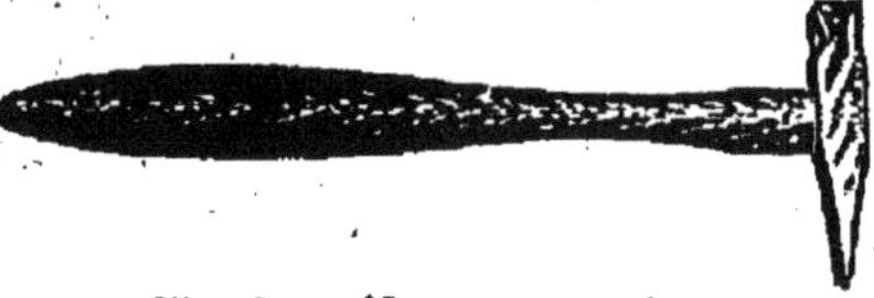

Fig. 1. — Marteau en acier.

Les moyens employés sont variables, suivant la dureté plus ou moins grande de la substance à analyser, selon qu'elle est en gros ou petits fragments.

Fig. 2. — Tas en acier.

FRAGMENTATION. — Lorsque la substance est en très gros morceaux, il faut d'abord la *concasser* en fragments plus ou moins gros. Pour cela, si la substance est dure, on la brise sur un *tas en acier* (fig. 2) ou sur une *enclume*, au moyen d'un *marteau en acier* (fig. 1); afin de ne pas perdre les fragments projetés, on place autour du morceau un anneau de tôle ou de fer mobile; on peut aussi l'envelopper dans une feuille de tôle.

Fig. 3. — Mortier en fer.

Pour les corps peu durs, on les concasse dans un grand *mortier* profond *en fer* ou *en bronze* (fig. 3).

ÉTONNEMENT. — Les substances très dures et

inaltérables au feu, telles que le quartz, un grand nombre de silicates, etc., peuvent être divisées en les chauffant au rouge sur une très forte lampe à gaz et les plongeant brusquement dans l'eau.

La substance, ordinairement très peu conductrice de la chaleur, est inégalement contractée ; elle se fendille en tous sens, *s'étonne*, et devient assez fragile pour être facilement divisée. Si elle ne présente pas de fentes, on recommence cette opération.

PULVÉRISATION. — Elle s'effectue au moyen de *mortiers en porcelaine* (fig. 4 et 5), *en biscuit* ou *en verre* (fig. 6). Pour les substances très friables, on peut utiliser les mortiers mé-

Fig. 4. — Mortier en porcelaine.

Fig. 5. — Mortier en porcelaine.

talliques, en fer, fonte ou bronze; mais il est préférable de ne pas s'en servir, surtout pour les corps durs, qui

Fig. 6. — Mortier de verre.

Fig. 7. — Mortier de Joulie.

détachent toujours de petites parcelles de métal.

Le *mortier en verre de Joulie* (fig. 7), dont le fond est

dépoli ainsi que l'extrémité du pilon, permet d'obtenir plus rapidement une poudre fine, les substances ayant moins de tendance à glisser et à échapper au pilon.

Pour pulvériser les substances très dures, on se sert du *mortier d'Abich* (fig. 8) en acier chromé fortement trempé. Cet appareil se compose de trois parties : un disque d'acier chromé présentant une excavation cylindrique de 10 à 15 millimètres de profondeur, sur laquelle est ajusté un cylindre creux de 30 à 40 millimètres de hau-

Fig. 8. — Mortier d'Abich.

Fig. 9. — Mortier d'agate.

teur, ces deux parties constituant le mortier; dans ce cylindre creux, glisse à frottement un cylindre plein (pilon) terminé à la partie inférieure par une surface plane et polie, en haut par une extrémité plus ou moins sphérique. Les fragments de la substance étant placés dans le mortier, on introduit le pilon sur lequel on frappe de légers coups de marteau, en ayant la précaution de soulever et de faire tourner le cylindre massif après chaque coup de marteau. On achèvera la pulvérisation dans le *mortier d'agate* (fig. 9).

TAMISAGE. — La poudre, obtenue par pulvérisation dans un mortier, n'étant jamais bien homogène, on sépare, au moyen d'un *tamis* ou d'une *toile métallique*, les parties les plus ténues des autres, qui seront de nouveau pulvérisées et soumises à l'action du tamis, jusqu'à ce que toute la substance soit amenée à une finesse suffisante pour passer à travers les mailles. Il faut faire passer toute la matière à travers le tamis et ne pas se contenter de prendre les premières parties, car elles peuvent contenir seulement une portion de la substance la moins dure.

On ne doit pas chercher à faire traverser les mailles du tamis par la poudre en exerçant une pression, car on peut détacher des parcelles métalliques.

PORPHYRISATION. — Il est souvent utile d'avoir le corps à analyser sous forme d'une poudre extrêmement ténue. Pour cela, après avoir pulvérisé la substance et tamisé la poudre obtenue, on la pulvérise de nouveau, par petites portions, dans un *mortier en agate* (fig. 9), autrefois en porphyre, jusqu'à ce qu'en la frottant entre les doigts, elle soit douce au toucher comme de la farine, et qu'on ne perçoive plus de grincement en écrasant un peu de poudre entre le mortier et l'ongle.

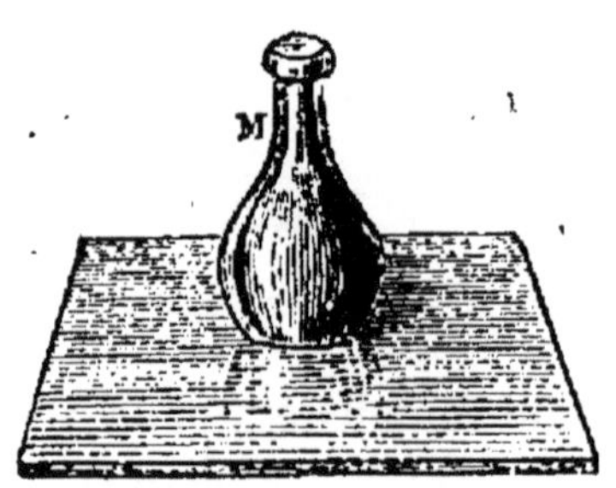

Fig. 10. — Molette.

Pour les substances ne rayant pas le verre, on se sert d'une *molette,* plaque de verre dépoli avec un pilon aplati et dépoli (fig. 10).

DIVISION DES MÉTAUX. — Les métaux et les alliages étant trop ductiles, ne peuvent en général être réduits en poudre par la percussion; seuls, quelques métaux peuvent être pulvérisés, soit à la température ordinaire, soit à température élevée. Il faut ordinairement les laminer, les aplatir sous le marteau ou les étirer à la filière afin de pouvoir les diviser ensuite à l'aide de ciseaux.

La *lime* permet de diviser les métaux ou les alliages, mais des particules de fer peuvent être entraînées.

Lorsque le métal ou l'alliage sont facilement fusibles sans altération sensible, on peut les fondre et verser le métal en fusion dans de l'eau froide ; on obtient ainsi de la *grenaille*. Pour les métaux cassants à chaud, on les pulvérise dans un mortier chauffé.

II. — OPÉRATIONS PAR VOIE SÈCHE

Les réactions qui utilisent la chaleur seule ou combinée avec l'action de réactifs tels que l'oxygène de l'air, les réducteurs, les fondants, etc., sont produites au moyen d'*opérations par voie sèche*, généralement très simples.

1° ACTION DE LA CHALEUR

Le chauffage permet de séparer les corps solides volatils de ceux qui le sont moins; l'action de la chaleur doit être essayée en élevant graduellement la température de la substance à analyser, d'abord dans un tube en verre qui permet d'atteindre le rouge naissant, puis en grillant la substance dans un récipient en platine.

CHAUFFAGE DANS UN TUBE. — On emploie des *petits tubes en verre vert*, de 5 à 6 centimètres de longueur sur $0^{cm},4$ à $0^{cm},5$ de diamètre, *fermés à un bout* (fig. 11), dans lesquels on met un petit fragment ou un peu de la poudre à essayer; on essuie la partie supérieure du tube avec

Fig. 11. — Tube fermé à un bout.

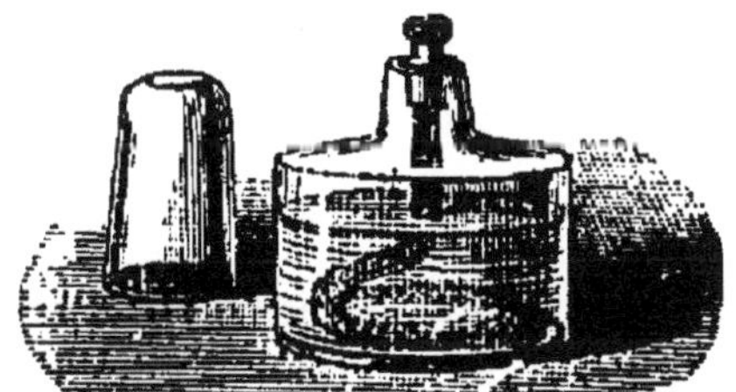

Fig. 12. — Lampe à alcool.

un tortillon de papier buvard; on chauffe dans la flamme de la *lampe à alcool* (fig. 12) ou du *brûleur Bunsen* (fig. 13), d'abord doucement en le passant à plusieurs reprises dans la flamme, puis un peu plus, ensuite fortement, parfois même en se servant du chalumeau.

On doit employer très peu de matière, environ gros comme la tête d'une épingle, afin que les réactions puissent s'effectuer rapidement et complètement, que les sublimés soient peu épais et bien distincts s'il y en a plusieurs.

Dans certains cas, on ajoutera, dans le tube, un réactif destiné à produire une réaction.

L'action de la chaleur sur une matière placée dans un petit tube fermé à un bout, permet de voir facilement les changements de couleur, de distinguer les corps volatils ou décomposables, de faire agir un réactif sur la substance à analyser.

Le *brûleur Bunsen* (fig. 13) se compose d'un tube vertical en laiton de 8 à 10 millimètres de diamètre, de 12 à

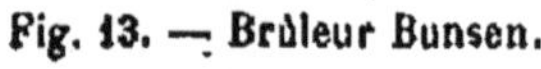

Fig. 13. — Brûleur Bunsen.

Fig. 14. — Coupe du brûleur Bunsen.

15 centimètres de hauteur, portant, vers le bas, deux ouvertures diamétralement opposées ; il est fermé à la partie inférieure par un ajutage conique (fig. 14), percé d'un petit trou pour l'arrivée du gaz pénétrant par le tube horizontal. Une virole mobile, percée de deux ouvertures superposables à celles du tube vertical, permet de régler l'arrivée de l'air. Le gaz arrivant par l'ajutage conique sous une pression de quelques centimètres d'eau, produit

un jet vertical qui entraîne de l'air; celui-ci, aspiré par les ouvertures latérales, se mélange au gaz et brûle à l'extrémité du tube avec une flamme incolore ou bleuâtre, très chaude. En tournant la virole de façon à obstruer les deux orifices, on a une flamme blanche.

Il ne faut pas laisser arriver trop d'air, car la flamme pénétrerait dans le tube et brûlerait incomplètement à l'extrémité de l'ajutage, produisant des gaz toxiques : oxyde de carbone, acétylène, etc., tout en oxydant extérieurement le tube du brûleur.

Pour que le brûleur ait une hauteur moindre, on donne au tube une forme courbe (fig. 15).

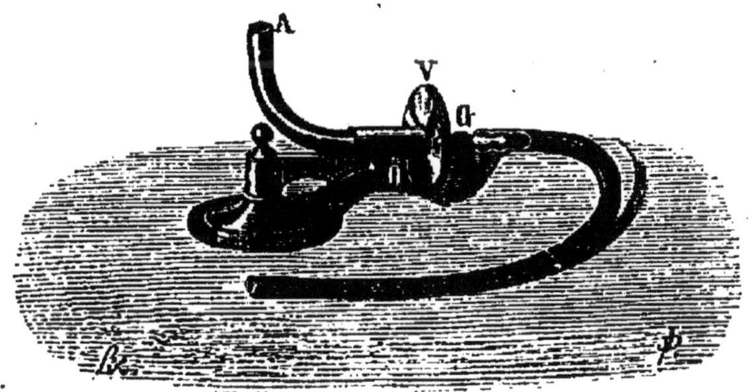

Fig. 15. — Brûleur Bunsen à tube recourbé.

Il est souvent utile de modifier la flamme en ajoutant à l'extrémité supérieure du brûleur des *couronnes mobiles* (fig. 16), donnant plusieurs jets ou une flamme large et allongée.

Fig. 16. — Couronnes mobiles pour brûleurs.

Avec un brûleur Bunsen et un tube en verre vert, l'action de la chaleur est limitée par la fusion du verre. Pour étudier l'action d'une température plus élevée, on peut se servir du chalumeau, dont le dard (fig. 39, p. 26) sera dirigé sur la substance; une faible partie du tube sera fondue et se déformera à peine, puisqu'il n'y a pas de pression dans le tube ouvert à un bout, ce qui permettra d'atteindre le rouge vif.

Le très grand avantage du tube de verre fermé à un bout, c'est d'éviter presque complètement l'oxydation de la substance par l'oxygène de l'air.

CALCINATION. — Pour obtenir des températures très élevées, on se servira du *chalumeau* à *gaz* d'éclairage et oxygène (fig. 31, p. 20), l'oxygène étant généralement remplacé par l'air.

La substance sera placée dans une cuiller en platine (fig. 17) ou dans un *creuset de platine* (fig. 19). Mais il sera fort difficile de la soustraire à l'action de l'oxygène de l'air.

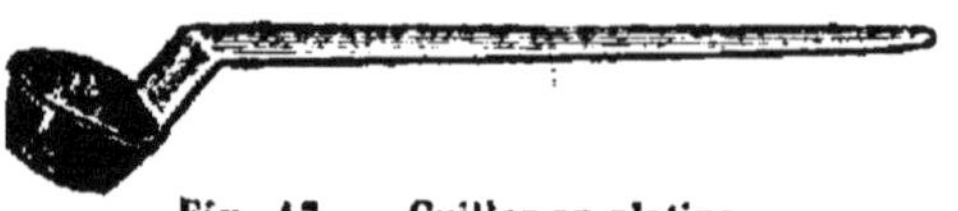

Fig. 17. — Cuiller en platine.

Cette opération prend le nom de *calcination*; elle a pour but de séparer les corps volatils de ceux qui sont fixes, de modifier l'état physique de certaines substances, de décomposer quelques corps, etc.

2° OXYDATION

Beaucoup de substances non volatiles peuvent donner naissance, par oxydation, à des corps volatils dont la formation est caractéristique de la présence d'un élément.

Certaines matières ne sont pas dissoutes par les acides, ne sont pas attaquées par les réactifs, si elles n'ont pas été *grillées* au préalable, c'est-à-dire oxydées à haute température par l'oxygène de l'air.

OXYDATION DANS LE TUBE OUVERT AUX DEUX BOUTS. — Cette opération se fait ordinairement en chauffant un peu de la substance dans la branche horizontale d'un *petit tube en verre vert* d'une longueur de 10 à 15 centimètres, de $0^{cm},5$ à $0^{cm},6$ de diamètre, *ouvert aux deux bouts*, recourbé et formé de deux branches inégales faisant entre elles un angle obtus (fig. 18).

Une parcelle de la substance étant placée dans la petite branche horizontale, on tient le tube par la grande branche ; on chauffe d'abord doucement, puis de plus en plus fort, la partie du tube dans laquelle est placé l'essai. L'air contenu dans le tube est échauffé en présence de la matière, dont il détermine l'oxydation totale ou partielle ; la grande branche agit comme une cheminée, pour déterminer un courant d'air pendant toute la durée de l'expérience.

Fig. 18. — Tube recourbé ouvert aux deux bouts.

Quelques substances donnent des produits d'oxydation gazeux, faciles à reconnaître à leur odeur ou à leur action sur certains réactifs, dont on imprègne un papier ou une baguette de verre, que l'on approche de l'extrémité de la grande branche.

Beaucoup de corps donnent des sublimés, qui viennent former des anneaux dans la grande branche ; tantôt, ce sont les sublimés identiques à ceux obtenus par l'action de la chaleur dans le tube fermé à un bout, tantôt des produits d'oxydation.

On peut aussi, après avoir chauffé directement sur la flamme du brûleur Bunsen, griller la substance à plus haute température, en dirigeant sur la substance le dard de la flamme oxydante du chalumeau, pénétrant par la petite branche.

GRILLAGE. — La calcination oxydante est particulièrement appelée *grillage*, quand on chauffe à haute température une substance dans l'air ou dans un courant d'oxygène.

On emploiera le plus souvent des creusets de platine (fig. 19) ou de porcelaine (fig. 20), dans lesquels on chauffera la substance.

Les *creusets de platine* sont très com-

Fig. 19. — Creuset de platine.

Fig. 20. — Creuset de porcelaine.

modes, car ils s'échauffent très rapidement et ne se brisent pas quand on les porte à très haute température. Mais le platine est d'un prix élevé et peut être détérioré dans un certain nombre de réactions chimiques; un creuset de platine peut être percé par un grain métallique de plomb, bismuth, antimoine, étain, zinc, etc., attaqué par les alcalis caustiques, les azotates alcalins, le chlore, les sulfures, les arséniures, les phosphures, les séléniures, le silicium, les cyanures à métal lourd, qui rendent le platine cassant et peuvent percer les creusets. Les combustibles minéraux, renfermant des silicates, ne doivent jamais être en contact avec le platine; pour chauffer un creuset de platine dans un feu de coke ou de charbon, il est indispensable de le placer au préalable dans un creuset en terre, l'espace intermédiaire étant rempli par de la magnésie. Il faut éviter de chauffer les creusets dans la flamme réductrice du gaz et de les laisser se couvrir de suie.

Pour nettoyer un creuset de platine, sur les parois duquel des matières restent adhérentes, on essaye d'abord le lavage à l'eau, puis à l'acide chlorhydrique. Le mélange d'acide sulfurique et d'acide azotique purs réussit dans un grand nombre de cas ; mais il faut absolument éviter la présence de substances pouvant donner du chlore ou de l'eau régale (acide azotique avec chlorure ou acide chlorhydrique, etc.). La fusion au rouge avec du bisulfate de potassium ou du borax donne d'excellents résultats, en ayant soin d'incliner et de tourner le creuset de façon à faire baigner successivement toute sa surface.

Les *creusets de porcelaine* se brisent ou s'écaillent parfois quand on les chauffe. Ils ne doivent pas être employés pour les matières susceptibles de fondre et d'exercer une action chimique sur l'émail ; celui-ci est attaqué par les alcalis caustiques et leurs carbonates, les bases alcalino-terreuses et beaucoup d'oxydes métalliques.

Fig. 21 et 22. — Pinces à creusets.

Les *creusets d'argent* servent pour chauffer les matières contenant des alcalis caustiques, la soude ou la potasse caustiques.

Le creuset, tenu à l'aide d'une pince (fig. 21 et 22) ou placé sur un support, sera chauffé à l'aide d'un brûleur Bunsen ordinaire (fig. 13). En inclinant le creuset, et surtout en plaçant le couvercle sur le bord du creuset, comme dans la figure 110, (p. 60), on a un courant d'air chaud qui produit rapidement l'oxydation.

Pour obtenir une température plus élevée et une flamme puissante, on se sert du brûleur à flamme circulaire de Berzélius (fig. 23), formé d'un large tube circu-

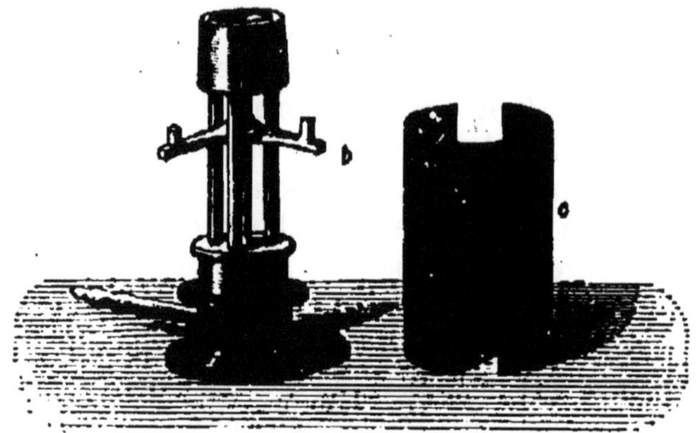

Fig. 23. — Brûleur à flamme circulaire.

laire de cuivre dans lequel arrive, par plusieurs becs, le mélange d'air et de gaz; sur trois branches horizontales *b*, on fait reposer une cheminée de tôle *c*, destinée à servir de support et à empêcher les variations de la flamme sous l'influence des mouvements de l'atmosphère.

Les creusets sont supportés au-dessus de la cheminée *c* par un triangle en platine, ou plus simplement par un

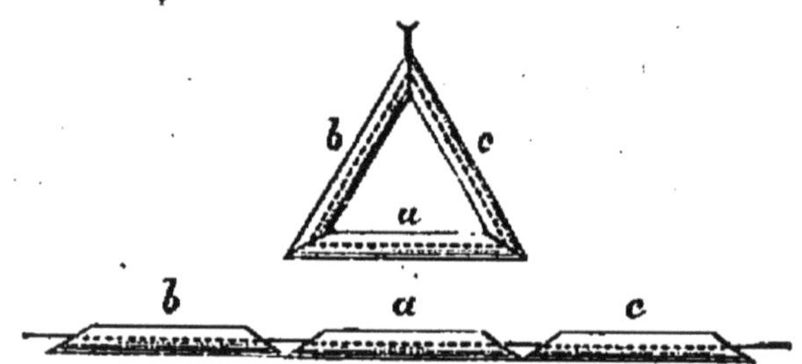

Fig. 24. — Triangle en tuyau de pipe.

triangle en tuyau de pipe (fig. 24). On construit facilement ces triangles en coupant trois morceaux de tuyaux de pipe de longueurs égales *a*, *b*, *c* ; on les lime en sifflet et on les enfile autour d'un fil de fer ou de nickel, qu'on replie ensuite en rapprochant les facettes, pour former un triangle qu'on ferme en tordant les extrémités du fil métallique. Les triangles de fer s'oxydent et ne doivent pas être laissés en contact avec le platine au rouge; ceux de platine se déforment à haute température sous le poids de l'objet chauffé; les triangles en terre de pipe ne se déforment pas.

Pour chauffer un creuset à très haute température, on

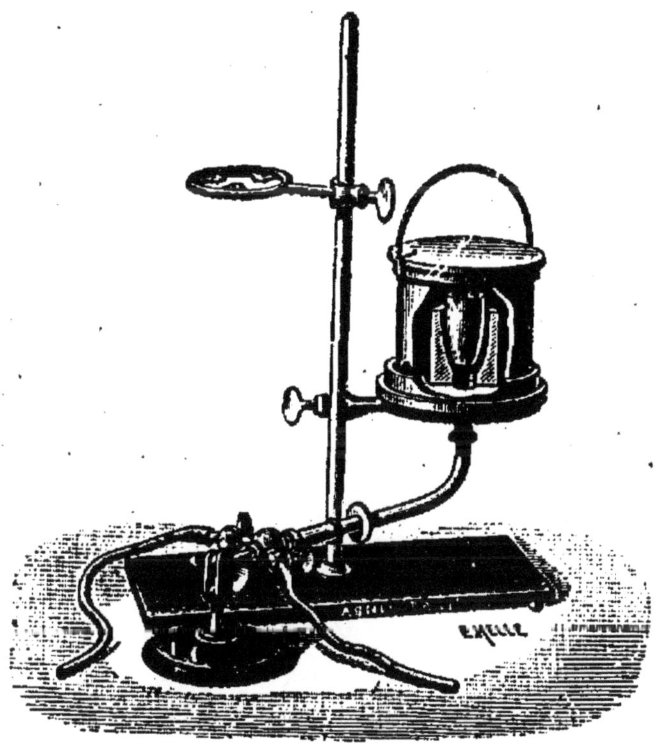

Fig. 25. — Four Forquignon et Leclerc.

se sert du four Forquignon et Leclerc, alimenté avec le brûleur Schlœsing (fig. 25).

INCINÉRATION. — L'oxydation prend le nom de *combustion* ou *incinération*, lorsqu'il s'agit de déterminer les cendres d'un combustible ou d'une matière organique quelconque.

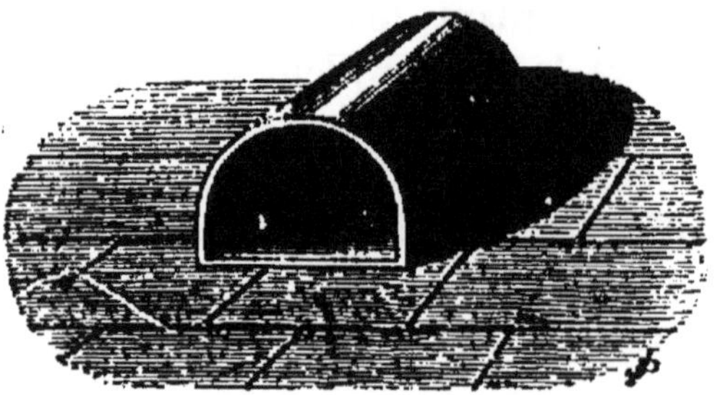
Fig. 26. — Coffret de moufle.

Cette opération s'effectue dans un creuset de platine ou de porcelaine, que l'on chauffe sur un brûleur Bunsen ou dans un *moufle* (fig. 26 et 27), à une température modérée jusqu'à ce que toutes

Fig. 27. — Fourneau à incinérer.

les substances charbonneuses aient disparu entièrement.

Pour les matières difficiles à brûler, on les met dans une *nacelle* en platine (fig. 28) ou en porcelaine (fig. 29),

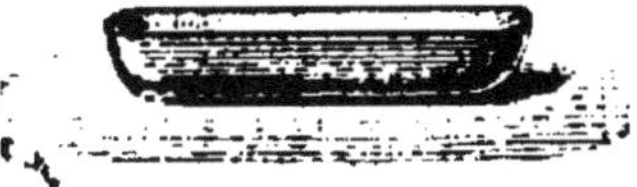

Fig. 28. — Nacelle en platine.

Fig. 29. — Nacelle en porcelaine.

que l'on introduit dans un tube de verre alumineux ou de porcelaine, chauffé au rouge sur une grille à analyses

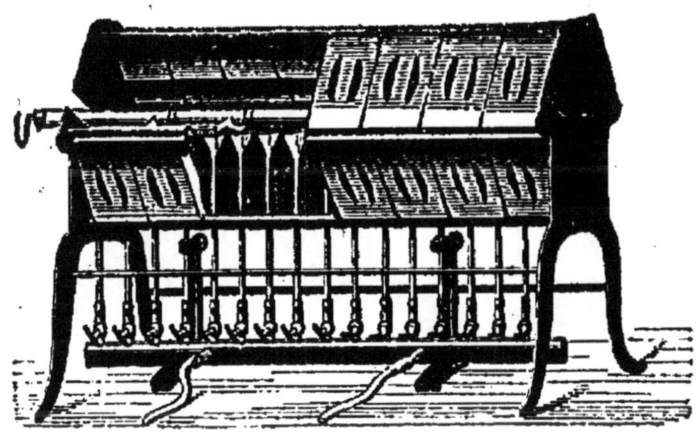

Fig. 30. — Grille à analyses.

(fig. 30). En faisant passer un courant d'oxygène, on brûle tout le carbone.

Très souvent, après avoir commencé l'incinération dans la flamme du brûleur Bunsen, on peut la terminer en chauffant le creuset de platine au *chalumeau à gaz d'éclairage* (fig. 31 et 32), en prenant la précaution d'incliner le creuset pour déterminer un courant d'air.

Pour incinérer les matières organiques contenant des sels volatils (par exemple du chlorure de sodium), à une température nécessaire pour obtenir la combustion du carbone et insuffisante pour volatiliser les sels volatils, on les calcine au rouge sombre dans une petite capsule de platine, sur un brûleur Bunsen, jusqu'à ce qu'ils n'émettent plus de gaz odorants; on traite par l'eau pour dissoudre les sels solubles. D'autre part, on incinère le charbon et les sels insolubles restés sur le filtre après lavage. On évapore le liquide dans la capsule contenant les cendres et on chauffe au rouge sombre.

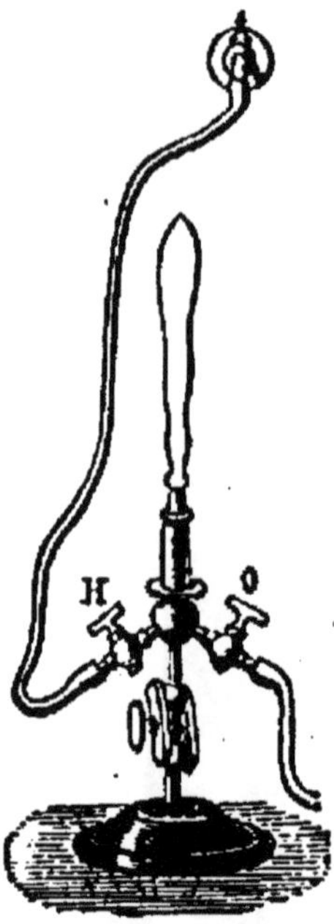

Fig. 31. — Chalumeau à gaz.

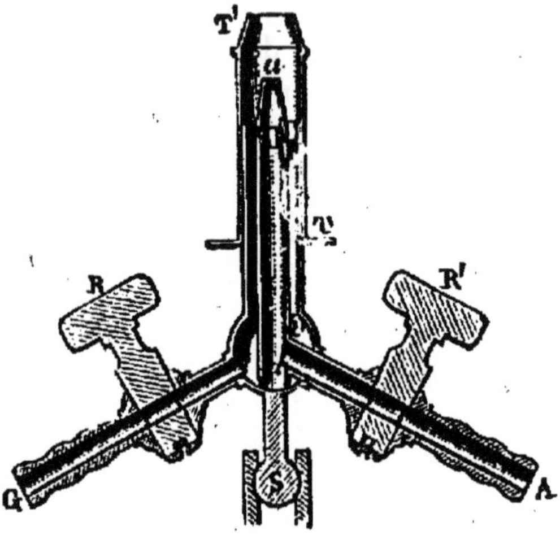

Fig. 32. — Coupe du chalumeau à gaz.

COUPELLATION. — L'oxydation s'accompagnant d'une fusion partielle s'appelle *coupellation* ou *scorification*. Elle ne se pratique guère que sur des alliages de plomb, dans le but de rechercher l'or ou l'argent.

Le principe est le suivant : dans une *coupelle* absorbante en poudre d'os (fig. 33), on met l'alliage de plomb; en chauffant dans un *moufle* (fig. 34), le plomb s'oxyde en se transformant en oxyde de plomb qui est absorbé par la coupelle; l'or et l'argent, inoxydables à l'air, restent comme résidu.

Fig. 33. — Coupelle.

On peut aussi employer le *four Braly* (fig. 51 et 52, p. 36).

RÉACTIFS OXYDANTS. — Très souvent, l'action oxydante de l'oxygène de l'air n'est pas suffisante pour

Fig. 34. — Four à moufle de Perrot.

produire certaines oxydations ; on a recours aux *réactifs oxydants* qui, ajoutés à la substance, déterminent une oxydation intense. Les réactifs oxydants le plus souvent employés sont : l'oxygène, l'azotate d'ammonium, l'azotate de potassium mélangé au carbonate de sodium, le chlorate de potassium, etc.

Pour produire une oxydation brusque, pour reconnaître la présence ou constater l'absence de certains corps, on fait *détoner* le mélange de cette matière avec du chlorate ou de l'azotate de potassium, en le projetant, par petites portions, dans un creuset chauffé au rouge.

3° COLORATION DE LA FLAMME

Un grand nombre d'éléments communiquent à la flamme des *colorations caractéristiques*, permettant de reconnaître leur présence.

FLAMME. — On emploie la flamme incolore d'un brûleur Bunsen (fig. 13) muni d'un support, sur lequel on place une cheminée conique, destinée à empêcher les oscillations de la flamme et à la rendre fixe.

La flamme doit être réglée de la façon suivante: e gaz brûlant avec une flamme éclairante, on tourne lentement la virole pour introduire l'air en quantité de plus en plus grande, jusqu'à ce que la flamme ne présente plus qu'une faible pointe lumineuse R (fig. 35), au sommet du cône intérieur. Dans cette même flamme, on a une partie oxydante *oo'* et une partie réductrice R, nettement séparées.

Fig. 35. — Flamme réglée pour les essais.

Dans cette flamme, ainsi réglée et rendue fixe par le cône métallique *cccc*, Bunsen a montré l'existence des zones suivantes :

1° Une partie conique obscure *a a a'a'*, à la partie inférieure et interne de la flamme; elle contient le mélange d'air et de gaz non en combustion, sa température est peu élevée. A la périphérie, vers le tiers supérieur de son bord externe, est la *zone de réduction inférieure r*.

2° A la partie supérieure du cône précédent, en *a b a*, une *zone de réduction supérieure* R en forme de pointe légèrement lumineuse. Riche en éléments réducteurs, carbone et hydrogène, elle est plus énergiquement réductrice que la région *r*.

3° Tout à la base de la flamme, en dehors du cône

a a a' a', une zone *s* à température relativement basse, grâce à l'air froid et à la conductibilité du métal du brûleur.

4° La *zone d'oxydation inférieure o*, sur le bord du premier tiers de la hauteur totale de la flamme.

5° La *zone de fusion f*, un peu au-dessus du premier tiers de la hauteur de la flamme, à égale distance du cône obscur et de la périphérie de la flamme ; c'est la partie la plus chaude de la flamme, utilisée pour fondre et volatiliser les corps.

6° La *zone d'oxydation supérieure o'*, formée par le cône obscur recouvrant la partie supérieure de la flamme. On placera dans cette région les substances devant être soumises à un grillage.

Les trois zones de réduction inférieure, de fusion et d'oxydation inférieure sont très près les unes des autres, sensiblement à la même hauteur; aussi doit-on éviter les oscillations de la flamme et employer des fragments de substance très petits.

SUPPORTS. — On introduira dans la flamme les matières à essayer, soit au moyen d'un fil de platine, à extrémité droite ou recourbée en boucle (fig. 43),

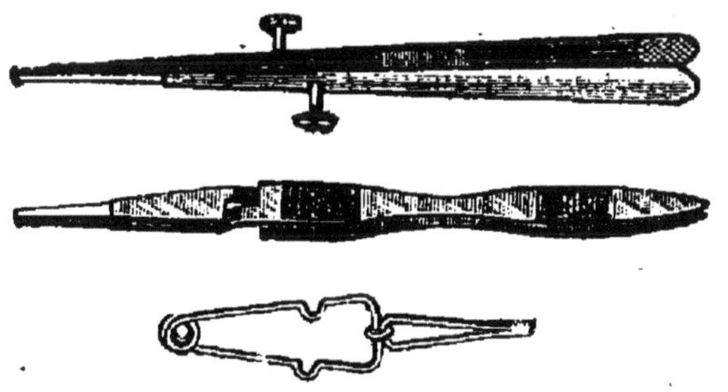

Fig. 36 à 38. — Pinces à bouts de platine.

soit d'une pince à bouts de platine (fig. 36 à 38), soit d'un pinceau de fibres d'amiante. Pour faire adhérer une substance solide, on trempe d'abord le fil de platine ou les fibres d'amiante dans de l'eau distillée, puis dans la poudre de la substance à analyser; pour les corps en fragments, on utilisera la pince à bouts de platine. Dans le cas d'un liquide, on y trempe un fil de platine ou des fibres d'amiante et on porte dans la flamme.

Lorsque la substance doit être maintenue pendant longtemps dans la flamme, on se sert d'un support spécial destiné à soutenir le fil de platine soudé à un tube de verre.

MODE OPÉRATOIRE. — Avant chacun des essais, il est indispensable de constater que le fil de platine ne colore pas la flamme; sinon, il faut le décaper en le plongeant successivement et alternativement dans la flamme, dans l'acide chlorhydrique et dans l'eau, jusqu'à ce qu'il ne colore plus la flamme.

Lorsque le fil de platine ne colore plus la flamme, on trempe son extrémité dans la solution à essayer; si le corps est solide, on mouille l'extrémité du fil de platine avec de l'eau distillée, puis on le met dans la poudre de la substance dont une partie adhère. Le fil de platine est ensuite approché lentement de la flamme (fig. 35) vers le tiers inférieur et introduit d'abord dans la zone oxydante *o*, puis dans la zone de fusion *f*, enfin successivement dans les zones de réduction *r* et R.

Si la coloration ne se produit pas, on trempe ensuite dans l'*acide chlorhydrique*, le fil de platine auquel adhèrent des parcelles de substance, afin de transformer certains métaux en chlorures beaucoup plus volatils.

Pour certains silicates, on exaltera la coloration en mélangeant au préalable la substance en poudre avec du *sulfate de calcium*.

Après l'essai avec l'acide chlorhydrique, on trempera le fil de platine dans l'*acide sulfurique* concentré avant de l'introduire dans la flamme. C'est ainsi qu'on peut déceler le bore.

L'addition, à l'acide sulfurique, de *fluorure de calcium* en poudre très fine, permet d'exalter quelques colorations de la flamme.

Plusieurs éléments, phosphore, étain, plomb, etc., détériorant le platine en le rendant cassant, il faut toujours commencer les essais de coloration de la flamme par l'oxydation de la matière.

VERRES DE COULEUR. — Lorsque la substance contient plusieurs métaux, l'examen de la flamme à travers des liquides ou des verres colorés, permettant d'éteindre certaines radiations, peut supprimer la coloration de l'un des métaux. Par exemple, la coloration jaune des sels de sodium masque complètement la teinte violette du potassium ; en interposant une dissolution d'indigo ou un verre de cobalt bleu foncé, les radiations jaunes du sodium sont totalement absorbées, les radiations violettes du potassium passent, un peu modifiées par l'interposition du verre bleu.

On emploie surtout le verre bleu coloré à l'oxyde de cobalt, plus rarement le verre vert coloré avec du protoxyde de fer et de l'oxyde cuivrique, le verre rouge par l'oxyde cuivreux, le verre violet à l'oxyde de manganèse.

EXAMEN SPECTROSCOPIQUE. — L'analyse spectrale, méthode d'une extrême sensibilité, consiste à examiner, au moyen d'une lunette, les flammes colorées, produites en face d'une fente étroite et se réfractant à travers un prisme. Pour chaque métal, on obtient un spectre spécial formé de raies brillantes colorées, caractérisées par leur longueur d'onde, c'est-à-dire par leur couleur et une place fixe.

Pour les recherches courantes de chimie minérale, dans un laboratoire, on se sert de petits *spectroscopes de poche à vision directe*.

4° EMPLOI DU CHALUMEAU

Le *chalumeau* est très utile en chimie analytique ; il permet d'obtenir rapidement, à l'aide d'une petite opération très simple, des réactions souvent caractéristiques d'un élément.

CHALUMEAU. — Cet instrument (fig. 39), en laiton, en maillechort ou en nickel, se compose de trois parties pouvant se séparer et fixées à frottement dur : 1° un tube FO légèrement conique de 20 à 25 centimètres de longueur, muni à son extrémité la plus large d'une embouchure F en os, en bois ou en corne, que l'on appuie sur les lèvres pour souffler dans l'appareil ; 2° un réservoir cylindrique R, destiné à retenir l'eau entraînée par l'air venant de la bouche ; 3° un petit tube conique AB, fixé latéralement sur le réservoir R, faisant un angle droit avec le long tube FO ; à l'extrémité de ce tube, d'une longueur de 5 à 7 centimètres, est fixé à frottement dur un petit cône de platine ou de cuivre percé d'un petit trou destiné à laisser passer seulement une faible quantité d'air en jet très fin et rapide. Souvent cet ajutage n'existe pas.

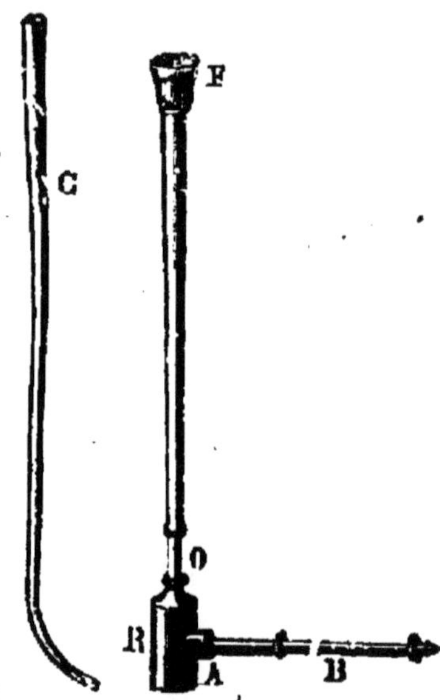

Fig. 39. — Chalumeaux.

On peut encore se servir comme chalumeau d'un simple tube de laiton ou de nickel légèrement conique C, terminé par un petit trou (fig. 39, à gauche). Dans d'autres modèles, le long tube est remplacé par un assez large tube tronc-conique en fer-blanc ; près de l'extrémité la plus large, est adapté un ajutage en cuivre percé d'un petit trou.

Pour se servir du chalumeau, on tient l'appareil de la main droite, on applique l'embouchure F sur les lèvres entr'ouvertes et on souffle. Il est indispensable de pouvoir souffler régulièrement et sans arrêt pendant plusieurs minutes; pour cela, il ne faut pas vider ses poumons, mais emplir sa bouche d'air en gonflant les joues et respirant de temps en temps par le nez, pour faire pénétrer l'air dans la bouche à l'aide d'un simple mouvement du pharynx; les muscles des joues en se contractant compriment l'air insufflé et permettent, avec un peu d'habitude, d'obtenir un filet d'air continu et très régulier.

STRUCTURE DE LA FLAMME D'UNE BOUGIE. — La flamme d'une bougie, brûlant à l'abri des courants d'air, peut être considérée comme le type des flammes que l'on peut employer pour les essais au chalumeau. Brûlant dans l'air, qui l'alimente seulement à la périphérie, une pareille flamme n'est pas homogène : elle présente à la partie inférieure, près de la mèche, une zone D d'un bleu clair enveloppant toute la base d'une calotte hémisphérique dont les bords s'amincissent rapidement. Au-dessus de la mèche, est une partie conique sombre C, à température basse. Cette région est entourée d'une enveloppe conique et très lumineuse B. Enfin, autour de cette partie lumineuse B, une autre enveloppe mince, peu éclairante et très chaude, entoure complètement la partie supérieure de la flamme en s'épaississant vers la pointe. En promenant dans la flamme un fil de platine, on peut se rendre compte des variations de la température; le platine rougit en dehors de la partie éclairante de la flamme, dans l'enveloppe extérieure (fig. 40).

La mèche étant allumée, les corps gras fondent et s'élèvent par capillarité jusque dans une région portée à une température assez élevée pour qu'ils se décomposent en carbures d'hydrogène et eau, formant le cône obscur C à température relativement basse. Ce cône obscur est un milieu très réducteur, mais à température trop basse. Ces carbures d'hydrogène se trouvent mélangés, dans la zone brillante B, à une quantité insuffisante d'air, subissent une combustion incomplète, une partie de l'hydrogène brûle en donnant de l'eau, tandis que le carbone est partiellement transformé en oxyde de carbone ou mis en liberté à l'état de particules très ténues de carbone incandescent, auxquelles la flamme doit son pouvoir éclairant. Cette partie éclairante de la flamme, dont la température est élevée par la combustion de l'hydrogène, est une zone réductrice.

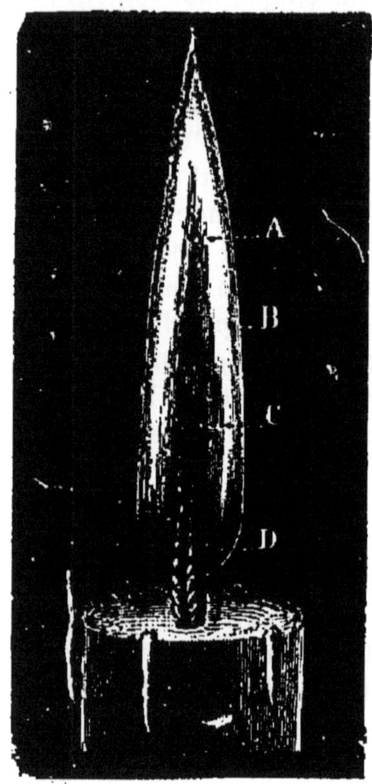

Fig. 40. — Flamme d'une bougie.

Dans l'enveloppe extérieure, en contact avec l'air ambiant, la combustion est complète, le carbone brûle en dégageant beaucoup de chaleur ; cette zone est oxydante et atteint la température la plus élevée de toute la flamme, surtout en L'.

La composition de toutes les flammes éclairantes est à peu près la même ; pour les essais au chalumeau, on peut employer, à la place d'une bougie, la flamme d'un bec Bunsen brûlant sans air, la flamme d'une lampe à alcool mélangé à de l'essence de térébenthine, celle d'une lampe à huile, etc.

En insufflant un jet d'air au moyen du chalumeau, on modifie une flamme en lui donnant une forme particulière et en élevant beaucoup sa température. Selon la position de l'extrémité du chalumeau et la façon de souffler, on peut obtenir une flamme réductrice ou oxydante, suivant la réaction que l'on veut obtenir.

FLAMME DE RÉDUCTION. — La mèche de la bougie ayant été recourbée comme l'indique la figure 50, on place l'extrémité L du chalumeau un peu en dehors de la flamme; en soufflant avec modération, la flamme est entraînée horizontalement sans subir des modifications sensibles dans sa structure : la température générale s'élève, le cône lumineux *a* (fig. 41) est plus déve-

Fig. 41. — Flamme de réduction. Fig. 42. — Flamme d'oxydation.

loppé. En plaçant un oxyde métallique réductible dans la région *b*, extrémité du cône lumineux de la *flamme de réduction*, cône très riche en carbone, oxyde de carbone et carbures d'hydrogène, cet oxyde est réduit à l'état métallique.

FLAMME D'OXYDATION. — En introduisant l'extrémité du chalumeau de quelques millimètres dans la flamme (fig. 42), au-dessus de la mèche, et en soufflant fortement, on mélange beaucoup d'air aux carbures d'hydrogène; la flamme diminue de volume, devient incolore, s'allonge en une pointe bleuâtre, légèrement brillante vers l'extrémité, entourée d'une zone mince, bleu clair, à peine visible. C'est la *flamme d'oxydation*, dont la température est très élevée, surtout à l'extrémité du dard; grâce à l'excès d'oxygène qu'elle contient, elle oxyde facilement tous les corps oxydables.

8° PERLES

Pour obtenir des réactions caractéristiques de la présence de certains métaux, on se sert de la propriété que possèdent leurs oxydes de se dissoudre dans le borax ou dans le sel de phosphore, pour donner des verres transparents ou opaques, souvent colorés.

On donne généralement à ces verres la *forme de perles*, afin de pouvoir les observer par transparence et les obtenir rapidement. Comme support, on se sert d'un *fil de platine* d'environ 8 centimètres de longueur et 4 à 5 dixièmes de millimètre de diamètre, que l'on recourbe à une extrémité en forme de petit anneau d'environ 2 millimètres de diamètre (fig. 43), l'autre extrémité étant fixée dans un bouchon ou dans une baguette de verre.

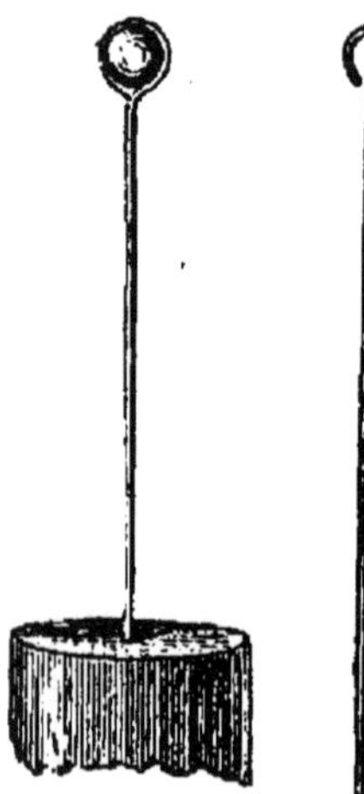

Fig. 43. — Fil de platine pour perles.

La boucle du fil de platine étant chauffée au rouge, on la plonge vivement dans du borax pulvérisé qui fond et adhère; en chauffant ensuite au chalumeau, le borax fond, boursoufle, se dessèche, se solidifie, bouillonne et fond en une perle lenticulaire, incolore, adhérente à la boucle de platine. Après avoir constaté que la perle est incolore et transparente, on la chauffe au rouge et on touche la substance pulvérulente ou une goutte d'une dissolution à essayer. On chauffe ensuite à la flamme réductrice du chalumeau pour effectuer la dissolution dans le borax; on examine la perle à chaud et à froid. On chauffe ensuite dans la flamme oxydante, on examine la coloration à chaud et à froid.

Plusieurs éléments pouvant agir sur le platine, il est préférable d'oxyder au préalable les substances solides.

Il faut faire adhérer très peu de matière pour ne pas risquer d'avoir une perle paraissant noire. Si la perle est trop colorée, on la fait tomber sur une soucoupe et on la brise ; on fait ensuite une autre perle avec du borax et une parcelle de la première.

On peut remplacer le borax par le *sel de phosphore*, qui se transforme au rouge en métaphosphate de sodium. On obtient des colorations analogues à celles du borax ; mais, elles sont beaucoup plus vives à chaud et s'affaiblissent bien plus par refroidissement. Avec les acides, elles donnent des réactions spéciales et des caractères un peu différents; avec les silicates, il reste un squelette de silice.

Comme support, on peut remplacer les fils de platine par des *tuyaux de pipe en terre blanche* ou par des petites *baguettes de kaolin*. On obtient des enduits fondus, dont les colorations se détachent très bien sur le fond blanc ; on peut les conserver plus facilement, et il est facile d'avoir, côte à côte, les colorations au feu de réduction et au feu d'oxydation.

6° ESSAIS SUR LE CHARBON

CHARBON. — Pour soumettre une matière à l'action de la température élevée, on a choisi le charbon de bois comme support, pour les qualités suivantes : 1° son infusibilité; 2° sa faible conductibilité pour la chaleur ; 3° il se combine seulement à l'oxygène ; 4° en brûlant, il dégage de la chaleur ; 5° son action est celle d'un réducteur faible ; 6° sa porosité lui permet d'absorber certains sels, surtout les sels alcalins ; 7° les métaux et les autres éléments qui attaquent le platine sont sans action.

On choisira de préférence du charbon de bois, fait avec des bois légers de pin, de saule, de tilleul, d'aulne. Le charbon de sapin pétille beaucoup trop. On ne doit pas employer les charbons de bois durs, de chêne par exemple, qui laissent beaucoup de cendres riches en fer et en manganèse.

Les colorations des auréoles ne s'observent pas toujours très bien sur le fond noir du charbon (fig. 44). Afin de remédier à cet inconvénient et aussi pour éviter de se tacher les doigts, on peut se servir d'un *charbon entouré de plâtre* (fig. 45).

Fig. 44. — Charbon de bois avec auréole.

Pour préparer ce charbon entouré de plâtre, on fait un moule en bois sous forme de prisme quadratique, ou plus simplement une petite caisse en papier ou carton huilé de même forme, ayant comme dimensions une longueur et une largeur supérieures de 3 à 4 centimètres à la longueur et au diamètre du charbon. Dans cette petite caisse, on coule une couche de plâtre de $1^{cm},5$ à 2 centimètres d'épaisseur; sur cette couche, on place le charbon à égale distance des parois et on finit le remplissage de la caisse avec du plâtre, en ayant soin de mettre au-dessus du charbon une couche d'épaisseur égale à la couche inférieure. Le plâtre ayant fait prise, on démoule et on laisse sécher à l'air ou mieux à l'étuve. En sciant ce prisme quadratique par le milieu, à l'aide d'une petite scie à main (fig. 46), on a deux charbons bien homogènes,

Fig. 45. — Charbon entouré de plâtre avec auréole.

exempts de crevasses, sur chacun desquels on peut faire plusieurs essais, après avoir enlevé au couteau la poussière de charbon qui tache le plâtre de la surface de section (Et. Barral).

Fig. 46. — Scie à couper le charbon.

On peut encore employer des prismes de *charbon artificiel* (fig. 47), obtenus en chauffant au rouge une pâte faite avec du poussier de charbon et de l'amidon. Ce charbon artificiel existe dans le commerce.

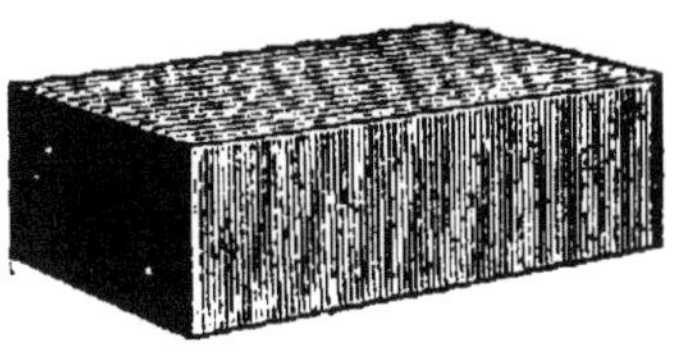

Fig. 47. — Charbon artificiel.

Dans le charbon, à l'aide d'un couteau ou d'une fraise, on pratique de petites cavités hémisphériques de 6 à 10 millimètres de diamètre sur 3 à 5 millimètres de profondeur, destinées à recevoir la matière à analyser, sous forme de fragments ou de poudre, mélangée ou non à des réactifs. Afin d'éviter que le courant d'air, insufflé par le chalumeau, éparpille la poudre, on tasse cette poudre au fond de la cavité, ou mieux on l'humecte d'une goutte d'eau, surtout si elle est mélangée à un réactif.

Un même charbon peut servir pour plusieurs essais, à la condition d'enlever au couteau ou à la lime les dépôts laissés par les essais précédents.

Pour faire de petits *essais de coupellation*, par exemple pour rechercher si une galène est argentifère, on peut former une coupelle sur le charbon. Pour cela, on fait une pâte épaisse avec de la cendre d'os, on en remplit une cavité creusée dans le charbon, on ajoute un peu de cendre d'os sèche et on tasse fortement en laissant une petite dépression à la surface ; on dessèche cette coupelle en chauffant avec précaution, on place le plomb et on grille à la flamme oxydante du chalumeau ; la litharge est absorbée par la cendre d'os.

On se sert de brucelles (fig. 48-49) ou de la pointe d'un couteau pour détacher et séparer les globules ou les pro-

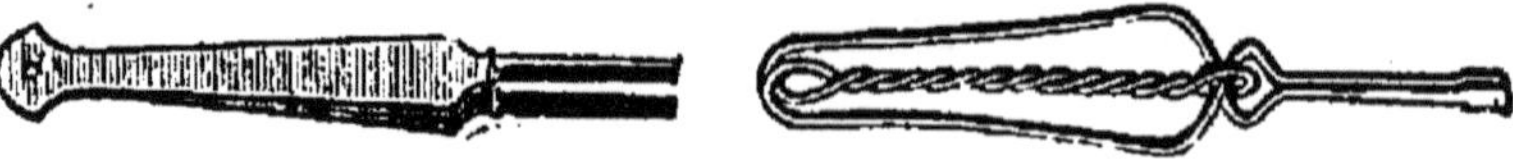

Fig. 48 et 49. — Brucelles.

duits d'une réaction sur le charbon. Pour isoler les globules de leur gangue, on les malaxe avec un peu d'eau, entre l'index et le pouce ou dans le mortier d'agate.

RÉDUCTEURS ADJUVANTS. — Le charbon étant un *réducteur faible*, son action est en général insuffisante pour réduire un grand nombre de combinaisons, pour éliminer certains éléments ; la poudre de charbon, bien mélangée à la substance, favorise seulement la réduction par un contact intime, sans être suffisante.

Les véritables réducteurs adjuvants sont : 1° le *carbonate de sodium* pur et sec, CO^3Na^2, appelé *soude* par abréviation, dont l'acide carbonique volatil peut être facilement remplacé par les métalloïdes qui se combinent au sodium, tandis que les métaux sont mis en liberté ; 2° l'*oxalate neutre de potassium* pur, $C^2O^4K^2$, qui dégage de l'oxyde de carbone au rouge naissant ; 3° le *cyanure de potassium*, KCy, réducteur très énergique.

FLAMMES. — Pour les essais sur le charbon, on peut employer : la flamme d'une *grosse bougie* (fig. 40) ; celle du *bec Bunsen* (fig. 13) brûlant *sans air*, avec une flamme de la *hauteur de celle d'une bougie* ; d'une lampe à huile ; de la lampe à alcool térébenthiné.

A l'aide du chalumeau (fig. 39), on soumettra l'essai d'abord à l'action de la flamme de réduction (fig. 41 et 50), puis à la flamme d'oxydation (fig. 42) ; on examinera et interprétera les résultats obtenus.

Ensuite, on mélangera intimement, dans le mortier d'agate (fig. 9), un peu de poudre de la substance avec trois à cinq fois son poids de carbonate de sodium sec et un peu de charbon en poudre; on tasse la poudre dans la cavité en l'humectant d'une goutte d'eau. On chauffe dans la flamme réductrice. La réduction terminée, on regarde s'il y a un globule métallique, une auréole ou

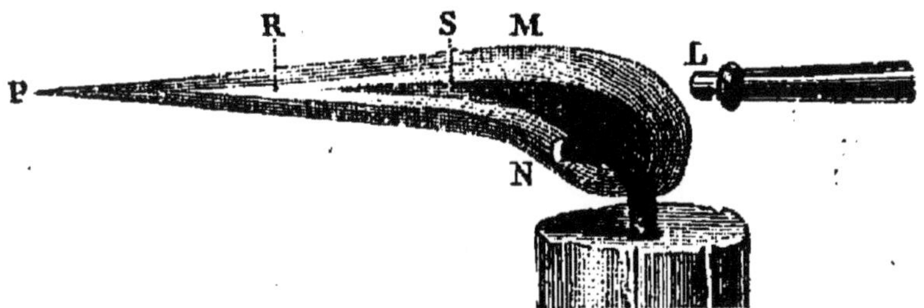

Fig. 50. — Flamme de réduction.

produit d'oxydation; on les analyse séparément, ainsi que le résidu ou gangue dans laquelle se trouvent les métalloïdes tels que le soufre, le chlore, etc.

Si la réduction avec le carbonate de sodium n'est pas suffisante, on recommence en ajoutant d'abord de l'oxalate neutre de potassium, puis du cyanure de potassium.

MODIFICATIONS. — On peut employer, à la place des gros morceaux de charbon de bois, des *baguettes de charbon de bois* de fusain à dessiner, imprégnées de carbonate de sodium; en chauffant l'extrémité d'une de ces baguettes, qu'on trempe dans la poudre de la matière à essayer, on obtient, dans la flamme réductrice, des réactions identiques à celles observées sur le charbon; seulement, les globules sont beaucoup plus petits.

Comme support, on se sert aussi d'une tige d'*allumette de bois*. Pour la préparer, on chauffe la surface d'un cristal de carbonate de sodium à la fusion aqueuse; dans ce liquide, on roule l'extrémité de l'allumette, on porte dans la flamme cette partie trempée dans du carbonate de sodium et on la fond ensuite au chalumeau; à cette extrémité, on fait adhérer un peu de la poudre à essayer et on chauffe de nouveau au chalumeau dans la flamme réductrice.

7° DÉSAGRÉGATION

La *désagrégation* est une opération qui a pour but de transformer un corps, insoluble ou très peu soluble dans l'eau et les acides, en une combinaison capable de se dissoudre dans l'eau ou les acides. Pour effectuer cette transformation, il faut fondre au rouge la substance avec des réactifs appropriés.

CREUSETS. — Cette opération s'effectue dans des creusets en platine, en argent ou en porcelaine (fig. 19 et 20). Toutefois, on évitera d'employer les creusets de porcelaine, dont l'émail est altéré par les alcalis caustiques et leurs carbonates. Les creusets d'argent seront réservés pour la fusion avec les alcalis.

CHAUFFAGE. — Le chauffage des creusets s'effectuera à l'aide du brûleur Bunsen (fig. 13), du brûleur à flamme circulaire de Berzélius (fig. 23), dans le four Forquignon et Le-

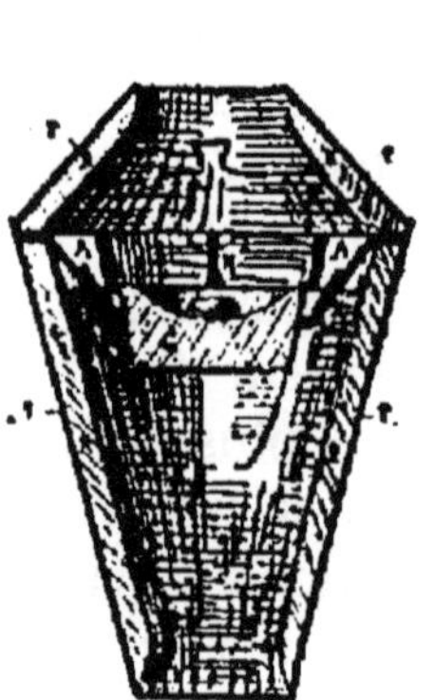

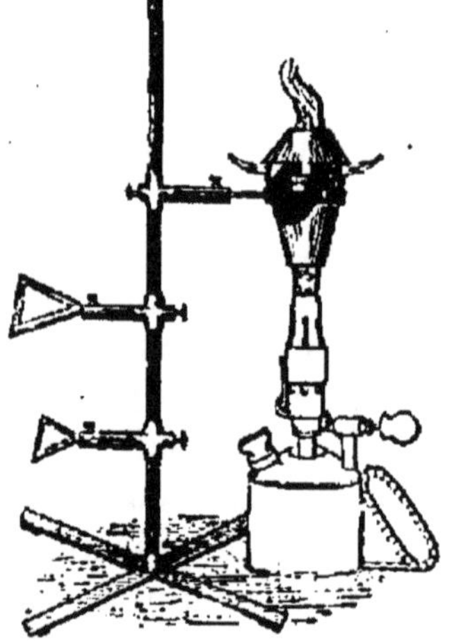

Fig. 51 et 52. — Four Braly.

clerc (fig. 25), ou dans le four Braly (fig. 51 et 52).

RÉACTIFS. — La désagrégation s'effectue généralement par fusion au rouge avec des *carbonates alcalins*, de potassium ou de sodium; dans ce cas, on se sert d'un creuset de platine.

La fusion avec la *potasse* ou la *soude caustiques* s'effectue dans un creuset d'argent; avec l'*hydrate de baryte*, dans un creuset de platine ou d'argent.

On emploie encore, mais plus rarement, les *fondants basiques* : chaux et carbonate de calcium, carbonate de baryum, fluorure de calcium, sulfate de calcium, oxyde de fer, etc.

Les *fondants neutres* servent à protéger les matières contre l'action de l'air ou à diminuer la volatilisation: verres fusibles, chlorure de sodium, etc.

Les *fondants acides* les plus employés sont : la silice, les verres artificiels, le bisulfate de potassium, l'acide borique, etc.

FUSION. — Dans le plus grand nombre des cas, on opère de la façon suivante: la substance, réduite en poudre impalpable, est mélangée intimement avec quatre fois son poids d'un mélange de carbonate de potassium (6 parties) et de carbonate de sodium (5 parties). On introduit le mélange dans un creuset de platine, on adapte le couvercle du creuset, et on chauffe à l'aide du brûleur à flamme circulaire. On continue l'action de la chaleur jusqu'à fusion tranquille, c'est-à-dire jusqu'à ce qu'il ne se dégage plus des bulles d'acide carbonique, ce qui demande au minimum une demi-heure; parfois, il est utile de chauffer au moyen du chalumeau ou dans un four tel que le four Braly, pour compléter la désagrégation.

L'opération terminée, on saisit le creuset avec une pince et on verse le liquide dans une capsule de platine; on peut encore placer le creuset sur une plaque métallique, pour produire un refroidissement rapide et une rétraction de la matière fondue, afin de sortir plus facilement du creuset le produit froid.

Le produit de la désagrégation est traité par l'eau bouillante à plusieurs reprises et le liquide séparé par filtration. Le résidu, insoluble dans l'eau, est traité par l'acide chlorhydrique.

III. — OPÉRATIONS PAR VOIE HUMIDE

Les opérations par voie humide sont celles qui utilisent les actions des réactifs solides, liquides ou gazeux, sur des corps liquides ou en dissolution.

1° DISSOLUTION

La *dissolution* d'un corps solide ou gazeux est le passage de ce corps à l'état liquide, sous l'influence d'un corps liquide appelé *dissolvant*, avec lequel il forme un mélange homogène.

Lorsque le corps est gazeux, on désigne cette dissolution sous le nom d'*absorption*. Dans le cas d'un corps liquide, c'est un *mélange*.

La dissolution est *simple*, lorsqu'il n'y a pas combinaison ; le corps dissous se trouve dans le liquide avec toutes ses propriétés, excepté l'état et la forme, qu'on retrouve après séparation du dissolvant. Exemple : dissolution du chlorure de sodium dans l'eau.

Au contraire, dans la dissolution *chimique*, le liquide ne renferme plus le corps dissous avec ses propriétés primitives ; il se produit une combinaison entre le dissolvant et le corps dissous. Par exemple, le protoxyde de potassium K^2O se dissout dans l'eau en se transformant en potasse caustique :

$$K^2O + H^2O = 2KOH$$

Le carbonate de calcium se dissout dans l'acide chlorhydrique étendu avec dégagement d'anhydride carbonique et formation de chlorure de calcium :

$$CO^3Ca + 2HCl = CaCl^2 + CO^2 + H^2O$$

Pour effectuer les dissolutions chimiques, on fait agir, sur le corps solide, des dissolutions *étendues* de l'acide ou de la base, pour éviter une action trop violente et la formation d'une combinaison insoluble dans le réactif concentré, qui envelopperait la partie non attaquée et empêcherait l'action ultérieure.

RÉCIPIENTS. — La dissolution doit être effectuée dans des récipients différents et choisis suivant la nature du liquide, la température et l'opération que l'on doit effectuer. Les ballons de verre, à *fond rond* (fig. 53), ou à *fond plat* (fig. 54) appelés *matras*, permettent

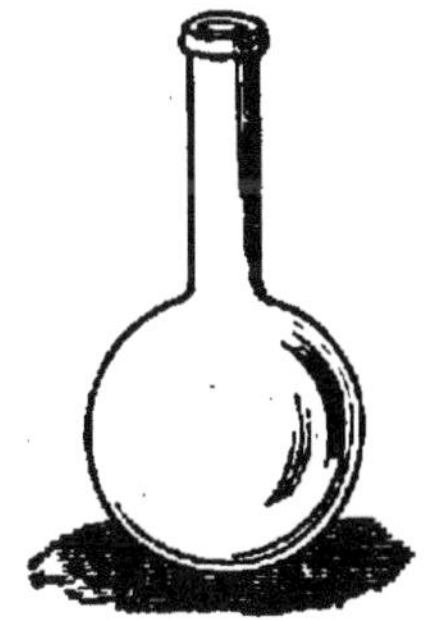

Fig. 53. Ballon à fond rond.

Fig. 54. Ballon à fond plat.

Fig. 55. Matras d'essayeur.

d'effectuer la dissolution à froid ou à chaud, à la condition

Fig. 56. Vase à précipitation chaude.

Fig. 57. Fiole conique d'Erlenmeyer.

d'être assez minces pour ne pas se briser quand on les chauffe ; de plus, on peut les agiter facilement sans craindre les projections. Dans certains cas, on se sert de *ballons à fond rond et à long col*, ou de *matras d'essayeur* (fig. 55).

On effectue aussi les dissolutions dans des récipients en verre très mince, les uns cylindriques appelés *vases à précipitation chaude* (fig. 56), les autres coniques dési-

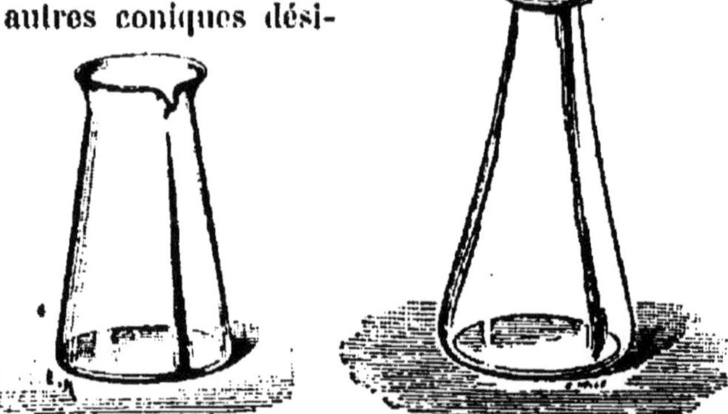

Fig. 58 et 59. — Fioles coniques d'Erlenmeyer.

gnés sous le nom de *fioles coniques d'Erlenmeyer* (fig. 57 à 60), susceptibles d'être chauffés sans se briser.

Pour dissoudre à froid, on se sert aussi des *vases à*

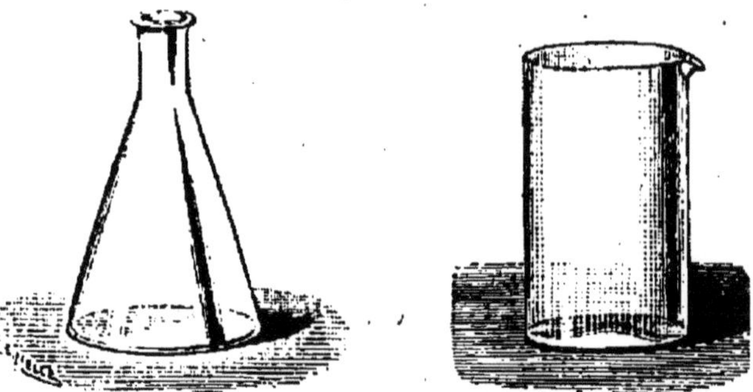

Fig. 60. — Fiole conique d'Erlenmeyer. Fig. 61. — Vase à précipiter.

précipiter (fig. 61) et des *vases à réactions* légèrement coniques (fig. 62), à bec pour l'écoulement des liquides; assez épais pour résister aux chocs, ils ne peuvent pas être chauffés.

Dans les cas les plus fréquents d'une analyse qualitative,

lorsqu'on a peu de substance, on effectue les dissolutions

Fig. 62. — Vase à réactions.

Fig. 63. — Tube à essais.

dans des *tubes à essais* (fig. 63 et 64) en verre très mince,

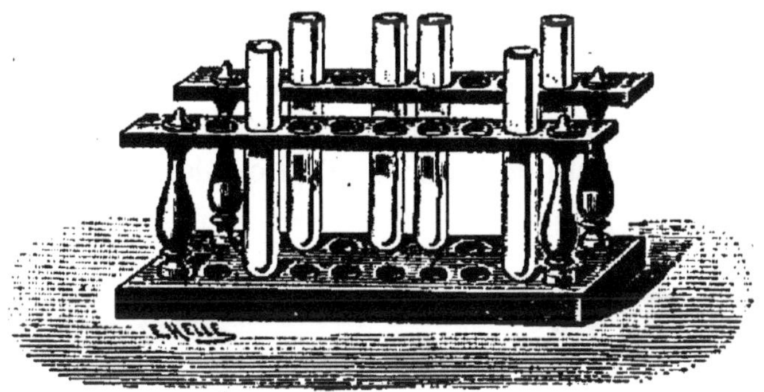

Fig. 64. — Tubes à essais et support.

pouvant être chauffés facilement sans crainte de rupture.

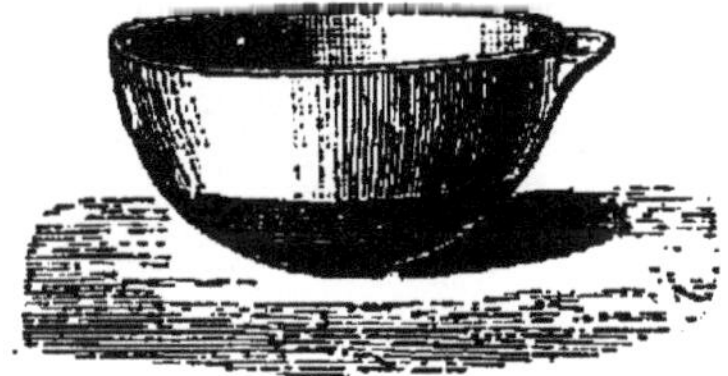

Fig. 65. — Capsule en porcelaine à fond rond.

Fig. 66. — Capsule en porcelaine à fond plat.

Les *capsules en porcelaine* sont à *fond rond* (fig. 65) ou à *fond plat* (fig. 66).

Dans certains cas, lorsque le verre peut être attaqué par le dissolvant, on se sert de *capsules* ou de *creusets en platine* (fig. 19) ; mais il faut absolument éviter la formation de corps attaquant le platine, tels que le chlore.

CHAUFFAGE. — On doit bien souvent élever la température pour effectuer des dissolutions, car les corps sont en général plus solubles à chaud qu'à froid, les combinaisons se font mal à la température du laboratoire.

Les récipients dans lesquels on fait les dissolutions à chaud, étant le plus souvent en verre ou en porcelaine, corps mauvais conducteurs, ne peuvent être exposés directement à une flamme de gaz sans risquer de se briser. En effet, la flamme chauffe très inégalement les diverses parties de leur surface, en même temps que les courants d'air déterminent des variations brusques.

L'interposition d'une *toile métallique* évite ces accidents ; étant très bonne conductrice, elle répartit uniformément la chaleur, diminue beaucoup l'action des courants d'air

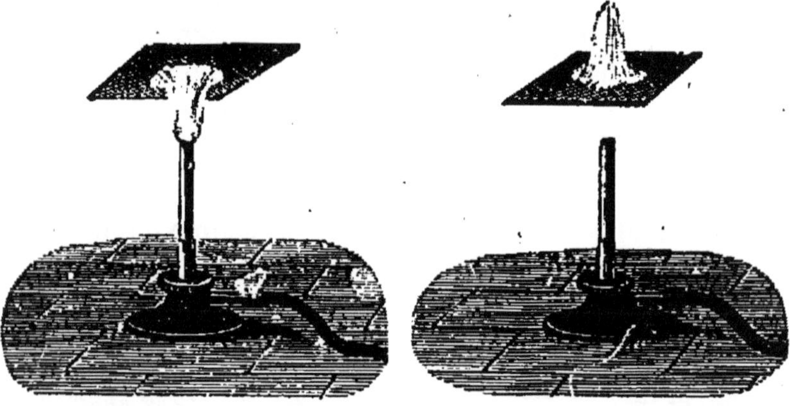

Fig. 67 et 68. — Action d'une toile métallique sur la flamme.

tout en empêchant la flamme d'être en contact direct avec les parois du récipient. Introduite dans une flamme (fig. 67 et 68), la toile métallique refroidit assez la flamme pour empêcher la combustion de se transmettre au-dessus; les gaz qui traversent cette toile métallique sont cependant combustibles, car on peut les enflammer. Pour ne pas être incommodé par les gaz combustibles qui ne brûleraient pas, il faut que le brûleur soit bien alimenté d'air et que la toile métallique se trouve à une distance assez grande de l'orifice du brûleur; on la place généralement sur un *trépied* en fer (fig. 69) destiné

Fig. 69. — Trépied.

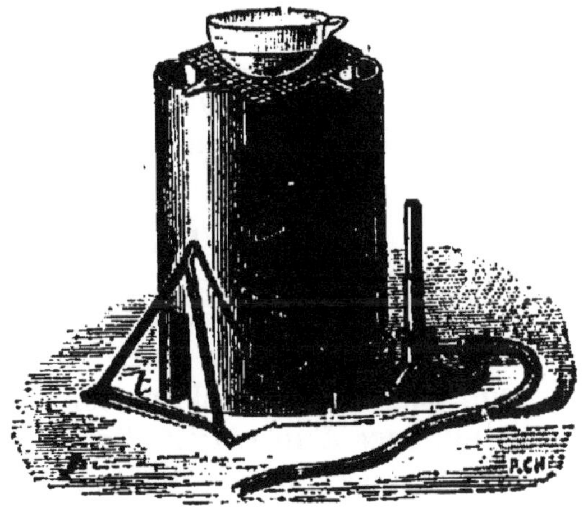

Fig. 70. — Support de Berthelot.

à soutenir le récipient. On se sert aussi, avec avantage, du *support en tôle de Berthelot* (fig. 70), très

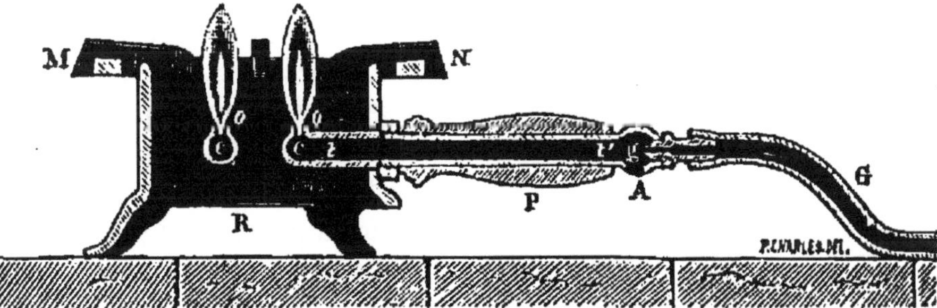

Fig. 71. — Fourneau à gaz.

stable et garantissant la flamme des courants d'air.

Comme source de chaleur, on emploiera le *brûleur Bunsen* (fig. 13), un *fourneau à gaz* (fig. 71) dont le brûleur est formé d'une couronne percée de trous ; la *lampe à alcool* (fig. 12), le *fourneau à pétrole*, etc., sont utilisés quand on n'a pas le gaz d'éclairage à sa disposition.

Fig. 72. — Pince à matras.

Pour manier les récipients chauds dans lesquels on fait les dissolutions, on se sert de *pinces en bois* (fig. 72) appelées *pinces à matras*, commodes surtout pour saisir les objets cylindriques.

2° PRÉCIPITATION

La *précipitation* est le passage subit de l'état liquide à l'état solide, soit par insolubilisation d'un corps dissous, soit par formation d'un nouveau corps insoluble, sous l'influence d'un réactif. Par exemple, le courant électrique précipite du cuivre sur la cathode plongeant dans une dissolution de sulfate de cuivre ; une solution de chlorure de baryum, versée dans cette solution de sulfate de cuivre, précipite du sulfate de baryum.

Fig. 73.
Verre à expériences.

Les récipients employés pour effectuer les dissolutions servent aussi pour les précipitations ; en outre, on se sert beaucoup des *verres à expériences* (fig. 73), dits *verres à précipiter* ou *à pied*, dont la forme conique permet au *précipité* de se rassembler à la partie inférieure.

On doit éviter de produire des précipités dans les tubes à essais, car ils adhèrent aux parois, d'où il est fort difficile de les détacher entièrement.

Pour effectuer complètement la précipitation d'un élément à l'aide d'un réactif, il faut le répartir également dans toute la masse à l'aide d'un *agitateur*, baguette de verre dont les extrémités sont fondues.

La précipitation se fait généralement à la température du laboratoire; parfois, il faut chauffer le liquide, comme cela a été indiqué pour la dissolution.

Le but de la précipitation est d'obtenir une substance sous forme solide, pour la séparer d'autres matières, ou pour mettre en évidence et caractériser un élément, grâce aux propriétés de ce précipité, couleur, solubilité dans les acides ou certains réactifs, etc.

La structure physique des précipités est variable; ils sont *cristallins* (phosphate ammoniaco-magnésien), *pulvérulents* (sulfate de baryum), *caillebottés* (chlorure d'argent), *gélatineux* (alumine), *floconneux*, *grenus*, (bitartrate de potassium), *opalins* (fluosilicate de potassium), etc. Ils se déposent plus ou moins rapidement suivant leur nature, leur densité, la température, l'agitation.

L'examen microscopique des précipités, ou *analyse microchimique*, permet de caractériser quelques éléments d'une façon certaine, à l'aide de quelques milligrammes ou même une fraction de milligramme de substance.

3° SÉPARATION DES SOLIDES ET DES LIQUIDES

Pour séparer d'un liquide les corps solides ou les précipités, on emploie les opérations suivantes : la *décantation*, la *filtration*, le *lavage du précipité*, la *dessiccation* et la *calcination*. Ces deux dernières opérations sont rarement utilisées en analyse chimique qualitative.

On peut avoir à séparer des corps solides en dissolution dans des liquides; on utilisera les opérations suivantes; l'*évaporation*, la *distillation*; la *dialyse*, qui permettra, dans une dissolution, de séparer les cristalloïdes et les colloïdes; la *cristallisation*, et surtout les *essais microchimiques*, permettant de reconnaître les éléments par la forme cristalline des précipités.

DÉCANTATION. — Cette opération a pour but de séparer un liquide d'un corps solide, réuni, après un repos plus ou moins prolongé, au fond du récipient sous forme de dépôt, séparé du liquide clair surnageant. Ce dépôt est rarement complet; aussi, lorsqu'on voudra

Fig. 74. — Décantation. Fig. 75. — Pipette.

recueillir la totalité du précipité, devra-t-on recevoir le liquide sur un filtre destiné à retenir toutes les particules solides (fig. 74).

Le dépôt étant effectué, on frotte extérieurement le bord du vase à précipiter avec un peu de vaseline ou d'un corps gras, on incline doucement et régulièrement le récipient en faisant écouler le liquide avec lenteur le long d'une baguette de verre appliquée verticalement contre le bord du récipient (fig. 74).

Pour décanter de petites quantités de liquide, surtout lorsque le précipité est très mobile, on se sert de pipettes munies d'une petite ampoule à la partie supérieure (fig. 75); on aspire, après avoir placé l'extrémité inférieure dans le liquide clair, à quelques millimètres de la surface de séparation du corps solide.

Les *siphons* de verre, formés d'un tube *abc* et *a'b'c'* recourbé (fig. 76 et 77), sont employés pour enlever le liquide surnageant le dépôt, sans remuer le récipient. L'orifice du tube qui plonge dans le liquide, ne doit pas être dirigé verticalement de haut en bas, afin que le liquide aspiré n'entraîne pas le dépôt; on recourbe cette extrémité comme en *o'*, ou bien on ferme l'extrémité du tube et on fait un orifice latéral *o*. On *amorce* le siphon en le remplissant avec de l'eau distillée, après l'avoir retourné; on ferme l'extrémité *c'* avec le doigt et on plonge *a'b'* dans le liquide à la hauteur voulue; s'il est muni d'un tube latéral *mn*, on ferme avec le doigt l'extrémité *c*, on aspire par *n* et on sort le doigt, lorsque le liquide monte dans le tube *mn*.

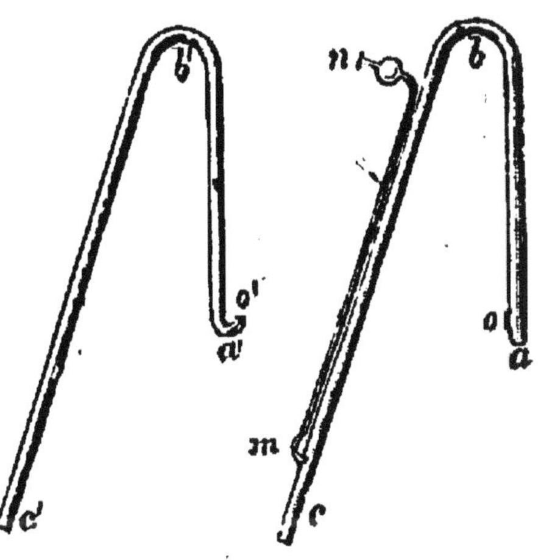

Fig. 76 et 77. — Siphons.

On peut employer un simple tube deux fois recourbé ABCD (fig. 78) à branches inégales. On l'amorce en le remplissant d'eau distillée, on le retourne après avoir fermé l'orifice D avec le doigt, on fait plonger la branche la plus courte AB dans le vase V où se trouve le liquide à séparer du dépôt; au-dessous de la grande branche, on a mis un vase V' destiné à recevoir le liquide. En enlevant le doigt, le liquide s'écoule d'autant plus vite que la hauteur *mn* entre les niveaux MM' et NN' est plus grande.

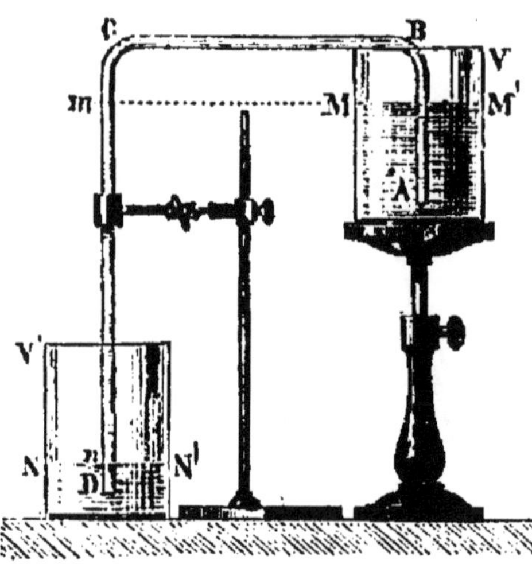

Fig. 78. — Siphon amorcé.

A l'aide d'une trompe, on peut décanter rapidement les liquides; on fait le vide dans un flacon F (fig. 79), communiquant par le tube V avec la trompe; un tube de caoutchouc *t't* terminé par un tube de verre recourbé, à

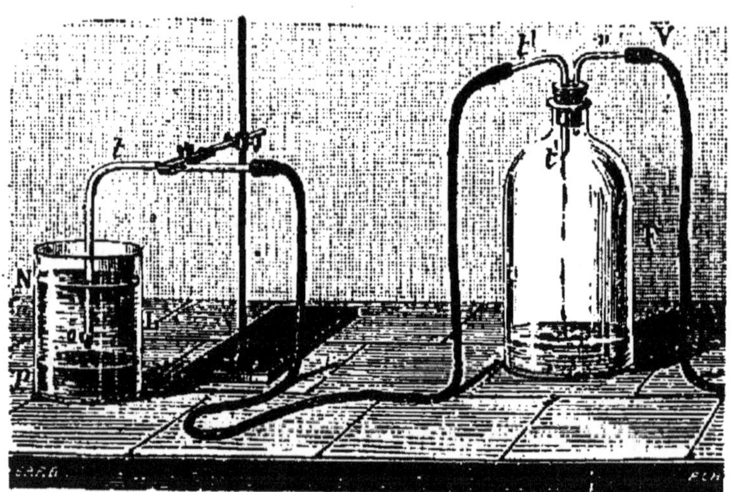

Fig. 79. — Décantation à la trompe.

orifice inférieur latéral *o*, permet d'enlever le liquide L contenu dans le vase NP.

FILTRATION. — Le papier non collé, ou *papier à filtrer*, présente la propriété d'être perméable à l'eau et aux autres dissolvants, et de retenir à sa surface les substances solides, même dans un état de division très grand.

A la place du papier, pour les liquides fortement acides ou alcalins, on emploie des tampons de *laine de verre*, d'*amiante* ou de *coton*.

Pour filtrer rapidement, on se sert de *filtres plissés* à plis alternatifs (fig. 80), donnant le maximum de surface filtrante. Pour faire ces filtres plissés, on plie une feuille de papier à filtrer suivant AOa' de façon à la doubler ; on fait un pli Od, puis de chacun des deux côtés de Od, trois plis Oa en portant d'abord le bord OA suivant Od, puis OA″ suivant Od. On partage ensuite, en commençant par les bords, chacun des angles par un nouveau pli suivant la bissectrice de l'angle, en faisant des plis alternativement saillants d'un côté et de l'autre. On obtient ainsi une sorte d'éventail à bords anguleux (fig. 81) ; pour le régulariser, on le ferme et on le coupe à une hauteur telle qu'une fois ouvert et placé dans l'entonnoir, il n'en dépasse pas les bords (fig. 82).

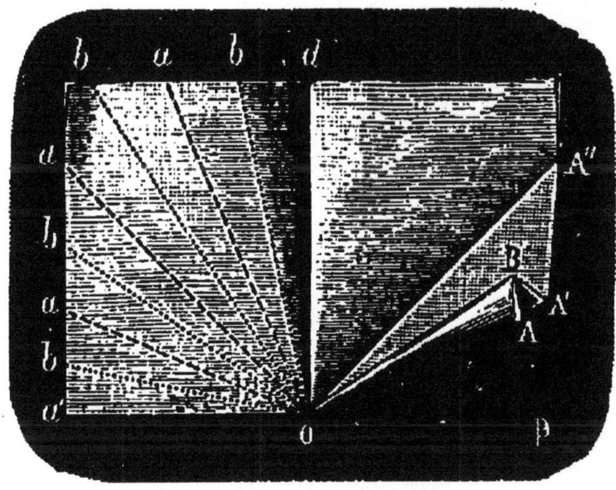

Fig. 80. — Plissage d'un filtre.

Les *filtres sans plis* sont utilisés pour recueillir tota-

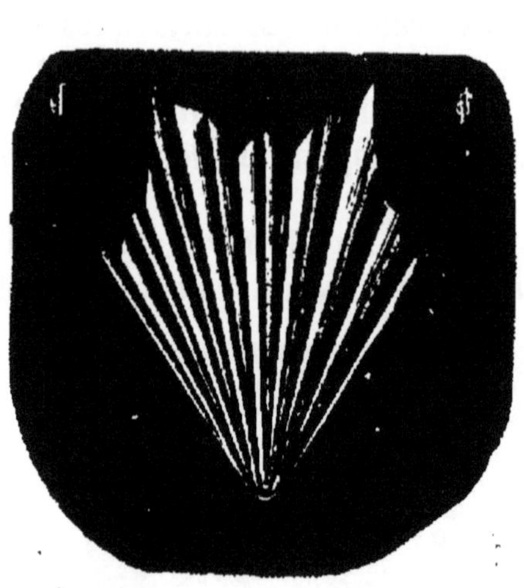

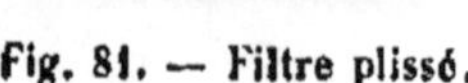

Fig. 81. — Filtre plissé.

Fig. 82. — Filtre à plis dans un entonnoir doublé.

lement et pour laver complètement le précipité. On les obtient en pliant une feuille de papier sur elle-même, puis une seconde fois suivant une direction perpendiculaire à la première; on coupe circulairement, en prenant pour centre le sommet de l'angle des deux plis rectangulaires (fig. 83).

Fig. 83. — Filtre sans plis.

Les supports des filtres sont les *entonnoirs*, ordinairement en verre; les uns sont *unis* : l'entonnoir *ordinaire* (fig. 84) ou l'entonnoir *allongé* (fig. 85); d'autres sont munis d'une *boule* (fig. 86) destinée à recevoir de l'amiante, de la laine de verre ou du coton; d'autres sont *spiralés* (fig. 87) ou *cannelés* (fig. 88) pour permettre un écoulement plus rapide des liquides. On les place sur des *supports en bois*, en *porcelaine* (fig. 89), en *fer*, etc.

Pour soutenir un filtre volumineux dans un entonnoir

Fig. 84. — Entonnoir ordinaire.

Fig. 85. — Entonnoir allongé.

Fig. 86. — Entonnoir à boule.

large, tout en évitant que le papier se brise, on *double* cet

Fig. 87 et 88. — Entonnoirs cannelé et spiralé.

entonnoir en plaçant au fond un petit entonnoir (fig. 82) qui soutient la pointe du filtre.

Fig. 89. — Support pour filtre.

Pour les *filtres sans plis*, on emploie généralement les *entonnoirs cannelés*; toutefois, on peut se servir des entonnoirs unis dont l'angle est d'environ 60°, à la condition de donner au filtre un angle plus grand que celui de l'entonnoir, comme en *abc* (fig. 90), de sorte que le passage reste libre en *a*; au contraire, il ne faut pas, comme en *a'b'c'* (fig. 91), que l'angle du filtre soit plus petit que celui de l'entonnoir, ce qui empêcherait l'écoulement du liquide. Le filtre doit être plus petit que l'entonnoir de un demi à un centimètre.

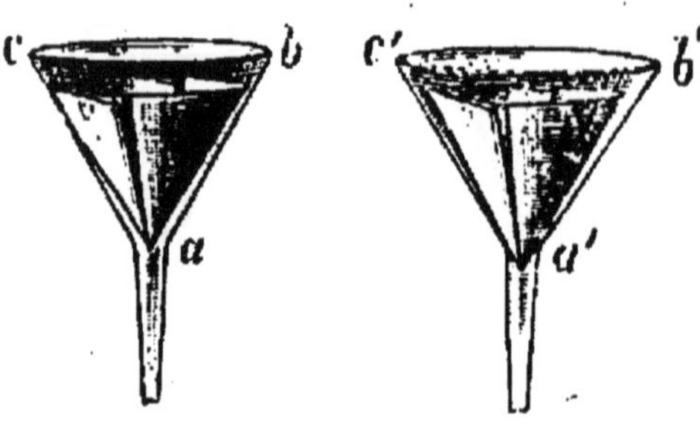

Fig. 90 et 91. — Filtres sans plis bien et mal disposés.

Une élévation de la température facilite et améliore beaucoup la filtration; aussi, on chauffera le liquide toutes les fois qu'il n'y aura pas de contre-indication. Pour éviter que le liquide se refroidisse, et laisse déposer certains éléments, on entoure l'entonnoir de verre au moyen

Fig. 92.
Appareil à filtration chaude.

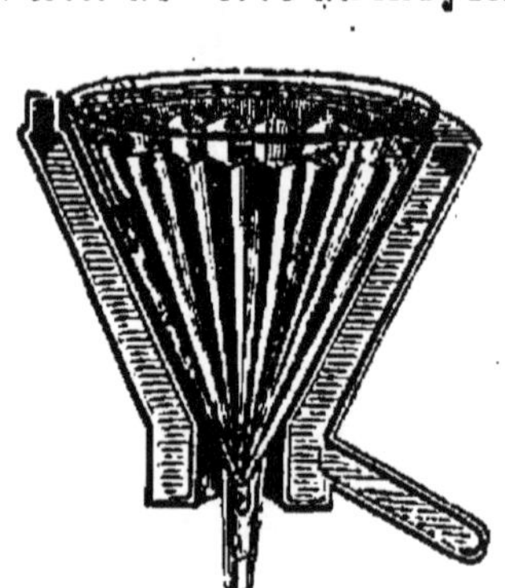

Fig. 93. — Coupe de l'appareil à filtration chaude.

d'un *entonnoir* en cuivre *à double enveloppe* (fig. 92) portant un appendice métallique que l'on chauffe.

Les liquides passant à travers les pores des filtres sous l'influence d'une force mesurée par la pression exercée sur le filtre par le liquide, c'est-à-dire par une force très faible, la filtration est parfois très longue. Pour l'activer, on diminue la pression au-dessous du filtre en se servant d'*entonnoirs à douille capillaire longue* (fig. 94) ou *bouclée* (fig. 95), soudée ou ajoutée au moyen d'un tube de caoutchouc; le liquide filtré forme une colonne liquide dont le poids détermine une succion.

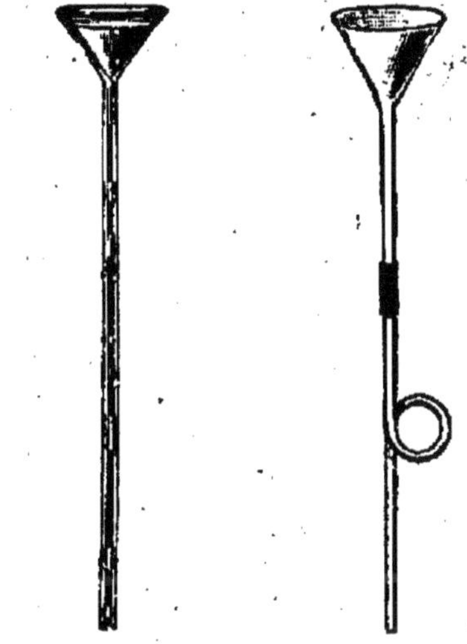

Fig. 94. — Entonnoir à longue douille. Fig. 95. — Entonnoir à douille bouclée.

La diminution de pression, produite par une *trompe* (fig. 98), permet d'accélérer beaucoup la filtration. On met

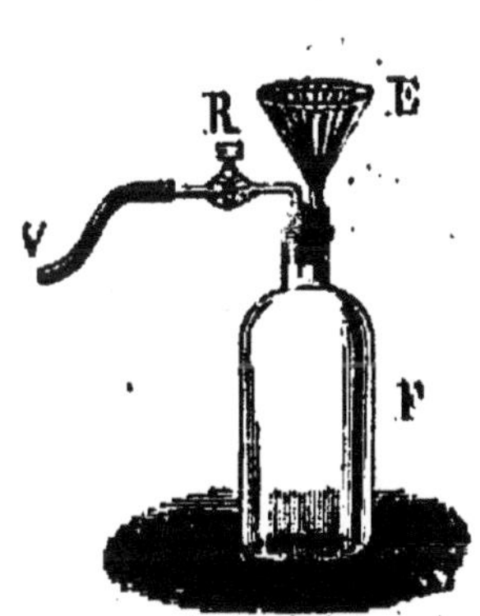

Fig. 96. — Filtration avec succion.

Fig. 97. — Fiole conique en verre épais pour filtration à la trompe.

le filtre dans un entonnoir E (fig. 96), dont la douille passe dans l'un des trous d'un bouchon en caoutchouc à deux trous, fermant l'ouverture d'un poudrier; dans le second trou du bouchon, passe un tube recourbé à angle droit, muni d'un robinet qui, par un tube en caoutchouc épais, met le poudrier en communication avec la trompe.

On se sert de préférence d'une *fiole conique en verre épais* (fig. 97), munie d'une tubulure latérale; la douille de l'entonnoir est fixée dans le col au moyen d'un bouchon en caoutchouc à un trou; la tubulure latérale est

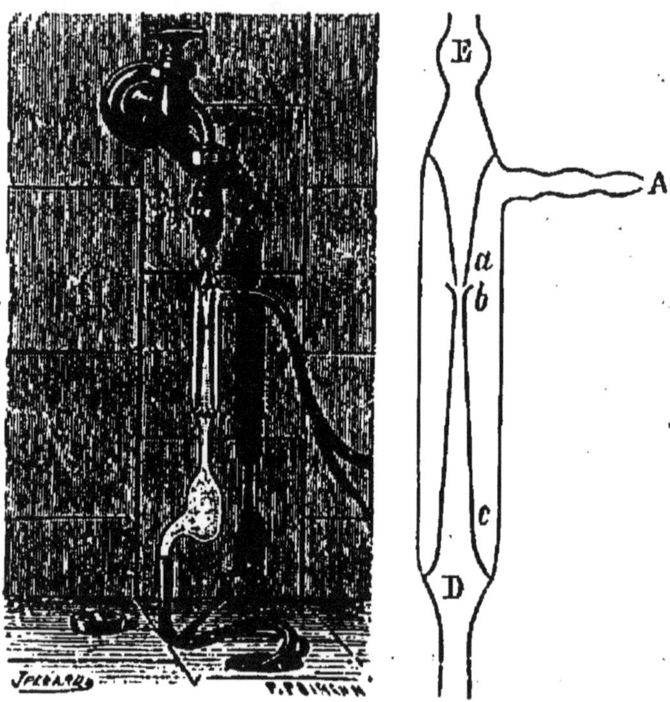

Fig. 98. — Trompe à vide et coupe de la trompe à vide.

reliée à la *trompe à vide* (fig. 98) à l'aide d'un tube de caoutchouc épais.

Pour les filtrations à la trompe, on se sert rarement des filtres à plis (fig. 99), car l'air pénètre trop rapidement entre les plis et empêche la dépression d'être suffisante; il est préférable d'employer les filtres sans plis, en ayant la précaution de les humecter avec de l'eau distillée, de les renforcer à la partie inférieure, de les appliquer très exactement sur les parois de l'entonnoir.

La pointe du filtre, n'étant pas soutenue par les parois de l'entonnoir, serait exposée à se briser sous l'influence de la diminution de pression ; on la *renforce* en plaçant au fond de l'entonnoir un petit *cône de platine* B (fig. 100). Pour faire ce cône de platine, on prend une feuille très mince, on la coupe en lui donnant la forme A, figurée ci-contre en grandeur naturelle ; on pratique une coupure *ba* allant exactement jusqu'au centre *a*, on roule cette feuille sur elle-même en rentrant l'un des bords *bc* ou *bd* à l'intérieur (fig. 99).

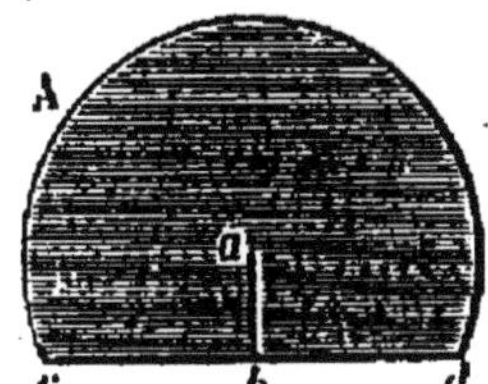

Fig. 99 et 100. — Cône en platine pour filtration dans le vide.

On peut encore employer des filtres en papier durci, ou remplacer le cône de platine par un cône fait de la même manière avec du parchemin, du papier parchemin, de la toile de soie à tamis, ou plus simplement de la tarlatane.

LAVAGE DU PRÉCIPITÉ. — Le lavage d'un précipité doit être précédé d'un *lavage par décantation*, destiné à faciliter l'élimination des substances salines en dissolution dans le dissolvant. La précipitation étant faite dans un vase à précipiter cylindrique ou conique, on laisse déposer le précipité ; on décante sur un filtre le liquide clair, aussi complètement que possible, avec les précautions déjà indiquées (p. 40), si on ne veut pas perdre du précipité ; on délaye le précipité avec de l'eau distillée en agitant ; on laisse déposer et on décante de nouveau. Le calcul montre qu'après plusieurs décantations, la proportion des substances salines restées en dissolution est très faible ; par exemple, après le quatrième lavage d'un précipité, en laissant 1/10 du volume à chacune des décantations, le liquide contient seulement 1/10000 des substances salines en solution dans le liquide primitif.

Il est préférable d'effectuer *à chaud* ces lavages par décantation, car les substances salines se diffusent plus rapidement, le dépôt se fait plus vite dans un liquide plus mobile, les gaz étant chassés ne soulèvent pas dans le liquide des parcelles du précipité.

Le lavage par décantation étant jugé suffisant, on entraine tout le dépôt sur le filtre, on le laisse égoutter

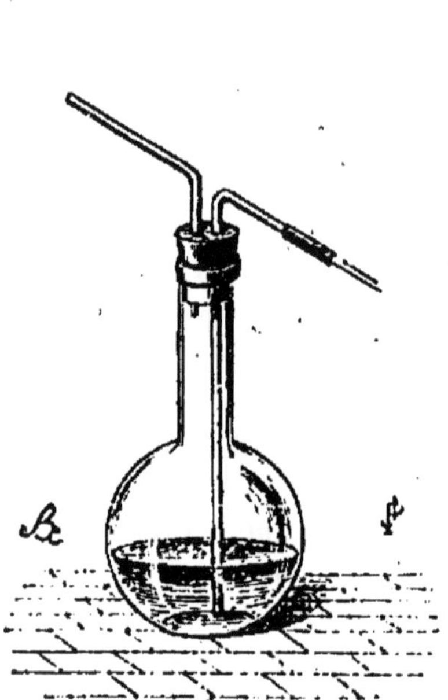

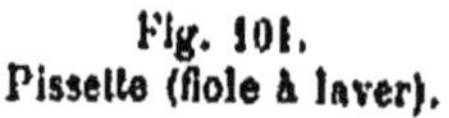

Fig. 101.
Pissette (fiole à laver).

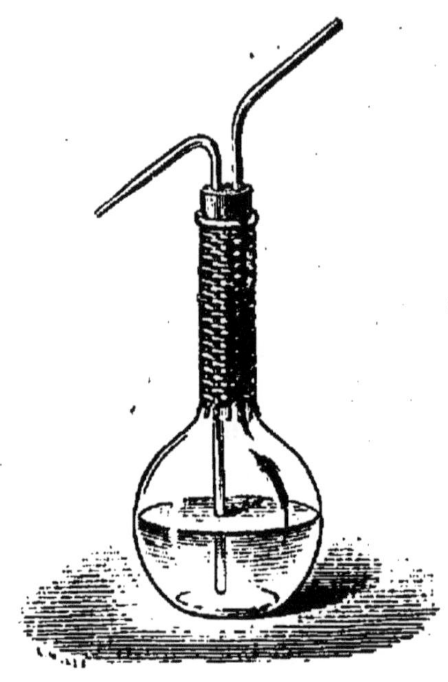

Fig. 102.
Pissette pour lavages à chaud.

complètement avant d'ajouter de l'eau distillée au moyen d'une *pissette* (fig. 101) ou *fiole à jet* (ou à laver), permettant d'avoir un jet assez fort pour détacher les parcelles de substance adhérentes aux parois du filtre. Pour effectuer les lavages avec de l'eau bouillante, on chauffe l'eau dans une pissette dont le col est entouré d'un tissu d'*osier* ou de *cordes* (fig. 102), ou d'une feuille de liège. En soufflant par l'extrémité libre du tube courbé à angle obtus, on exerce sur le liquide une pression qui le fait monter dans le tube vertical et s'échapper par l'extrémité effilée ; en soufflant plus ou moins fort, on règle la force du jet.

Lorsque le précipité ne se dépose pas ou se sépare trop lentement, on le recueille sur le filtre, où on le lave, de préférence par aspiration. Il faut avoir bien soin de verser sur le filtre seulement une petite quantité d'eau et d'attendre, pour en ajouter de nouveau, que l'égouttage soit complet.

Si le lavage est très lent, on fait un *lavage continu*, en alimentant l'eau contenue sur le filtre à l'aide d'un flacon de Mariotte (fig. 103) ; le niveau du liquide dans le filtre E est réglé par le tube droit *ab* ; il est sur un plan horizontal *bb'*, passant par l'extrémité inférieure du tube droit *ab* par lequel l'air pénètre dans le flacon M.

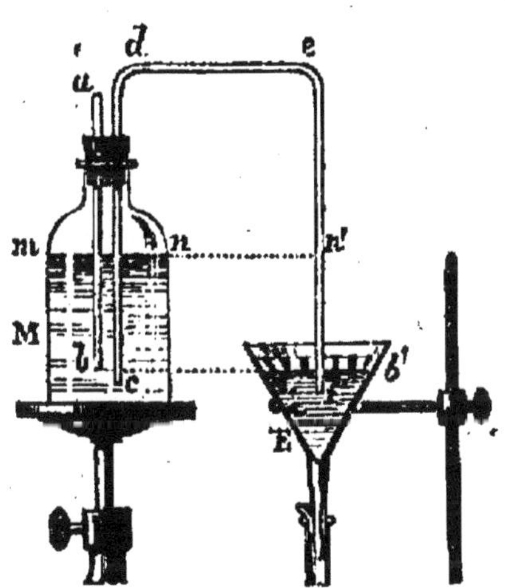

Fig. 103.
Lavage continu.

Fig. 104. — Étuve à double enveloppe.

L'eau passe du flacon M sur le filtre E par le tube *cdef*.

DESSICCATION. — Cette opération, très importante pour l'analyse chimique quantitative, est beaucoup moins utilisée en analyse qualitative. Elle a pour but d'évaporer un liquide encore adhérent à un corps solide, en particulier à un précipité recueilli sur un filtre.

Lorsque la substance n'est pas altérable à 110°, on la chauffe dans une *étuve de fonte à double enveloppe* (fig. 104), dont la température est réglée à 110°, ou dans l'*étuve de*

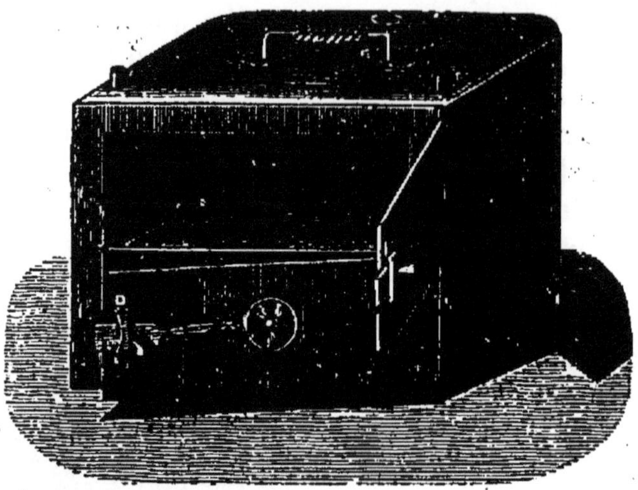

Fig. 105. — Étuve de Gay-Lussac.

Gay-Lussac en cuivre rouge (fig. 105) à eau ou à huile.

L'étuve électrique de Regaud et Fouilland (fig. 106)

Fig. 106. — Étuve électrique de Regaud et Fouilland.

Fig. 107. Vase à dessécher.

permet d'opérer la dessiccation à une température quelconque, inférieure à 100°, dans un courant d'air ou en présence de l'acide sulfurique.

Si la substance est altérable à 110°, on fait la *dessiccation* à la température du laboratoire, *en présence de l'acide sulfurique*, dans des *dessiccateurs*, à la pression ordinaire (fig. 107-108) ou *dans le vide* (fig. 109).

On peut encore effectuer la dessiccation dans

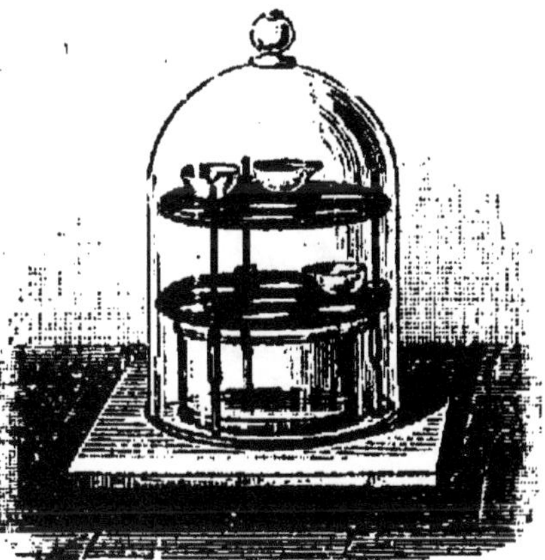

Fig. 108.
Cloche à dessécher.

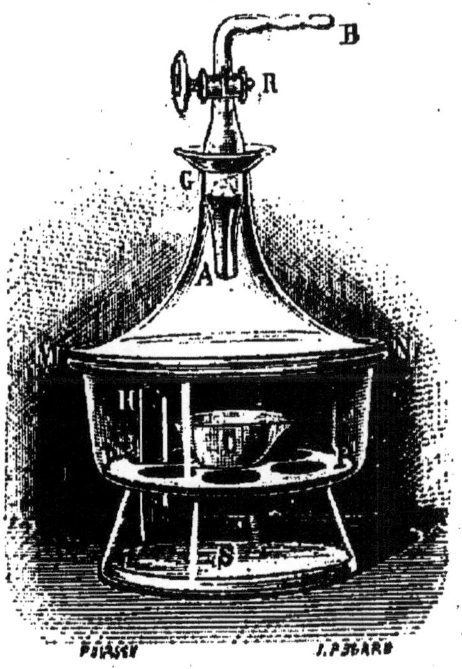

Fig. 109. — Vase à dessécher dans le vide.

un courant d'air sec, par exemple avec l'*appareil de Florence*, permettant d'opérer dans le vide aussi bien que dans un courant gazeux.

CALCINATION. — Utilisée surtout en chimie analytique quantitative, cette opération s'exécute par les méthodes et à l'aide des appareils déjà indiqués (p. 14).

Plus spécialement, dans l'analyse qualitative, la calcination d'un précipité a pour but d'obtenir un corps solide sec, de lui faire subir un grillage à l'air, d'éliminer certains éléments volatils, de faire subir à la substance une modification déterminée.

Pour calciner un précipité recueilli sur un filtre, on

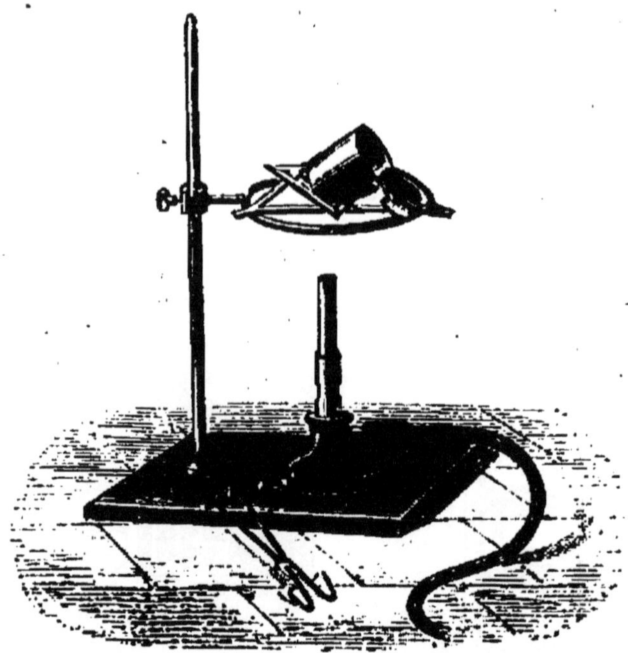

Fig. 110. — Calcination d'un précipité.

dessèche le filtre et son contenu ; on fait tomber ce précipité sur un verre de montre (fig. 111) en le détachant délicatement, on incinère le filtre dans un creuset de platine ou de porcelaine, puis on chauffe la substance au rouge, après l'avoir mise dans le creuset.

Fig. 111. Verre de montre.

INCINÉRATION. — L'incinération (p. 17) d'une substance est une calcination à l'air, destinée à brûler les matières organiques. Le précipité, placé dans un creuset en platine ou en porcelaine, sur une lame de platine ou un fragment de porcelaine, est chauffé dans un four à moufle (fig. 27) ou dans la flamme du brûleur Bunsen. Le résidu contient les matières minérales dont on veut faire l'analyse.

ÉVAPORATION. — Par cette opération, qui est une des plus fréquentes, on se propose, soit de concentrer des liquides trop dilués, soit d'éliminer complètement l'eau ou les liquides volatils tenant en dissolution des substances fixes, pour avoir un résidu solide. On conserve seulement la partie la moins volatile.

L'évaporation dans une capsule peut se faire à feu nu, avec interposition d'une toile métallique (fig. 70), mais seulement lorsque le liquide est très étendu et les substances non altérables; dès que le liquide est un peu concentré, surtout si l'évaporation doit se faire à siccité, il est indispensable d'évaporer au *bain d'eau* ou *bain-marie* (fig. 112), formé d'un récipient métallique tel qu'une marmite, une bassine, une casserole, etc., contenant de l'eau chauffée à l'aide d'un fourneau ou d'un brûleur Bunsen. Le récipient dans lequel on met le liquide à évaporer est soutenu par des *anneaux métalliques* de diamètres différents et décroissants, chacun d'eux reposant sur les bords intérieurs du précédent. Pour évaporer ensemble le contenu de plusieurs petites capsules, on met un couvercle percé de plusieurs trous, chacun d'eux pouvant être obturé par un couvercle.

Fig. 112. — Bain-marie.

Il est indispensable de remplacer l'eau qui s'évapore peu à peu du bain-marie; pour éviter un oubli de la part de l'opérateur, on se sert de bains-marie dans lesquels le niveau se maintient *automatiquement* à une hauteur constante, dits *bains-marie à niveau constant* (fig. 113).

Fig. 113. — Bain-marie à niveau constant.

Pour chauffer le récipient, dans lequel se fait l'évaporation, à une température supérieure à celle de l'ébullition de l'eau, on se sert de *bains de sable*, plus rarement de *bains d huile* ou de *paraffine*.

Les récipients employés pour les évaporations sont: les *capsules de porcelaine* ou *de platine*, les *verres de montre*; parfois les *creusets de porcelaine* ou *de platine* lorsque l'évaporation doit être suivie d'une calcination. Les liquides contenant des alcalis caustiques seront évaporés dans des *capsules d'argent*. Les *capsules de nickel* seront réservées pour l'évaporation des liquides absolument neutres, sans action sur le nickel.

DISTILLATION. — Pour séparer un liquide volatil d'une substance fixe, ou moins volatile que ce liquide, on fait usage de la *distillation*, quand on tient à conserver le liquide. Un *appareil distillatoire* se compose toujours de trois parties : 1° un récipient dans lequel on *chauffe* le liquide à distiller : les ballons (fig. 53) et les cornues ordinaires ou tubulées, sont les récipients les plus employés ; — 2° un appareil destiné à *refroidir* ces vapeurs et à les condenser à l'état liquide : une allonge, le col d'un ballon bitubulé à long col (fig. 114), les serpentins, le réfrigérant

Fig. 114. — Appareil distillatoire : cornue et ballon tubulé.

de Liebig en verre (fig. 115) ou en métal. Celui-ci est composé d'un long tube de verre TT' entouré d'un man-

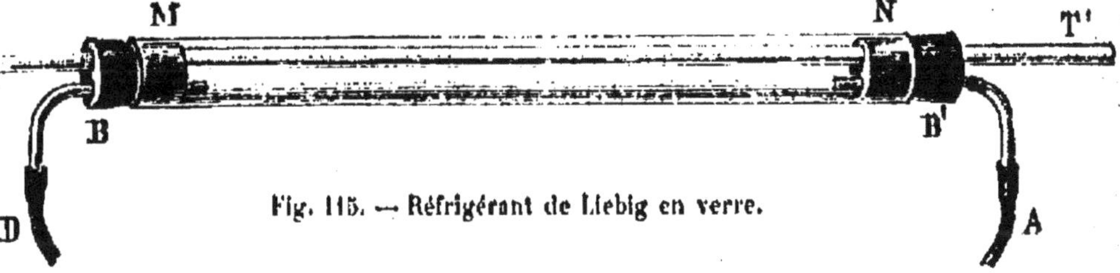

Fig. 115. — Réfrigérant de Liebig en verre.

chon MN dans lequel circule un courant d'eau par les tubes A et D; il s'adapte à un ballon V comme l'indique la figure 116; — 3° un récipient pour *recueillir* le liquide.

Pour déterminer le *point d'ébullition* d'un liquide, afin de le caractériser, on se sert d'un ballon de verre V, dans lequel on introduit le liquide (fig. 116); ce ballon est fermé par un bouchon à deux trous : dans l'un passe un thermomètre T, dont le réservoir est placé à 2 ou 3 centimètres au-dessus du liquide, dans l'autre est fixé un tube *t* recourbé à angle aigu, communiquant avec le réfrigérant RR'.

DIALYSE. — On emploie la *dialyse* pour séparer des substances dans une même dissolution. Elle est basée sur la diffusion des corps dissous à travers les membranes humides.

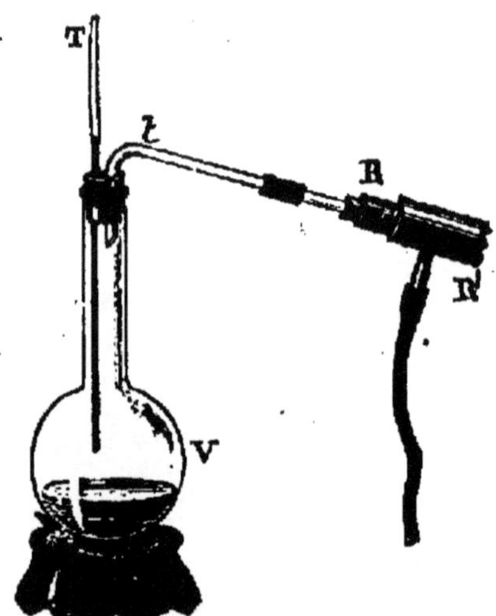

Fig. 116. — Appareil distillatoire pour déterminer la température d'ébullition.

Fig. 117. — Dialyseur.

Les *cristalloïdes*, c'est-à-dire les corps cristallisant facilement, comme les sels, traversent ces membranes, tandis que les *colloïdes* (albumine, silice, gommes, dextrines, tannin, etc.) ne les traversent sensiblement pas.

Pour faire une dialyse, on se sert d'un *dialyseur* (fig. 117), composé d'un anneau de verre cylindrique *mnpq*, évasé à la partie supérieure et terminé en bas par un bourrelet destiné à fixer un papier parchemin *np*, qu'on attache solidement, que l'on tend fortement, après l'avoir rendu souple et extensible par un séjour dans l'eau, d'environ une heure. Le liquide étant versé au-dessus de la membrane, on place le dialyseur dans un cristallisoir *cc'*, contenant de l'eau distillée, que l'on change de temps en temps.

CRISTALLISATION. — Cette opération a pour but de séparer, d'une dissolution, les corps solides sous forme de *cristaux*, c'est-à-dire de solides réguliers dans lesquels les molécules sont orientées d'une certaine façon, caractéristique de l'état cristallin.

Pour que les molécules puissent s'orienter, il faut que le dépôt de matière se fasse très lentement, que le passage de l'état liquide à l'état solide soit pour ainsi dire insensible. La chimie analytique qualitative retirerait un très grand profit de l'examen des cristaux, obtenus par cristallisation, si cette opération n'était pas aussi longue.

Pour faire cristalliser des corps solides, on opère par refroidissement ou par évaporation, dans un récipient de verre appelé *cristallisoir* (fig. 118). Dans le premier cas, on verse une dissolution chaude, le solide cristallise par refroidissement. Dans le second cas, on laisse évaporer une dissolution saturée, en ayant soin de maintenir une température peu élevée et aussi fixe que possible ; l'étuve électrique de Regaud et Fouilland (fig. 106), permettant d'avoir une température fixe à un dixième de degré près, remplit très bien ces conditions.

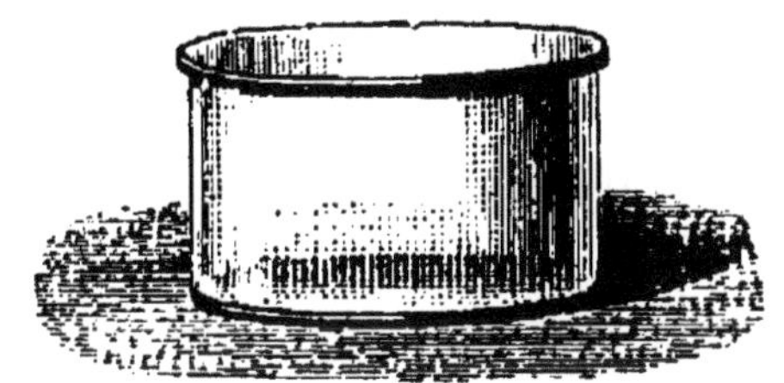

Fig. 118. — Cristallisoir.

ESSAIS MICROCHIMIQUES. — L'examen microscopique de certains *précipités cristallins* permet de caractériser un grand nombre d'éléments. On cherche à produire, en opérant sur des fractions de milligramme de substance, des réactions se traduisant par la formation, sous l'objectif du microscope, de cristaux microscopiques. Ces essais, combinés aux méthodes analytiques, peuvent rendre de très grands services, grâce à la *sensibilité*, à la *rapidité* et à la *netteté* d'un certain nombre de réactions.

Pour examiner les précipités, on se sert d'un *microscope ordinaire*, ou mieux d'un *microscope polarisant*; le grossissement pourra varier de 100 à 200 diamètres, et sera produit surtout par l'oculaire, afin de maintenir l'objectif à une assez grande distance du porte-objet.

Les *supports* seront des *lamelles de verre* et des *lamelles couvre-objet*, pouvant être portées à une température d'environ 300° sans se briser. Si l'on doit opérer en présence d'acide fluorhydrique ou d'un fluorure en présence d'un acide, on recouvre les lamelles avec du baume de Canada.

Pour transporter les liquides, on se sert de petites *pipettes* en verre, formées en étirant à la lampe des tubes à gaz d'environ 5 millimètres de diamètre. Elles devront abandonner sur la lamelle porte-objet des gouttes de un milligramme, formant chacune un cercle parfait de 3 millimètres de diamètre. Des *fils de platine* ou *de verre* terminés par une boucle, serviront à transporter les corps solides.

Par des procédés très simples et délicats, on prépare la matière en la séparant des corps étrangers, on la dissout dans l'eau, ou on l'attaque au moyen des acides; on peut même faire des filtrations, des décantations, des concentrations, des évaporations, des dessiccations sur la lamelle porte-objet.

Les réactions auront lieu généralement sur la lamelle porte-objet ; pour cela, on dépose bord à bord une goutte de la solution à essayer et une goutte du réactif, puis on les réunit par un étroit canal en se servant du fil de platine ou de verre, afin que le mélange s'effectue lentement, pour avoir de gros cristaux.

DEUXIÈME PARTIE

RÉACTIFS

DÉFINITION. — Les ***réactifs*** sont des substances susceptibles, quand elles sont mises en contact avec un produit à analyser, de déterminer des *réactions* propres à manifester la présence ou l'absence de certains éléments ou composés.

On appelle ***réactions*** des changements d'état ou des phénomènes qui frappent les sens.

Les *réactifs* employés pour l'analyse chimique *doivent être chimiquement purs*, c'est-à-dire renfermer uniquement et exclusivement les éléments qui doivent entrer dans leur constitution et ne pas contenir de substances inconnues. Aussi, est-il indispensable d'essayer au préalable les réactifs qui seront utilisés pour l'analyse chimique, afin de s'assurer qu'ils ne contiennent pas d'impuretés.

En général, les produits purs commerciaux peuvent être employés, après avoir constaté, par un *essai préalable*, qu'ils ne contiennent aucune matière étrangère. Cet essai se réduira généralement à la vérification d'un certain nombre de caractères et à la recherche des impuretés provenant du mode de préparation des réactifs.

La ***concentration*** d'un réactif doit être connue, afin que le chimiste puisse se rendre compte de la quantité de substance qu'il est nécessaire d'ajouter, pour précipiter ou pour dissoudre totalement un élément, sans craindre de mettre un trop grand excès de réactif. La présence d'un excès peut changer totalement la nature du liquide et empêcher souvent la production de réactions qui s'effectueraient facilement avec une quantité convenable du réactif.

Pour éviter ces erreurs, il faut se rendre compte des réactions que l'on produit, toutes les fois que l'on fait agir un réactif; de plus, comme les lois chimiques régissent les combinaisons ou décompositions, il est fort utile de savoir approximativement le poids moléculaire du sel dissous dans le réactif, afin d'en mettre une quantité convenable. Il est utile d'indiquer sur l'étiquette du flacon renfermant un sel dissous, le poids moléculaire du sel, ainsi que la concentration de la dissolution. Si ce n'étaient les difficultés provenant de la solubilité des sels, on aurait avantage à faire des dissolutions contenant, sous le même volume, une molécule du sel.

Les deux exemples suivants montrent combien il est importa ' d'avoir quelques notions sur le poids moléculaire des sels en dissolution.

1° Soit à précipiter, par le carbonate de sodium, le baryum d'une dissolution d'azotate de baryum. La réaction est la suivante :

$$(AzO^3)^2Ba + CO^3Na^2 = CO^3Ba + 2AzO^3Na$$

Elle se passe entre une molécule d'azotate de baryum, $(AzO^3)^2Ba$, dont le poids moléculaire est 261, et du carbonate de sodium, $CO^3Na^2 + 10H^2O$, dont le poids moléculaire est 286. Approximativement, les deux solutions se neutraliseront volume à volume, si leur concentration est la même, 10 p. 100 par exemple.

2° Soit à précipiter l'azotate mercureux par l'acide chlorhydrique :

$$(AzO^3)^2Hg^2 + 2HCl = Hg^2Cl^2 + 2AzO^3H$$

Le poids moléculaire de l'azotate mercureux, $(AzO^3)^2Hg^2 + 2H^2O$, est 560; la solution ordinaire est à 10 p. 100, par conséquent une molécule est contenue dans 5 600 centimètres cubes. D'autre part, la solution ordinaire d'acide chlorhydrique, de densité 1,18 (22° Baumé), contient 35,3 p. 100 de HCl, c'est-à-dire à peu près une molécule dans 100 centimètres cubes, soit deux molécules dans 200 centimètres cubes.

Pour précipiter, à l'état de calomel, tout le mercure des 5 600 centimètres cubes, il suffira d'ajouter 200 centimètres cubes d'acide chlorhydrique; ou encore 1 centimètre cube de cet acide chlorhydrique précipitera 28 centimètres cubes de la solution d'azotate mercureux à 10 p. 100.

Le débutant, qui aura versé dans cette solution un volume égal d'acide chlorhydrique, aura changé complètement la nature du liquide, et s'il ajoute ensuite un peu d'ammoniaque destinée à transformer le calomel blanc en oxyde mercureux noir, il n'obtiendra ce changement de couleur qu'à la condition de neutraliser d'abord l'acide chlorhydrique par une grande quantité d'ammoniaque.

CLASSIFICATION DES RÉACTIFS

1° *Dissolvants neutres.*
2° *Acides.*
3° *Bases.*
4° *Corps simples.*
5° *Sels employés en dissolution.*
6° *Sels utilisés à l'état solide.*
7° *Matières colorantes.*
8° *Papiers réactifs.*
9° *Réactifs spéciaux.*

I. — DISSOLVANTS NEUTRES

L'*eau distillée* est le dissolvant neutre par excellence, celui qui sert de véhicule à tous les réactifs employés dans l'analyse par voie humide. Les autres dissolvants neutres sont assez rarement employés. Généralement les produits commerciaux sont assez purs.

EAU DISTILLÉE, $H^2O = 18$.

Essai. — L'eau distillée doit être incolore, limpide, inodore, neutre aux papiers réactifs, et ne pas laisser de résidu après évaporation sur une lame de platine.

Aucun changement ne doit être produit par l'addition des réactifs suivants : sulfure d'ammonium (fer, plomb, cuivre), eau de baryte (acide carbonique), chlorure de baryum en présence de l'acide chlorhydrique (sulfates), azotate d'argent (chlorures), oxalate d'ammonium (chaux), réactif de Nessler (ammoniaque), permanganate de potassium à chaud (matières organiques), réactifs des azotites et des azotates.

Usages. — L'eau est le *dissolvant par excellence* d'un grand nombre de sels ; c'est au sein de l'eau que se passent la plupart des réactions de l'analyse chimique.

Elle sert parfois à obtenir des *précipités* dans les solutions alcooliques, à *dissocier* certains sels (bismuth, antimoine) en sels basiques insolubles.

ALCOOL, $C^2H^6O = 46$.

Essai. — L'alcool doit être incolore, complètement volatil, neutre au papier de tournesol, ne pas se troubler après addition d'eau. Evaporé sur un linge ou dans la main, il ne doit pas laisser d'odeur ; l'acide sulfurique à 60° ne colore pas l'alcool pur. L'alcool étendu d'eau ne doit pas donner de précipité ou de coloration par : le sulfure d'ammonium, le chlorure de baryum, l'azotate d'argent.

On utilise l'alcool absolu, l'alcool à 90°-95°, l'alcool à 80°.

Usages. — L'alcool est employé pour : 1° séparer certains corps solubles dans l'alcool d'autres substances insolubles, les deux corps se dissolvant dans l'eau (séparation du calcium dont l'azotate est soluble dans l'alcool absolu, et du strontium dont l'azotate est insoluble) ; on emploie surtout pour ces séparations un mélange d'alcool absolu et d'éther anhydre ; 2° insolubiliser certains sels (sulfate de calcium, chloroplatinate de potassium, etc.) ; 3° former des éthers avec les acides organiques (acétique, formique, etc.), en présence de l'acide sulfurique ; 4° reconnaître des substances solubles dans l'alcool et communiquant à sa flamme une coloration (acide borique, etc.) ; 5° opérer certaines réductions (acide chromique réduit en sesquioxyde de chrome, etc.), généralement en présence de l'acide sulfurique ; 6° séparer un grand nombre de matières organiques.

ALCOOL MÉTHYLIQUE, $CH^4O = 32$.

Remplace l'alcool ordinaire pour quelques usages, surtout pour mettre en évidence l'acide borique, par coloration de la flamme. L'alcool méthylique pur du commerce est suffisant. Il doit être neutre au tournesol.

ALCOOL AMYLIQUE, $C^5H^{12}O = 88$.

Liquide incolore, presque insoluble dans l'eau, employé surtout pour dissoudre des matières colorantes ou colorées et les enlever à une dissolution aqueuse, ou pour séparer des matières organiques.

HYDROCARBURES.

Éther de pétrole ; ligroïne ou essence de pétrole, carbures saturés en C^nH^{2n+2}. — **Benzène,** $C^6H^6 = 78$. — **Toluène,** $C^7H^8 = 92$. — Ces carbures d'hydrogène sont utilisés pour dissoudre et séparer un grand nombre de substances organiques.

SULFURE DE CARBONE, $CS^2 = 76$.

Pour le purifier (Chenevier), on lui ajoute un léger excès de brome ($0^{cc},5$ par litre) ; après cinq à six heures de contact, on agite avec de la soude étendue jusqu'à décoloration complète, on décante, on lave à l'eau distillée, on filtre, on laisse en contact avec du chlorure de calcium fondu et on filtre de nouveau. Ses vapeurs étant très inflammables, il ne faut pas l'approcher d'une flamme.

Il ne doit pas colorer le sulfate de plomb (soufre).

On l'emploie comme dissolvant des matières organiques, de l'iode, du brome, etc.

ÉTHER ÉTHYLIQUE, $(C^2H^5)^2O = 74$.

On emploie ordinairement l'éther à 65°. Si l'on veut avoir de l'*éther anhydre*, on met l'éther à 65° en contact, pendant plusieurs jours, avec des morceaux de sodium bien décapés ; quand il ne se dégage plus d'hydrogène, on distille au bain-marie.

Les vapeurs d'éther sont très inflammables.

Il sert à insolubiliser certains sels, à dissoudre et à enlever à l'eau quelques corps, tels que l'acide perchromique, l'iode, etc., à dissoudre beaucoup de matières organiques.

CHLOROFORME, $CHCl^3 = 119,5$.

Le produit commercial est suffisamment pur.

Il est employé pour enlever à une dissolution aqueuse,

le brome, l'iode, certaines matières colorantes, etc. Il dissout un grand nombre de substances organiques.

Ces dissolvants doivent présenter les caractères suivants :

1° Être neutres aux papiers réactifs ;

2° Se volatiliser sans résidu ;

3° Après évaporation, ne pas laisser d'odeur ;

4° Ne pas donner de trouble laiteux par l'eau (alcool) ;

5° L'addition d'acide sulfurique ne doit pas produire de coloration ;

6° L'azotate d'argent, le chlorure de baryum, doivent être sans action.

II. — ACIDES

ACIDE CHLORHYDRIQUE, $HCl = 36,5$.

L'acide chlorhydrique fumant pur est une solution aqueuse de densité 1,18 (22° Baumé) ; il contient 35,4 p. 100 de HCl. On l'emploie étendu de deux fois son volume d'eau.

Essai. — Il doit être incolore ; additionné de huit à dix fois son volume d'eau, il ne doit pas précipiter par le chlorure de baryum (acide sulfurique), par l'hydrogène sulfuré (arsenic, plomb, etc.), par le sulfure d'ammonium après neutralisation avec un excès d'ammoniaque (fer) ; il ne doit pas décolorer l'indigo (chlore) ou l'iodure d'amidon (acide sulfureux).

Usages. — L'acide chlorhydrique sert à : 1° dissoudre un grand nombre de substances insolubles dans l'eau ; 2° aciduler les liquides à analyser ; 3° neutraliser les solutions alcalines ; 4° précipiter les métaux dont les chlorures sont insolubles ; 5° précipiter les substances dissoutes dans les bases, les sulfures, etc.

ACIDE SULFURIQUE, $SO^4H^2 = 98$.

L'acide sulfurique pur à 66° (densité, 1,85) est employé à cet état ou étendu de dix fois son volume d'eau. Quand on mélange l'acide sulfurique et l'eau, il se produit un grand dégagement de chaleur; aussi, faut-il avoir soin de verser l'acide dans l'eau, en agitant, et surtout, *ne jamais ajouter de l'acide sulfurique concentré à un liquide chaud.* En ne prenant pas ces précautions, le dégagement de chaleur fait bouillir brusquement le liquide et peut le projeter sur l'opérateur.

Essai. — L'acide sulfurique pur, étendu d'eau, ne doit pas précipiter par l'azotate d'argent (chlore), par l'hydrogène sulfuré (plomb); l'appareil de Marsh ne doit pas déceler de l'arsenic; il doit se volatiliser sans résidu (sulfates de plomb, de calcium); il ne doit contenir ni chlore, ni composés oxygénés de l'azote, ni acide sulfureux.

Usages. — L'acide sulfurique est surtout employé pour: 1° dessécher les corps; 2° mettre en liberté un grand nombre d'acides volatils, en chauffant le sel sec avec de l'acide sulfurique; 3° dégager de l'hydrogène, de l'hydrogène sulfuré, etc.; 4° précipiter les sulfates insolubles; 5° aciduler; 6° décomposer quelques corps organiques; 7° produire des réactions colorées.

ACIDE AZOTIQUE, $AzO^3H = 63$.

On emploie ordinairement de l'acide pur à 36° Baumé (densité 1,3325), contenant 52,8 p. 100 de AzO^3H; on l'étend de son volume d'eau.

On utilise rarement l'acide azotique fumant normal, AzO^3H.

Essai. — L'acide azotique doit être incolore; l'hypoazotide (vapeurs rutilantes) le colore en jaune plus ou moins foncé. Etendu d'eau, il ne doit précipiter ni par l'azotate d'argent (acide chlorhydrique), ni par l'azotate de baryum (acide sulfurique).

Usages. — Agit comme : 1° dissolvant ; 2° oxydant.

EAU RÉGALE

On la prépare, *au moment de l'usage*, en mélangeant un volume d'acide azotique avec deux ou quatre volumes d'acide chlorhydrique, suivant l'action que l'on veut produire.

L'eau régale agit comme : 1° chlorurant ; 2° oxydant ; 3° dissolvant des métaux précieux, or, platine, etc., de substances inattaquables par les acides chlorhydrique et azotique seuls.

HYDROGÈNE SULFURÉ (acide sulfhydrique), $H^2S = 34$.

Gaz incolore, à odeur d'œufs pourris, un peu soluble dans l'eau (3l,23 dans 1 litre d'eau à 15°). La solution aqueuse contient *trop peu* d'hydrogène sulfuré pour être, dans la marche systématique de l'analyse, employée à la précipitation des métaux à l'état de sulfures ; *on doit faire passer un courant d'hydrogène sulfuré* pour obtenir une *précipitation complète*.

Préparation. — L'hydrogène sulfuré se prépare au moyen du sulfure de fer, sur lequel on fait réagir l'acide sulfurique à 10 p. 100, ou l'acide chlorhydrique additionné de son volume d'eau :

$$FeS + SO^4H^2 = SO^4Fe + H^2S$$

On se sert de l'appareil à préparation de l'hydrogène, ou mieux de l'appareil continu de Sainte-Claire-Deville, (fig. 119).

L'appareil de Kipp (fig. 120) permet aussi d'avoir de l'hydrogène sulfuré d'une manière intermittente ; il se compose d'un récipient B dans lequel on met d'abord quelques

Fig. 119. — Appareil continu de Sainte-Claire-Deville.

fragments de coke et au-dessus du sulfure de fer ; l'acide étendu est versé dans la boule AN terminée par un tube plongeant jusqu'au fond de la boule C. Lorsque l'acide arrive dans le récipient B, il se dégage de l'hydrogène sulfuré qui fait remonter le liquide acidulé dans la boule supérieure. En ouvrant le robinet R, le gaz se dégage, le liquide monte en N' et produit l'attaque. A la partie supérieure, un tube S adapté en M, contient de la soude caustique pour absorber l'hydrogène sulfuré qui pourrait se dégager. Une tubulure D sert à faire écouler le liquide acide épuisé.

Un petit appareil à fonctionnement intermittent (fig. 121), facile à construire au moyen d'un flacon B, d'un tube M et d'un robinet de verre R, permet d'avoir un faible dégagement.

Le gaz doit être lavé dans un flacon contenant de l'eau.

La dissolution s'obtient en faisant passer le gaz dans de l'eau distillée, contenue dans un flacon tubulé. Cette solution s'altère rapidement en présence de l'air, avec formation d'un précipité de soufre.

USAGES. — L'hydrogène sulfuré précipite un grand nombre de métaux à l'état de sulfures :

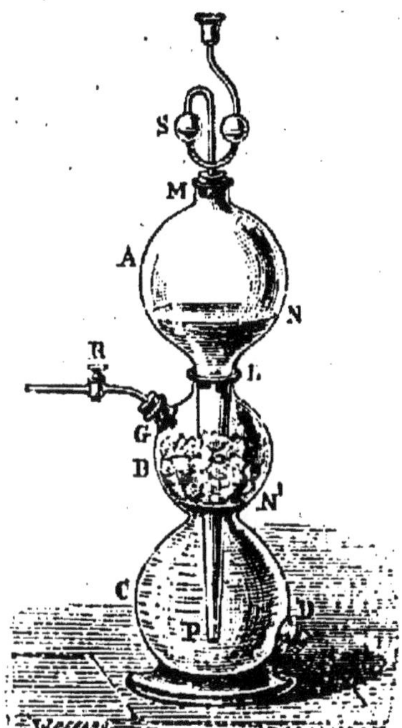

Fig. 120.
Appareil de Kipp.

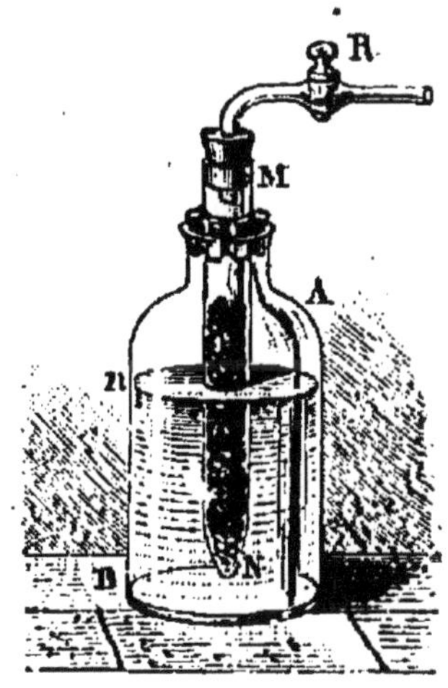

Fig. 121. — Appareil à fonctionnement intermittent.

$$(AzO^3)^2Pb + H^2S = PbS + 2AzO^3H$$

Il réduit les sels ferriques :

$$2FeCl^3 + H^2S = 2FeCl^2 + 2HCl + S$$

l'acide chromique, le permanganate de potassium, etc.

ACIDE SULFUREUX, $SO^3H^2 = 82$.

Solution aqueuse d'anhydride sulfureux, SO^2, faite dans de l'eau distillée, privée d'air par l'ébullition et refroidie. Comme cette solution s'altère rapidement au contact de l'air, par transformation de l'acide sulfureux en acide sulfurique, on doit la conserver dans de petits flacons bien bouchés et placés horizontalement.

Au moyen d'un siphon plein d'anhydride sulfureux liquide, que l'on trouve dans le commerce, on peut faire rapidement cette solution.

Usages. — On l'emploie comme réducteur énergique, pour réduire les arséniates, les chromates, les permanganates, les sels ferriques, etc.

ACIDE FLUORHYDRIQUE, $HFl = 20$.

La solution du commerce est suffisante. On doit le conserver dans des récipients en platine ou en gutta.

Il est employé seulement pour dissoudre la silice et les silicates.

ACIDE HYDROFLUOSILICIQUE, $2HFl,SiFl^4 = 124$.

On le prépare en faisant arriver du fluorure de silicium en contact avec de l'eau :

$$3SiFl^4 + 3H^2O = 2(H^2Fl^2, SiFl^4) + SiO^3H^2$$

Pour éviter que le tube abducteur se bouche, on fait

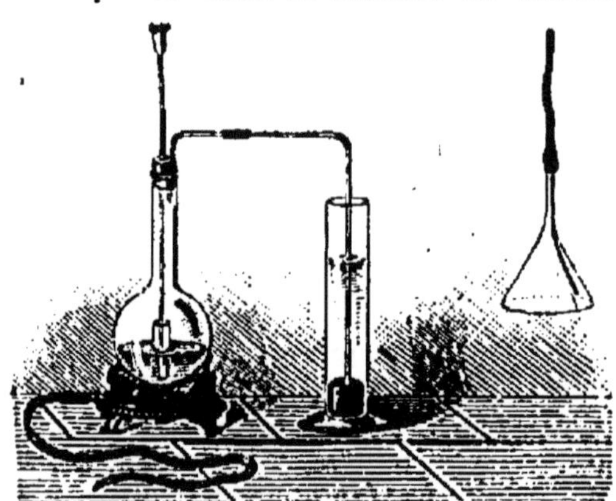

Fig. 122. — Préparation de l'acide hydrofluosilicique.

dégager le fluorure de silicium par un tube plongeant dans du mercure (fig. 122), ou dans un entonnoir de verre allongé, dont l'orifice plonge d'un centimètre dans de l'eau distillée.

L'acide hydrofluosilicique est employé pour séparer le baryum et précipiter le potassium.

ANHYDRIDE CARBONIQUE, $CO^2 = 44$.

Pour le préparer, on fait agir l'acide chlorhydrique sur le marbre ou la craie, dans des appareils identiques à ceux qui servent à la préparation de l'hydrogène sulfuré (fig. 119, 120, 121); on le lave dans l'eau.

L'acide carbonique sert à précipiter quelques bases, surtout la baryte et la chaux; à former une atmosphère de gaz inerte.

ACIDE ACÉTIQUE, $CH^3.CO^2H = 60$.

On se sert de l'acide acétique cristallisable, étendu de son volume d'eau, ou de l'acide commercial à 30 p. 100 d'acide cristallisable (densité = 1,04).

Essai. — Ce dernier acide, additionné d'eau, ne doit pas précipiter par le chlorure de baryum, l'azotate d'argent, l'hydrogène sulfuré; il doit être complètement volatil, ne pas décolorer le permanganate de potassium, l'indigo.

Usages. — On l'emploie pour aciduler les solutions dans lesquelles on veut éviter les acides minéraux. Il sert pour dissoudre et séparer certains précipités; comme dissolvant; pour décomposer quelques sels insolubles.

ACIDE OXALIQUE, $(CO^2H)^2.2H^2O = 126$.

Solution à 5 p. 100 de l'acide pur commercial. Il est employé comme dissolvant de certains précipités.

ACIDE TARTRIQUE, $CO^2H.CH(OH).CH(OH).CO^2H = 150$.

Solution à 10 p. 100. Pour éviter son altération par les moisissures, on fait une solution à 50 p. 100, qu'on dilue au moment de l'usage ; on peut conserver la solution à 10 p. 100 en présence d'un fragment de thymol.

L'acide tartrique est employé comme dissolvant ; pour empêcher certaines précipitations, par exemple des sels de fer, aluminium, cuivre ; pour dissoudre le précipité d'oxychlorure d'antimoine par l'eau ; etc.

ACIDE CITRIQUE, $C^3H^4(OH)(CO^2H)^3 + H^2O = 210$.

Solution à 20 p. 100 de l'acide commercial. Cette solution étendue d'eau ne doit pas précipiter à froid par l'eau de chaux.

Il permet la précipitation du phosphate ammoniacomagnésien en liqueur ammoniacale, en empêchant celle du fer et du calcium, solubles dans le citrate alcalin.

ACIDE PICRIQUE, $C^6H^2(AzO^2)^3OH = 229$.

Solution saturée d'acide picrique pur commercial (un peu moins de 1 p. 100).

Sert à former des précipités cristallins avec les sels de potassium et d'ammonium, après élimination des métaux autres que les métaux alcalins.

III. — BASES

Les *bases* peuvent être divisées en : 1° *alcalis fixes*, soude et potasse caustiques, très solubles dans l'eau, agissant l'une et l'autre de la même façon ; 2° l'ammoniaque, *alcali volatil*, très soluble, donnant avec les acides des sels volatils, produisant souvent des réactions différentes de celles des alcalis fixes ; 3° les hydrates alcalinoterreux, peu solubles.

POTASSE ET SOUDE CAUSTIQUES, $KOH = 56$ et $NaOH = 40$.

Ces deux bases sont employées pour les mêmes usages. On utilise la potasse et la soude pures à l'alcool, du commerce, dont on fait des solutions concentrées contenant 33 p. 100 de base (densité 1,32 pour la potasse et 1,36 pour la soude).

Essais. — Ces alcalis doivent se dissoudre sans résidu. Les solutions ne doivent pas faire effervescence avec les acides ; étendues d'eau et acidulées avec de l'acide azotique, elles ne doivent pas précipiter par le chlorure de baryum (sulfate), l'azotate d'argent (chlorure), le réactif nitro-molybdique (phosphate), par l'ammoniaque (alumine).

Usages. — On les emploie pour précipiter les oxydes métalliques insolubles :

$$HgCl^2 + 2\ KOH = 2\ KCl + HgO + H^2O$$

dont les couleurs sont parfois caractéristiques ; pour redissoudre et séparer certains oxydes (zinc, aluminium), solubles dans un excès de base avec laquelle ils forment des sels solubles. Elles servent à mettre en liberté l'ammoniaque.

AMMONIAC, $AzH^3 = 17$.

La dissolution, appelée *ammoniaque*, faite dans de l'eau distillée, est pure. On étend généralement la solution saturée avec de l'eau, de façon à ce qu'elle ait une densité de 0,96 correspondant à 10 p. 100.

Essais. — Le produit commercial pur doit se volatiliser totalement ; il ne doit pas précipiter par le sulfure d'ammonium (cuivre, fer et autres métaux), par l'eau de chaux (acide carbonique) ; traité par un excès d'acide azotique, il ne doit pas se colorer (matières organiques), ni précipiter par l'azotate d'argent (chlorure) ou le chlorure de baryum (sulfate). Elle contient souvent de la pyridine. L'ammoniaque, saturée par l'acide azotique, prend souvent une coloration rose.

Usages. — L'ammoniaque sert à précipiter les métaux à l'état d'oxydes, dont beaucoup sont solubles dans un excès. Dans la méthode systématique d'analyse, on s'en sert pour saturer les acides et pour éviter d'introduire des alcalis fixes. La présence de l'ammoniaque trouble un certain nombre de précipitations; par exemple, avec les sels mercuriques, la soude donne un précipité blanc au lieu d'un précipité jaune si le liquide contient des sels ammoniacaux.

EAU DE BARYTE, $BaO^2H^2 = 171$.

On fait une dissolution aqueuse saturée d'hydrate de baryte, $Ba(OH)^2 + 8H^2O$.

Elle est employée pour précipiter la magnésie, pour absorber ou déceler l'acide carbonique, pour éliminer d'un liquide l'acide sulfurique ou l'acide phosphorique.

EAU DE CHAUX, $CaO^2H^2 = 74$.

Elle s'obtient en agitant, dans un flacon, de la chaux de marbre éteinte avec de l'eau distillée; on laisse déposer et on jette le liquide clair, qui contient des impuretés, tant qu'il précipite par l'azotate d'argent.

L'eau de chaux est employée surtout pour reconnaître l'acide carbonique.

IV. — CORPS SIMPLES

CHLORE, $Cl = 35,5$.

On emploie **l'eau de chlore,** dissolution de chlore dans l'eau, altérable à la lumière :

$$H^2O + Cl^2 = 2HCl + O.$$

Elle doit être complètement volatile; agitée avec du mercure qui se combine au chlore, jusqu'à disparition de l'odeur, elle doit n'être que faiblement acide.

L'eau de chlore sert à déplacer l'iode et le brome, à produire des oxydations, à dissoudre quelques corps insolubles dans l'acide azotique et l'acide chlorhydrique.

Pour chlorurer ou pour détruire les matières organiques, on emploie le chlore naissant, produit par l'acide chlorhydrique dans lequel on projette de temps en temps du chlorate de potassium.

Le chlore gazeux sert à transformer en chlorures, l'arsenic et l'antimoine, obtenus sous forme d'anneaux dans la recherche toxicologique de ces métalloïdes.

BROME, Br = 80.

Le brome du commerce contient presque toujours un peu de chlore ; pour l'enlever, on le met en contact pendant un ou deux jours avec une solution concentrée ou des cristaux de bromure de potassium, en agitant de temps en temps.

On emploie le plus souvent l'**eau bromée**, préparée en mettant 1 gramme de brome dans 100 centimètres cubes d'eau distillée et agitant ; on se sert généralement d'une eau bromée plus concentrée en faisant dissoudre 2 p. 100 de bromure de potassium.

L'eau bromée sert à déplacer l'iode, à produire des oxydations par décomposition de l'eau :

$$H^2O + Br^2 = 2HBr + O$$

à donner des précipités de bromophénols avec les solutions de phénols, etc.

IODE, Io = 127.

On se sert de l'**eau iodée**, obtenue en agitant de l'iode pulvérisé avec de l'eau, pour reconnaître la présence de l'amidon avec lequel il donne une coloration bleue.

A l'état solide, il met en évidence les sublimés de mercure métallique, dans l'essai préliminaire.

HYDROGÈNE, H = 1.

L'hydrogène est rarement employé à l'état gazeux; par exemple, pour réduire certains oxydes ou pour avoir une atmosphère de gaz inerte afin d'empêcher l'oxydation en présence de l'air.

Au contraire, l'**hydrogène naissant** est très souvent utilisé pour produire des réductions. Pour l'obtenir, on se sert des réactions suivantes: 1° action de l'acide sulfurique étendu sur le zinc pur, en présence de quelques gouttes de solution d'un sel de cuivre ou de platine, le zinc pur n'étant pas attaqué par l'acide sulfurique étendu; 2° action de l'amalgame de sodium ou d'aluminium sur l'eau; 3° couple zinc-cuivre de Gladston et Tribe (voir plus loin, p. 86).

L'hydrogène naissant permet de réduire un grand nombre de corps; par exemple, de transformer les sels ferriques en sels ferreux, les chlorates en chlorures; de précipiter des métaux tels que le cuivre, l'étain, l'antimoine, etc.

OXYGÈNE, O = 16.

Très rarement employé, pour oxyder quelques corps, à l'état d'oxygène gazeux pur. On se sert de l'oxygène de l'air pour effectuer les oxydations, à froid ou à haute température (grillage, incinération, etc.).

Très souvent on produit de l'**oxygène naissant** pour oxyder les corps en dissolution. Les principaux agents d'oxydation auxquels on a recours sont les suivants: 1° acide azotique, ou mélange d'acide sulfurique et d'un azotate; 2° eau égale; 3° chlore, brome, iode, en présence de l'eau; 4° chlorate de potassium et acide chlorhydrique; 5° hypochlorites et hypobromites alcalins; 6° bioxyde de plomb ou de manganèse en présence d'un acide; 7° chromates et bichromates; 8° permanganate de potassium ; 9° persulfates ; 10° eau oxygénée ; 11° bioxyde de sodium ; 12° percarbonates, etc.

CARBONE, C = 12.

La poudre de charbon de bois sert à réduire les oxydes et les sels métalliques, dans les essais au chalumeau sur le charbon.

SODIUM, Na = 23.

Ce métal, très altérable à l'air humide, est un réducteur très énergique ; on l'emploie pour rechercher un phosphate en le chauffant au rouge avec du sodium. Avec l'eau, il dégage de l'hydrogène.

L'action du sodium étant trop vive, on se sert de l'**amalgame de sodium**, fait en projetant peu à peu de petits fragments de sodium dans du mercure, tant qu'il se produit une action vive ; on le coule pendant qu'il est liquide.

MAGNÉSIUM, Mg = 24.

Ce métal est employé en rubans ou en poudre, pour réduire au rouge les phosphates.

ALUIMNIUM, Al = 27.

Réducteur énergique, il est utilisé à l'état de poudre, de grenaille ou de tournure, pour produire des réductions à froid en présence des acides ou des alcalis. On emploie de préférence l'amalgame d'aluminium.

ZINC, Zn = 65.

Employé à l'état de lames ou de grenaille, le zinc ordinaire impur se dissout dans les acides sulfurique et chlorhydrique étendus avec dégagement d'hydrogène.

Le zinc *pur* n'est pas attaqué par ces acides, à moins qu'on le mette en contact avec un métal, tel que le cuivre ou le platine, avec lequel il forme un couple provoquant le dégagement d'hydrogène; on obtient généralement ce couple en ajoutant à la solution quelques gouttes de solution d'un sel de cuivre ou de platine.

Le zinc agit comme réducteur, pour produire de l'hydrogène naissant avec les acides, pour obtenir des dépôts métalliques.

COUPLE ZINC-CUIVRE DE GLADSTON ET TRIBE.

Dans un ballon, on introduit du zinc en tournure mince ou en lames minces et enroulées de façon à remplir le ballon. On ajoute de l'acide sulfurique au centième, afin de décaper le zinc; au bout de quelque temps, on remplace l'eau acidulée par une solution de sulfate de cuivre à 2 p. 100. Le cuivre se dépose sur le zinc; on laisse en contact jusqu'à ce que le liquide soit décoloré; on décante le liquide et on le remplace par une nouvelle solution de sulfate de cuivre à 2 p. 100, que l'on décante après décoloration. On lave le couple à l'eau distillée, puis à l'alcool à 95°.

FER, Fe = 56.

Les lames de fer, les pointes dites de Paris, les aiguilles en acier, servent à obtenir des dépôts métalliques, surtout de cuivre, dont la couleur rouge tranche très bien sur l'acier poli. Il sert aussi, comme réducteur, à la place du zinc, pour obtenir de l'hydrogène naissant.

CUIVRE, Cu = 63.

On se sert de la tournure de cuivre rouge, offrant une large surface, soit pour obtenir des précipités métalliques, de mercure en particulier, soit pour reconnaître la présence de l'acide azotique ou de l'acide chlorique.

MERCURE, Hg = 200.

On combine ce métal aux métaux alcalins, pour modérer leur action réductrice trop énergique.

ÉTAIN, Sn = 118.

Métal employé comme réducteur ou source d'hydrogène naissant, en présence de l'acide chlorhydrique ou de la soude.

V. — SELS EMPLOYÉS EN DISSOLUTION

Les solutions doivent être faites dans de l'eau distillée. Généralement, les produits commerciaux *purs* sont bons; toutefois, il faut vérifier s'ils ne contiennent pas les impuretés provenant du mode de préparation ou de l'eau ordinaire, employée à la place de l'eau distillée pour les faire cristalliser.

Sauf quelques exceptions, la concentration normale pour les solutions salines, destinées à l'analyse, est de 10 p. 100.

SELS D'AMMONIUM

CHLORURE D'AMMONIUM, $AzH^4Cl = 53$. — On emploie une solution concentrée à 20 p. 100 du sel commercial. Dans la méthode générale de séparation des métaux, on s'en sert pour empêcher la précipitation de plusieurs métaux, grâce à la formation de sels doubles solubles dans l'eau.

SULFURE D'AMMONIUM, incolore, $(AzH^4)^2S = 68$ ou Am^2S. — On le prépare en faisant passer un courant d'hydrogène sulfuré, jusqu'à refus, dans la moitié d'une dissolution d'ammoniaque refroidie ; après saturation, on ajoute l'autre moitié de l'ammoniaque. Ce réactif devient bientôt jaune par décomposition partielle en présence de l'air et formation de polysulfure.

SULFURE D'AMMONIUM jaune, $(AzH^4)^2S^n$ ou Am^2S^n. — C'est le sulfure employé en analyse pour dissoudre les sulfures des métaux du troisième groupe. Pour le préparer, on laisse le sulfure d'ammonium incolore pendant quelque temps à l'air, ou mieux on le fait digérer avec de la fleur de soufre. La dissolution commerciale doit être étendue de deux fois son volume d'eau.

CARBONATE D'AMMONIUM, $CO^3(AzH^4)^2 = 96$, ou CO^3Am^2. — On fait une solution concentrée à 25 p. 100 de sesquicarbonate d'ammonium pur $(CO^3)^2(AzH^4)^3H$, à laquelle on ajoute 25 p. 100 d'ammoniaque pure.

Cette solution sert à précipiter les bases alcalino-terreuses et à séparer la magnésie de ces dernières ; à transformer les sulfates alcalins en sulfates neutres, etc.

MOLYBDATE D'AMMONIUM, $Mo^7O^{24}(AzH^4)^6 + 4H^2O$. — Solution à 10 p. 100 du sel commercial.

OXALATE D'AMMONIUM $(CO^2.AzH^4)^2 + H^2O = 80$. — Solution saturée à froid du sel commercial (4,5 p. 100). Elle est employée pour reconnaître le calcium et faire naître des précipités d'oxalates insolubles dans l'eau.

SUCCINATE D'AMMONIUM $(CH^2.CO^2AzH^4)^2 = 76$. — Solution à 10 p. 100 ; réactif des sels ferriques.

CHLORURE DE SODIUM, NaCl. — Solution à 10 p. 100.

SELS DE SODIUM

HYPOCHLORITE DE SODIUM, $ClONa = 74,5$. — La dissolution commerciale est assez impure, suffisante néanmoins pour produire des réactions, des oxydations ou des chlorurations en présence d'un acide. On peut le préparer en versant une solution de carbonate de sodium dans une dissolution filtrée de chlorure de chaux.

HYPOBROMITE DE SODIUM, $BrONa = 119$. — Cette dissolution jaune est assez altérable; elle se décolore en se décomposant. On la prépare en versant 5 centimètres cubes de brome dans un mélange de 50 centimètres cubes de solution de soude à 30 p. 100 et de 100 centimètres cubes d'eau.

L'hypobromite de sodium dégage de l'azote avec l'ammoniaque et les sels ammoniacaux, avec l'urée; il est employé comme oxydant du sesquioxyde de chrome, du protoxyde de manganèse, etc.

SULFHYDRATE DE SULFURE DE SODIUM, $NaHS = 56$. — Dans une solution à 10 p. 100 de soude caustique, on fait passer à refus un courant d'hydrogène sulfuré. On conserve la solution dans de petits flacons bien bouchés.

SULFURE DE SODIUM, $Na^2S = 78$. — Une solution de soude caustique est divisée en deux parties; on sature l'une par l'hydrogène sulfuré et on lui ajoute la seconde partie. On se sert aussi du sulfure de sodium cristallisé du commerce.

HYDROSULFITE DE SODIUM, $SO^2NaH = 88$. — Pour préparer la dissolution d'hydrosulfite de sodium, on remplit en grande partie un flacon avec de la grenaille ou mieux des copeaux de zinc; on y verse une dissolution saturée de bisulfite de sodium, de façon à remplir complètement le flacon, on bouche et immerge dans de l'eau le col du flacon retourné. La réaction est terminée en moins d'une heure :

$$3SO^3NaH + Zn = SO^3Zn + SO^3Na^2 + SO^2NaH + H^2O$$

L'hydrosulfite de sodium est un réducteur extrêmement énergique; il absorbe très rapidement l'oxygène de l'air. Même à l'abri de l'air, cette solution s'altère et se transforme en sulfite de sodium.

HYPOSULFITE DE SODIUM, $S^2O^3Na^2 + 5H^2O = 248$. — Solution à 10 p. 100 du sel commercial. En présence des acides, il se décompose en anhydride sulfureux et soufre qui se précipite ou se combine aux métaux pour donner des sulfures.

SULFITE NEUTRE DE SODIUM, $SO^3Na^2 + 7H^2O = 252$. — Solution à 10 p. 100 du sel commercial.

Réducteur énergique, employé surtout pour réduire l'acide arsénique en acide arsénieux, l'acide chromique en sesquioxyde de chrome, les sels ferriques en sels ferreux, etc.

La solution s'altère peu à peu à l'air par transformation en sulfate de sodium.

BISULFITE DE SODIUM, $SO^3NaH = 104$. — On se sert de la solution du commerce à 36° ou 40° Baumé. Réducteur énergique comme le sulfite neutre.

SULFATE DE SODIUM, $SO^4Na^2 + 10H^2O = 322$. — Solution à 10 p. 100.

PHOSPHATE DE SODIUM, $PO^4Na^2H + 12H^2O = 358$. — Solution à 10 p. 100 du sel commercial; pour éviter les moisissures, on lui ajoute un fragment de thymol. Sert à obtenir des précipités de phosphates et à séparer le magnésium à l'état de phosphate ammoniaco-magnésien.

BORATE DE SODIUM, $B^4O^7Na^2 + 10H^2O$. — Solution à 10 p. 100 du sel commercial; sa réaction est alcaline au tournesol.

CARBONATE DE SODIUM, $CO^3Na^2 + 10H^2O = 286$. — Solution à 40 p. 100 du sel commercial. On emploie une dissolution aussi concentrée, afin de ne pas trop diluer les liquides dans la préparation de la solution des sels alcalins destinée à rechercher les acides.

Le carbonate de sodium permet de précipiter à l'état de carbonates :

$$CO^3Na^2 + CaCl^2 = CO^3Ca + 2NaCl$$

tous les métaux, excepté les métaux alcalins. Il sert pour saturer les acides libres; pour décomposer beaucoup de sels insolubles en transformant la base en carbonate décomposable par les acides.

Les carbonates sont un peu solubles dans l'eau à l'état de *bicarbonates*; aussi, pour précipiter *complètement* un métal à l'état de carbonate insoluble, doit-on *faire bouillir pendant plusieurs minutes*. Lorsque la solution est étendue, surtout pour les sels de magnésium, on n'a pas de précipité à froid.

SILICATE DE SODIUM, $SiO^3Na^2 + 6H^2O = 230$. — Solution sirupeuse commerciale, étendue de quatre fois son volume d'eau.

ACÉTATE DE SODIUM, $C^2H^3NaO^2 + 3H^2O = 136$. — Solution à 20 p. 100 du sel commercial.

L'acétate de sodium est employé pour éliminer l'acide phosphorique sous forme de phosphate de fer. Il permet de transformer un sel à acide fort en acétate; par exemple, une solution acide d'un sel de zinc à acide fort ne précipite pas par l'hydrogène sulfuré: en ajoutant de l'acétate de sodium, le liquide contient de l'acide acétique libre et de l'acétate de zinc dont le métal est précipité par l'hydrogène sulfuré.

TARTRATE ACIDE DE SODIUM, $C^4H^5NaO^6 + H^2O = 190$. — Solution aqueuse à 10 p. 100, préservée de l'altération due aux moisissures par un fragment de thymol. Employé pour précipiter le potassium.

NITROPRUSSIATE DE SODIUM, $Fe^2(CyAz)^{10}(AzO^2)^2Na = 508$. — Solution récente à 5 p. 100 du sel commercial. La dissolution de ce sel s'altère peu à peu. On l'emploie comme réactif des sulfures, etc., des aldéhydes, des hydrazines.

SELS DE POTASSIUM

BROMURE DE POTASSIUM, $KBr = 119$. — Solution à 10 p. 100 du sel commercial.

IODURE DE POTASSIUM, $KI = 166$. — Solution

à 10 p. 100 du sel commercial ; on ajoute une goutte d'ammoniaque pour 100 centimètres cubes de solution.

Il sert à reconnaître le chlore et le brome libres, qui déplacent l'iode. Il précipite quelques métaux à l'état d'iodures, dont les colorations sont vives et parfois caractéristiques ; mais ces réactions peuvent induire en erreur, soit par solubilité de l'iodure dans un excès de réactif, soit par le changement de coloration en présence de certains éléments.

SULFATE DE POTASSIUM, $SO^4K^2 = 174$. — Solution à 10 p. 100.

CHLORATE DE POTASSIUM, $ClO^3K = 122$. — Dissolution à 5 p. 100 du sel commercial. Il est employé comme oxydant ; il dégage du chlore en présence de l'acide chlorhydrique.

IODATE DE POTASSIUM, $IO^3K = 214$. — Solution à 8 p. 100 du sel commercial.

AZOTITE DE POTASSIUM, $AzO^2K = 85$. — Solution à 20 p. 100 du sel commercial ; on utilise aussi une solution étendue à 1 p. 100. Il sert à précipiter et à séparer le cobalt, à mettre l'iode en liberté, etc.

AZOTATE DE POTASSIUM, $AzO^3K = 101$. — Solution à 10 p. 100 du sel commercial.

CHROMATE NEUTRE DE POTASSIUM, $CrO^4K^2 = 194$. — Solution à 10 p. 100. Il sert à précipiter un certain nombre de métaux à l'état de chromate, par exemple pour la séparation du baryum ; à reconnaître certains chromates dont la coloration est caractéristique, par exemple le chromate d'argent rouge :

$$CrO^4K^2 + 2AzO^3Ag = CrO^4Ag^2 + 2AzO^3K$$

ou le chromate de plomb jaune.

BICHROMATE DE POTASSIUM, $Cr^2O^7K^2 = 294$. — Solution à 10 p. 100. Il sert aux mêmes usages que le chromate neutre, excepté dans les cas où l'on ne doit pas employer un liquide acide. C'est un oxydant très énergique, surtout en présence de l'acide sulfurique.

PERCARBONATE DE POTASSIUM, $C^2O^6K^2$ = 198. — Ce sel, préparé industriellement par électrolyse, est suffisamment pur; il contient environ 80 p. 100 de percarbonate de potassium, et se conserve bien lorsqu'il est sec. Il renferme seulement comme impuretés un peu de chlorure et de sulfate.

Il sert à préparer rapidement, au moment de l'emploi, une dissolution d'*eau oxygénée*; il suffit de le dissoudre dans un acide étendu et froid :

$$C^2O^6K^2 + 2SO^4H^2 = 2SO^4KH + 2CO^2 + H^2O^2$$

En milieu alcalin, il est employé comme oxydant : pour transformer l'hydrogène sulfuré et les sulfures en sulfates; pour suroxyder les sels de manganèse, de chrome, de nickel, de cobalt.

Il peut aussi opérer des [illegible]ductions, par exemple transformer les hypochlorites en chlorures.

PYROANTIMONIATE DE POTASSIUM, $Sb^2O^7K^2H^2 + 7H^2O$ = 562. — Solution à 0,5 p. 100 du sel commercial, faite à chaud. Cette solution doit être limpide, neutre au tournesol, ne pas donner de trouble avec un sel de potassium ou d'ammonium, précipiter par un sel de sodium.

Réactif du sodium, pourvu que le liquide contienne uniquement des métaux alcalins.

CYANURE DE POTASSIUM, CAzK = 65. — Solution à 10 p. 100 du sel commercial, faite peu de temps avant l'emploi.

Le cyanure de potassium précipite un grand nombre de métaux à l'état de cyanures insolubles. Beaucoup de ceux-ci forment, avec un excès de réactif, des cyanures doubles solubles *instables*, d'où un acide précipite le cyanure simple insoluble.

Il forme aussi des cyanures doubles *stables*, tels que les ferrocyanures, ferricyanures, cobalticyanures, etc., d'où les acides ne précipitent pas de cyanure insoluble; ils sont formés par un radical nouveau contenant du cyanogène et un métal lourd; ce métal ne peut pas être décelé par ses réactifs ordinaires.

FERROCYANURE DE POTASSIUM, $(CAz)^6FeK^4 + 3H^2O = 422$. — Solution à 10 p. 100 du sel commercial. Il précipite beaucoup de métaux à l'état de ferrocyanures insolubles, dont les colorations sont souvent caractéristiques, surtout avec les sels de fer (bleu), de cuivre (marron), d'urane (rouge-brique).

FERRICYANURE DE POTASSIUM, $(CAz)^{12}Fe^2K^6 = 658$. — Solution à 10 p. 100 du sel commercial. Cette solution s'altère peu à peu; elle ne doit pas précipiter par le perchlorure de fer (ferrocyanure).

Réactif de coloration et de précipitation.

SULFOCYANATE DE POTASSIUM, $CAzKS = 97$. — Solution à 10 p. 100 du sel commercial. C'est le réactif le plus sensible des sels ferriques, avec lesquels il donne une coloration rouge; il précipite les sels de cuivre.

PERMANGANATE DE POTASSIUM, $MnO^4K = 316$. — Solution à 2 p. 100 du sel cristallisé commercial. Oxydant très énergique, surtout en présence de l'acide sulfurique étendu, il est constamment employé pour reconnaître les corps réducteurs ou comme agent d'oxydation.

SELS DES MÉTAUX ALCALINO-TERREUX

SULFATE DE MAGNÉSIUM, $SO^4Mg + 7H^2O = 250$. — Solution à 10 p. 100 du sel commercial. Le sulfate de magnésium sert comme réactif des phosphates, des arséniates, avec lesquels il forme des phosphates ou arséniates basiques ammoniaco-magnésiens insolubles.

CHLORURE DE CALCIUM, $CaCl^2 + 6H^2O = 219$. — Solution à 10 p. 100 du sel commercial cristallisé. Le chlorure de calcium forme des sels insolubles avec un certain nombre d'acides minéraux et organiques; il sert surtout dans la séparation des sels organiques.

HYPOCHLORITE DE CALCIUM, $Cl^2O^2Ca = 143$. On fait digérer *à froid* une partie d'hypochlorite de calcium du commerce avec six à huit parties d'eau; on agite vivement et on filtre. Le liquide, légèrement jaunâtre, contient de l'hypochlorite de calcium, du chlorure de calcium, un peu de chaux et les impuretés de la chaux. Il se décompose peu à peu; aussi doit-on employer une solution récemment préparée.

La solution d'hypochlorite de calcium est employée comme chlorurant ou oxydant.

SULFATE DE CALCIUM, $SO^4Ca + 2H^2O = 172$. — On obtient cette solution en faisant digérer longtemps avec de l'eau distillée, du gypse cristallisé réduit en poudre très fine et agitant fréquemment; on laisse déposer et on décante le liquide clair. La solution contient très peu de sulfate de calcium, dont la solubilité est seulement de 2 grammes par litre.

Il sert à reconnaître l'acide oxalique, le baryum, le strontium, le calcium.

AZOTATE DE STRONTIUM, $(AzO^3)^2Sr = 211$. — Solution à 10 p. 100.

SULFATE DE STRONTIUM, $SO^4Sr = 183$. — Comme pour le sulfate de calcium, on fait digérer du sulfate de strontium précipité avec de l'eau. Le sulfate de strontium est soluble seulement dans la proportion de $0^{gr},1$ par litre; il sert à distinguer le baryum du strontium.

CHROMATE DE STRONTIUM, $CrO^4Sr = 203$. — Sel très peu soluble dans l'eau. La solution est préparée comme celle du sulfate de calcium; elle est employée pour distinguer le strontium du baryum, avec lequel il donne un précipité.

CHLORURE DE BARYUM, $BaCl^2 + 2H^2O = 244$. — Solution à 10 p. 100 du sel commercial. Il sert à précipiter un grand nombre d'acides minéraux et organiques ; on lui préfère l'azotate pour ne pas introduire de l'acide chlorhydrique dans une dissolution.

AZOTATE DE BARYUM, $(AzO^3)^2Ba = 261$. — Solution à 10 p. 100 du sel commercial. L'azotate de baryum, qui précipite un grand nombre d'acides, est employé pour la séparation des acides minéraux ; parmi les sels de baryum insolubles dans l'eau, les uns sont solubles dans les acides, les autres insolubles. Il sert surtout à reconnaître l'acide sulfurique et les sulfates, avec lesquels il donne un précipité blanc insoluble dans l'eau et les acides.

CARBONATE DE BARYUM, $CO^3Ba = 197$. — Le carbonate précipité pur, insoluble dans l'eau, est employé, en suspension dans l'eau, pour précipiter les sesquioxydes de fer et d'aluminium à l'état d'hydrates, et les séparer d'avec les oxydes de manganèse, zinc, chaux, etc. ; pour cela, il ne faut pas que les sels soient à l'état de sulfates.

SELS DES MÉTAUX LOURDS

AZOTATE DE COBALT, $Co(AzO^3)^2 + 6H^2O = 291$. — Solution à 10 p. 100. En chauffant *au rouge* quelques gouttes de solution d'azotate de cobalt avec certains sels infusibles, il forme avec eux des masses ayant des couleurs spéciales, souvent caractéristiques.

SULFATE DE NICKEL, $SO^4Ni + 7H^2O = 281$. — Solution à 10 p. 100.

SULFATE DE ZINC, $SO^4Zn + 7H^2O = 287$. — Solution à 10 p. 100.

SULFATE DE MANGANÈSE, $SO^4Mn + 4H^2O = 223$. — Solution à 10 p. 100.

PERCHLORURE DE FER, $Fe^2Cl^6 + 6H^2O = 433$. — On emploie la solution officinale contenant environ 30 p. 100 ; parfois des dissolutions plus étendues, faites en diluant la solution officinale à 5 p. 100 par exemple, au moment de l'usage pour éviter leur dissociation.

Cette dissolution est toujours acide au tournesol, mais ne doit pas contenir un excès d'acide libre; elle ne doit pas se colorer en bleu, mais prendre une teinte verdâtre par le ferricyanure de potassium très étendu.

Le perchlorure de fer est employé pour précipiter et éliminer l'acide phosphorique dans la recherche des métaux, pour obtenir un grand nombre de réactions de coloration ou de précipitation.

SULFATE FERREUX, $SO^4Fe + 7H^2O = 278$. — Solution à 10 p. 100 du sel commercial ; comme elle s'altère à l'air, on l'enferme dans des petits flacons où l'on ajoute des pointes de Paris et quelques gouttes d'acide sulfurique ; on ferme les flacons à l'aide d'un bouchon traversé par un tube effilé.

Le sulfate ferreux est un réducteur énergique.

SULFATE D'ALUMINIUM, $(SO^4)^3Al^2 + 18H^2O = 677$. — Solution à 10 p. 100.

CHLORURE DE CHROME, $Cr^2Cl^6 + 12H^2O = 534$. — Dissolution commerciale étendue de cinq fois son volume d'eau.

CHLORURE STANNEUX, $SnCl^2 + 2H^2O = 224$. — Solution à 10 p. 100 du sel commercial, conservée dans de petits flacons contenant de l'étain métallique et un peu d'acide chlorhydrique pour éviter l'oxydation, le chlorure stanneux se transformant peu à peu à l'air en un mélange de chlorure stannique soluble et d'oxychlorure d'étain blanc insoluble dans l'eau.

Il est préférable de dissoudre de la grenaille d'étain pur dans l'acide chlorhydrique, par une ébullition prolongée, jusqu'à ce qu'il ne se dégage plus d'hydrogène, l'étain étant en excès. On conserve la dissolution convenablement étendue dans un flacon contenant de l'étain et de l'acide chlorhydrique.

C'est un des réducteurs les plus puissants.

CHLORURE D'ANTIMOINE, $SbCl^3 = 228$. — Dissolution à 5 p. 100 dans de l'eau renfermant 15 p. 100 d'acide chlorhydrique.

CHLORURE D'OR, $AuCl^3,HCl + 3H^2O = 304$. — Solution à 1 p. 100. Le chlorure d'or est facilement réduit par un grand nombre de corps ; il transforme les protochlorures en perchlorures, les protoxydes en peroxydes, en donnant un précipité d'or métallique brun noir ou jaune rougeâtre. Il est réduit par beaucoup de matières organiques.

CHLORURE DE PLATINE, $PtCl^4 = 339$. — Solution à 5 p. 100. Ce réactif est employé pour reconnaître le potassium et l'ammonium, avec lesquels il forme des précipités jaunes cristallins.

CHLORURE DE PALLADIUM ET DE SODIUM, $PdCl^2,2NaCl = 304$. — On prépare ce réactif en dissolvant dans de l'eau régale 5 grammes de palladium ; on ajoute 6 grammes de chlorure de sodium pur et on évapore à siccité au bain-marie. Ce sel doit se dissoudre complètement dans une très petite quantité d'eau. La solution est faite au titre de 8 p. 100. Le liquide donne un précipité avec l'iode.

SULFATE DE CUIVRE, $SO^4Cu + 5H^2O = 249$. — Solution à 10 p. 100 du sel commercial. Il sert à précipiter l'iode sous forme d'iodure cuivreux ; la précipitation est totale en présence de sulfate ferreux. Il donne des précipités caractéristiques avec les ferrocyanures solubles, les arsénites, les arséniates.

SULFATE DE CADMIUM, $SO^4Cd + 8H^2O = 768$. — Solution à 10 p. 100.

CHLORURE MERCURIQUE, $HgCl^2 = 271$. — Solution à 5 p. 100. Il est utilisé pour reconnaître certains réducteurs tels que le chlorure stanneux, l'acide formique, etc., pour obtenir des précipités à couleurs caractéristiques.

AZOTATE MERCUREUX, $(AzO^3)^2Hg^2 + 2H^2O = 560$.

Solution à 5 p. 100 du sel commercial, additionnée de 6 à 8 p. 100 d'acide azotique pur ; dans le flacon, on ajoute du mercure, afin d'éviter la transformation en azotate mercurique. Il précipite un grand nombre d'acides, sert pour la recherche de l'ammoniaque.

AZOTATE MERCURIQUE, $(AzO^3)^2Hg + 1/2H^2O = 333$. — Solution à 10 p. 100 du sel commercial, additionnée d'un peu d'acide azotique pur. L'azotate mercurique donne des précipités avec quelques acides.

AZOTATE DE BISMUTH, $(AzO^3)^3Bi + 5H^2O = 486$. — Solution à 5 p. 100 d'azotate acide de bismuth du commerce, additionnée de 10 p. 100 d'acide azotique pur.

AZOTATE DE PLOMB, $(AzO^3)^2Pb = 331$. — Solution à 10 p. 100 du sel commercial.

ACÉTATE DE PLOMB, $(C^2H^3O^2)^2Pb + 3H^2O = 260$. Solution à 10 p. 100 du sel commercial, à laquelle on ajoute une à deux gouttes d'acide acétique p. 100. Il sert à reconnaître et précipiter l'hydrogène sulfuré, les sulfures, l'acide sulfurique, l'acide chromique et d'autres acides.

SOUS-ACÉTATE DE PLOMB, $(C^2H^3O^2)^2Pb,2PbO = 768$. — On prépare la dissolution de sous-acétate de plomb en chauffant à l'ébullition, dans un ballon, 30 grammes d'acétate de plomb dissous dans 75 grammes d'eau, avec 10 grammes de litharge très finement pulvérisée, jusqu'à dissolution de l'oxyde de plomb ; on laisse refroidir et on filtre. Cette dissolution sert à reconnaître l'acide carbonique, qui donne un précipité blanc ; à éliminer certains acides, etc.

AZOTATE D'ARGENT, $AzO^3Ag = 170$. — Solution à 5 p. 100. L'azotate d'argent est un réactif de groupe pour les acides ; plusieurs sels d'argent ont des colorations caractéristiques, par exemple les chromate, arséniate, phosphate, arsénite. Beaucoup de sels d'argent, insolubles dans l'eau, se dissolvent dans l'acide azotique étendu ; le chlorure, le bromure, l'iodure, le sulfure, les cyanures, sont insolubles dans l'acide azotique étendu. Il est réduit facilement par les corps avides d'oxygène.

ACÉTATE D'URANE, $(C^2H^3O^2)^2(UO^2)+4\,H^2O=462$. — Solution à 5 p. 100 du sel commercial. Il donne des colorations caractéristiques, par exemple avec les ferrocyanures, précipite les acides phosphorique et arsénique.

VI. — SELS UTILISÉS A L'ÉTAT SOLIDE

Dans les essais par voie sèche, on emploie des sels à l'*état solide*; suivant la réaction qu'ils déterminent on peut les grouper en : *oxydants*, *réducteurs*, *fondants*, etc... Plusieurs d'entre eux servent aussi à produire des réactions par voie humide.

OXYDANTS

AZOTATE D'AMMONIUM, $AzO^3.AzH^4 = 80$. — Lorsqu'on chauffe ce sel, il se décompose en eau et protoxyde d'azote : $AzO^3.AzH^4 = 2H^2O + Az^2O$, qui agit comme oxydant énergique. On s'en sert pour oxyder certains corps et surtout pour brûler le carbone des substances que l'on incinère ; pour cela, on projette de temps en temps de petits fragments du sel fondu sur les points noirs.

AZOTATE DE SODIUM, $AzO^3Na = 85$. — Oxydant énergique. Il s'emploie de préférence à l'azotate de potassium lorsqu'on ne veut pas introduire des sels de potassium dans l'essai.

AZOTATE DE POTASSIUM, $AzO^3K = 101$. — Oxydant énergique, cédant facilement l'oxygène de l'acide azotique, avec dégagement d'azote ou de vapeurs rutilantes s'il se trouve en excès.

Mêlé aux carbonates de potassium ou de sodium, il sert à effectuer des fusions oxydantes ; on emploie ordinairement le mélange de une partie d'azotate de potassium et deux parties de carbonate de sodium.

CHLORATE DE POTASSIUM, $ClO^3K = 122,5$. — Son action est plus vive que celle de l'azotate ; il peut même produire des explosions dangereuses ; on opérera toujours sur très peu de matière à la fois, pour éviter les accidents et les pertes de substance.

En se décomposant, le chlorate de potassium laisse comme résidu le chlorure de potassium, ne possédant pas les propriétés fondantes et basiques de l'alcali provenant de la décomposition de l'azotate de potassium.

BIOXYDE DE SODIUM, $Na^2O^2 = 78$. — Oxydant très énergique et fondant alcalin.

Les impuretés qu'il contient (alumine, fer, silice, sulfates, phosphates) et son action trop énergique sur les récipients en platine, en argent et en porcelaine, en limitent beaucoup l'emploi.

Dans les analyses par voie sèche, il permet d'oxyder et de transformer en sels alcalins solubles : le soufre, les sulfures, les composés de l'arsenic, du chrome, du manganèse, etc.

Par voie humide, il sert à obtenir des peroxydes, ou à oxyder certains éléments.

BIOXYDE DE MANGANÈSE, $MnO^2 = 87$. — Le bioxyde de manganèse naturel peut être employé, à la condition de le laver au préalable à l'eau acidulée avec de l'acide azotique (5 p. 100), afin de détruire les carbonates ; on lave ensuite à plusieurs reprises, par décantation, à l'eau distillée, jusqu'à ce que l'eau ne soit plus acide. Il ne doit pas contenir du chlore, car il est surtout employé pour déceler ce métalloïde. Il renferme presque toujours du baryum.

On peut se servir du bioxyde de manganèse artificiel, après vérification de sa pureté.

PEROXYDE DE BISMUTH, $Bi^2O^4 = 480$. — Pour le préparer (Castels), on délaye 25 grammes de sous-nitrate de bismuth dans 100 centimètres cubes d'eau, et on ajoute, en agitant, 40 à 50 centimètres cubes d'acide chlorhydrique pour avoir un liquide clair. On verse dans le liquide 4 centimètres cubes de brome, puis, en agitant, 100 centimètres cubes de solution de soude caustique à 30 p. 100. On chauffe à l'ébullition, qui est continuée pendant une demi-heure environ, dès que le mélange est devenu brunâtre, en renouvelant l'eau évaporée. On laisse refroidir, on sature par un courant d'acide carbonique, on lave par décantation jusqu'à ce que le liquide ne précipite plus par l'azotate d'argent. On évapore le résidu au bain-marie et dessèche sur l'acide sulfurique.

Le peroxyde de bismuth est un oxydant énergique ; à température ordinaire, il transforme en acide permanganique le manganèse en solution azotique.

PROTOXYDE DE PLOMB, $PbO = 223$. — Oxydant faible, employé surtout comme désulfurant.

On emploie surtout la litharge rouge, qui est beaucoup plus pure que la jaune et contient seulement une très faible quantité de minium.

CÉRUSE, $CO^3Pb = 267$. — Employée comme la litharge.

AZOTATE DE PLOMB, $(AzO^3)^2Pb = 331$. — Oxydant énergique, agissant à la fois par l'oxygène de l'acide et celui de la base.

BIOXYDE DE PLOMB, $PbO^2 = 239$. — Oxydant très énergique. Il ne doit pas contenir du manganèse ; on recherche cette impureté en faisant bouillir pendant cinq à six minutes un peu de bioxyde de plomb avec de l'eau et un peu d'acide azotique ; en laissant déposer le bioxyde, le liquide surnageant doit être parfaitement incolore, une trace de manganèse lui communiquant une coloration rose.

Il est employé pour rechercher le manganèse, le chrome, etc. ; pour produire des oxydations.

OXYDE MERCURIQUE, $HgO = 216$. — L'oxyde de mercure se décomposant par la chaleur en mercure et oxygène, est employé comme oxydant. On se sert indistinctement de l'oxyde jaune ou de l'oxyde rouge.

RÉDUCTEURS

CYANURE DE POTASSIUM, KCy = 65. — Le cyanure de potassium est un réducteur très énergique, fort commode grâce à sa grande fusibilité ; mais il est très vénéneux. Il doit être blanc laiteux, subtranslucide, et se dissoudre dans l'eau distillée, sans résidu.

A l'état solide, il sert à produire des réductions dans un petit tube fermé à un bout ou sur le charbon, surtout pour les composés de l'arsenic, de l'antimoine, de l'étain. On le mélange généralement à son poids de carbonate de sodium, pour diminuer sa fusibilité.

BITARTRATE DE POTASSIUM, $C^4H^5KO^6 = 188$. — Réducteur très énergique, employé lorsque les réactions demandent peu de fondant et beaucoup de réducteur.

FLUX NOIR. — Mélange de charbon et de carbonate de potassium, obtenu en chauffant au rouge, dans un creuset fermé, un mélange très intime d'azotate de potassium (1 partie) et de bitartrate de potassium (3 parties). Réducteur moins énergique que le précédent ; mais il contient plus de fondant.

OXALATE DE POTASSIUM, $C^2O^4K^2 + H^2O = 184$. — Réducteur faible et fondant ; il se décompose par la chaleur en oxyde de carbone, anhydride carbonique et carbonate de potassium.

FONDANTS

SOUDE ET POTASSE CAUSTIQUES, $NaOH = 40$ et $KOH = 56$. — Les alcalis caustiques sont des fondants et des oxydants très peu énergiques; on s'en sert pour transformer en sels solubles les silicates, chromates, titanates, etc.; les sulfures sont plus ou moins oxydés.

On mélange une partie de la matière en poudre fine avec 3 grammes de l'alcali, et on chauffe au rouge sombre dans une capsule en argent. L'attaque est ordinairement complète en vingt minutes; on laisse refroidir et on met la capsule dans une grande capsule contenant de l'eau, pour dissoudre les sels solubles.

CARBONATE DE SODIUM, $CO^3Na^2 = 106$. — Le carbonate de sodium pur et sec doit être *exempt* de chlorures, de sulfates, de silice, de phosphates, de calcium et de magnésium. Il est employé surtout comme *fondant réducteur* pour les essais sur le charbon; par exemple, dans la recherche d'un sulfate en présence du charbon, le sulfate est réduit en sulfure.

Le carbonate de sodium sert pour décomposer et désagréger certains composés; mais il a l'inconvénient d'être trop peu fusible; il sert à reconnaître le manganèse.

MÉLANGE DE CARBONATES DE SODIUM ET DE POTASSIUM, CO^3Na^2,CO^3K^2. — On emploie un mélange de dix parties de carbonate de sodium anhydre et de quatorze parties de carbonate de potassium purs, calcinés et pulvérisés, pour décomposer et désagréger les silicates, les chromates, les sulfates et les autres composés insolubles. Le mélange des deux carbonates est plus facilement fusible que chacun des deux sels et donne des silicates plus fusibles.

Pour augmenter le pouvoir réducteur on peut ajouter au mélange du charbon en poudre.

HYDRATE DE BARYTE, $BaO^2H^2, 8H^2O = 315$. — On se sert de l'hydrate de baryte pour désagréger les silicates, quand on ne veut pas introduire du potassium ou du sodium; pour cela, dans un creuset de platine ou d'argent, on fond les silicates avec quatre fois leur poids d'hydrate de baryte, on traite le résidu par de l'eau acidulée avec de l'acide chlorhydrique, on évapore pour insolubiliser la silice et on reprend par l'eau acidulée qui dissout tous les oxydes.

BISULFATE DE POTASSIUM, $SO^4KH = 136$. — A la température de fusion, dans un creuset de platine, il dissout un grand nombre de corps, par exemple l'alumine, le fer chromé, la silice, etc. On s'en sert dans l'essai préliminaire pour reconnaître les azotates, les chlorures, bromures, iodures.

BORAX, $B^4O^7Na^2 + 10H^2O = 382$.— Grâce à l'affinité de l'acide borique en fusion pour les oxydes, le borax est employé pour obtenir des perles dont la coloration est caractéristique pour quelques oxydes. Ce réactif contient à la fois de l'acide borique libre et du borate de sodium, ce qui lui permet de dissoudre les métaux, les sulfures après qu'ils ont été oxydés dans la flamme du chalumeau. En le chauffant, il perd son eau, boursoufle et fond en une perle incolore.

SEL DE PHOSPHORE, $PO^4Na.AzH^4.H + 4H^2O = 209$. — Le phosphate double de sodium et d'ammonium, ou sel de phosphore, s'obtient en chauffant à l'ébullition six parties de phosphate de sodium, une partie de chlorure d'ammonium et deux parties d'eau; les cristaux du sel double sont séparés du chlorure de sodium par une nouvelle cristallisation, après avoir ajouté un peu d'ammoniaque. On dessèche et on pulvérise le sel.

On peut aussi l'obtenir en divisant une solution d'acide phosphorique en deux parties, saturant l'une avec de la soude, l'autre avec de l'ammoniaque jusqu'à réaction alcaline nette. On les mélange, on évapore, on fait cristalliser et on dessèche.

Quand on chauffe le sel de phosphore, il perd son eau de cristallisation, puis AzH^3, et il reste du pyrophosphate de sodium $P^2O^7Na^2H^2$; à une température plus élevée, la dernière molécule d'eau se dégage et il reste du métaphosphate de sodium, PO^3Na, très fusible.

Les perles obtenues avec le sel de phosphore ont la propriété de dissoudre les oxydes comme le borax; à chaud, elles sont plus belles et de colorations plus tranchées. Avec les silicates, on obtient très bien le squelette de silice.

DIVERS

CHAUX, $CaO = 56$. — La chaux de marbre blanc est employée quelquefois pour saturer et alcaliniser certains liquides. On se sert surtout du *lait de chaux*, obtenu en mettant de la chaux éteinte en suspension dans de l'eau distillée.

CHAUX SODÉE. — On la prépare en éteignant deux parties de chaux vive par une solution concentrée de soude caustique contenant une partie de NaOH ; on évapore à siccité et on calcine au rouge faible. Le produit encore chaud est concassé grossièrement et enfermé dans des flacons.

CARBONATE DE CALCIUM, $CO^3Ca = 100$. — Le carbonate de calcium pur, obtenu par précipitation, sert à saturer l'excès d'acide que peuvent contenir les liquides, et à les neutraliser. Ce sel doit être exempt de chlorures et de sulfates.

MAGNÉSIE, $MgO = 40$. — On emploie la magnésie *faiblement calcinée*, pour saturer les acides libres ou alcaliniser un liquide au moyen d'un oxyde faible.

CARBONATE DE BARYUM, $CO^3Ba = 197$. — On se sert du carbonate de baryum pur, obtenu par précipitation, pour neutraliser certains liquides, pour séparer quelques oxydes, pour éliminer des acides, pour transformer des acides en sels de baryum.

FLUORURE D'AMMONIUM, $AzH^4Fl = 37$. — Ce sel est employé pour attaquer les silicates insolubles dans les acides, dans le but de rechercher les alcalis. Il sert aussi à faire une encre pour écrire sur le verre.

FLUORURE DE CALCIUM, $CaFl^2 = 78$. — On

emploie la *fluorine* très finement pulvérisée, pour reconnaître la silice, pour aviver la coloration de la flamme produite par certains éléments, surtout le bore.

ACÉTATE DE POTASSIUM, $C^2H^3O^2K = 98$. — Il sert à reconnaître l'acide arsénieux et les arsénites secs.

SULFATE FERREUX, $SO^4Fe + 7H^2O = 278$. — On emploie le sulfate ferreux cristallisé commercial pour reconnaître les acides azoteux et azotique.

OXYDE CUIVREUX, $Cu^2O = 143$. — L'oxyde cuivreux rouge sert à reconnaître l'acide azoteux et les azotites.

OXYDE CUIVRIQUE, $CuO = 79$. — On emploie généralement l'oxyde cuivrique pulvérulent, pour reconnaître, par la couleur communiquée à la flamme, de petites quantités de chlore, brome, iode. Pour les autres usages, on se sert d'oxyde cuivrique en fragments ou en fils.

VII. — MATIÈRES COLORANTES

TEINTURE DE TOURNESOL. — Le tournesol en pains du commerce contient une matière colorante combinée au calcium, le lithmate de calcium, formé, d'après Kane, de quatre substances : 1° l'*azolithmine*, $C^7H^9AzO^4$, dérivée de l'orcine, la plus importante; 2° la *spaniolithmine*; 3° l'érythrolithmine; 4° l'érythroléine.

La solution, violette lorsqu'elle est parfaitement neutre, devient *bleue* dès qu'il y a *une trace d'alcali, rouge par une trace d'acide.*

Pour préparer de la teinture de tournesol, on fait macérer, pendant un ou deux jours, une partie de tournesol finement pulvérisé avec six parties d'eau; on filtre, on divise le liquide en deux parties égales et sature l'excès d'alcali en ajoutant à l'une de ces parties, goutte à goutte et en agitant, de l'acide sulfurique très étendu, jusqu'à ce que la couleur commence à virer au rouge; on ajoute alors la seconde partie restée bleue. On obtient ainsi de la teinture de tournesol *sensible*, virant très facilement au bleu ou au rouge par une trace d'alcali ou d'acide.

Pour avoir une teinture de tournesol *très sensible*, il faut éliminer les matières colorantes rouges en faisant bouillir, au réfrigérant ascendant, du tournesol pulvérisé avec deux ou trois fois son poids d'alcool à 80°. L'alcool est décanté, on ajoute à la poudre de tournesol trois à quatre fois son poids d'eau; après filtration, on verse une partie d'alcool, on filtre de nouveau s'il s'est formé un précipité; le liquide est divisé en deux parties égales, qui sont mélangées ensuite après neutralisation exacte de l'une des deux. Si la teinture de tournesol est encore un peu bleue et non violette, on divise de nouveau en deux parties, on neutralise exactement l'une d'elles et on les mélange.

INDIGO (sulfate d'indigo). — Pour le préparer, on met dans un vase à précipiter, entouré d'eau froide, 50 grammes d'acide sulfurique fumant; on ajoute peu à peu et en remuant 10 grammes d'indigo très finement pulvérisé. Après quarante-huit heures de contact, on verse le liquide goutte à goutte et avec précautions dans un litre d'eau froide; on filtre.

L'indigo, dont la coloration est d'un bleu très intense, est décoloré par le chlore libre, les hypochlorites, les composés oxygénés de l'azote, etc.; à la place de la coloration bleue, il reste une faible couleur jaune légèrement rougeâtre.

PHTALÉINE DU PHÉNOL, $C^8H^4O^2(C^6H^4.OH)^2$. — Solution alcoolique à 2 p. 100 du produit commercial. Incolore en milieu neutre ou acide, elle prend une belle coloration rouge en présence d'une trace d'alcali. Les acides les plus faibles, même l'acide carbonique, ont une action.

On peut difficilement s'en servir en présence des sels ammoniacaux, qui la transforment en diimidophtaléine, incolore en solution alcaline.

FLUORESCÉINE (phtaléine de la résorcine), $C^8H^4O^3$ $[C^6H^3(OH)^2]$. — Solution alcoolique à 2 p. 100 du produit commercial. Jaune clair en présence des acides, elle acquiert une belle *fluorescence verdâtre* en présence d'une trace d'alcali. Le changement est moins sensible que pour la phtaléine de phénol; mais on peut s'en servir dans les liquides colorés, ainsi qu'en présence des sels ammoniacaux. Elle permet de reconnaître le brome libre, qui donne de l'*éosine* ou *fluorescéine bibromée* de couleur rose.

ORANGÉ POIRRIER III (synonymes : tropéoline D, hélianthine B, méthyl-orange, orangé de diméthylaniline), $\begin{array}{l} Az - C^6H^4.SO^3Na \\ \| \\ Az - C^6H^4.Az(CH^3)^2 \end{array}$ (sel de sodium de l'acide sulfanilique azodiméthylaniline). — Solution à 0,2 p. 100. L'orangé Poirrier III devient jaune par les alcalis, rouge par les acides forts.

TEINTURE DE CURCUMA. — On lave à grande eau la poudre de racine de curcuma, pour enlever une matière colorante jaune insensible aux alcalis; on sèche et on met en contact pendant plusieurs heures à chaud avec de l'alcool à 50°; on filtre après refroidissement.

La teinture de curcuma, jaune en milieu neutre ou acide, devient rouge par les alcalis.

ROUGE DE CONGO. — Ce réactif prend une teinte violette avec les bases, rouge avec les acides.

Pour obtenir un réactif très sensible, on dissout du rouge de Congo dans l'eau bouillante, on fait virer la teinte au violet sale, en ajoutant avec ménagement de l'acide azotique étendu. Par refroidissement, il se dépose des paillettes violettes que l'on recueille sur un filtre et lave à l'eau froide.

VIII. — PAPIERS RÉACTIFS

PAPIER DE TOURNESOL. — On emploie trois sortes de papier de tournesol : *sensible*, *bleu* et *rouge*.

Pour préparer le papier de tournesol, on trempe du papier non collé (papier à filtrer) dans la teinture de tournesol *sensible*, préparée comme précédemment (p. 107), ou dans la teinture *bleue*, obtenue en ajoutant à la teinture sensible I ou II gouttes d'ammoniaque, ou dans la teinture *rouge*, préparée en additionnant la teinture sensible de I ou II gouttes d'acide chlorhydrique. On retire les papiers après une heure de contact et on les fait sécher à l'abri des vapeurs acides ou ammoniacales du laboratoire.

Le papier de tournesol sensible, le plus employé des trois, humecté d'un peu d'eau, devient bleu avec des traces de bases et rouge en présence de traces d'acides.

PAPIER DE CURCUMA. — On trempe des bandelettes de papier non collé dans de la teinture de curcuma et on les laisse sécher.

Il est employé pour la recherche des alcalis, ainsi que de l'acide borique.

PAPIER DE FLUORESCÉINE. — On fait une solution à 2 p. 100 de fluorescéine dans de l'acide acétique à 50 p. 100 d'acide cristallisable (Baubigny); dans cette dissolution, on trempe des bandelettes de papier non collé et on fait sécher.

Ce papier, de coloration jaune, humecté d'un peu d'eau, prend une teinte rosée dès qu'il est en présence d'une trace de brome libre, par formation d'éosine; la coloration est plus manifeste et plus sensible après dessiccation.

PAPIER AMIDONNÉ. — On trempe du papier collé dans de l'empois faible d'amidon.

Il devient bleu par l'iode libre.

PAPIER IODURÉ AMIDONNÉ. — On trempe du papier collé dans de l'empois faible d'amidon, additionné de 2 p. 100 d'iodure de potassium et on le fait sécher.

Ce papier permet de reconnaître tous les corps capables de déplacer l'iode de l'iodure de potassium : chlore, brome, acide azoteux, acide azotique, etc.; l'iode mis en liberté donne de l'iodure d'amidon bleu.

PAPIER A L'ACÉTATE DE PLOMB. — Des bandes de papier non collées sont plongées dans une dissolution d'acétate neutre de plomb et desséchées.

Ce papier réactif sert à reconnaître l'hydrogène sulfuré et les sulfures.

PAPIER A L'IODATE DE POTASSIUM. — On fait dissoudre à l'ébullition une partie d'iodate de potassium et une partie d'amidon dans vingt parties d'eau; on laisse refroidir en agitant et on trempe du papier non collé. Ce papier réactif sert pour la recherche des acides sulfureux et azoteux.

PAPIER DE TOURNESOL IODURÉ (ozonométrique). — Des bandelettes de papier de tournesol rouge sont trempées à moitié dans une solution à 5 p. 100 d'iodure de potassium.

La moitié iodurée bleuit sous l'influence de l'ozone.

PAPIER RÉACTIF DES IODURES (Denigès et Sabrazès). — Délayer dans une capsule un gramme d'amidon en poudre dans 10 centimètres cubes d'eau froide et ajouter, en agitant, 40 centimètres cubes d'eau bouillante. Porter une à deux minutes à l'ébullition, laisser refroidir, faire dissoudre dans le liquide 0gr,50 d'azotite de sodium et passer au pinceau une couche du réactif ainsi préparé sur chacune des faces de feuilles de papier écolier fort. Laisser sécher après chacune des applications au pinceau, détailler en bandelettes de 1 à 2 centimètres de large sur 8 à 10 de long et conserver dans un bocal.

PAPIER AU SULFOCYANATE DE POTASSIUM. — On trempe des bandelettes de papier à filtrer dans une dissolution de sulfocyanate de potassium à 5 p. 100; on fait sécher.

Avec les sels ferriques, on a une solution rouge.

PAPIER AU NITROPRUSSIATE DE SODIUM.

— Papier trempé dans une solution de nitroprussiate de sodium à 5 p. 100.

Ce papier ne se colore pas par l'hydrogène sulfuré, mais devient violet par les sulfures.

PAPIER AU CHLORURE DE COBALT (Stahl). — Du papier buvard est imbibé d'une solution de chlorure de cobalt à 3 p. 100 et desséché jusqu'à ce qu'il soit devenu bleu.

En présence de l'eau, il devient rose.

PAPIER RÉACTIF DE MANN. — Triturer ensemble une partie d'acide molybdique et deux parties d'acide nitrique, dissoudre dans l'eau et imbiber du papier buvard avec cette solution. Ce papier devient bleu après dessiccation à 100°.

Réactif de l'eau; il perd sa couleur bleue avec des traces d'eau.

PAPIER DE GÉORGINE. — On imbibe du papier buvard ou à filtrer avec de la teinture alcoolique concentrée de pétales violets de *Georgina purpurea*.

Sec, le papier a une coloration d'un bleu violet, devenant *rouge par les acides*, *vert par les alcalis étendus* et jaune par les alcalis concentrés. Ce papier peut remplacer avantageusement les papiers de tournesol et de curcuma.

IX. — RÉACTIFS SPÉCIAUX

BIOXYDE D'HYDROGÈNE (eau oxygénée), H^2O^2. — Le produit commercial, normalement à 10 volumes d'oxygène, est convenable pour les essais; cette solution est ordinairement un peu acide pour faciliter sa conservation; néanmoins, elle s'altère peu à peu. On prépare rapidement une dissolution de bioxyde d'hydrogène en dissolvant du percarbonate de potassium dans un acide étendu froid:

$$C^2O^6K^2 + 2SO^4H^2 = 2SO^4KH + 2CO^2 + H^2O^2.$$

On reconnaît que le liquide contient encore de l'eau oxygénée en lui ajoutant de l'hypobromite de sodium, qui donne un dégagement d'oxygène, ou du permanganate de potassium qui se décolore en dégageant de l'oxygène.

L'eau oxygénée est employée comme oxydant; elle présente l'avantage de ne pas introduire d'autres éléments que l'oxygène et l'hydrogène, excepté un peu d'acide. C'est un réactif très sensible de l'acide chromique.

RÉACTIF DE NESSLER (iodomercurate de potassium). — Dans une dissolution chaude de 50 grammes d'iodure de potassium dans 100 centimètres cubes d'eau, on verse peu à peu une dissolution chaude de chlorure mercurique à 5 p. 100 jusqu'à ce que le précipité rouge formé cesse de se dissoudre. Après filtration, on ajoute au liquide une solution de 150 grammes de potasse caustique exempte de carbonate dans 300 centimètres cubes d'eau ; on étend à 1 litre avec de l'eau distillée et on verse 5 centimètres cubes de la solution de chlorure mercurique. On laisse déposer le précipité pendant vingt-quatre heures et on décante.

Ce réactif sert à caractériser l'ammoniaque dans un liquide ; avec des traces on a un précipité jaune, qui est jaune rougeâtre, rouge brun ou brun pour des quantités croissantes. Une baguette de verre, imprégnée de réactif de Nessler et mise dans une atmosphère contenant de l'ammoniaque, se couvre d'un enduit variant du jaune au rouge brun.

HYPOBROMITE DE SODIUM, BrONa. — Dans un flacon, on verse 50 centimètres cubes de solution de soude caustique à 30 p. 100 et 100 centimètres cubes d'eau ; on ajoute 5 centimètres cubes de brome, mesurés sous un peu d'eau, dans une petite éprouvette, ou à l'aide d'une pipette effilée dans laquelle on produit l'aspiration au moyen d'une poire en caoutchouc. On ferme le flacon avec un bouchon de caoutchouc, on agite jusqu'à dissolution totale du brome.

Ce réactif, d'un jaune d'or, s'altère peu à peu en devenant incolore.

Avec l'ammoniaque, les sels ammoniacaux, l'urée, il dégage de l'azote; il décompose l'eau oxygénée en mettant l'oxygène en liberté. C'est aussi un réactif des amines, de l'aniline et de l'acide hippurique.

RÉACTIF CACOTHÉLIQUE. — Pour préparer la *cacothéline*, $C^{20}H^{22}Az^2O^5(AzO^2)^4$, on chauffe à l'ébullition (Dupouy), pendant un quart d'heure environ :

Brucine	4	grammes.
Acide azotique à 40° Baumé	10	cent. cubes.
Eau	100	—

On laisse refroidir, on recueille sur un filtre plat, on lave à l'eau froide, puis à l'alcool froid et on fait sécher le produit dans le vide sur l'acide sulfurique; on le conserve à l'abri de la lumière.

Pour faire le réactif, on dissout 0gr,25 de cacothéline dans 100 centimètres cubes d'eau distillée ; par refroidissement, on a un liquide jaune d'or très stable, même dans des flacons de verre incolore.

Le réactif cacothélique donne à chaud une coloration d'un rouge violacé avec les sels stanneux (*réaction de l'améthystine*).

RÉACTIF BROMHYDRIQUE DE DENIGÈS. — Dans un ballon jaugé de 50 centimètres cubes, mettre 25 grammes de bromure de potassium et ajouter de l'eau distillée jusqu'au trait de jauge, faire dissoudre au bain-marie, agiter et laisser refroidir. A la solution, placée dans un vase de Bohême à filtration chaude, entouré d'eau froide, ajouter goutte à goutte, en agitant, 25 centimètres cubes d'acide sulfurique pur, laisser complètement refroidir, décanter ou filtrer sur l'amiante pour séparer le liquide du sulfate de potassium cristallisé.

Si le réactif jaunit au bout d'un temps plus ou moins

long, on ajoute une trace de bisulfite de sodium pour le rendre incolore.

Excellent réactif du cuivre ; II ou III gouttes d'une solution contenant du cuivre, ajoutées à 2 ou 3 centimètres cubes du réactif, donnent une magnifique coloration rouge.

RÉACTIF DE CAZENEUVE. — Solution alcoolique à 1 p. 100, faite au moment de l'usage, de *diphénylcarbazide symétrique* :

$$CO\begin{cases} AzH - AzH - C^6H^5 \\ AzH - AzH - C^6H^5 \end{cases}$$

Ce réactif, très sensible, donne des colorations caractéristiques avec les sels de cuivre (violette), de mercure (bleu-pensée), ferriques (rouge bleu de pêche), les chromates (violette). La diphénylcarbazide est réduite et transformée en diphénylcarbazone :

$$CO\begin{cases} AzH - AzH - C^6H^5 \\ Az = Az - C^6H^5 \end{cases}$$

dans laquelle le remplacement des hydrogènes des deux groupes AzH, par le cuivre, le mercure, etc., produit des dérivés colorés.

RÉACTIF AU NITROSO-β-NAPHTOL DE KNORRE. — Solution acétique contenant 1 p. 100 de nitroso-β-naphtol. Ce réactif précipite un grand nombre de métaux : cuivre, mercure, plomb, cadmium, arsenic, antimoine, fer, chrome, aluminium, nickel, cobalt, manganèse, zinc, glucinium, gallium.

RÉACTIF DU CUIVRE AU PYROGALLOL. — A une solution de sulfite de sodium saturée à froid, on ajoute 2 p. 100 de pyrogallol. Le réactif incolore se conserve longtemps.

RÉACTIF ALLOXANIQUE (Denigès). — Dans une fiole d'Erlenmeyer de 100 centimètres cubes, mettre 2 grammes d'acide urique pulvérisé et 2 centimètres cubes d'acide azotique à 40° Baumé. Après ralentissement de la vive réaction, dissoudre l'acide urique et compléter la transformation en alloxane en ajoutant 2 centimètres cubes d'eau distillée; chauffer légèrement jusqu'à clarification complète et étendre à 100 centimètres cubes.

Réactif des sels ferreux et de zinc.

RÉACTIF SULFO-MOLYBDIQUE (Denigès). — Dissoudre à chaud 10 grammes de molybdate d'ammonium dans 100 centimètres cubes d'eau; après refroidissement, ajouter 100 centimètres cubes d'acide sulfurique pur. Conserver dans un flacon jaune. Si le liquide bleuit au bout d'un certain temps, le décolorer par une quantité strictement nécessaire de solution de permanganate de potassium.

Ce réactif est employé pour rechercher l'étain et l'eau oxygénée.

RÉACTIF SULFO-NITRO-MOLYBDIQUE (Meillère). — On mélange dans l'ordre indiqué :

Solution de molybdate d'ammonium...	200	cent. cubes.
Acide sulfurique à 1/2 (en volume).....	20	—
Acide azotique pur à 36°.............	30	—

Ce réactif sert à précipiter les phosphates et les arséniates. Toutefois, si le liquide à analyser contient des sels de baryum, strontium, calcium, plomb, il se forme un précipité blanc de sulfate; dans ce cas, il est préférable de se servir du réactif nitro-molybdique.

RÉACTIF NITRO-MOLYBDIQUE. — On fait la solution :

Molybdate d'ammonium........	25 grammes.
Azotate d'ammonium...........	62gr,5
Eau..................	200 cent. cubes.

Cette solution est versée, en agitant, dans :

Acide azotique pur....	250 cent. cubes.

Ce réactif, employé pour la recherche de l'acide phosphorique et de l'acide arsénique, s'altère peu à peu en laissant précipiter de l'acide molybdique jaune, cristallisé; aussi, de nombreuses formules ont été données pour ce réactif. Celle-ci est une des meilleures: le réactif conservé depuis plus d'un an, donne encore un précipité jaune à froid, avec une trace d'acide phosphorique.

MIXTURE MAGNÉSIENNE. — On emploie les proportions suivantes :

Chlorure de magnésium........	120	grammes.
— d'ammonium...........	166	—
Ammoniaque pure à 22° Baumé....	260	cent. cubes.
Eau............. Q. S. pour...	1000	—

On dissout chacun des sels dans environ 250 centimètres cubes d'eau, on mélange les deux dissolutions, on ajoute l'ammoniaque et on complète à 1 litre.

Cette dissolution sert pour précipiter les acides phosphorique et arsénique; 1 centimètre cube précipite 0gr,02 d'anhydride phosphorique.

MIXTURE CITRO-MAGNÉSIENNE (Joulie-Millot). — On fait dissoudre du carbonate de magnésium et de la magnésie calcinée dans de l'acide citrique :

Acide citrique....................	400	grammes.
Carbonate de magnésium........	40	—
Magnésie calcinée................	20	—
Eau distillée......................	500	—

On ajoute de l'ammoniaque et on complète à 1 litre et demi.

Ammoniaque à 22° Baumé.......	600	cent. cubes.
Eau distillée........ Q. S. pour	1500	—

Après vingt-quatre heures, on filtre s'il s'est produit un précipité.

Ce réactif sert à précipiter l'acide phosphorique en présence du fer et de l'alumine ; 1 centimètre cube précipite 0gr,0134 d'anhydride phosphorique.

BISULFITE DE SODIUM-PYRIDINE (Denigès). — On mélange :

Bisulfite de sodium à 30-40° Baumé.	10	cent. cubes.
Eau distillée....................	10	—
Pyridine........................	5	—

Ce réactif donne un précipité blanc cristallin avec les sels de zinc.

RÉACTIF SULFOCARBONIQUE (Braun). — On sature avec l'hydrogène sulfuré la moitié d'une solution de potasse caustique à 5 p. 100, on ajoute l'autre moitié et on fait digérer le tout, à une douce chaleur, avec 4 p. 100 de son volume de sulfure de carbone ; on sépare le liquide rouge orangé foncé du sulfure de carbone non dissous et on conserve dans des flacons bien bouchés.

Ce réactif donne, avec une solution ammoniacale d'un sel de nickel, une coloration groseille.

RÉACTIF DE CARNOT pour les sels de potassium. — On fait deux dissolutions :

A. 10 grammes de sous-nitrate de bismuth sont dissous à une douce chaleur dans 30 centimètres cubes d'acide chlorhydrique fumant ; après refroidissement, on complète à 100 centimètres cubes avec de l'alcool à 90° et on filtre après quelques heures de repos.

B. Dissoudre 20 grammes d'hyposulfite de sodium dans 100 centimètres cubes d'eau distillée.

Au moment de l'emploi, on mélange *exactement* 1 centimètre cube de liqueur A et un demi-centimètre cube de liqueur B, on ajoute 10 à 15 centimètres cubes d'alcool; s'il se produit un trouble, on ajoute goutte à goutte en agitant, de la liqueur A jusqu'à ce qu'il disparaisse.

Pour rechercher le potassium dans une solution, on verse *I ou II gouttes* de cette solution dans 5 centimètres cubes du réactif ainsi préparé ; il se fait un précipité cristallin *jaune* d'hyposulfite double de bismuth et de potassium :

$$Bi\begin{cases} S^2O^3.K \\ S^2O^3.K \\ S^2O^3.K \end{cases} + H^2O$$

SULFATE DE DIPHÉNYLÈNE-IMINE (carbazol). — Solution de 2 grammes dans 50 centimètres cubes d'eau, comme le précédent réactif; il produit, du reste, les mêmes réactions.

EMPOIS D'AMIDON. — Délayer 1 gramme d'amidon dans 10 centimètres cubes d'eau froide, ajouter en agitant 100 centimètres cubes d'eau bouillante, dans laquelle on a fait dissoudre 1 gramme de fluorure de sodium pour éviter l'altération. Porter à l'ébullition, retirer immédiatement et laisser refroidir.

L'empois d'amidon, ou *eau amidonnée*, est un réactif de l'iode libre, avec lequel il donne une belle coloration bleue.

ANTIPYRINE, $C^{11}H^{12}Az^2O$. — Solution à 5 p. 100.

Ce réactif est employé pour reconnaître les azotites et les azotates.

RÉACTIF SULFO-PHÉNIQUE (Granval et Lajoux). — Dissolution :

Phénol pur...............	15 grammes.
Acide sulfurique pur......	100 cent. cubes.

L'acide sulfurique doit être exempt de produits nitreux.

Réactif des azotites et des azotates, qui produisent une coloration jaune de nitrophénate d'ammonium, après addition d'ammoniaque.

RÉACTIF DE DESBASSYNS DE RICHEMOND. — A de l'acide sulfurique pur, exempt de composés nitrés, on ajoute 5 p. 100 de sulfate ferreux pulvérisé ; on conserve dans un flacon bouché à l'émeri.

Avec les azotites et les azotates, on a une coloration variant du rose au brun.

ACÉTATE D'ANILINE (Denigès). — Mettre dans un ballon jaugé de 100 centimètres cubes :

Aniline pure..............	2 cent. cubes.
Ac. acétique cristallisable.	40 —
Eau distillée.. Q. S. pour	100 —

Documents manquants (pages, cahiers...)

NF Z 43-120-13

Bisulfite de sodium à 36-40° Baumé.	10	cent. cubes.
Eau distillée.........................	10	—
Pyridine...............................	5	—

Ce réactif donne un précipité blanc cristallin avec les sels de zinc.

RÉACTIF SULFOCARBONIQUE (Braun). — On sature avec l'hydrogène sulfuré la moitié d'une solution de potasse caustique à 5 p. 100, on ajoute l'autre moitié et on fait digérer le tout, à une douce chaleur, avec 4 p. 100 de son volume de sulfure de carbone ; on sépare le liquide rouge orangé foncé du sulfure de carbone non dissous et on conserve dans des flacons bien bouchés.

Ce réactif donne, avec une solution ammoniacale d'un sel de nickel, une coloration groseille.

RÉACTIF DE CARNOT pour les sels de potassium. — On fait deux dissolutions :

A. 10 grammes de sous-nitrate de bismuth sont dissous à une douce chaleur dans 30 centimètres cubes d'acide chlorhydrique fumant ; après refroidissement, on complète à 100 centimètres cubes avec de l'alcool à 90° et on filtre après quelques heures de repos.

B. Dissoudre 20 grammes d'hyposulfite de sodium dans 100 centimètres cubes d'eau distillée.

Au moment de l'emploi, on mélange *exactement* 1 centimètre cube de liqueur A et un demi-centimètre cube de liqueur B, on ajoute 10 à 15 centimètres cubes d'alcool; s'il se produit un trouble, on ajoute goutte à goutte en agitant, de la liqueur A jusqu'à ce qu'il disparaisse.

Pour rechercher le potassium dans une solution, on verse *I ou II gouttes* de cette solution dans 5 centimètres cubes du réactif ainsi préparé ; il se fait un précipité cristallin *jaune* d'hyposulfite double de bismuth et de potassium :

$$Bi\begin{cases} S^2O^3.K \\ S^2O^3.K \\ S^2O^3.K \end{cases} + H^2O$$

SULFATE DE DIPHÉNYLÈNE-IMINE (carbazol). — Solution de 2 grammes dans 50 centimètres cubes d'eau, comme le précédent réactif; il produit, du reste, les mêmes réactions.

EMPOIS D'AMIDON. — Délayer 1 gramme d'amidon dans 10 centimètres cubes d'eau froide, ajouter en agitant 100 centimètres cubes d'eau bouillante, dans laquelle on a fait dissoudre 1 gramme de fluorure de sodium pour éviter l'altération. Porter à l'ébullition, retirer immédiatement et laisser refroidir.

L'empois d'amidon, ou *eau amidonnée*, est un réactif de l'iode libre, avec lequel il donne une belle coloration bleue.

ANTIPYRINE, $C^{11}H^{12}Az^2O$. — Solution à 5 p. 100. Ce réactif est employé pour reconnaître les azotites et les azotates.

RÉACTIF SULFO-PHÉNIQUE (Granval et Lajoux). — Dissolution :

Phénol pur...............	15 grammes.
Acide sulfurique pur......	100 cent. cubes.

L'acide sulfurique doit être exempt de produits nitreux.

Réactif des azotites et des azotates, qui produisent une coloration jaune de nitrophénate d'ammonium, après addition d'ammoniaque.

RÉACTIF DE DESBASSYNS DE RICHEMOND. — A de l'acide sulfurique pur, exempt de composés nitrés, on ajoute 5 p. 100 de sulfate ferreux pulvérisé ; on conserve dans un flacon bouché à l'émeri.

Avec les azotites et les azotates, on a une coloration variant du rose au brun.

ACÉTATE D'ANILINE (Denigès). — Mettre dans un ballon jaugé de 100 centimètres cubes :

Aniline pure..............	2 cent. cubes.
Ac. acétique cristallisable.	40 —
Eau distillée.. Q. S. pour	100 —

Si le mélange se colore en rose (ce qui arrive quand l'acide acétique contient du furfurol), on le décolore en le portant à l'ébullition, après addition d'eau distillée. On le conserve à l'abri de la lumière dans un flacon jaune ou noir.

Avec les azotites, le réactif donne une coloration variant du jaune-paille à l'orangé foncé.

RÉACTIF DE DENIGÈS pour les azotites. — Il se compose de deux solutions séparées :

A.	Phénol pur, bien blanc.....	1 gramme.
	Acide sulfurique pur......	4 cent. cubes.
	Eau distillée..............	100 —

Mélanger et agiter.

B.	Oxyde mercurique........	3gr,5
	Acide acétique cristallis...	20 cent. cubes.
	Eau distillée..............	100 —

Mélanger, agiter jusqu'à dissolution, ajouter :

Acide sulfurique pur........ 0cc,5

et filtrer.

Au moment de l'emploi, on mélange volumes égaux de A et B.

Avec les azotites, ce réactif donne une coloration rose ou rouge.

RÉACTIF DE TROMSDORFF pour les azotites. — On dissout :

Chlorure de zinc............ 20 grammes.
Eau distillée............... 100 —

on chauffe à l'ébullition et on verse peu à peu dans le liquide bouillant :

Amidon..................... 4 grammes,

délayé dans :

Eau........................ 50 cent. cubes.

Le liquide étant refroidi, on lui ajoute :

Iodure de zinc................	2 grammes.
Eau.... Q. S. pour faire.....	1000 cent. cubes.

et on filtre.

En présence d'une trace d'azotite, le liquide devient bleu.

MÉTAPHÉNYLÈNE-DIAMINE. — On met dans un flacon bouché à l'émeri :

Chlorhydrate de métaphénylène-diamine......................	2 grammes.
Ammoniaque pure à 20 p. 100...	100 cent. cubes.
Noir animal pulvérisé.........	5 grammes.

on agite vivement pendant quelques minutes, puis d'heure en heure, jusqu'à ce que la solution soit à peu près incolore. En présence du noir animal qui a servi à la décolorer, cette solution se conserve bien.

Pour l'usage, on décante un peu de la solution surnageant le noir animal, ou bien on filtre un peu de liquide.

Ce réactif permet de reconnaître des traces de nitrites en milieu acide, l'eau oxygénée en solution ammoniacale.

PLOMBITE DE SODIUM. — On chauffe dans une capsule de porcelaine :

Sous-acétate de plomb..........	20 cent. cubes.
Eau distillée..................	100 —
Solution de soude caustique à 30 p. 100..................	100 —

jusqu'à dissolution.

Ce réactif est employé pour reconnaître l'hydrogène sulfuré et les sulfures, qui donnent un précipité noir.

RÉACTIF GLYCÉRO-FERRIQUE. — Faire la dissolution :

Perchlorure de fer officinal.......	5 cent. cubes.
Glycérine..........................	5 —
Eau................................	100 —

à laquelle on ajoute :

Solution de soude caustique à 30 p. 100..............	10 cent. cubes.
Eau..... Q. S. pour faire	250 —

Ce réactif sert à reconnaître l'hydrogène sulfuré et les sulfures, qui donnent une coloration verte.

CHLORAL. — Solution d'hydrate de chloral à 20 p. 100.

Ce réactif sert à distinguer les sulfhydrates de sulfures, les sulfures neutres et les polysulfures.

AZOTATE DE CADMIUM-ANILINE (Denigès). — Faire à froid la dissolution suivante :

Azotate de cadmium.......	5 grammes.
Aniline....................	$2^{cc},5$
Eau........................	100 cent. cubes.

Au moment de se servir de ce réactif, ajouter à une petite quantité de cette dissolution le vingtième environ de son volume d'acide acétique.

Ce réactif est caractéristique de l'anhydride sulfureux et des sulfites.

RÉACTIF LUTÉO-COBALTIQUE, $Co^2Cl^6(AzH^3)^{12}$ (Braun). — Faire la dissolution :

Solution de chlorure de cobalt à 10 p. 100...........	100 cent. cubes.
Chlorure d'ammonium....	66 grammes.
Ammoniaque pure........	100 cent. cubes.

En agitant à l'air, le mélange devient brun ; on ajoute un excès de bioxyde de plomb et on chauffe pendant une heure à l'ébullition au réfrigérant ascendant. On filtre le liquide chaud ; la solution rouge fauve contient du chlorure lutéo-cobaltique.

C'est un réactif des pyrophosphates.

PARABICHLORURE DE BENZÈNE HEXACHLORÉ, $C^6Cl^6.Cl^2$ 1-4 (Ét. Barral). — On chauffe dans un ballon, pendant quarante-huit heures, au bain d'huile réglé à 135-140°, un mélange d'une molécule d'hexachlorophénol C^6Cl^6O ou de quinone tétrachlorée (chloranile) $C^6Cl^4O^2$, avec un peu plus d'une molécule de pentachlorure de phosphore. La réaction terminée, le liquide est versé dans une capsule où il se solidifie; la masse concassée est projetée dans l'eau froide où elle se délite peu à peu; on lave à l'eau tiède, puis à la soude caustique à 10 p. 100 pour dissoudre le phosphate de pentachlorophénol. Le produit sec est traité par l'éther de pétrole chaud; par évaporation du liquide filtré, on obtient des prismes tricliniques aplatis, incolores.

Écrasés dans de l'acide disulfurique (acide Nordhausen), ils donnent une belle coloration rouge, disparaissant dès que l'acide disulfurique a été complètement transformé en SO^4H^2 par l'humidité de l'air.

RÉACTIF DE PINERULA. — On fait la dissolution :

Naphtol β..................	1 gramme.
Acide sulfurique...........	50 cent. cubes.

Il donne à chaud des colorations variées avec les acides malique, tartrique, citrique.

LIQUEUR DE FEHLING. — Un grand nombre de formules ont été indiquées, car ce réactif présente l'inconvénient de laisser déposer de l'oxyde cuivreux ou du cuivre métallique, surtout sous l'influence de la lumière. La **formule de Pasteur** donne un liquide à peu près inaltérable ; on fait dissoudre séparément :

Soude caustique.............	130	grammes.
Acide tartrique..............	105	—
Potasse caustique...........	80	—
Sulfate de cuivre cristallisé..	40	—

On mélange les solutions froides dans l'ordre indiqué et on complète le volume à un litre.

RÉACTIF DE HUXLEY. — Dissoudre un gramme d'azotate de plomb dans 10 centimètres cubes d'eau distillée et ajouter une solution d'iodure de potassium saturée à froid (100 grammes d'iodure de potassium pour 75 grammes d'eau), jusqu'à ce qu'une goutte de cette solution, ajoutée en excès, redissolve le précipité.

Après quelques minutes de repos, on décante pour séparer un abondant précipité cristallin d'iodure double de plomb et de potassium. Agiter les cristaux avec 10 centimètres cubes d'alcool pour dissoudre l'excès d'iodure de potassium ; filtrer rapidement, laver avec un peu d'alcool, dessécher les cristaux dans du papier à filtrer et conserver dans un flacon bien bouché.

Mis en contact avec des traces d'eau, ce produit se colore en jaune par mise en liberté d'iodure de plomb.

RÉACTIF DE MILLON. — Dissoudre une partie de mercure dans deux parties d'acide azotique de densité 1,42, à froid d'abord, ensuite en chauffant. Quand la solution est complète, on ajoute au liquide le double de son volume d'eau, on laisse déposer et on décante la portion claire.

RÉACTIF DE MATHIEU-PLESSY. — Fondre et couler le mélange :

Azotate d'ammonium.........	54 grammes.
Oxyde de plomb hydraté.....	21 —

Donne des colorations avec le pyrogallol, le glucose, le saccharose.

RÉACTIF D'UFFELMANN. — On fait le mélange :

Solution de phénol à 4 gr. par litre.....................	100 cent. cubes.
Perchlorure de fer officinal....	11 gouttes.

Ce liquide, violet-améthyste, vire au jaune ambré par l'acide lactique, est décoloré par les acides forts.

RÉACTIF YMONNIER. — Mélanger :

Bichromate de potassium.....	1 gramme.
Acide azotique............	1 —
Eau..........................	100 grammes.

Donne des colorations avec les phénols.

RÉACTIF DE CRISMER, chlorure de zinc et d'hydroxylamine, $ZnCl^2(AzH^3O)^2$. — Pour le préparer, dissoudre 10 grammes de chlorhydrate d'hydroxylamine dans 30 centimètres cubes d'alcool à 95°, faire bouillir et ajouter 5 grammes d'oxyde de zinc précipité. Maintenir à l'ébullition, au réfrigérant ascendant, pendant quelques minutes, décanter le liquide clair dans un cristallisoir; le sel se dépose par refroidissement.

Avec le liquide alcoolique surnageant, répéter cinq à six fois l'opération précédente, en ajoutant de nouvelles doses de chlorhydrate d'hydroxylamine et d'oxyde de zinc.

La poudre cristalline est recueillie sur un filtre, lavée à l'alcool et séchée à l'air.

Ce réactif permet d'obtenir des oximes aldéhydiques et cétoniques.

RÉACTIF FUCHSINE-BISULFITE. — Dissoudre 1 gramme de fuchsine dans un litre d'eau; ajouter 10 centimètres cubes de solution de bisulfite de sodium à 30° Baumé. Quand la coloration s'est fortement atténuée, on ajoute 10 centimètres cubes d'acide chlorhydrique pur et concentré (Leys). La liqueur brunit d'abord et se décolore seulement au bout de quelques jours; si elle n'était pas décolorée après huit jours, on la décolorerait au noir animal lavé.

On peut aussi saturer d'anhydride sulfureux une dissolution de fuchsine à 1 p. 100.

Le réactif se colore en présence des aldéhydes.

RÉACTIF DE TOLLENS. — On fait la dissolution :

Azotate d'argent.............	3	grammes.
Ammoniaque pure...........	30	—
Soude caustique pure........	3	—

Ce réactif doit être préparé en petite quantité, car il peut détoner spontanément; on le conserve dans un flacon jaune.

SULFATE MERCURIQUE ACIDE (Denigès). — On mélange dans un ballon :

Oxyde mercurique (jaune ou rouge)	50 grammes.
Acide sulfurique pur	200 cent. cubes.
Eau distillée	1 000 —

on accélère la dissolution en chauffant. Après refroidissement, on filtre s'il y a lieu. La solution est inaltérable.

C'est un réactif des alcools tertiaires, des carbures éthyléniques, des aldéhydes, des acétones, du thiophène, etc.

ACIDE SULFURIQUE FORMOLÉ (Denigès). — Ajouter 2 centimètres cubes de formol du commerce à 100 centimètres cubes d'acide sulfurique pur.

Réactif des *phénols*, des *carbures cycliques*, des *alcaloïdes de l'opium*, etc. ; à chaud, du *noyau benzoïque*.

RÉACTIF ACIDE SULFANILIQUE-NAPHTYLAMINE. — On dissout $0^{gr},5$ d'acide sulfanilique dans 150 centimètres cubes d'acide acétique, on fait bouillir $0^{gr},10$ de naphtylamine solide avec 20 centimètres cubes d'eau, on sépare par décantation la solution incolore du résidu violet bleu, on la mélange avec 150 centimètres cubes d'acide acétique, on mêle les deux dissolutions ; on décolore, si cela est nécessaire, en agitant avec de la poudre de zinc.

RÉACTIF A LA PHÉNYLHYDRAZINE. — On fait la dissolution :

Chlorhydrate de phénylhydrazine	1 gramme.
Acétate de sodium	$1^{gr},50$
Eau	100 grammes.

RÉACTIF DE CANDUSSIO. — Mélanger :

Ferricyanure de potassium	1 gramme.
Eau	100 cent. cubes.
Ammoniaque	20 —

Cette solution donne des colorations diverses avec les *phénols*.

RÉACTIF DE BERG. — Mélanger :

Perchlorure de fer officinal.	II gouttes.
Acide chlorhydrique pur..	II —
Eau distillée.............	100 cent. cubes.

Ce réactif, à peu près incolore, devient jaune en présence des acides alcools.

RÉACTIF DENIGÈS pour le butylène et le triméthylcarbinol. — Mettre dans un ballon 20 grammes d'oxyde mercurique et 40 centimètres cubes d'acide azotique, ajouter 500 centimètres cubes d'eau, agiter jusqu'à dissolution, filtrer. Conserver dans un flacon jaune.

RÉACTIF DE LUSTGARTEN pour l'iodoforme. — On dissout, au moment de l'usage, 0gr,1 de résorcine dans 5 centimètres cubes d'alcool à 95° et on ajoute un petit fragment de sodium.

RÉACTIFS DES ALCALOIDES

Les réactifs des alcaloïdes doivent être divisés en deux groupes :

1° *Réactifs généraux* ou *de précipitation*, communs à la plupart des alcaloïdes;

2° *Réactifs colorés*, produisant des colorations destinées à les différencier.

1° *RÉACTIFS GÉNÉRAUX*

Les réactifs généraux sont ceux qui précipitent tous ou presque tous les alcaloïdes; ils peuvent donc aussi bien servir *à reconnaître* la présence d'un alcaloïde dans une substance, qu'à *les séparer* et à *les isoler*. Mais ils ne permettent pas de les distinguer les uns des autres, ou seulement d'une façon secondaire.

Ces réactifs précipitent un certain nombre de matières

telles que les gommes, les matières albuminoïdes, etc., qui se trouvent dans les végétaux; aussi, ces réactifs ne donnent des résultats certains que dans des solutions exemptes de ces substances. On éliminera ces dernières par la dialyse.

Les réactions produites par ces réactifs avec les alcaloïdes, sont données ici d'une manière générale, en faisant remarquer les cas particuliers. Elles ne seront généralement pas indiquées pour chacun des alcaloïdes.

CHLORURE DE PLATINE. — Les alcaloïdes donnent des combinaisons analogues au chlorure double de platine et d'ammonium; ce sont des précipités d'un *jaune clair ou foncé*, les uns se forment difficilement, les autres facilement dans les solutions aqueuses. Pour les obtenir d'une façon certaine, on évapore presque à siccité le liquide, en présence d'un excès de chlorure de platine; on traite le résidu par l'alcool, qui laisse le chlorure double insoluble.

De ce précipité, on peut généralement isoler l'alcaloïde en faisant passer un courant d'hydrogène sulfuré dans de l'eau chaude, légèrement acidulée avec l'acide chlorhydrique et tenant en suspension ce précipité; après filtration, on évapore à sec, on ajoute un peu d'eau avec de la chaux éteinte, et on traite par un dissolvant approprié.

ACIDE PICRIQUE. — On emploie la dissolution saturée à froid. Par un *excès* d'acide picrique, on obtient des précipités *jaunes* avec presque tous les alcaloïdes.

La caféine et la pseudo-morphine ne sont pas précipitées; la morphine et l'atropine sont précipitées seulement en solutions neutres et concentrées.

CHLORURE MERCURIQUE. — Solution aqueuse à 5 p. 100. — Ce réactif donne des précipités généralement *blancs*; mais, il n'est pas très sensible.

TANIN. — Solution à 10 p. 100, préparée au moment de l'usage. Avec presque tous les alcaloïdes, il produit des précipités *blancs ou jaunes*; mais, il précipite aussi un grand nombre de substances diverses.

On peut mettre l'alcaloïde en liberté par l'action de l'oxyde de plomb.

RÉACTIF IODO-IODURÉ DE BOUCHARDAT. — Faire la dissolution :

Iode pulvérisé..................	12gr,7
Iodure de potassium.........	15 grammes.
Eau............. Q. S. pour	1 000 cent. cubes.

Ce réactif précipite plus ou moins complètement tous les alcaloïdes, sous forme de précipités *bruns, floconneux*, dans les solutions acidulées, de préférence par l'acide sulfurique.

Pour isoler les alcaloïdes de ces précipités, on les lave bien, on les met en suspension dans de l'eau où l'on fait dégager de l'anhydride sulfureux; on évapore au bain-marie pour chasser les acides iodhydrique et sulfureux; l'alcaloïde reste à l'état de sulfate.

IODURE DE BISMUTH ET DE POTASSIUM (Réactif de Dragendorff). — Dissoudre de l'iodure de bismuth jusqu'à saturation, dans une solution à 20 p. 100 et bouillante d'iodure de potassium, à laquelle on ajoute un égal volume de solution d'iodure de potassium à 20 p. 100. A la rigueur, on peut dissoudre du sous-nitrate de bismuth.

Cette solution concentrée a une coloration orangée et se conserve bien, tandis qu'une liqueur étendue s'altérerait.

Dans les solutions acidulées par l'acide sulfurique, il se produit des précipités amorphes d'un *rouge orangé*.

IODURE DE CADMIUM ET DE POTASSIUM (Réactif de Marmé) :

Iodure de cadmium.........	5 grammes.
Iodure de potassium........	10 —
Eau..........................	100 —

Ce réactif donne, dans les solutions acidulées par l'acide sulfurique, des précipités *blancs floconneux*, devenant en général peu à peu *cristallins*, excepté avec la conicine, le narcotine, l'aconitine, la delphinine, la thébaïne, la berbérine, la pipérine.

IODURE DE MERCURE ET DE POTASSIUM (Réactif de Mayer). — Dissoudre :

Chlorure mercurique.....	13gr,5
Iodure de potassium.....	50 grammes.
Eau......... Q. S. pour	1 000 cent. cubes.

Ce réactif donne des précipités *blancs* ou *blanc jaunâtre*, *amorphes ou cristallins*. On peut le remplacer par le réactif de Tanret.

Avec la nicotine et la conicine il forme un précipité blanc, se réunissant bientôt sous forme d'une masse poisseuse, adhérant aux parois du récipient.

Il ne précipite pas la brucine, l'asparagine, la caféine, la théobromine, la glycolamine, les glucosides tels que la digitaline, la picrotoxine, la phloridzine, la saponine, etc.

Comme il précipite en liqueur acide : les albuminoïdes, les peptones et certaines matières extractives, il est indispensable de les éliminer par un traitement à l'éther.

Les précipités obtenus avec la conicine, la thébaïne, la narcotine, la narcéine, l'émétine, la berbérine, la delphinine, sont *blancs* ou *jaunâtres*; d'abord amorphes, ils deviennent cristallins à la longue.

RÉACTIF DE TANRET. — Dissoudre d'abord :

Chlorure mercurique très finement pulvérisé.....	13gr,5
Eau distillée.............	100 grammes.
Iodure de potassium.....	36 —
Eau distillée. Q. S. p.	1 000 cent. cubes.
Ac. acétique cristallisable.	200 —

Il peut remplacer l'iodure de mercure et de potassium (réactif de Mayer) ; il donne des précipités analogues.

ACIDE PHOSPHO-MOLYBDIQUE (Réactif de

Sonnenschein). — Précipiter par du phosphate de sodium une solution azotique de molybdate d'ammonium. Après vingt-quatre heures de repos, laver ce précipité, le redissoudre à chaud dans une solution de carbonate de sodium, évaporer à siccité et calciner jusqu'à ce qu'il ne se dégage plus d'ammoniaque.

Traiter par l'eau le résidu refroidi, ajouter de l'acide azotique pour redissoudre le précipité formé d'abord ; il doit y avoir une partie de résidu dans dix parties de liquide.

Avec les alcaloïdes, on obtient des précipités *amorphes* de teinte *jaune*, variant *du jaune-citron au jaune brun*, insolubles ou très peu solubles dans les acides minéraux étendus.

Pour mettre en liberté les alcaloïdes contenus dans ces précipités, on les lave bien, puis on les traite par un alcali.

ACIDE PHOSPHO-ANTIMONIQUE (Réactif de Schulze). — Dans une solution, contenant 9 grammes de phosphate disodique dans 100 centimètres cubes d'eau, ajouter goutte à goutte, en agitant, 3 grammes de perchlorure d'antimoine.

Dans les solutions d'alcaloïdes, acidulées par de l'acide sulfurique, on obtient des précipités *blancs*, généralement *amorphes* ; avec la brucine, le précipité est rose.

ACIDE MÉTATUNGSTIQUE (Réactif de Scheibler). — A une solution bouillante de tungstate de sodium, ajouter de l'acide tungstique jusqu'à ce qu'il ne s'en dissolve plus. Verser du chlorure de baryum, qui donne un précipité cristallin de métatungstate de baryum, que l'on décompose par l'acide sulfurique. Après séparation du sulfate de baryum, on évapore le liquide dans le vide sur l'acide sulfurique ; il se forme des cristaux d'acide métatungstique.

Avec les alcaloïdes, ce réactif donne des précipités *blancs floconneux*.

ACIDE PHOSPHO-TUNGSTIQUE (Réactif de Scheibler). — On le prépare comme l'acide phospho-molybdique ; il donne des précipités analogues à ceux produits par l'acide métatungstique.

PLATINOCYANURE DE POTASSIUM (Réactif de Schwarzenbach et Delfs). — Solution aqueuse de platinocyanure de potassium. Donne des précipités *cristallins* avec les alcaloïdes.

SILICOTUNGSTATE DE SODIUM (Réactif de Bertrand). — Ce réactif produit avec les alcaloïdes des précipités *jaunes, chamois* ou *saumon*. Les alcalis mettent en liberté l'alcaloïde séparé par précipitation ; on peut le dissoudre dans un réactif approprié.

2° *RÉACTIFS DE COLORATION*

Les réactions colorées, données par les alcaloïdes en présence de différents réactifs, ne sont pas générales et servent à différencier les alcaloïdes les uns des autres ; elles seront indiquées pour chacun des alcaloïdes.

Beaucoup de réactifs, employés pour produire des réactions de coloration avec les alcaloïdes ou les médicaments, ont déjà été indiqués.

SULFO-MOLYBDATE DE SODIUM (Réactif de Fröhde). — Dissoudre 1 gramme de molybdate de sodium dans 100 centimètres cubes d'acide sulfurique concentré.

Ce réactif donne des *colorations* souvent très caractéristiques avec un grand nombre d'alcaloïdes ; elles seront indiquées pour chacun d'eux.

SULFO-VANADATE D'AMMONIUM (Réactif de Mandelin) :

Vanadate d'ammonium.......	1 gramme.
Acide sulfurique pur........	200 grammes.

Ce réactif donne avec les alcaloïdes des *réactions colorées* particulières.

SULFO-SÉLÉNITE D'AMMONIUM (Réactif de Schlagdenhauffen) :

Sélénite d'ammonium.......	1 gramme.
Acide sulfurique concentré.	20 cent. cubes.

Ce réactif développe avec les alcaloïdes des *réactions colorées* particulières.

RÉACTIF D'ERDMANN. — A 100 centimètres cubes d'eau, ajouter VI gouttes d'acide azotique de densité 1,25. Verser X gouttes de cette solution acide dans 20 grammes d'acide sulfurique concentré.

RÉACTIF DE SONNENSCHEIN. — On l'obtient en dissolvant un peu d'oxydule de cérium dans l'acide sulfurique concentré.

RÉACTIF DE FLUCKIGER. — Dissolution :

Permanganate de potassium..	3 grammes.
Acide sulfurique pur........	30 cent. cubes.
Eau........................	10 —

RÉACTIF DE FLUCKIGER. — Dissolution :

Bichromate de potassium...	2 grammes.
Acide sulfurique pur.......	10 cent. cubes.
Eau........................	10 —

RÉACTIF DE WENZEL. — Dissolution :

Permanganate de potassium..	1 gramme.
Acide sulfurique à 66°......	100 grammes.

RÉACTIF D'EHRLICH. — Réactif de diazotation. Au moment de l'emploi, on mélange 40 centimètres cubes de la solution A avec 1 centimètre cube de la solution B :

A	Acide sulfanilique.......	5 grammes.
	Acide chlorhydrique.....	50 —
	Eau distillée............	1 000 —
B	Azotite de potassium....	0gr,50
	Eau distillée............	100 grammes.

Pour produire la *réaction de diazotation*, avec le réactif d'Ehrlich, on opère de la façon suivante : on dissout environ 1 centigramme d'un alcaloïde dans 1 centimètre cube d'eau ; on ajoute quelques gouttes d'ammoniaque, puis quelques gouttes du réactif d'Ehrlich. On obtient des colorations.

Parmi les alcaloïdes de l'opium, la codéine produit une belle coloration *jaune*, la dionine une coloration *rose*, la morphine *rouge vineux* ; la narcotine, la narcéine, la papavérine, la thébaïne sont sans action ou donnent une faible teinte jaune.

TROISIÈME PARTIE

RÉACTIONS

Les expériences de l'analyse qualitative sont destinées à produire des *réactions*, ou changements d'état destinés à frapper les sens, à mettre en évidence un élément inconnu d'une substance à analyser, en le transformant en un composé dont on connait les propriétés organoleptiques, physiques et chimiques.

Avant de commencer une analyse, il est indispensable de : 1° *connaître les propriétés du corps* dont on provoque la formation; 2° *faire réellement* toutes les expériences destinées à provoquer ces réactions; 3° pouvoir distinguer entre les réactions *non caractéristiques*, communes à un certain nombre d'éléments, et les *réactions caractéristiques*, spéciales à un seul ou à un nombre très restreint d'éléments; 4° savoir quelques généralités sur la *solubilité dans l'eau*, les acides et les bases, des principaux genres de sels.

Pour faciliter l'étude de ces réactions pour les métaux et les métalloïdes les plus importants, pour éviter des erreurs et une perte de temps, lorsqu'il s'agit de vérifier si un élément, trouvé par la méthode générale, existe bien réellement dans la matière à analyser, les noms des *réactifs* donnant des **réactions caractéristiques** sont imprimés en caractères plus gras que ceux des réactifs donnant des **réactions non caractéristiques.**

Pour chacune des réactions, les *caractères impor-*

tants sont indiqués en *italiques*; par exemple, pour le précipité de chlorure d'argent, l'*insolubilité dans l'acide azotique* empêche de le confondre avec un précipité de carbonate, phosphate, oxalate, etc.; sa *très grande solubilité dans l'ammoniaque* le différenciera du bromure peu soluble et surtout de l'iodure insoluble; les solubilités dans le cyanure de potassium et dans l'hyposulfite de sodium, communes à la plupart des sels d'argent, n'ont pas de signification analytique.

Beaucoup de réactions, caractéristiques ou non, sont des *réactions de solubilité*; aussi, doit-on bien connaître, avant d'étudier ces réactions, les caractères de solubilité des principaux genres de sels. Quoiqu'ils soient indiqués plus loin, pour chacun des acides, il est indispensable de commencer l'étude des réactions par les caractères généraux de solubilité des principaux genres de sels :

Chlorures. — *Tous solubles* dans l'eau, *excepté* : le chlorure d'*argent*, le chlorure *mercureux* et le chlorure *cuivreux* complètement insolubles, le chlorure de *plomb* très peu soluble à froid.

Bromures. — Mêmes caractères de solubilité que les chlorures.

Iodures. — Mêmes caractères; toutefois, un plus grand nombre d'iodures sont insolubles : *mercurique*, de *bismuth*, d'*or*.

Oxydes. — *Tous insolubles* dans l'eau, *excepté* ceux des métaux *alcalins* très solubles et ceux des métaux *alcalino-terreux* peu solubles. Quelques-uns, insolubles dans l'eau, sont *solubles dans la soude ou la potasse* caustiques (plomb, antimoine, étain, aluminium, zinc), d'autres *dans l'ammoniaque* (argent, cuivre, cadmium, cobalt, nickel). Ils se dissolvent tous dans les acides.

Sulfures. — *Tous les sulfures sont insolubles* dans l'eau, *excepté* les sulfures *alcalins* et *alcalino-terreux*. Les uns sont solubles dans les acides étendus, d'autres dans le sulfure d'ammonium, caractères sur lesquels est fondée la séparation et la classification analytiques des métaux.

Sulfates. — *Tous les sulfates sont solubles* dans l'eau, *excepté* ceux de *plomb* et de *baryum* complètement insolubles, de *strontium*, *mercureux* et d'*argent* très peu solubles; les *sulfates basiques de mercure*, insolubles.

Phosphates. — *Insolubles dans l'eau, excepté* les phosphates *alcalins*; celui de lithium est peu soluble, surtout à chaud. Les phosphates insolubles dans l'eau se dissolvent dans les acides.

Arséniates. — Mêmes caractères que les phosphates.

Carbonates. — *Insolubles, excepté* les carbonates *alcalins. L'acide carbonique dissout partiellement les carbonates insolubles* dans l'eau; aussi, pour les insolubiliser complètement, doit-on faire bouillir pour chasser CO^2.

Oxalates. — *Insolubles, excepté* ceux des métaux *alcalins.*

MÉTAUX

CLASSIFICATION ANALYTIQUE DES MÉTAUX

Au point de vue analytique, les métaux sont classés d'après la solubilité des chlorures, sulfures, oxydes, carbonates.

Parmi les métaux, sont rangés quelques métalloïdes, l'arsenic, l'antimoine, etc., précipités par les réactifs généraux des métaux.

PREMIER GROUPE

Métaux dont les chlorures sont insolubles dans l'eau :

Plomb. — Mercure au minimum. — Argent.

Thallium.

DEUXIÈME GROUPE

Métaux dont les sulfures sont insolubles dans les acides étendus et dans le sulfure d'ammonium :

Mercure au maximum. — Platine. — Bismuth. — Cuivre. — Cadmium.

Palladium. — Rhodium. — Osmium. — Ruthénium.

TROISIÈME GROUPE

Métaux dont les sulfures sont insolubles dans les acides étendus, mais solubles dans le sulfure d'ammonium :

Or. — Arsenic. — Antimoine. — Étain.

Germanium. — Iridium. — Molybdène. — Tungstène. — Vanadium. — Sélénium. — Tellure.

QUATRIÈME GROUPE

Métaux dont les oxydes sont insolubles dans l'ammoniaque et les sels ammoniacaux :

Fer. — Chrome. — Aluminium.

Thorium. — Zirconium. — Cérium. — Titane. — Tantale.

CINQUIÈME GROUPE

Métaux dont les oxydes sont solubles dans l'ammoniaque et les sels ammoniacaux, dont les sulfures sont insolubles dans l'eau, mais solubles dans les acides étendus :

Cobalt. — Nickel. — Manganèse. — Zinc.

Didyme. — Uranium. — Indium. — Gallium. — Glucinium.

SIXIÈME GROUPE

Métaux alcalino-terreux, dont les carbonates sont insolubles dans les sels ammoniacaux :

Baryum. — Strontium. — Calcium.

SEPTIÈME GROUPE

Métaux dont les sulfures, les oxydes et les carbonates sont solubles dans l'eau et les sels ammoniacaux :

Magnésium. — Potassium. — Sodium. — Lithium. — Ammonium.

Cæsium. — Rhubidium.

ARGENT, Ag = 108

MÉTAL. — L'argent est un métal blanc, brillant, très ductile, très malléable, très tenace. Sa densité est de 10,5. Il est fusible vers 1000°, en émettant des vapeurs bleuâtres.

Inaltérable à l'air, il noircit sous l'influence de l'ozone en se transformant superficiellement en oxyde Ag^2O.

Sans action sensible sur l'acide chlorhydrique, il décompose les acides bromhydrique et iodhydrique.

L'*hydrogène sulfuré* et les *sulfures noircissent l'argent.*

L'*acide azotique le dissout facilement.* L'acide sulfurique étendu est sans action ; l'acide sulfurique concentré le dissout à chaud avec dégagement de SO^2.

La potasse et la soude caustiques n'agissent pas sur l'argent.

SELS. — Les combinaisons de l'argent sont *fixes*, beaucoup *noircissent à la lumière.* Les sels sont en général incolores, excepté lorsque l'acide est coloré ; les sels neutres n'ont pas d'action sur le tournesol ; ils sont ordinairement *décomposables au rouge.*

Le *chlorure d'argent*, AgCl, est blanc, insoluble dans l'eau ; il noircit sous l'influence de la lumière, fond à 200° en un liquide brun, qui devient jaune et translucide par refroidissement (argent corné).

L'*azotate d'argent*, AzO^3Ag, cristallisé en lames orthorhombiques incolores, est très soluble dans l'eau ; par la chaleur il fond, puis se décompose en oxyde et vapeurs rutilantes.

RÉACTIONS DES SELS D'ARGENT

L'**acide chlorhydrique** et les **chlorures** produisent un précipité blanc, caillebotté, de chlorure d'argent :

$$AzO^3Ag + HCl = AgCl + AzO^3H$$

insoluble dans l'acide azotique, *très soluble dans l'ammoniaque*, le cyanure de potassium et l'hyposulfite de sodium. Le chlorure d'argent devient *noir* à la lumière; il est un peu soluble dans l'acide chlorhydrique concentré et les solutions de chlorures et bromures alcalins, surtout à chaud.

L'hydrogène sulfuré forme un précipité *noir* de sulfure d'argent Ag^2S :

$$H^2S + 2AzO^3Ag = Ag^2S + 2AzO^3H$$

insoluble dans les acides étendus, l'acide acétique concentré, *les sulfures alcalins*, dans les alcalis; *soluble dans l'acide azotique bouillant* avec dépôt de soufre.

La **soude** ou la **potasse caustiques** donnent un précipité *brun* d'oxyde d'argent, Ag^2O :

$$2NaOH + 2AzO^3Ag = Ag^2O + 2AzO^3Na + H^2O$$

insoluble dans un excès de réactif, très soluble dans l'ammoniaque.

L'ammoniaque, ajoutée en très petite quantité, donne un précipité *brun* d'oxyde d'argent, extrêmement soluble dans un excès d'ammoniaque.

Les **carbonates de sodium et de potassium** produisent un précipité *blanc* de carbonate d'argent :

$$CO^3Na^2 + 2AzO^3Ag = CO^3Ag^2 + 2AzO^3Na$$

insoluble dans un excès de précipitant, très soluble dans l'ammoniaque.

Le **carbonate d'ammonium** donne un précipité *blanc*, très soluble dans un excès de réactif.

L'iodure de potassium produit un précipité *jaunâtre* d'iodure d'argent :

$$AzO^3Ag + KI = AgI + AzO^3H$$

insoluble dans l'acide azotique et dans l'ammoniaque, ce dernier réactif le fait devenir *blanc*. La réaction est caractéristique, en additionnant le sel d'argent d'un excès d'ammoniaque et ajoutant de l'iodure de potassium, qui détermine un précipité blanc.

Le **ferrocyanure de potassium** donne un précipité *blanc*, insoluble dans l'acide azotique étendu et dans l'ammoniaque :

$$4AzO^3Ag + Fe^2Cy^6K^4 = FeCy^6Ag^4 + 4AzO^3K.$$

Le **ferricyanure de potassium** produit un précipité *brun rouge* :

$$6AzO^3Ag + Fe^2Cy^{12}K^6 = Fe^2Cy^{12}Ag^6 + 6AzO^3K$$

insoluble dans l'acide azotique étendu, soluble dans l'ammoniaque.

L'arsénite de sodium forme un précipité *jaune*, très soluble dans l'acide azotique et dans l'ammoniaque.

L'arséniate de sodium produit un précipité *rouge brique*, très soluble dans l'acide azotique et dans l'ammoniaque.

Le **chromate neutre de potassium** donne un précipité *rouge pourpre foncé, très soluble dans l'acide azotique et dans l'ammoniaque* :

$$CrO^4K^2 + 2AzO^3Ag = CrO^4Ag^2 + 2AzO^3K.$$

Pour obtenir ce précipité dans un liquide acide, on le neutralise par le carbonate de calcium et on filtre.

Le **sulfate ferreux**, mélangé à de *l'acide tartrique* et de l'*ammoniaque* en excès, versé dans une solution ammoniacale d'azotate d'argent, donne un précipité *noir* finement pulvérulent.

Le **fer**, le **cuivre** ou le **zinc**, mis dans une solution d'un sel d'argent, précipitent de l'*argent métallique* :

$$2AzO^3Ag + Cu = (AzO^3)^2Cu + Ag^2.$$

Sur le charbon, un composé de l'argent mélangé à du *carbonate de sodium sec*, chauffé au chalumeau, donne des *globules métalliques* blancs, brillants, ductiles, so-

lubles dans l'acide azotique; on obtient en même temps une *auréole orangée*.

Réactions microchimiques. — Le *chlorure d'argent*, que l'on obtient cristallisé en le chauffant avec de l'acide chlorhydrique ou dissolvant dans l'ammoniaque et évaporant, est en *cubes* et *octaèdres*.

Le *chromate d'argent* cristallise en *tables rectangulaires tronquées* et en *gros prismes* de couleur *rouge de sang* magnifique.

PLOMB, Pb = 207

MÉTAL. — Le plomb est gris bleuâtre, brillant à la coupe, se ternissant peu à peu à l'air, *mou, rayé par l'ongle*, laisse une trace grise sur le papier; il est très malléable, ductile. Sa densité est de 11,4. Il fond à 334° et se volatilise au rouge blanc.

Chauffé à l'air, le plomb se recouvre d'une couche d'oxyde. Le chlore, le brome, l'iode, le soufre, le sélénium, le tellure, la plupart des métaux, se combinent facilement au plomb.

Les acides chlorhydrique et sulfurique concentrés l'attaquent très peu, même à chaud; mais *l'acide azotique le dissout lentement à chaud*.

CHLORURE, $PbCl^2$. — Poudre *blanche*, cristalline; fusible au-dessous du rouge en un liquide jaunâtre, qui se prend par refroidissement en une masse blanche d'aspect corné (*plomb corné*); au rouge, il se *volatilise* lentement et se transforme partiellement en oxychlorure en présence de l'air.

Peu soluble dans l'eau froide (1 p. dans 135 p. d'eau à 12°), le chlorure de plomb *se dissout* beaucoup mieux dans l'*eau bouillante* (1. p. dans 33 p. d'eau), d'où il se dépose en belles aiguilles, par refroidissement.

Dans la peinture, on emploie des oxychlorures (jaunes de Cassel, de Turner, etc.).

IODURE, PbI^2. — Poudre d'un beau *jaune vif*, très

peu soluble dans l'eau froide (1 p. dans 1 300), beaucoup plus dans l'eau bouillante (1 p. dans 200); en filtrant une solution saturée bouillante, on obtient par refroidissement des belles paillettes hexagonales jaune d'or.

Il est soluble dans la soude caustique, les iodures alcalins, l'hyposulfite de sodium; *l'acide azotique le dissout à chaud en donnant des vapeurs violettes d'iode.*

Chauffé, l'iodure de plomb devient jaune rougeâtre, puis rouge brique et fond en un liquide rouge brun transparent, perd de l'iode à l'air et se volatilise au rouge vif; par refroidissement, il se solidifie en une masse jaune.

PROTOXYDE, PbO. — Masse *jaune orangé* lorsqu'il a été fondu et solidifié, paraissant cristalline (litharge); s'il n'a pas été fondu, c'est une poudre *jaune mat*, amorphe (massicot); *par la chaleur, il devient rouge brun, fond au rouge* et reprend sa coloration jaune orangé par refroidissement.

L'hydrate de protoxyde de plomb, PbO^2H^2, est *blanc.*

Très peu soluble dans l'eau distillée, à laquelle il communique une réaction alcaline, l'oxyde de plomb est *très soluble dans la soude caustique*, surtout à chaud, ainsi que dans les acides.

Au rouge, l'oxyde de plomb perce les creusets.

OXYDE SALIN, MINIUM, Pb^3O^4. — Poudre *rouge écarlate*, légèrement orangée, devenant violette et même noire par la chaleur, repassant par les mêmes teintes en se refroidissant.

L'*acide azotique* dissout *partiellement* le minium, en laissant un *résidu brun* de bioxyde de plomb :

$$Pb^3O^4 + 4AzO^3H = 2Pb(AzO^3)^2 + PbO^2 + 2H^2O.$$

Considéré comme une combinaison de protoxyde et de bioxyde, $2PbO,PbO^2$, il présente les réactions de ces deux oxydes.

BIOXYDE (oxyde puce), PbO^2. — Poudre amorphe, d'un *brun rouge foncé*, insoluble dans l'eau, se transformant au rouge en protoxyde. Chauffé avec de *l'acide chlorhydrique, il dégage du chlore* :

$$PbO^2 + 4HCl = PbCl^2 + Cl^2 + 2H^2O.$$

L'acide azotique ne le dissout pas à chaud ; mais, la dissolution s'effectue en ajoutant un peu d'alcool ou de sucre.

C'est un *oxydant très énergique*.

SULFURE, PbS. — Corps *noir*, amorphe lorsqu'il a été obtenu par précipitation ; le sulfure naturel (*galène*) et le sulfure fondu sont cristallisés en *cubes gris noir à éclat métallique*. Il fond au rouge et se volatilise au rouge vif. Chauffé en présence de l'air, il se transforme en un mélange d'oxyde et de sulfate de plomb.

L'acide azotique le transforme, à chaud, en une poudre *blanche insoluble*, mélange de sulfate de plomb et de soufre, avec un peu d'azotate.

SELS. — Les sels de plomb sont *fixes*, très denses, d'une saveur sucrée et astringente ; la plupart sont incolores, excepté lorsque l'acide est coloré ; les sels solubles neutres *rougissent* le tournesol et sont *décomposés au rouge*. Très peu de sels insolubles se décomposent au rouge.

SULFATE, SO⁴Pb. — Poudre blanche, insoluble dans l'eau et les acides étendus, un peu soluble dans l'acide chlorhydrique concentré chaud et dans l'acide sulfurique concentré, assez soluble dans les sels ammoniacaux à acide organique (acétate, tartrate, etc.), fusible au rouge.

Chauffé sur le charbon avec du carbonate de sodium sec, il donne un globule métallique et une auréole jaune ; le résidu de sulfure, humecté d'une goutte d'eau, noircit une pièce d'argent.

AZOTATE $(AzO^3)^2Pb$. — Sel incolore, cristallisé, soluble dans l'eau ; chauffé, il *décrépite*, émet des *vapeurs rutilantes* et laisse un *résidu d'oxyde*.

CARBONATE (céruse), CO^3Pb. — Poudre *blanche*, amorphe, insoluble dans l'eau, *décomposée par la chaleur* en acide carbonique et oxyde de plomb jaune.

CHROMATE, CrO^4Pb. — Poudre *jaune, insoluble dans l'eau, soluble dans la soude caustique, insoluble dans les acides étendus*, soluble dans l'acide azotique concentré surtout à chaud. Sous l'action de la *chaleur*, il devient *orangé foncé* et *fond au rouge* en un liquide *brun*.

ACÉTATE NEUTRE, $(C^2H^3O^2)^2Pb,3H^2O$. — Sel blanc, cristallisé en prismes monocliniques, solubles dans l'eau; sous l'influence de la chaleur, il fond d'abord dans son eau de cristallisation, se solidifie, fond de nouveau, *noircit* vers le rouge en dégageant une *odeur d'acide acétique et d'acétone*.

SOUS-ACÉTATES. — Sels solubles dans l'eau; leur solution est *alcaline* et donne un *précipité blanc*, lorsqu'on fait barboter de l'air contenant de l'*acide carbonique*.

RÉACTIONS DES SELS DE PLOMB

L'acide chlorhydrique et les **chlorures** produisent dans les solutions pas trop étendues, un précipité blanc, cristallin, de chlorure de plomb :

$$(AzO^3)^2Pb + 2HCl = PbCl^2 + 2AzO^3H$$

un peu soluble dans l'eau froide (1 p. dans 135 p. d'eau à 12°), *beaucoup plus à chaud*. L'addition d'acide chlorhdydrique ou d'acide azotique diminue sa solubilité. Il se dissout assez bien dans l'acétate de sodium ou d'ammonium.

L'hydrogène sulfuré détermine dans les solutions de sels de plomb un précipité *noir* de sulfure de plomb :

$$(AzO^3)^2Pb + H^2S = PbS + 2AzO^3H$$

insoluble dans les acides étendus froids, *dans les alcalis caustiques, dans les sulfures alcalins*, dans le cyanure de potassium. L'acide chlorhydrique un peu concentré et bouillant le décompose, en dégageant de l'hydrogène sulfuré. *L'acide azotique dilué et bouillant le transforme* en azotate et soufre; *concentré et bouillant, l'acide azotique donne du sulfate de plomb, blanc, insoluble.*

En présence d'un grand excès d'acide minéral, l'hydrogène sulfuré ne donne pas de précipité; si la solution contient beaucoup d'acide chlorhydrique libre, on obtient d'abord un *précipité rouge* de chlorosulfure de plomb, *devenant peu à peu noir* par un *excès* d'hydrogène sulfuré.

La **soude** et la **potasse** caustiques produisent un volumineux précipité *blanc, soluble dans un excès de réactif*; il se forme du plombate de sodium soluble.

L'ammoniaque donne un précipité *blanc*, insoluble dans un excès de réactif, *soluble dans la soude et la potasse*. Dans les solutions d'acétate, l'ammoniaque exempte de carbonate transforme d'abord en sous-acétates solubles et précipite seulement si elle est en excès.

Le **carbonate de sodium** précipite à froid du carbonate neutre de plomb :

$$(C^2H^3O^2)^2Pb + CO^3Na^2 = CO^3Pb + 2C^2H^3NaO^2$$

à chaud du carbonate basique. Ces précipités sont *blancs*, presque insolubles dans un excès de réactif, *solubles dans la soude et la potasse caustiques.*

L'acide sulfurique et les **sulfates** solubles produisent un précipité *blanc* de sulfate de plomb :

$$(AzO^3)^2Pb + SO^4H^2 = SO^4Pb + {}^2AzO^3H$$

insoluble dans l'eau et les *acides étendus*, *un peu soluble* dans la soude et la potasse caustiques, ainsi que dans certains *sels ammoniacaux à acide organique* tels que l'acétate et le tartrate. Il est un peu soluble dans les acides chlorhydrique et azotique concentrés et bouillants. Dans les solutions étendues, la précipitation se fait très lentement.

Le **chromate de potassium** détermine, dans les solutions même très étendues, un précipité *jaune* de chromate de plomb :

$$(AzO^3)^2Pb + CrO^4K^2 = CrO^4Pb + 2AzO^3K$$

soluble dans la soude et la potasse caustiques, insoluble dans l'acide azotique étendu, *soluble dans l'acide azotique concentré*, insoluble dans l'ammoniaque et l'acide acétique.

L'**iodure de potassium** donne un précipité *jaune*, peu soluble à froid, beaucoup plus à chaud ; la solution chaude laisse cristalliser, par refroidissement, des *lamelles jaune d'or*.

Le **ferrocyanure de potassium** produit un précipité *blanc*.

Le **chlorure stanneux**, chauffé à l'ébullition avec une solution d'un sel de plomb contenant un excès de soude, donne un précipité de *plomb métallique*.

Le **phosphate de sodium** précipite du phosphate de plomb, *blanc*, insoluble dans l'acide acétique, soluble dans l'acide azotique et la soude caustique.

Sur le **charbon**, avec du **carbonate de sodium sec**, tous les composés du plomb chauffés au chalumeau dans la flamme réductrice, donnent un *globule* brillant, *mou*, *laissant une trace sur le papier*, lentement *soluble dans l'acide azotique bouillant*. Autour de l'essai, il se forme une *auréole jaune* d'oxyde de plomb.

Le **zinc** métallique, mis dans une solution d'un sel de plomb, précipite du plomb cristallisé en lamelles brillantes ou en poudre noire.

Réactions microchimiques. — L'*iodure de plomb* est cristallisé en belles *lamelles jaunes hexagonales*, de dimensions variables.

Le *sulfate de plomb*, obtenu par dissolution du sulfate dans l'acide azotique et évaporation de la solution, est en *tables hexagonales* et en *rhombes aigus*.

Le *chlorure de plomb* cristallise en *aiguilles et lamelles rhombiques*.

L'*azotate de plomb, de cuivre et de potassium*, $(AzO^3)^2Pb$, $(AzO^3)^2Cu,2AzO^3K$, cristallise en *cubes bleus* très nets.

MERCURE, $Hg = 200$

MÉTAL. — Le mercure est un métal *liquide*, brillant, de densité 13,6 ; il ne mouille pas le verre. Lorsqu'il a été précipité par réduction d'une solution, il est sous forme d'une *poudre noire* très ténue, qu'il est possible de *rassembler en gouttelettes brillantes*, en faisant bouillir avec de l'acide chlorhydrique. Le mercure bout à 357°, mais il émet des vapeurs à la température ordinaire.

Le mercure se combine directement au chlore, au brome, à l'iode, au soufre ; l'*acide chlorhydrique*, même bouillant, est *sans action*; les acides bromhydrique et iodhydrique sont décomposés. L'acide sulfurique étendu bouillant n'attaque pas le mercure; concentré, il le transforme en sulfate mercureux si le mercure est en excès, ou en sulfate mercurique si l'acide prédomine, avec dégagement d'anhydride sulfureux.

L'*acide azotique* à plus de 25 p. 100 le dissout facilement à froid ; l'*acide azotique pur*, exempt de vapeurs nitreuses, de concentration inférieure à 20 p. 100, n'a sensiblement pas d'action à froid sur le mercure pur (E. Barral).

Beaucoup de métaux forment des amalgames avec le mercure.

CHLORURE MERCUREUX, Hg^2Cl^2. — Poudre *blanche, insoluble dans l'eau* ; chauffée, elle *se volatilise sans fondre* et donne un *sublimé blanc noircissant* par l'ammoniaque. La lumière le réduit à la longue.

Le chlore et l'eau régale le transforment en chlorure mercurique.

L'acide chlorhydrique à l'ébullition le réduit en mercure et chlorure mercurique :

$$Hg^2Cl^2 = Hg + HgCl^2.$$

L'acide azotique bouillant le dissout, en donnant un mélange de chlorure et d'azotate mercuriques :

$$Hg^2Cl^2 + 4AzO^3H = HgCl^2 + (AzO^3)^2Hg + Az^2O^4 + 2H^2O.$$

La *soude*, la *potasse*, l'*ammoniaque*, le transforment en une *poudre noire* d'oxyde mercureux.

Soumis pendant longtemps à l'ébullition avec de l'eau, il est réduit en mercure et chlorure mercurique.

L'iodure de potassium le change en une poudre vert foncé d'iodure mercureux.

CHLORURE MERCURIQUE, $HgCl^2$. — Corps *blanc*, cristallin, de saveur métallique extrêmement désagréable, difficilement et peu soluble dans l'eau, très soluble dans l'alcool et l'éther; il est facilement dissous par l'eau contenant de l'acide tartrique.

Chauffé dans un petit tube fermé à un bout, il *fond et se volatilise* en un sublimé blanc, cristallin, *devenant jaune* par une goutte de *soude* caustique.

Broyé avec du mercure, il se transforme en chlorure mercureux insoluble dans l'eau.

Chauffé avec des métaux, il donne un sublimé gris de mercure métallique.

La *soude* le transforme en oxyde mercurique *jaune*; l'ammoniaque donne une poudre blanche de chloroamidure de mercure AzH^2HgCl. La solution de chlorure mercurique coagule l'albumine.

IODURE MERCUREUX, Hg^2I^2. — Poudre amorphe *vert jaunâtre*, insoluble dans l'eau et l'alcool, *fusible* à 290° en un *liquide noir* bouillant à 310°, en donnant un *sublimé* formé d'*anneaux de couleurs noire, jaune, rouge, verte*, par dissociation en iodure mercurique et mercure. Ce sel est instable.

L'*acide azotique* le décompose en azotate mercurique et *iode libre* donnant des vapeurs violettes par la chaleur; en même temps, il se fait un peu d'iodure mercurique rouge, que l'acide azotique décompose à chaud. L'iodure de potassium le transforme en iode et iodure mercurique.

IODURE MERCURIQUE, HgI^2. — Poudre amorphe *rouge vif*; *par la chaleur elle devient jaune* à 126°, *fond* et donne un *sublimé jaune, devenant peu à peu rouge, après* *refroidissement*. Il est très soluble dans l'iodure de potassium. L'*acide azotique* le transforme en azotate mercurique et *iode*.

CYANURE MERCURIQUE, $Hg(CAz)^2$. — En cristaux *blancs*, solubles dans l'eau ; sous l'influence de la *chaleur*, il devient *brun noir*, en se transformant partiellement en paracyanogène, donne un sublimé noir grisâtre de mercure métallique et dégage du *cyanogène*, gaz à odeur vive et pénétrante, brûlant avec une flamme pourpre :

$$Hg(CAz)^2 = Hg + C^2Az^2.$$

OXYDE MERCUREUX, Hg^2O. — Poudre *noire*, instable, décomposée à 100° en mercure et oxyde mercurique.

OXYDE MERCURIQUE, HgO. — Poudre cristalline *rouge* s'il a été obtenu par une *voie sèche*, *jaune* s'il a été préparé par *voie humide* ; ce dernier se dissout plus facilement dans les acides, etc. Quand *on le chauffe*, *il devient brun* et se *décompose* vers le rouge sombre en oxygène et en mercure, sublimé en un *anneau gris noirâtre à éclat métallique*. Il est réduit par le chlorure stanneux en mercure métallique.

SULFURE MERCURIQUE, HgS. — Le sulfure naturel ou *cinabre* est *rouge violacé* ; le sulfure artificiel est rouge *vermillon* ou *noir*. L'une ou l'autre de ces variétés, *chauffée* dans un tube fermé à un bout, donne un *sublimé noir*. *Grillé dans le tube ouvert*, il donne un *sublimé gris noirâtre brillant* de mercure métallique et de l'anhydride sulfureux :

$$HgS + 2O = Hg + SO^2.$$

Insoluble dans l'eau et les acides concentrés et bouillants, même l'acide azotique, *il se dissout dans l'eau régale*. Porté à l'ébullition avec une solution de soude caustique, il se transforme en mercure métallique et sulfure de sodium.

SULFATE MERCUREUX, SO^4Hg^2. — Sel cristallin, *blanc*, très peu soluble dans l'eau (2 p. 1 000), *noircissant par les alcalis.*

SULFATE MERCURIQUE, SO^4Hg. — Sel cristallisé, *blanc*, soluble dans l'eau, mais stable seulement en présence d'acide sulfurique ; un excès d'*eau le dissocie en sulfate tribasique jaune*, $SO^4Hg,2HgO$ (turbith minéral).

AZOTATE MERCUREUX, $(AzO^3)^2Hg^2 + 2H^2O$. — Prismes monocliniques incolores, peu solubles dans l'eau, solubles dans l'acide azotique étendu ; lavé à l'*eau*, il se transforme en une *poudre jaune insoluble*, azotate basique, $AzO^3Hg^2.OH$ (turbith nitreux). La chaleur les décompose l'un et l'autre en oxyde mercurique, avec dégagement de vapeurs rutilantes.

AZOTATE MERCURIQUE, $(AzO^3)^2Hg + 1/2H^2O$. — Gros cristaux incolores, assez soluble dans l'eau acidulée par l'acide azotique ; avec un excès d'*eau* froide, il se transforme en *azotate basique jaune*, $(AzO^3)^2Hg, HgO + H^2O$ (*turbith*). Chauffés dans un tube fermé à un bout, ces deux sels donnent de l'eau, puis des vapeurs rutilantes et un résidu d'oxyde mercurique rouge.

RÉACTIONS GÉNÉRALES DES COMPOSÉS DU MERCURE

Les sels de mercure solubles rougissent le tournesol.

Tous les composés du mercure sont *volatils ou décomposés par la chaleur.*

Le **cuivre**, le **fer**, le **zinc**, ou un petit élément galvanique formé d'une lame de platine et d'une feuille d'étain, mis dans une solution d'un sel de mercure, se couvrent d'un enduit de *mercure métallique brillant* ou *noir et pulvérulent.* Si le dépôt a été effectué sur un fragment de tournure de cuivre ou de grenaille de zinc, ou sur le platine du petit élément, on le lave avec un peu d'eau distillée, on sèche et on introduit le fragment dans un petit tube fermé à un bout; en chauffant, on a un sublimé gris noirâtre, brillant s'il est assez épais, formé de gouttelettes brillantes de mercure, reconnaissables à la loupe ou au microscope, pouvant être rassemblées en plus grosses gouttes en frottant avec une baguette de verre. Après refroidissement, en plaçant près de l'anneau de mercure un petit fragment d'iode et chauffant doucement, il se forme de l'iodure mercurique jaune ou rouge.

Le **chlorure stanneux** ajouté à une solution d'un sel de mercure, réduit celui-ci en mercure métallique gris noir; parfois, il se fait d'abord un précipité blanc qui devient noir avec un excès de protochlorure d'étain.

Le **carbonate de sodium sec**, la **chaux vive**, la **potasse** ou la **soude caustiques** solides, certains **métaux**, chauffés fortement avec un sel de mercure dans un petit tube fermé à un bout, mettent en liberté le *mercure métallique*, sous forme d'un *anneau gris* présentant les caractères indiqués à la réaction du cuivre.

L'**hydrogène sulfuré** produit, dans les solutions contenant du mercure, un précipité *noir* de sulfure de mercure *insoluble dans les acides chlorhydrique et azotique, soluble dans l'eau régale*; insoluble dans la soude, le cyanure de potassium, les sulfures alcalins. Si le liquide contient un excès d'acide, le précipité peut être d'abord blanc, jaune, rouge, brun, enfin noir.

La **diphénylcarbazide** en solution alcoolique à 1 p. 100, versée dans une solution neutralisée, même très étendue d'un sel de mercure, développe de suite une coloration d'un *bleu pensée*, soluble dans le benzène, le chloroforme, le sulfure de carbone (Cazeneuve).

Réactions microchimiques. — Le *sulfocyanate de mercure et de cobalt*, obtenu en ajoutant du sulfocyanate d'ammonium et de l'azotate de cobalt, est en *cristaux rhombiques bleus*, décolorés par l'ammoniaque.

L'iodure mercurique et cuivrique cristallise en *octaèdres quadratiques et tables carrées écarlates.*

RÉACTIONS DES SELS MERCUREUX

L'**hydrogène sulfuré** donne un précipité noir de sulfure, mélangé à du mercure métallique :

$$(AzO^3)^2Hg^2 + H^2S = HgS + Hg + 2AzO^3H$$

L'**acide chlorhydrique** et les **chlorures** produisent un précipité *blanc* de chlorure mercureux ; *insoluble dans l'eau, dans les acides chlorhydrique et azotique étendus*, lentement *soluble dans l'acide azotique bouillant* ; il se dissout facilement dans le chlore et l'eau régale. *Il noircit par la soude, la potasse et l'ammoniaque.*

La **soude**, l'**ammoniaque**, donnent un précipité *noir* insoluble dans un excès de réactif.

Le **carbonate de sodium** forme un précipité jaune sale noircissant peu à peu.

Le **chlorure stanneux** précipite du calomel blanc, transformé rapidement en mercure métallique pulvérulent *gris noir*, par un excès de réactif.

Le **chromate de potassium**, dans les solutions pas trop étendues d'un sel mercureux, donne un précipité de chromate basique mercureux, $3CrO^4Hg^2 + Hg^2O$, *rouge vif*.

L'**iodure de potassium** forme un précipité jaune verdâtre, dans les solutions faiblement acidulées.

Réaction microchimique. — Le *chromate mercureux* est en cristaux *rouge-feu, sous forme de croix.*

RÉACTIONS DES SELS MERCURIQUES

L'**eau** dissocie beaucoup de sels mercuriques en *sous-sels* insolubles dans l'eau, ordinairement *jaunes*, solubles dans les acides.

L'**hydrogène sulfuré** produit d'abord un précipité

blanc, combinaison de sulfure mercurique avec le sel (chlorosulfure de mercure, etc.); ce précipité devient ensuite *jaune*, *jaune orangé*, *brun*, enfin *noir* de sulfure mercurique, présentant les caractères indiqués précédemment.

La soude caustique précipite un sous-sel *brun rougeâtre*, se transformant en oxyde *jaune par un excès de réactif*; ce précipité est incomplet si la dissolution est très acide; il est blanc lorsque le liquide contient des sels ammoniacaux.

L'ammoniaque forme un précipité *blanc*, insoluble dans un excès de réactif, soluble dans l'acide chlorhydrique.

Le carbonate de sodium donne un précipité *rouge brun*.

Le chlorure stanneux précipite du calomel Hg^2Cl^2, *blanc*, *devenant gris noir* par un excès de réactif.

L'iodure de potassium, ajouté en petite quantité, produit un précipité *rouge vif*, *très soluble dans un excès de réactif*.

Le chromate neutre de potassium donne un précipité *rouge*. Le bichromate de potassium produit ce précipité seulement avec l'azotate mercurique.

THALLIUM, Tl = 204

Métal mou, ressemblant au plomb; il fond à 290°, se volatilise au rouge blanc; sa densité est de 11,9. L'acide sulfurique et l'acide azotique étendus le dissolvent facilement; il est difficilement soluble dans l'acide chlorhydrique.

L'oxyde thalleux Tl^2O est *noir*, fusible; il attaque le verre et la porcelaine; il est *soluble dans l'eau*, en donnant une solution alcaline. Ses sels sont stables.

Le peroxyde de thallium Tl^2O^3 est *violet*, *insoluble dans l'eau*, difficilement soluble dans l'acide sulfurique, qui le transforme en sulfate thalleux. Avec les acides, il donne des sels thalleux.

Les **sels thalleux** sont incolores, *fixes*.

L'acide chlorhydrique, dans les solutions pas trop étendues, produit un précipité *blanc*, de chlorure de thallium, TlCl, un peu soluble dans l'eau pure, moins dans l'acide chlorhydrique étendu.

L'hydrogène sulfuré précipite incomplètement les solutions neutres ou faiblement acidulées des sels thalleux à acide fort, complètement les solutions des sels de thallium à acide faible, par exemple, l'acétate ou une solution additionnée d'acétate de sodium. Le précipité est *noir, insoluble dans l'ammoniaque, les sulfures alcalins* et le cyanure de potassium, soluble dans les acides. Dans les solutions fortement acidulées par un acide fort, l'hydrogène sulfuré ne précipite rien.

Le sulfure d'ammonium précipite du sulfure de thallium *noir*.

L'iodure de potassium produit un précipité *jaune* d'iodure de thallium TlI, presque insoluble dans l'eau (1 : 17000), soluble dans l'hyposulfite de sodium (différence avec le plomb).

Le chlorure de platine précipite du chlorure double de thallium et de platine, *orangé pâle*.

La flamme est colorée en *vert intense*; le spectre du thallium présente *une seule raie vert-émeraude*, caractéristique.

PLATINE, Pt = 196,7

MÉTAL. — Le platine est un métal blanc grisâtre, très brillant, de densité 21,5, assez dur, très malléable, fusible seulement au chalumeau oxyhydrique, inoxydable. L'éponge de platine est d'un gris mat; le platine pulvérulent précipité (noir de platine) est noir.

Insoluble dans les acides concentrés et bouillants, il se dissout dans l'eau régale et dans le chlore. Le phosphore, l'arsenic, le silicium, le plomb, la potasse et la soude caustiques se combinent au platine, et par suite percent les creusets, détériorent les fils de platine.

CHLORURE PLATINIQUE, $PtCl^4$. — Cristaux rouge brun, déliquescents.

RÉACTIONS DES SELS DE PLATINE

Toutes les combinaisons du platine sont *décomposées par la chaleur* ; il reste du platine métallique.

L'hydrogène sulfuré donne d'abord, dans les solutions neutres ou acides, une *coloration brune* qui finit par laisser déposer, au bout d'un temps assez long, plus rapidement à chaud, un précipité *noir* de sulfure de platine PtS^2, *insoluble dans les acides*, dans l'acide azotique concentré et bouillant, *insoluble dans le sulfure d'ammonium* neutre ou alcalin, un peu soluble dans les polysulfures ; *il se dissout dans l'eau régale à l'ébullition*.

Le chlorure de potassium ou le **chlorure d'ammonium** produisent, par agitation, un précipité *jaune* de chloroplatinate de potassium $PtCl^4,2KCl$ ou $PtCl^4,2AzH^4Cl$. Si les solutions sont étendues, le précipité ne se forme pas ; pour l'obtenir, il faut évaporer au bain-marie le liquide additionné du sel de platine, puis reprendre par de l'eau alcoolisée. Par calcination, ces précipités laissent de la mousse de platine, celui de potassium contient en outre du chlorure de potassium.

Les **alcalis** donnent un précipité *jaune* ou *jaune brun*, insoluble dans un excès de réactif.

Le **chlorure stanneux** détermine une *coloration rouge foncé* dans les solutions contenant de l'acide chlorhydrique en excès.

L'**azotate mercureux** produit un précipité *rouge brique*.

Le **sulfate ferreux** réduit les sels de platine, *par une ébullition prolongée*, en un précipité *noir* de platine métallique.

L'**iodure de potassium** donne une *coloration rouge foncé*, seulement rose si la solution est très étendue.

Réaction microchimique. — Le *chloroplatinate de potassium* cristallise en *octaèdres jaunes*.

L'*iodoplatinate de potassium*, $PtI^4,2KI$ est en gros *octaèdres*.

BISMUTH, Bi = 210

MÉTAL. — Le bismuth est un métal blanc rougeâtre, de texture feuilletée, *cassant*, facile à pulvériser. Sa densité est de 9,8 ; il fond à 264° et se volatilise au rouge blanc.

Inaltérable à l'air à la température ordinaire, il s'oxyde quand on le chauffe. *L'acide chlorhydrique bouillant le dissout difficilement, l'acide azotique le dissout à froid* ; l'acide sulfurique étendu n'a pas d'action; avec l'acide sulfurique concentré bouillant, on a un dégagement d'anhydride sulfureux et du sulfate de bismuth.

SELS. — Les composés du bismuth sont ordinairement incolores, *les sels solubles de bismuth sont dissociés par l'eau,* donnent des sous-sels insolubles dans l'acide tartrique, solubles dans les acides forts. La *chaleur les décompose* tous, excepté le chlorure de bismuth volatil.

SOUS-NITRATE DE BISMUTH, AzO^4Bi. — Corps amorphe, blanc, insipide, inodore, *insoluble dans l'eau, soluble sans effervescence dans l'acide azotique* ; il noircit par l'hydrogène sulfuré. *Chauffé dans un tube fermé à un bout, il donne de la vapeur d'eau et des vapeurs nitreuses,* en laissant un *résidu jaune foncé* à chaud, jaune clair à froid.

RÉACTIONS DES SELS DE BISMUTH

L'**eau** dissocie les solutions de sels de bismuth, en précipitant un sous-sel *blanc* AzO^4Bi,H^2O, *insoluble dans l'acide tartrique,* soluble dans les acides forts étendus. L'azotate *pur* ne précipite pas toujours ; pour produire la précipitation, il suffit d'ajouter une trace d'acide chlorhydrique ou d'un chlorure.

L'**hydrogène sulfuré** produit un précipité *noir* de sulfure de bismuth, Bi^2S^3, *insoluble dans les acides étendus, dans le sulfure d'ammonium,* dans les alcalis, dans le cyanure de potassium ; *il se dissout dans les acides* chlorhydrique et azotique concentrés et bouillants.

La **soude caustique** et l'**ammoniaque** donnent un précipité *blanc*, insoluble dans un excès de réactif.

Les **carbonates alcalins** forment un précipité *blanc*.

Le **bichromate de potassium** produit un précipité *jaune, soluble dans l'acide azotique étendu, insoluble dans la soude caustique* (différence entre le plomb et le bismuth).

L'acide sulfurique ne précipite pas les solutions étendues ; mais, si on évapore, on obtient un précipité cristallin, soluble dans l'eau acidulée avec de l'acide sulfurique. Dans ces conditions, avec les sels de plomb, il reste un résidu insoluble.

Le **chlorure stanneux**, en solution dans un excès de soude, donne, même avec les solutions très étendues de sels de bismuth, un précipité *noir*. Cette réaction est très sensible.

L'iodure de potassium produit un précipité *brun*, soluble dans un excès de réactif.

Le **zinc** métallique précipite le bismuth métallique en poudre noire.

Sur le **charbon**, avec le carbonate de sodium sec, les composés du bismuth, chauffés au chalumeau, donnent un *globule cassant* et une *auréole jaune orangé à chaud, jaune à froid.*

Le **réactif iodo-cinchonique** de Léger, versé dans une solution d'un sel de bismuth, précipite en *jaune orangé.*

La **flamme** est colorée en *bleu de ciel* légèrement *verdâtre* par les dérivés chlorés, en *vert bleuâtre* par les dérivés bromés. Pour obtenir cette coloration avec le sous-nitrate ou l'oxyde de bismuth, on fait adhérer un peu de poudre au fil de platine mouillé, on chauffe dans la flamme pour décomposer le sous-nitrate, on trempe dans l'acide chlorhydrique, puis on porte dans la flamme.

Réactions microchimiques. — *L'oxalate de bismuth* cristallise en *baguettes*, en *aiguilles à extrémité en forme de pyramide*, en *rhombes* en présence d'un excès d'acide.

L'oxalate bismutho-potassique, obtenu à l'aide de l'oxalate de potassium, cristallise en *octaèdres quadratiques.*

Le *chlorure double de bismuth et de rubidium* cristallise en *lamelles orthorhombiques.*

CUIVRE, Cu = 63

MÉTAL. — Le cuivre est *rouge* par réflexion, vert par transparence; par le frottement il acquiert une odeur désagréable; il a une saveur métallique sensible.

Très malléable, très tenace, sa densité est de 8,9; il fond vers 1 200°.

Inaltérable dans l'air sec, il se couvre lentement à l'air humide d'une couche d'hydrocarbonate de cuivre (vert-de-gris). *Chauffé à l'air* à température élevée, il se couvre d'abord d'une mince couche d'oxyde présentant des colorations vives, puis *il devient noir* en se transformant en oxyde de cuivre. Il se combine directement au soufre, au chlore, au brome, à l'iode, au phosphore, à l'arsenic, à des températures plus ou moins élevées. Avec les métaux il forme des alliages.

L'acide sulfurique étendu ne l'attaque que très lentement en présence de l'air; chauffé avec de l'acide sulfurique concentré, le cuivre donne du sulfate de cuivre et de l'anhydride sulfureux; l'*acide chlorhydrique ne le dissout pas* sensiblement à l'abri de l'air; l'*acide azotique le dissout* facilement avec dégagement de vapeurs rutilantes. En présence de l'air, l'ammoniaque le transforme lentement en oxyde soluble en une liqueur bleue (liqueur de Schweitzer). Les acides organiques et les corps gras, en présence de l'air, donnent avec le cuivre des combinaisons ordinairement vertes.

CHLORURE CUIVREUX, Cu^2Cl^2. — Corps *blanc, insoluble dans l'eau, s'oxydant très rapidement à l'air* en se transformant en chlorure cuivrique.

CHLORURE CUIVRIQUE, $CuCl^2,2H^2O$. — Corps *vert*, bien cristallisé en aiguilles, *très soluble dans l'eau.*

OXYDE CUIVREUX, Cu^2O. — *Rouge* lorsqu'il est

anhydre, jaune s'il est hydraté. Chauffé à l'air, il se transforme en oxyde cuivrique noir. Traité par l'acide sulfurique étendu, il donne du cuivre métallique et du sulfate cuivrique.

OXYDE CUIVRIQUE, CuO. — Poudre *noire*, soluble dans les acides. L'hydrate d'oxyde cuivrique est bleu clair; chauffé vers 100°, il se déshydrate et devient noir.

SELS CUIVREUX. — Ordinairement *blancs* et *insolubles dans l'eau*, ils s'oxydent très rapidement en se transformant en sels cuivriques bleus ou verts, solubles dans l'eau.

SELS CUIVRIQUES. — La plupart des sels cuivriques neutres sont *solubles dans l'eau* et rougissent le tournesol. Les sels à acides volatils, excepté le sulfate, se décomposent au rouge faible. *Anhydres, ils sont blancs*; *hydratés*, ils ont une coloration *bleue* ou *verte*.

RÉACTIONS DES SELS CUIVRIQUES

L'**hydrogène sulfuré** produit un précipité *noir*, *insoluble dans les acides étendus*, dans les alcalis, *dans le sulfure d'ammonium*; toutefois, le sulfure de cuivre est un peu soluble dans les polysulfures. *Il se dissout dans l'acide azotique étendu à l'ébullition*; il est *insoluble dans l'acide sulfurique étendu et bouillant* (différence entre le cadmium), presque insoluble à l'ébullition dans l'acide chlorhydrique étendu; *le cyanure de potassium le dissout très facilement* (différence entre le sulfure de cadmium insoluble). Très oxydable à l'air, il doit être *lavé rapidement à l'eau bouillante.*

La **soude** caustique détermine un précipité *bleu* d'hydrate d'oxyde de cuivre $Cu(OH)^2$, insoluble dans un excès de réactif, *très soluble dans l'ammoniaque* en une liqueur d'un beau *bleu*. Chauffé, ce précipité bleu se déshydrate et *devient noir vers 100°*. Les acides organiques (acides tartrique, citrique, etc.), le glucose, le sucre, la glycérine, etc., empêchent la précipitation.

L'**ammoniaque** donne un *précipité bleu* de sel basique, *très soluble dans un excès de réactif* en un liquide d'un beau *bleu d'azur* (eau céleste).

Le **carbonate de sodium** produit un précipité *bleu verdâtre*, devenant *noir à l'ébullition*; ce précipité bleu est soluble dans l'ammoniaque en un liquide bleu d'azur; *il se dissout dans le cyanure de potassium*, en un liquide incolore, dans lequel l'hydrogène sulfuré ne donne pas de précipité.

Le **carbonate d'ammonium** donne un précipité *blanc bleuâtre*, soluble dans un excès de réactif en un liquide bleu foncé.

Le **ferrocyanure de potassium** détermine un précipité *brun rouge*, ou une simple coloration lorsque le liquide est très étendu; ce précipité est insoluble dans les acides étendus, soluble dans l'ammoniaque et les alcalis.

Le **ferricyanure de potassium** produit un précipité *jaune verdâtre*, insoluble dans l'acide chlorhydrique.

L'**iodure de potassium** donne un précipité *blanc*, tandis que *le liquide devient brun*, par suite de la formation d'iodure cuivreux et d'iode libre. Si l'on a ajouté au préalable du bisulfite de sodium, le précipité est blanc et le liquide incolore.

Le **sulfocyanate de potassium**, ajouté à une solution d'un sel de cuivre dans laquelle on a déjà versé un peu de sulfite de sodium et quelques gouttes d'acide chlorhydrique, produit un précipité *blanc rougeâtre*. Quand on n'a pas ajouté de sulfite de sodium, le précipité est *noir*; au contraire, si on a versé au préalable une solution de bisulfite de sodium et de l'acide sulfureux, le précipité est blanc.

La **teinture de gaïac** additionnée d'un peu de cyanure de potassium, ajoutée à une solution étendue d'un sel de cuivre, donne une *coloration bleue*, soluble dans le chloroforme.

Le **réactif bromhydrique de Denigès**, auquel on ajoute II ou III gouttes d'une solution contenant du cuivre, prend une magnifique *coloration rouge carmin*, augmentée par l'action de la chaleur, disparaissant lorsqu'on ajoute de l'eau.

La **diphénylcarbazide** en solution alcoolique, versée dans un liquide neutre contenant des traces de cuivre, donne une belle *coloration violette*, non changée par l'acide acétique, détruite par l'acide azotique (Cazeneuve).

Le **pyrogallol**, additionné d'un peu d'une solution saturée de sulfite de sodium, ou mieux le réactif au pyrogallol, donne une *coloration rouge de sang* intense.

L'hypobromite de sodium, versé dans un mélange à volumes égaux de glycérine et d'un sel de cuivre, produit une coloration verdâtre; en chauffant à l'ébullition, on a un précipité jaune.

La **formaldoxime**, obtenue en mélangeant des quantités équimoléculaires d'aldéhyde formique à 20 p. 100 et de chlorhydrate d'hydroxylamine, est ajoutée dans la proportion de 0cc,5 à 15 centimètres cubes de la solution de cuivre; en ajoutant 0cc,5 de solution de potasse caustique à 15 p. 100, on obtient une *coloration violette* très intense. La sensibilité est de 1/1 000 000.

Une **lame de fer** ou **de zinc**, plongée dans une solution d'un sel de cuivre, produit un précipité de *cuivre métallique*, tantôt brillant et rougeâtre (solutions étendues), tantôt noir (solution concentrée).

L'électrolyse, en prenant comme cathode un fil de platine, donne sur celui-ci un dépôt de *cuivre métallique*, rougeâtre et brillant. Cette réaction est très sensible.

L'aloès en poudre (0gr,4 à 0gr,5) en solution dans l'alcool (1 centimètre cube), additionné de 1 centimètre cube de solution de chlorure de sodium à 20 p. 100, puis de I à XX gouttes de la solution de cuivre suivant la concentration, donne une *coloration rouge* devenant *carmin* par la chaleur (Klunge).

Sur le charbon, avec du carbonate de sodium sec, les composés du cuivre laissent un résidu formé de grains métalliques solubles dans l'acide azotique; la flamme est colorée en vert.

Une **perle de borax**, additionnée d'une trace d'un sel de cuivre, chauffée dans la flamme d'*oxydation*, se colore en *vert à chaud*, en *bleu à froid*; dans la flamme de *réduction*, surtout en ajoutant une trace d'étain ou de chlorure stanneux, la coloration est *rouge rubis*.

La flamme incolore du brûleur Bunsen est colorée en *vert émeraude* par les sels de cuivre; cette coloration est *bleue* pour le *chlorure* ou le *bromure de cuivre*. Un moyen très sensible pour déceler des traces de cuivre consiste à plonger pendant quelque temps une aiguille d'acier dans la solution; cette aiguille étant imprégnée de chlorure d'ammonium, puis portée dans la flamme, lui communique une belle coloration *vert émeraude*.

Réactions microchimiques. — 1° *L'iodure d'ammonium et de cuivre*, $CuI^2.4AzH^3,H^2O$, obtenu en ajoutant, à une solution ammoniacale de cuivre, de l'iodure d'ammonium, cristallise en *petits tétraèdres bleus*.

2° La liqueur cuivreuse, additionnée d'un léger excès d'ammoniaque, chauffée à 40° et additionnée d'iodure d'ammonium, donne de très belles *tables rhomboïdales, noir foncé*, entremêlées de cristaux prismatiques de même couleur; la forme cristalline et la couleur se modifient rapidement en *gros prismes plats* et *tables anorthiques, jaune vert* clair à reflets de cuivre métallique.

CADMIUM, Cd = 112

MÉTAL. — Le cadmium est un métal blanc, se ternissant à l'air en devenant gris; sa densité est de 8,6; il fond à 320° et bout à 860°. Ce métal est *très soluble*, avec dégagement d'hydrogène, *dans les acides chlorhydrique, sulfurique* et même *acétique* moyennement étendus; il se dissout très facilement dans l'acide azotique.

SELS. — Les sels de cadmium sont incolores; les sels neutres rougissent le tournesol, sont *fixes* et *décomposés au rouge.*

RÉACTIONS DES SELS DE CADMIUM

L'**hydrogène sulfuré** produit, dans les solutions qui ne sont pas trop acides, un précipité *jaune vif, insoluble dans les acides étendus*, dans les alcalis, *dans les sulfures alcalins, dans le cyanure de potassium* (différence avec le cuivre); ce sulfure est soluble dans les acides azotique, chlorhydrique, sulfurique, concentrés et froids, ou étendus et bouillants. Un excès d'acide empêche la précipitation par l'hydrogène sulfuré.

La **soude caustique** donne un précipité *blanc*, insoluble dans un excès de réactif, *soluble dans l'ammoniaque.* La précipitation n'a pas lieu, si le liquide contient de l'acide tartrique, du sucre, du glucose, etc.

L'**ammoniaque** détermine un précipité *blanc* de sous-sel, *très soluble dans un excès de réactif.*

Les **carbonates alcalins** produisent un précipité *blanc*, insoluble dans un excès de réactif, très soluble dans l'ammoniaque et dans le cyanure de potassium. La précipitation est contrariée par la présence de sels ammoniacaux.

Le **cyanure de potassium** donne un précipité *blanc*, très soluble dans un excès de réactif; si on ajoute à cette solution quelques gouttes de *sulfure d'ammonium*, on obtient un précipité *jaune* de sulfure de cadmium.

Sur le charbon, avec ou sans carbonate de sodium, un composé du cadmium chauffé au chalumeau, dans la flamme de réduction, donne des *fumées abondantes* qui couvrent le charbon d'un *enduit jaune brun.*

Le zinc, dans une solution, précipite du cadmium sous forme d'une *poudre grise*, cristalline.

Réactions microchimiques. — L'*oxalate de cadmium* est cristallisé en *rhombes* ou *prismes monocliniques*.

Le *sulfocyanate de cadmium* et *de mercure* cristallise en *prismes allongés*, parfois *fourchus* et *dendritiques*.

PALLADIUM, Pd = 106

Le **palladium** ressemble beaucoup au platine, avec lequel il se rencontre ; il est très difficilement fusible, vers 1500° ; il a pour densité 11,3 à 11,8. Difficilement soluble dans l'acide azotique, il se dissout bien dans l'eau régale et dans le bisulfate de potassium fondu.

L'**oxyde palladeux** PdO est noir, son hydrate brun foncé.

L'**oxyde palladique** PdO^2 est noir.

Les **sels palladeux** sont généralement bruns ou brun rouge, solubles dans l'eau, décomposés par la chaleur en laissant du palladium métallique.

L'**hydrogène sulfuré** précipite du sulfure de palladium noir, insoluble dans le sulfure d'ammonium, soluble dans l'acide chlorhydrique bouillant.

La **soude** précipite un sel brun basique, soluble dans un excès de réactif.

L'**ammoniaque** donne un précipité rouge chair, très soluble dans un excès de réactif en un liquide incolore.

Le **cyanure de mercure** précipite du cyanure de palladium blanc jaunâtre, gélatineux, très soluble dans l'ammoniaque.

L'**iodure de potassium** forme un précipité brun foncé, soluble dans un excès de réactif.

RHODIUM, Rh = 103

Métal de la mine de platine, blanc d'argent, très difficilement fusible, de densité 12,1, *insoluble dans tous les acides*, même dans l'eau régale. *Le sulfate acide de potassium et l'acide phosphorique en fusion le dissolvent.*

Tous les composés du rhodium, chauffés au rouge avec du carbonate de sodium, sont réduits en rhodium métallique insoluble dans l'eau régale.

Les **sels** de sesquioxyde de rhodium sont d'un beau *rouge*.

L'**hydrogène sulfuré** précipite très lentement du sulfure de rhodium *brun*, soluble dans l'acide azotique.

La **soude caustique** donne un précipité *jaune* d'hydrate $Rh^2O^3 + 5H^2O$, soluble dans un excès de réactif en un liquide jaune; en faisant bouillir cette solution, il se forme un autre hydrate $Rh^2O^3 + 3H^2O$, *brun noir*.

OSMIUM, Os = 190

Métal de la mine de platine, extrêmement dur et fusible seulement à une température supérieure à celle du platine; densité = 22,4.

L'**anhydride osmique** OsO^4, est le composé le plus employé; il est volatil et possède une odeur extrêmement pénétrante, désagréable, rappelant celle du chlore et de l'iode.

La **flamme** acquiert un éclat extraordinaire, ne durant qu'un instant, quand on introduit, à la moitié de sa hauteur, un peu d'osmium sur une lame de platine.

L'**indigo** est décoloré par l'acide osmique.

L'**iodure de potassium** est réduit par l'acide osmique, l'iode mis en liberté.

L'**hydrogène sulfuré** colore en brun les solutions d'acide osmique; un acide fait précipiter du sulfure d'osmium brun noir, insoluble dans les sulfures alcalins.

L'**acide sulfureux** colore l'acide osmique en jaune, brun, rouge, vert, enfin en bleu indigo.

Le **sulfate ferreux** précipite de l'oxyde d'osmium noir.

L'**azotate de potassium**, fondu avec un composé de l'osmium, donne une masse qui, distillée avec de l'acide azotique, dégage de l'acide osmique à odeur piquante rappelant le chlore.

RUTHÉNIUM, Ru = 101

Métal de la mine de platine, cassant, de densité 12,20, à peine attaqué par l'eau régale.

Les **alcalis** précipitent de l'hydrate de sesquioxyde *brun noir*, soluble dans l'ammoniaque en un liquide brun verdâtre, dans l'acide chlorhydrique en un liquide orangé.

L'**hydrogène sulfuré** précipite lentement un mélange de soufre et de sulfure de ruthénium de couleur claire, devenant de plus en plus foncé, brun, pendant que le liquide se colore en bleu.

Le sulfocyanate de potassium, en l'absence d'autres métaux de la mine de platine, produit au bout de quelque temps une coloration rouge, virant au pourpre et devenant violette par la chaleur.

L'hyposulfite de sodium donne, dans les solutions ammoniacales de ruthénium, une coloration rouge pourpre intense.

OR, Au = 196,6

MÉTAL. — L'or paraît *jaune*; il est rouge après plusieurs réflexions; en lame mince, il est vert par transparence; lorsqu'il a été précipité de ses solutions, il peut être *noir* ou *rouge violet*, ou *jaune rougeâtre*, avec une coloration bleue par transparence. Il est très ductile et très malléable, peu tenace et plus mou que l'argent. Il fond vers 1200° en communiquant à la flamme une coloration verte; sa densité est de 19,25; à haute température, il se soude à lui-même sans fondre; sous le brunissoir ou par un frottement dur, la poudre d'or noire prend l'éclat et la couleur de l'or métallique. Inaltérable à l'air, il est *insoluble dans les acides, excepté dans l'eau régale*. Le chlore, le brome, l'iode, le phosphore, l'arsenic, l'antimoine, se combinent directement; le mercure forme très rapidement des amalgames.

CHLORURE D'OR, $AuCl^3$. — Cristaux *jaunes*, très solubles dans l'eau, l'alcool et l'éther; il communique à la flamme une coloration verte. La solution est réduite rapidement si elle contient des matières organiques; sur la peau elle donne des taches violettes.

SELS. — Les sels d'or sont tous *décomposés par la chaleur*; ceux qui sont solubles rougissent le tournesol.

RÉACTIONS DES SELS D'OR

L'hydrogène sulfuré donne un précipité *noir*, *soluble* dans le sulfure d'ammonium, dans l'eau régale et dans la potasse; *insoluble* dans l'acide chlorhydrique et même *dans l'acide azotique bouillant*.

La **soude** produit un précipité jaune rougeâtre, un peu soluble dans un excès de réactif.

L'**ammoniaque** précipite de l'or fulminant *jaune rougeâtre.*

Le **sulfate ferreux** donne à froid un précipité *noir* d'or métallique.

L'**acide oxalique** précipite à l'ébullition les sels d'or; l'or ainsi obtenu est ordinairement *jaune.*

L'**hydrate de chloral,** additionné de quelques gouttes de soude caustique, *réduit* à froid les sels d'or.

Le **zinc** précipite l'or métallique de ses solutions.

L'**azotate de potassium** précipite rapidement l'or à l'état métallique.

Un mélange de **chlorure stanneux** et de **chlorure stannique,** ajouté à une dissolution d'un sel d'or, donne un précipité *rouge pourpre* (pourpre de Cassius).

Le **ferrocyanure de potassium** développe une coloration d'un *vert émeraude.*

L'**iodure de potassium** détermine un précipité *jaune sale,* avec mise en liberté d'iode.

Sur le charbon, tous les composés de l'or donnent des grains d'or métallique, sans enduit.

Réactions microchimiques. — Le *chlorure d'or et de thallium,* $AuCl^3,TlCl$, obtenu en mettant une solution d'or un peu concentrée avec un fragment de sulfate de thallium, cristallise en longues *aiguilles jaune-citron* (Behrens).

Le *pourpre de Cassius* s'obtient sous forme d'une *strie rouge* à l'intersection de deux gouttes, l'une d'un sel d'or, l'autre d'un mélange de chlorures stanneux et stannique.

ARSENIC, As = 75

MÉTALLOIDE. — L'arsenic est un métalloïde gris noir, d'aspect métallique, devenant bientôt grisâtre et terne en présence de l'air; il est très cassant; sa densité est 5,7; *il se volatilise* vers 400°, en donnant un *sublimé noir*.

Chauffé à l'air, il s'enflamme au-dessous du rouge sombre en donnant des *fumées blanches d'acide arsénieux* et une *odeur alliacée*. Il s'unit directement au chlore, au brome, à l'iode et au soufre. Chauffé avec de l'*acide azotique*, il est transformé en *acide arsénique*. Les acides étendus ne l'attaquent pas; mais l'acide sulfurique concentré et bouillant donne de l'acide arsénieux et un dégagement d'anhydride sulfureux; l'*eau régale* le transforme très facilement en *acide arsénique*.

ANHYDRIDE ARSÉNIEUX, As^2O^3. — Il se présente sous trois formes : 1° anhydride vitreux transparent; 2° anhydride porcelané, opaque; 3° anhydride pulvérulent, cristallisé en *octaèdres et tétraèdres brillants*, faciles à reconnaître à la loupe ou au microscope.

Chauffé dans un petit tube fermé à un bout, l'anhydride arsénieux *se volatilise sans fondre*.

Très peu soluble dans l'eau, qui le mouille difficilement, il se dissout plus facilement en présence d'un peu d'acide chlorhydrique; il se dissout très facilement dans les alcalis solubles. L'anhydride arsénieux est un *réducteur énergique*; il décolore les solutions de permanganate de potassium, d'iode, il réduit le bichromate de potassium.

L'hydrogène sulfuré colore la solution d'acide arsénieux en jaune; en ajoutant de l'acide chlorhydrique, il se produit un précipité de sulfure d'arsenic.

ACIDE ARSÉNIQUE, AsO^4H^3. — L'acide arsénique se présente sous forme d'une solution sirupeuse, ressemblant à de l'acide sulfurique concentré. En faisant passer un courant d'hydrogène sulfuré, on obtient une coloration jaune; si on acidule cette solution avec de l'acide chlorhydrique et si on la chauffe, on obtient un précipité jaune de trisulfure d'arsenic, se formant lentement et difficilement.

L'acide arsénique est *réduit* à l'ébullition *par l'acide sulfureux* :

$$2AsO^4H^3 + 2SO^2 = As^2O^3 + 2SO^4H^2 + H^2O.$$

Cette réduction doit être effectuée toutes les fois qu'il s'agit de précipiter, par l'hydrogène sulfuré, l'arsenic d'un arséniate, car la précipitation directe par l'hydrogène sulfuré est très longue, incomplète même à l'ébullition.

SULFURES D'ARSENIC. — RÉALGAR, As^2S^2. — Corps cristallin *rouge*; chauffé dans un petit tube, il fond en un liquide brun donnant un *sublimé jaune orangé*; chauffé dans le tube ouvert aux deux bouts, il donne SO^2, une odeur alliacée et un *sublimé blanc* d'anhydride arsénieux. Le réalgar est soluble dans la soude caustique. dans les sulfures alcalins, dans l'*ammoniaque*; il est insoluble dans les acides étendus. L'acide azotique concentré et bouillant le transforme en acide arsénique, soufre et acide sulfurique.

ORPIMENT, As^2S^3. — Poudre *jaune* s'il a été obtenu par précipitation, corps cristallin d'un très beau *jaune d'or* s'il est naturel. Il présente les mêmes réactions que le réalgar.

RÉACTIONS GÉNÉRALES DE L'ARSENIC

Sur le charbon, les composés de l'arsenic donnent au rouge une *odeur alliacée*.

Le **charbon** en poudre et un peu de **carbonate de sodium** sec, chauffés, dans un petit tube fermé à un bout avec un composé de l'arsenic, donnent un *sublimé noir* d'arsenic métalloïdique *facilement volatil*.

La méthode de Marsh permet de déceler des traces d'arsenic. Elle est basée sur les deux propriétés : 1° l'*hydrogène naissant* transforme les composés de l'arsenic en *hydrogène arsénié*, AsH^3; 2° l'hydrogène arsénié est *décomposable par la chaleur* en hydrogène et *arsenic*.

Lorsque la substance contient des *matières organiques*, celles-ci doivent être, au préalable, *détruites* par l'une des méthodes étudiées en toxicologie.

L'*appareil de Marsh* (fig.123), dans lequel on fera agir, sur le composé arsenical, l'hydrogène naissant, se compose d'un flacon F, contenant du *zinc pur* dans lequel on ajoutera de l'*acide sulfurique pur* au dixième. Dans ce flacon, plonge un tube de sûreté SS, fixé par un bouchon dans la tubulure T; un tube à dégagement AB, coudé à angle droit, est relié au tube plus large BC, contenant un tampon de coton et du chlorure de calcium desséché; à ce tube large, est adapté un tube droit CD en verre très peu fusible, effilé à l'extrémité, sur lequel on enroule une bande de toile métallique MN.

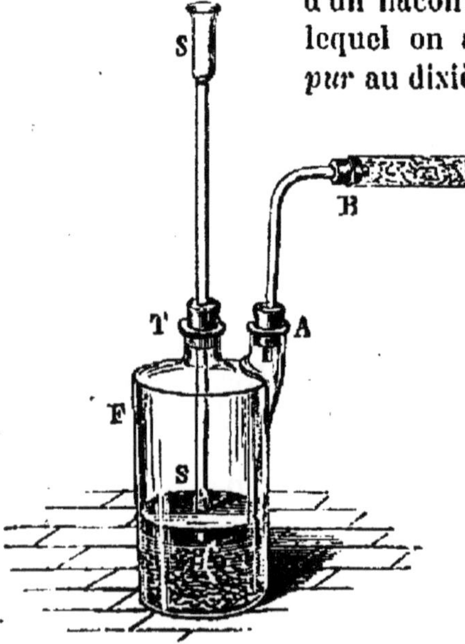

Fig. 123. — Appareil de Marsh.

On fait d'abord fonctionner l'appareil pendant une heure environ, afin de savoir si l'acide sulfurique et le zinc purs employés ne contiennent pas trace d'arsenic; on introduit ensuite la dissolution exempte d'acide azotique et de matières organiques; en chauffant le tube, on obtient un *anneau* d'arsenic; en écrasant la flamme sur un morceau de porcelaine froide, on produit des *taches* noires pendant qu'il se dégage une *odeur alliacée*.

Les *anneaux d'arsenic* présentent les caractères suivants :

1° L'anneau d'arsenic a l'aspect d'une couche métallique, mince, miroitante, brun noirâtre; vers les extrémités de la tache, le dépôt est mat, d'un brun qui devient de plus en plus clair, s'estompe et finit par disparaître;

2° Chauffé dans un courant d'hydrogène, l'anneau *se volatilise sans fondre* et se dépose un peu plus loin;

3° Chauffé dans un courant d'air, l'anneau d'arsenic *se volatilise en s'oxydant* et en dégageant une *odeur alliacée* dans les parties froides, il se dépose un *enduit blanc*, peu visible, cristallin, formé d'*octaèdres* et de *tétraèdres très réfringents*, reconnaissables à la loupe;

4° On fait passer quelques bulles de *chlore* dans la partie d'un tube contenant un anneau, ou bien on met une goutte d'*eau chlorée* sur une tache; le chlore transformant l'arsenic en chlorure d'arsenic, *l'anneau* ou *la tache disparaissent*. Si on fait ensuite passer un courant d'*hydrogène sulfuré* dans le tube, l'anneau apparaît sous forme d'une auréole *jaune, soluble dans l'ammoniaque*. Pour les taches, il suffit d'ajouter quelques gouttes de solution d'hydrogène sulfuré, pour voir apparaître un précipité *jaune soluble dans l'ammoniaque*;

5° Traités successivement par le chlore, puis par l'hydrogène sulfuré, les anneaux et les taches donnent du sulfure d'arsenic, *jaune, insoluble dans l'acide chlorhydrique* à chaud, *soluble dans l'ammoniaque*.

6° Les anneaux et les taches *se dissolvent* instantanément dans l'*hypochlorite de sodium*;

7° L'*acide azotique* dissout les taches et les anneaux, sans résidu blanc; l'arsenic est transformé en acide arsénique. On évapore à siccité le liquide acide, on ajoute une ou deux gouttes d'ammoniaque et on évapore de nouveau à siccité. En ajoutant une ou deux gouttes d'azotate d'argent, il se fait un précipité *rouge brique* d'arséniate d'argent, très soluble dans l'acide azotique et l'ammoniaque.

L'hydrogène sulfuré donne, dans les solutions chaudes et acidulées par l'acide chlorhydrique (après réduction préalable au moyen de l'acide sulfureux, si l'on a de l'acide arsénique), un précipité *jaune*, ***insoluble dans les acides*** étendus, ***soluble dans les alcalis, dans l'ammoniaque, dans les sulfures alcalins***; ce précipité de sulfure d'arsenic est décomposé par l'acide azotique en acide arsénique, soufre et acide sulfurique.

Le **cuivre**, chauffé avec une dissolution d'un arsénite ou d'un arséniate additionnée d'acide chlorhydrique, se couvre d'un dépôt métallique *gris de fer*, d'arséniure de cuivre, Cu^5Az^2, se partageant en houppes noires s'il est abondant. Ce fragment de cuivre, lavé à l'eau distillée, séché et chauffé dans un petit tube fermé à un bout, donne un *sublimé noir d'arsenic.*

RÉACTIONS DES ARSÉNITES

L'**hydrogène sulfuré** produit, dans les solutions acides, un précipité *jaune* de sulfure d'arsenic As^2S^3, présentant les caractères indiqués ci-dessus.

L'**azotate d'argent** donne, dans les solutions neutres, un précipité *jaune, très soluble dans l'ammoniaque et l'acide azotique*; ce précipité est soluble dans l'azotate d'ammoniaque.

Le **sulfate de cuivre** produit un précipité *vert jaunâtre* (vert de Scheele), soluble dans l'acide azotique et l'ammoniaque.

L'**acétate de potassium** sec, chauffé avec un arsénite sec, donne un dégagement de vapeurs blanches d'odeur cacodylique très désagréable.

Réactions microchimiques. — L'*acide arsénieux* cristallise en *octaèdres* incolores, très réfringents.

L'*arsénite d'argent* cristallise en *rhombes* et *aiguilles pointues jaune de soufre.*

RÉACTIONS DES ARSÉNIATES

L'**hydrogène sulfuré** donne très difficilement, dans les solutions chaudes et acidulées, un précipité de sulfure d'arsenic As^2S^3 ; parfois même la précipitation n'a pas lieu. Afin de précipiter complètement l'arsenic, il faut, au préalable, *réduire l'acide arsénique* en acide arsénieux, en faisant bouillir la solution avec de l'*acide sulfureux*.

Les réactions du sulfure d'arsenic précipité sont les mêmes que précédemment.

L'azotate d'argent donne, dans les solutions *neutres* d'arséniate, un précipité *rouge brique, très soluble dans l'acide azotique et dans l'ammoniaque*. Pour mettre en évidence, dans une solution acide, ce précipité caractéristique, on met quelques gouttes de la solution sur un fragment de porcelaine, on évapore doucement à siccité, puis on ajoute quelques gouttes d'ammoniaque, on évapore de nouveau avec précaution à siccité, on ajoute II à III gouttes d'eau et II gouttes de solution d'azotate d'argent ; le précipité rouge brique apparaît, si la dissolution contient un arséniate.

Le sulfate de cuivre produit un précipité *bleu verdâtre*.

L'azotate de bismuth, en solution azotique, donne un précipité *blanc*.

Le sulfate de magnésium produit, dans les solutions d'arséniates additionnées de chlorure d'ammonium et d'ammoniaque, un précipité *blanc cristallin* d'arséniate ammoniaco-magnésien $AsO^4Mg.AzH^4,6H^2O$, soluble dans l'acide azotique et dans l'acide chlorhydrique. Si on fait passer un courant d'hydrogène sulfuré dans une solution chlorhydrique de ce précipité, on obtient un précipité jaune de sulfure d'arsenic, soluble dans l'ammoniaque (différence entre l'arséniate et le phosphate ammoniaco-magnésien). Une dissolution d'un peu de ce précipité dans l'acide azotique, évaporée sur un fragment de porcelaine, donne un précipité rouge brique d'arséniate d'argent.

Le réactif nitro-molybdique, ajouté à une solution contenant un arséniate et de l'acide azotique, *ne donne pas de précipité à froid*, mais si l'on *chauffe*, il se forme un précipité *jaune* d'arsénio-molybdate d'ammonium. Ce précipité, dissous dans l'ammoniaque et additionné de quelques gouttes de mixture magnésienne, donne un précipité blanc cristallin d'arséniate ammoniaco-magnésien.

Le **réactif sulfo-nitro-molybdique** produit la même réaction.

Réactions microchimiques. — *L'arséniate ammoniaco-calcique*, $AsO^4Ca.AzH^4,H^2O$, obtenu en ajoutant à chaud un excès d'ammoniaque et du chlorure de calcium, est en cristaux *orthorhombiques* et en *bâtonnets.*

L'arséniate ammoniaco-magnésien est en cristaux *orthorhombiques.*

L'arséniate d'argent est en *grains rouge brique.*

ANTIMOINE, Sb = 120

MÉTALLOIDE. — Blanc bleuâtre, à éclat métallique, brillant, cassant, de structure lamelleuse, de densité 6,7. Il fond vers 450° et se volatilise au rouge blanc; il se combine directement et avec incandescence au chlore, au brome et à l'iode. Inaltérable à l'air à la température ordinaire, il s'oxyde au rouge en donnant de l'oxyde d'antimoine *blanc.*

L'acide chlorhydrique concentré et bouillant est sans action sur l'antimoine. *L'acide azotique l'oxyde* à chaud en le transformant en *acide antimonique* blanc, *insoluble dans l'eau*; étendu et froid, il le change en grande partie en oxyde. L'eau régale le dissout en le transformant en trichlorure $SbCl^3$ ou en pentachlorure $SbCl^5$, suivant la concentration.

TRICHLORURE D'ANTIMOINE (beurre d'antimoine), $SbCl^3$. — Corps solide, transparent, incolore, cristallin, ayant l'aspect d'un corps gras, fusible à 73° en un liquide bouillant à 230°.

L'eau le transforme en une poudre blanche, l'oxychlorure d'antimoine $SbOCl^3$.

PENTACHLORURE D'ANTIMOINE, $SbCl^5$. — Liquide jaune, émettant à l'air d'abondantes fumées, décomposé par l'eau en oxychlorure, $SbOCl^3$.

OXYDE D'ANTIMOINE (acide antimonieux), Sb^2O^3, — Corps blanc, fusible au rouge, volatil au rouge vif, *soluble dans l'acide chlorhydrique* étendu, dans *l'acide tartrique* avec lequel il forme de l'émétique, *dans la soude et la potasse*, avec lesquelles il forme des antimonites de sodium ou de potassium; l'acide azotique concentré le transforme en acide antimonique insoluble.

ANHYDRIDE ANTIMONIQUE, Sb^2O^5. — Poudre blanche, insoluble dans l'eau et les acides; c'est le corps obtenu toutes les fois que l'on traite un composé de l'antimoine par l'acide azotique concentré. Il donne un certain nombre d'antimoniates employés en pharmacie.

SULFURES D'ANTIMOINE (stibine), Sb^2S^3. — Corps gris de plomb, noirâtre, cristallin. Chauffé à l'air, il se transforme en oxyde d'antimoine; *l'acide chlorhydrique* le décompose à l'ébullition en donnant de *l'hydrogène sulfuré* et du chlorure d'antimoine :

$$Sb^2S^3 + 6HCl = 2SbCl^3 + 3H^2S.$$

L'acide azotique à chaud donne de *l'acide antimonique insoluble*, du soufre et de l'acide sulfurique. Le sulfure d'antimoine, chauffé à l'ébullition avec du carbonate de sodium, donne du kermès.

KERMÈS. — Mélange d'antimonite acide de sodium et de sulfoantimonite acide de sodium avec des traces de sulfure de sodium entraîné mécaniquement. Poudre brune, amorphe, insoluble dans l'eau, *soluble* dans les polysulfures alcalins, *dans l'acide chlorhydrique* avec dégagement d'hydrogène sulfuré en un *liquide incolore*; il est insoluble dans l'ammoniaque.

ÉMÉTIQUE, $C^4H^4O^6,SbOK,H^2O$. — Cristaux blancs, solubles dans l'eau; *chauffé* dans un tube fermé à un bout, il devient *noir* et donne naissance à des produits noirâtres ayant l'*odeur de sucre brûlé* (acide tartrique); introduit dans la flamme, il donne des *étincelles*, des *fumées blanches* et colore la flamme en *violet*; il reste un résidu de carbonate de potassium à réaction très alcaline.

ANTIMONIATES. — La plupart des antimoniates sont insolubles dans l'eau; quelques sels de potassium se dissolvent dans l'eau. Les acides précipitent de l'acide antimonique, blanc, un peu soluble dans l'acide chlorhydrique concentré.

Ils ne réduisent ni l'azotate d'argent, ni le permanganate de potassium. Ils présentent les réactions générales des sels antimonieux.

RÉACTIONS DES SELS D'ANTIMOINE

Les sels d'antimoine sont *volatils* ou *décomposés au rouge*; ils rougissent le papier bleu de tournesol.

L'**eau** décompose les sels solubles d'antimoine, en donnant un précipité *blanc* de sel basique, oxychlorure dans le cas du chlorure d'antimoine.

Ce précipité *se dissout dans l'acide tartrique*, réaction qui le distingue des sels de bismuth.

L'émétique et les solutions qui contiennent de l'acide tartrique ne précipitent pas par l'eau.

La **soude**, la **potasse**, l'**ammoniaque**, les **carbonates alcalins**, produisent un précipité blanc volumineux d'hydrate d'oxyde d'antimoine, *soluble dans la soude et la potasse*, insoluble dans l'ammoniaque, soluble à l'ébullition dans le carbonate de sodium ou de potassium. L'acide tartrique empêche un peu la précipitation.

L'**hydrogène sulfuré**, dans les solutions acidulées par un acide fort, donne un précipité *orangé, soluble dans la potasse, dans les sulfures alcalins, dans l'acide chlorhydrique concentré bouillant*, dans l'eau régale; l'acide azotique le transforme en acide antimonique blanc, insoluble dans l'eau et les acides. Le sulfure d'antimoine est insoluble dans l'ammoniaque, réaction qui permet de le distinguer du sulfure d'arsenic.

Le **zinc** ou l'**étain** métalliques, mis dans une solution d'un sel d'antimoine, précipitent ce métalloïde sous forme d'une *poudre noire*, pourvu que la solution ne renferme pas d'acide azotique libre; en mettant la solution dans une capsule de platine, on a un dépôt noir très adhérent au fond de la capsule. Ce précipité noir est *insoluble dans l'acide chlorhydrique*, mais il se dissout dans l'acide chlorhydrique additionné de quelques gouttes d'acide azotique.

L'**hyposulfite de sodium**, chauffé avec un sel d'antimoine, donne un précipité *rouge vermillon* ou cinabre d'antimoine.

L'**azotate d'argent**, ajouté à une dissolution d'un sel d'antimoine dans un excès de soude ou de potasse caustique, produit un précipité *brun gris*, mélange d'oxyde d'argent, d'oxydule d'argent et de chlorure d'argent; en ajoutant un excès d'*ammoniaque*, l'oxyde et le chlorure d'argent se dissolvent et il reste un précipité *noir* d'oxydule d'argent.

Le **permanganate de potassium** est *décoloré* par les solutions des sels d'antimoine.

L'**appareil de Marsh** (fig. 123) permet de reconnaître des traces d'antimoine.

En introduisant un sel d'antimoine dans l'appareil de Marsh, après avoir fait fonctionner l'appareil à blanc pour s'assurer qu'il ne contient ni antimoine, ni arsenic, on obtient des *anneaux noirs, très difficiles à déplacer*; la *flamme* de l'hydrogène brûle avec une *coloration vert bleuâtre*, en donnant des fumées blanches d'oxyde d'antimoine; en écrasant cette flamme sur un morceau de porcelaine, on a une *tache noire* d'aspect velouté.

Les *anneaux* et les *taches d'antimoine* présentent les caractères suivants, qui les différencient de ceux d'arsenic.

1° L'anneau est plus argentin, plus blanc; il se termine brusquement, sans présenter de teinte brune et terne. Les bords, très près de la partie chauffée, *sont fondus* par places, et on observe souvent des lacunes où le verre n'a pas été recouvert. Cet anneau est souvent double.

2° Chauffé dans un courant d'hydrogène, l'anneau d'antimoine *fond* en petites sphères et se *volatilise très difficilement.*

3° Chauffé dans un courant d'air, l'anneau d'antimoine se transforme en un *enduit blanc, amorphe*, d'oxyde d'antimoine, dont la solution chlorhydrique précipite en *rouge orangé par l'hydrogène sulfuré. Il ne se dégage pas d'odeur alliacée.*

4° En traitant par le *chlore*, puis par l'*hydrogène sulfuré*, on obtient du sulfure d'antimoine *rouge orangé*, *insoluble dans l'ammoniaque.*

5° Traités successivement par le *chlore* et par l'*hydrogène sulfuré*, les anneaux et les taches donnent du sulfure d'antimoine *rouge orangé, soluble à chaud dans l'acide chlorhydrique, insoluble dans l'ammoniaque.*

6° Les anneaux et les taches sont *insolubles* dans l'*hypochlorite de sodium.*

7° L'*acide azotique* transforme à chaud l'antimoine en une *poudre blanche* insoluble.

La **flamme** d'un brûleur Bunsen, dans laquelle on introduit un composé de l'antimoine, prend une coloration d'un vert fauve, sans odeur.

Sur le charbon, avec du **carbonate de sodium** sec ou du cyanure de potassium, une combinaison d'antimoine chauffée dans la flamme réductrice donne des *globules cassants* d'antimoine métallique; il se dégage d'abondantes *fumées blanches*, même après avoir cessé de chauffer; autour du globule on a une *large auréole blanche.*

Réactions microchimiques. — 1° Le *pyroantimoniate de sodium*, obtenu en fondant un composé de l'antimoine avec un peu d'azotate de potassium, dissolvant dans l'eau chaude et ajoutant du chlorure de sodium, est formé de *cristaux lenticulaires* ou de *prismes allongés*.

2° Le *chloroantimonite de rubidium ou de cæsium*, obtenu en ajoutant, à une solution chlorhydrique concentrée d'un sel d'antimoine, une solution concentrée de chlorure de rubidium ou de cæsium, est cristallisé en *lamelles hexagonales* très nettes. En ajoutant un peu d'iodure de potassium, la réaction est plus sensible, les lamelles sont d'une couleur *orangée* très vive.

3° Le *stibiotartrate de baryum*, obtenu en ajoutant, à une solution chlorhydrique chaude d'antimoine, du tartrate de baryum, cristallise par refroidissement en *minces lamelles orthorhombiques*.

ÉTAIN, Sn = 118

MÉTAL. — L'étain est un métal blanc, très brillant, mou, malléable, faisant entendre des craquements lorsqu'on le ploie ; il fond à 228°, bout au rouge blanc ; sa densité est de 7,3. Chauffé au *chalumeau sur le charbon*, pendant longtemps, il donne une *auréole blanche* très peu large.

L'acide chlorhydrique concentré le dissout facilement à froid avec dégagement d'hydrogène et transformation en chlorure stanneux. L'*acide azotique* assez concentré et chaud *le change en acide métastannique insoluble* $Sn(OH)^4$. L'acide sulfurique étendu l'attaque difficilement ; concentré et bouillant, il donne de l'anhydride sulfureux et du sulfate stannique. L'eau régale riche en acide chlorhydrique donne un mélange de chlorure stanneux et de chlorure stannique. La soude et la potasse caustiques le dissolvent à l'ébullition avec dégagement d'hydrogène.

CHLORURE STANNEUX, $SnCl^2 + 2H^2O$. — Sel blanc, de saveur astringente ; chauffé, il perd son eau et se décompose en partie en dégageant de l'acide chlorhydrique. L'eau distillée le dissocie partiellement en oxychlorure insoluble et acide chlorhydrique, ce qui donne aux solutions un *aspect laiteux*. Ce sel s'altère peu à peu à l'air.

Le chlorure stanneux est un *réducteur très énergique* ; il réduit les sels de mercure, d'argent, le permanganate de potassium, ramène les sels ferriques à l'état de sels ferreux, etc.

CHLORURE STANNIQUE, $SnCl^4$. — Liquide incolore, répandant d'épaisses fumées blanches à l'air, produisant un bruit strident quand on le verse dans l'eau ; avec une petite quantité d'eau, il se combine pour former un hydrate cristallisé, $SnCl^4 + 5H^2O$.

RÉACTIONS GÉNÉRALES DES SELS D'ÉTAIN

Les sels d'étain sont en général incolores. Ils sont *fixes* ; ceux qui contiennent des acides volatils sont décomposés au rouge ; les sels neutres solubles dans l'eau rougissent le tournesol.

Sur le charbon, avec du **carbonate de sodium** sec, les combinaisons de l'étain donnent un *globule* très brillant, *mou*, malléable, facile à couper au couteau, *soluble dans l'acide chlorhydrique* concentré et chaud, en formant du chlorure stanneux, qui donne un précipité brun par l'hydrogène sulfuré ; autour du globule, il se fait une *auréole blanche* de très faible largeur.

Le zinc, mis dans une dissolution d'un sel d'étain, acidulée par l'acide chlorhydrique, donne peu à peu un précipité sous forme de paillettes grises ou des petites masses spongieuses d'étain métallique ; ce dépôt, bien lavé à l'eau, se dissout dans l'acide chlorhydrique concentré et chaud ; en faisant passer dans cette dissolution un courant d'*hydrogène sulfuré*, il se forme un *précipité marron* de sulfure d'étain.

RÉACTIONS DES SELS STANNEUX

L'hydrogène sulfuré produit un précipité *brun, soluble dans la soude et la potasse caustiques, dans le sulfure d'ammonium, dans l'acide chlorhydrique concentré* et chaud. Ce sulfure est insoluble dans les acides étendus; l'acide azotique concentré le transforme en une poudre blanche d'acide métastannique insoluble dans l'eau.

La soude et la potasse caustiques donnent un précipité *blanc, soluble dans un excès de réactif*; en évaporant cette solution, il se produit lentement par évaporation un précipité noir d'étain métallique.

L'ammoniaque forme un précipité *blanc*, insoluble dans un excès de réactif.

Les carbonates alcalins donnent un précipité *blanc*, avec dégagement d'acide carbonique.

L'iodure de potassium donne un précipité *blanc jaunâtre* caséeux.

Le **chlorure mercurique** produit un précipité *blanc, devenant peu à peu noir*.

Le **réactif sulfo-molybdique** se colore en *bleu* par les sels stanneux; cette coloration est due à la réduction de l'acide molybdique.

Le **réactif catothélique** colore les sels stanneux en *rouge violacé*.

Le **ferricyanure de potassium** en solution étendue, additionnée de I ou II gouttes de perchlorure de fer présente une coloration verdâtre; si on ajoute un sel stanneux, la coloration devient bleue par réduction du ferricyanure en ferrocyanure qui, réagissant sur le persel de fer, forme du bleu de Prusse.

L'**azotate de bismuth**, ajouté à une solution d'un sel stanneux, donne un précipité *blanc devenant rapidement noir*.

Le **chlorure d'or** donne un précipité *brun, brun rouge* ou *rouge pourpre*.

L'acide oxalique, dans les solutions neutres ou faiblement acides, produit un précipité *blanc* d'oxalate stanneux C^2O^4Sn, se formant lentement dans les solutions étendues. *Les sels stanniques ne précipitent pas avec l'acide oxalique.*

L'eau oxygénée précipite de l'hydrate stannique *blanc* et floconneux.

Réaction microchimique. — *L'oxalate stanneux* se précipite en cristaux ayant *la forme de la lettre H* ou *d'ailes de papillon.*

RÉACTIONS DES SELS STANNIQUES

L'hydrogène sulfuré produit un précipité *blanc* devenant bientôt *jaune mat*; ce sulfure est *soluble dans la soude* et la *potasse* caustiques, *dans le sulfure d'ammonium, dans l'acide chlorhydrique concentré*; l'acide azotique concentré le transforme en acide métastannique.

La **soude** et la **potasse** caustiques donnent un précipité blanc, soluble dans un petit excès de réactif.

L'**ammoniaque** produit un précipité blanc, soluble dans un grand excès de réactif.

Les **carbonates alcalins** forment un précipité blanc gélatineux, soluble dans la soude caustique.

Réactions microchimiques. — Le *chlorostannate de césium*, obtenu en ajoutant du chlorure de césium à la solution, cristallise en *octaèdres*, *cubes* et *cuboctaèdres* incolores.

Le *chloro-iodostannate de césium*, par un mélange d'iodure de sodium et de chlorure de césium, est *jaune.*

GERMANIUM, Ge = 72

Le germanium est un métal blanc gris, fusible vers 900°, de densité 5,47, inaltérable à l'air, insoluble dans l'acide chlorhydrique; l'*acide azotique le transforme en bioxyde* GeO^2, *blanc, presque insoluble dans l'eau*, lentement soluble dans l'eau régale.

L'hydrogène sulfuré précipite du bisulfure de germanium GeS^2, *blanc*, volumineux, un peu soluble dans l'eau et dans la solution d'hydrogène sulfuré, facilement soluble dans le sulfure d'ammonium, d'où les acides le précipitent avec sa couleur blanche.

Sur le charbon, dans la flamme de réduction, sans fondant, on obtient un *globule* et un *enduit blanc*.

IRIDIUM, Ir = 193

L'iridium, métal de la mine de platine, ressemble au platine; mais, il est cassant et plus infusible; il commence à se ramollir vers 2200° pour fondre vers 2400°.

Le **bisulfate de potassium** l'oxyde au rouge sans le dissoudre (différence avec le rhodium).

La **soude**, chauffée au rouge avec un composé d'iridium, met en liberté le métal sous forme de masses grises.

L'hydrogène sulfuré colore d'abord en vert-olive les solutions de tétrachlorure qu'il réduit en sesquichlorure avec dépôt de soufre; puis, il se précipite du sulfure d'iridium Ir^2S^3, brun, soluble dans le sulfure d'ammonium.

MOLYBDÈNE, Mo = 96

Métal blanc, aussi malléable que le fer, de densité 9,01.

L'acide molybdique, MoO^3, est une masse *blanche*, poreuse, se divisant dans l'eau en petites écailles difficilement solubles. Il fond au rouge et se sublime à l'air en donnant par condensation des lamelles ou des aiguilles transparentes. Les molybdates sont généralement incolores.

Le **zinc** produit une coloration brune, virant au gris et au *bleu*.

Le **chlorure stanneux** donne une coloration *bleue*.

Le **sulfate ferreux**, acidulé par l'acide sulfurique, colore en *bleu*.

Le **ferrocyanure de potassium** produit un précipité brun rouge.

Le **tannin** colore les molybdates alcalins en rouge foncé avec reflets bruns.

L'hydrogène sulfuré réduit d'abord l'acide molybdique, le liquide devient bleu; puis, il se forme un précipité noir brun, pendant que le liquide paraît d'abord vert; par la chaleur et le repos, on arrive difficilement à précipiter tout le molybdène à l'état de sulfure noir, soluble dans le sulfure d'ammonium en un liquide rouge foncé.

Le **sulfocyanate de potassium** et du **zinc**, mis dans une solution de molybdate, acidulée avec l'acide chlorhydrique, développent une belle coloration rouge carmin, soluble dans l'éther, non empêchée par l'acide phosphorique (différence avec le fer).

De l'**hyposulfite de sodium** est ajouté à un molybdate; en versant un peu d'acide sulfurique concentré, il se développe une coloration lie de vin.

Le **phosphate de sodium**, dans les solutions acidulées avec l'acide azotique, donne à froid un précipité jaune.

TUNGSTÈNE, Tu = 184

Métal très peu fusible, de densité 18,7, moins facilement fusible que le molybdène et le chrome, insoluble dans les acides, à peine dans l'eau régale.

L'**acide tungstique** est *jaune-citron, orangé foncé à chaud*, fixe, insoluble dans l'eau et les acides, se combinant au rouge avec les carbonates alcalins pour former des tungstates.

Les **acides forts** en excès précipitent, dans les solutions de tungstates alcalins, de l'acide tungstique *blanc*, devenant *jaune par l'ébullition*, insoluble dans un excès d'acide (différence avec l'acide molybdique).

Le **ferrocyanure de potassium**, dans une solution acidulée, produit une coloration intense *rouge brun*, puis un précipité de même couleur.

Le **tannin** précipite en *brun*.

Le **zinc**, dans une solution contenant de l'acide chlorhydrique, produit une coloration bleue, virant au rouge pour quelques instants, puis au noir brun.

L'**hypophosphite de sodium** et l'acide sulfureux donnent à chaud une *coloration bleue* intense.

L'**hydrogène sulfuré** précipite difficilement, dans les solutions acidulées, du sulfure de tungstène *brun clair*, TuS^3, un peu soluble dans l'eau, *soluble dans le sulfure d'ammonium.* Pour obtenir ce sulfure, il faut ajouter du sulfure d'ammonium et précipiter ensuite par l'acide chlorhydrique.

Le **chlorure stanneux** donne un précipité *jaune*, devenant d'un beau *bleu* en acidulant et chauffant la dissolution.

La **perle de sel de phosphore** est incolore ou jaunâtre dans la flamme d'oxydation, *bleue dans la flamme de réduction*, et prend une coloration rouge de sang lorsqu'on ajoute du sulfate ferreux.

VANADIUM, V = 51

Poudre grisâtre, argentée, cristalline, de densité 5,5, lentement oxydable à l'air, soluble dans l'acide sulfurique concentré en un liquide jaune, dans l'acide azotique en une solution bleue; insoluble dans les acides sulfurique et chlorhydrique dilués.

L'**acide vanadique**, V^2O^5, est fusible, fixe, d'une couleur variant du *rouge foncé* au *rouge orangé*. Il se combine aux acides et aux bases, pour donner des composés dont les réactions sont un peu différentes. Les dérivés du vanadium peuvent être tous transformés en acide vanadique, quand on les chauffe avec du permanganate de potassium en présence de l'acide sulfurique.

Le **zinc**, en présence de l'acide sulfurique, réduit l'acide vanadique en donnant des colorations correspondant aux divers oxydes : d'abord du jaune vert au bleu (bioxyde), puis du bleu au vert (sesquioxyde), enfin au bleu lavande (protoxyde).

Les **alcalis** donnent un précipité *brun*, soluble en jaune brunâtre dans un excès de réactif.

L'**hydrogène sulfuré** produit difficilement un précipité *brun* de sulfure de vanadium, V^2S^5, *soluble dans le sulfure d'ammonium en un liquide brun rouge*.

Le **ferrocyanure de potassium** forme un précipité *vert*, floconneux, insoluble dans les acides.

Le **tannin** produit un précipité *noir bleu* dans les solutions qui renferment peu d'acide libre.

Le **chlorhydrate d'aniline** donne à chaud du *noir d'aniline*.

L'**eau oxygénée** produit une coloration *rouge* ou *rouge rose brunâtre* dans les liqueurs étendues ; l'éther ne dissout pas la matière colorante.

La **perle au borax**, dans la flamme d'oxydation, est incolore ou légèrement jaunâtre; dans la flamme *réductrice*, elle est brune à chaud, d'un *beau vert* après refroidissement.

FER, Fe = 56

MÉTAL. — Le fer est un métal blanc grisâtre, brillant, dur, malléable, attirable à l'aimant, de densité

7,4 à 7,9; il fond à très haute température. Inaltérable à l'air sec, il se couvre peu à peu de rouille ou hydrate de peroxyde de fer à l'air humide. *Les acides chlorhydrique, sulfurique étendus le dissolvent* avec dégagement d'hydrogène et formation d'un sel ferreux; si le métal contient des impuretés telles que carbures de fer, phosphore, arsenic, soufre, etc., l'hydrogène dégagé a une odeur très désagréable, car il contient des carbures, du phosphure, de l'arséniure, du sulfure, etc... d'hydrogène. L'acide azotique très étendu dégage de l'hydrogène et forme de l'azotate d'ammonium et de l'azotate ferreux; l'acide concentré donne des vapeurs rutilantes et de l'azotate ferrique.

PROTOXYDE, FeO. — Poudre noire lorsqu'il est anhydre, blanche quand il est hydraté, très avide d'oxygène, devient vert grisâtre et enfin brun rouge.

SESQUIOXYDE, Fe^2O^3. — *Cristallisé naturel, il est gris d'acier; sa poussière est rouge* ou rouge brun. *Amorphe, il est rouge brun.* L'hydrate de sesquioxyde de fer est rouge brun foncé. Il se dissout dans les acides chlorhydrique, azotique, sulfurique étendus; lorsqu'il a été fortement chauffé, il est très difficilement soluble.

OXYDE SALIN, Fe^3O^4. — La *magnétite* ou oxyde salin naturel *est noire*; il en est de même de l'oxyde salin obtenu artificiellement par oxydation du fer à haute température (oxyde des battitures). L'acide chlorhydrique concentré et chaud le dissout en donnant un mélange de chlorure ferreux et de chlorure ferrique.

SULFURE, FeS. — Corps *noir*, soluble dans les acides chlorhydrique et sulfurique étendus, avec dégagement d'*hydrogène sulfuré* et formation d'un sel ferreux.

BISULFURE (pyrite jaune ou blanche), FeS^2. — *Chauffé* au rouge dans un petit tube fermé à un bout, le bisulfure de fer donne un *sublimé de soufre*; dans le tube ouvert aux deux bouts, il se dégage de l'*anhydride sulfureux*.

Les acides étendus sont sans action, l'*acide azotique* concentré le *dissout à chaud* avec résidu de soufre.

RÉACTIONS DES SELS FERREUX

SELS FERREUX, ou de protoxyde de fer. — Anhydres, ils sont *blancs, verts lorsqu'ils sont hydratés.* Les sels neutres rougissent le tournesol; ils sont décomposés au rouge. Les solutions étendues sont en général incolores, tandis que les dissolutions concentrées sont vertes; à l'air, elles s'oxydent peu à peu en se transformant en sels de sesquioxyde, qui laissent bientôt précipiter un sel basique de sesquioxyde. On peut transformer facilement les sels ferreux en sels ferriques en les faisant bouillir avec de l'acide azotique ou en faisant passer un courant de chlore, ou bien en ajoutant du brome, de l'eau oxygénée, ou un mélange d'acide chlorhydrique et de chlorate de potassium.

L'hydrogène sulfuré ne précipite pas les dissolutions de sels ferreux, acidulées par un acide fort ou par un acide faible; il produit parfois une coloration dans les sels neutres ou les sels à acides faibles acidulés par des acides faibles; il donne un précipité noir dans les sels additionnés d'acétate de sodium, mais la précipitation est très incomplète.

Le **sulfure d'ammonium** forme un précipité *noir* de sulfure de fer, *insoluble dans les alcalis et les sulfures alcalins, soluble dans les acides forts.* En présence de l'air, ce précipité s'oxyde peu à peu en sesquioxyde de fer brun rouge. Dans les solutions très étendues, le sulfure d'ammonium colore seulement en vert.

La **soude**, la **potasse** caustiques et l'**ammoniaque** produisent, dans les solutions de sels ferreux exemptes de sels ferriques, un précipité *blanc*, qui prend rapidement une coloration d'un *vert sale*, devenant *brune*. Les sels ammoniacaux, l'acide tartrique, le glucose, la glycérine, etc., empêchent la précipitation.

Les **carbonates alcalins** produisent un précipité *blanc verdissant* peu à peu à l'air, puis devenant *brun*.

Le **ferrocyanure de potassium** produit un précipité *blanc* dans les sels ferreux exempts de sels ferriques; ce précipité absorbe lentement l'oxygène de l'air et *devient bleu*; le changement de coloration se produit rapidement par l'addition d'acide azotique, de chlore ou de brome.

Le **ferricyanure de potassium** donne un magnifique précipité *bleu* de ferricyanure de fer (bleu de Turnbull), $Fe^3(Fe^2C^{12}Az^{12})$. Ce précipité est *insoluble dans l'acide chlorhydrique*, mais *décomposé par la potasse* caustique. Dans les solutions très étendues, on a seulement une coloration vert bleuâtre foncé.

Le **sulfocyanate de potassium** ne colore pas les sels ferreux purs.

Le **cyanure de potassium** produit un précipité rouge brun, soluble dans un excès de réactif.

Le **permanganate de potassium** et les corps oxydants sont réduits par les sels ferreux.

La **perle au borax**, dans la flamme réductrice, a une coloration vert bouteille; dans la flamme oxydante, cette perle prend une coloration variant du jaune au rouge foncé.

Sur le charbon, les combinaisons du fer donnent une poudre noir mat, attirable à l'aimant.

Le **chlorure d'or** est réduit à froid par les sels ferreux, il se produit un précipité noir d'or métallique.

Le **réactif alloxanique** additionné de 0,1 à 3 volumes de liquide, traité ensuite par l'ammoniaque, donne une coloration bleue (Denigès).

Réaction microchimique. — L'*oxalate ferreux*, $C^2O^4Fe,2H^2O$, est en *prismes jaune vert*.

RÉACTIONS DES SELS FERRIQUES

SELS FERRIQUES. — *Neutres et anhydres, ils sont blancs*; les *sels hydratés ou basiques sont jaunes ou bruns*;

toutefois, on connaît quelques sels de sesquioxyde de fer dont la coloration est verte (oxalate double de sesquioxyde de fer et de potassium, sodium, etc.). Les sels neutres rougissent le tournesol; ils sont fixes et décomposés par la chaleur.

L'**hydrogène sulfuré** réduit les sels ferriques en sels ferreux, tandis qu'il se précipite du soufre :

$$2FeCl^3 + H^2S = 2FeCl^2 + S + 2HCl$$

Le **sulfure d'ammonium** donne un précipité *noir* de sulfure de fer, FeS, et de soufre :

$$2FeCl^3 + 3(AzH^4)^2S = 6AzH^4Cl + 2FeS + S$$

La précipitation est favorisée par la présence du chlorure d'ammonium. Lorsque les solutions sont très étendues, le sulfure d'ammonium produit seulement une coloration d'un *vert noirâtre*; peu à peu le sulfure de fer se rassemble en un précipité.

La **soude**, la **potasse** caustiques, **l'ammoniaque**, donnent un précipité *rouge brun, insoluble dans un excès du précipitant* et dans les sels ammoniacaux. Si la solution contient des acides tartrique ou citrique, du sucre, du glucose, etc., il ne se forme pas de précipité.

Les **carbonates alcalins** donnent un précipité de sesquioxyde de fer avec dégagement d'acide carbonique :

$$2FeCl^3 + 3CO^3Na^2 = Fe^2O^3 + 3CO^2 + 6NaCl.$$

Le **carbonate de baryum**, en suspension dans de l'eau, précipite à froid tout le sesquioxyde de fer d'une solution.

Le **cyanure de potassium** produit un précipité *rouge brun, soluble dans un excès de réactif*. Si le sel ferrique est mélangé à un sel ferreux, le précipité est bleu.

Le **ferrocyanure de potassium**, même dans les solutions très étendues, donne un beau précipité *bleu foncé* (de *bleu de Prusse*) :

$$4FeCl^3 + 3Fe(CAz)^6K^4 = 12KCl + (FeC^6Az^6)^3Fe^4$$

insoluble dans les acides étendus, décomposé par la soude.

Le **ferricyanure de potassium** ne donne pas de précipité, mais colore *en brun vert* les solutions très étendues de sels de sesquioxyde de fer.

Le **sulfocyanate de potassium** *colore en rouge sang* très intense une solution de sel ferrique, cette coloration ne disparaît pas en chauffant avec de l'alcool; en ajoutant de l'éther, celui-ci est coloré en rouge.

Le **tannin** produit un précipité *noir*.

Les **acétates alcalins** donnent une *coloration rouge foncé*; *en chauffant*, il se forme un *précipité ocreux* volumineux d'acétate basique de fer.

L'**acide salicylique** colore les sels ferriques en *violet*.

Le **phénol** donne une coloration *bleue*.

Le **succinate d'ammonium** produit un précipité *jaune*.

Au chalumeau, les sels ferriques se comportent comme les sels ferreux.

La **diphénylcarbazide** en solution alcoolique, versée dans une solution neutre contenant un sel ferrique, donne une coloration *rouge fleur de pêcher*, disparaissant par addition d'acide acétique (Cazeneuve).

ALUMINIUM, Al = 27,5

MÉTAL. — L'aluminium est blanc, légèrement bleuâtre, malléable, très sonore, très léger, sa densité étant de 2,56; il fond vers 700°. Inaltérable à l'air, il brûle au rouge dans l'oxygène; il décompose l'eau très difficilement. Il ne noircit pas par l'hydrogène sulfuré. Le chlore, le brome, l'iode se combinent directement à la température ordinaire. Difficilement attaqué par l'acide sulfurique et l'acide azotique froids, *il se dissout facilement à chaud dans l'acide chlorhydrique* avec dégagement d'hydrogène. Les solutions de *soude* et de *potasse* *caustiques le dissolvent* à l'ébullition avec dégagement d'hydrogène et formation d'un aluminate alcalin.

SELS. — Les sels neutres sont incolores, *fixes*; ceux qui sont solubles ont une saveur douceâtre et astringente, ils rougissent le tournesol et perdent leur acide au rouge. *Les sels insolubles se dissolvent dans l'acide chlorhydrique*, excepté quelques combinaisons naturelles de l'aluminium, dans lesquelles on peut mettre en évidence l'alumine, après désagrégation au rouge à l'aide du bisulfate de potassium ou un mélange de carbonates de sodium et de potassium.

L'alumine étant un *oxyde indifférent*, donne naissance à des *sels d'aluminium* en se combinant avec les acides, à des *aluminates* en s'unissant aux bases.

RÉACTIONS DES SELS D'ALUMINIUM

Le **sulfure d'ammonium** donne un précipité *blanc d'alumine hydratée*, en même temps qu'il se dégage de l'hydrogène sulfuré; ce précipité blanc est *soluble dans la soude* :

$$3(AzH^4)^2S + 2AlCl^3 + 3H^2O = Al^2O^3 + 3H^2S + 6AzH^4Cl.$$

La **soude caustique** précipite de l'*alumine gélatineuse blanche, soluble dans un excès de réactif*. Si, à cette solution, on ajoute du *chlorure d'ammonium, on précipite complètement l'alumine par l'ébullition*.

L'**ammoniaque** donne un précipité *blanc gélatineux, insoluble dans un excès de réactif, soluble dans la soude caustique*.

Les **carbonates alcalins** précipitent de l'alumine, un peu soluble dans un excès de réactif; le précipité est presque insoluble dans le carbonate d'ammonium :

$$2AlCl^3 + 3CO^3Na^2 = Al^2O^3 + 3CO^2 + 6NaCl$$

Le **carbonate de baryum** précipite lentement à froid, rapidement et complètement à chaud, l'alumine de ses dissolutions.

Le **phosphate de sodium** donne un précipité de phosphate d'aluminium hydraté, *blanc*, volumineux, facilement *soluble dans la soude caustique* ainsi que dans l'acide chlorhydrique ; ce précipité est *insoluble dans l'ammoniaque et dans l'acide acétique*.

Le **sulfate de potassium** en solution saturée, ajouté à une solution très concentrée d'un sel d'aluminium, donne naissance à des cristaux d'alun :

$$SO^4K^2, Al^2(SO^4)^3 + 24H^2$$

Sur le charbon, après addition de quelques gouttes d'*azotate de cobalt*, l'alumine et ses combinaisons, *chauffées au rouge*, donnent naissance à une masse non fondue, *bleu de ciel foncé*, nette seulement après refroidissement ; la couleur paraît violette à la lumière d'une bougie. Les phosphates alcalino-terreux produisent une coloration analogue.

Réaction microchimique. — L'*alun de césium* cristallise, en présence d'un excès d'acide sulfurique, en beaux *octaèdres et cuboctaèdres incolores*.

CHROME, Cr = 52,5

MÉTAL. — Le chrome est d'un gris blanc, de densité 6,92, très difficilement fusible vers 2200° ; il se trouve surtout à l'état d'alliage, ferro-chrome, etc. Le chrome pur (Moissan) est très peu altérable.

COMPOSÉS. — Il existe trois sortes de composés du chrome, correspondant au protoxyde CrO, au sesquioxyde Cr^2O^3 et à l'anhydride chromique CrO^3 :

1° Les **sels chromeux**, difficiles à préparer, très avides d'oxygène, se transformant facilement et rapidement en sels de sesquioxyde de chrome (sels chromiques) ;

2° Les **sels de sesquioxyde de chrome** ou chromiques.

Le sesquioxyde de chrome anhydre est une poudre

verte, difficilement soluble et même complètement insoluble s'il a été fortement chauffé; son hydrate est *vert gris bleuâtre*, facilement soluble dans les acides;

3° **Chromates.** — L'anhydride chromique, CrO^3, cristallise en *aiguilles rouge écarlate*, déliquescentes, solubles en un liquide rouge brun foncé ayant un très grand pouvoir colorant.

RÉACTIONS DES SELS CHROMIQUES

Les sels de chrome sont ordinairement **verts**, quelquefois **violets**, rarement *bleus*; ils rougissent le tournesol. Ils sont *fixes*. Les sels à acides volatils sont décomposés par la chaleur. Ils sont solubles dans l'eau ou dans l'acide chlorhydrique.

La **soude** caustique produit un précipité *vert bleu*, *soluble* dans un excès de réactif en un liquide d'un beau *vert émeraude*; soumise à l'ébullition, cette dissolution laisse précipiter le sesquioxyde de chrome pendant qu'elle redevient incolore. En ajoutant du *chlorure d'ammonium* à la dissolution verte, on obtient la *précipitation du sesquioxyde de chrome*. En ajoutant à cette solution verte une dissolution, dans la potasse, d'hydrate d'oxyde de plomb, on forme un précipité vert.

L'ammoniaque donne un précipité *vert gris* ou *bleu gris*, soluble en vert ou en violet dans les acides. Ce précipité est *un peu soluble dans un excès d'ammoniaque*, qui se colore en *rouge fleur de pêcher*; cette dissolution, *chauffée à l'ébullition*, laisse *précipiter complètement le sesquioxyde de chrome*.

Les **carbonates alcalins** précipitent du sesquioxyde de chrome *vert clair*, un peu soluble dans un excès de réactif.

Le **carbonate de baryum** précipite le sesquioxyde de chrome de ses solutions, imparfaitement à froid, complètement à chaud.

Les réactions précédentes sont empêchées par les acides tartrique, citrique, etc., par le sucre, le glucose, etc.

Le **sulfure d'ammonium** produit un précipité d'hydrate de sesquioxyde de chrome et un dégagement d'hydrogène sulfuré.

Le **phosphate de sodium** précipite à l'ébullition du phosphate de sesquioxyde de chrome *vert clair*.

Le **bioxyde de plomb** (Chancel), chauffé avec une solution d'un sel de chrome additionnée de **soude caustique**, oxyde le sesquioxyde de chrome en le transformant en *chromate de plomb, en dissolution dans l'excès de soude* caustique ; en filtrant le produit de la réaction, on a un liquide *jaune*, dans lequel l'acide acétique précipite du *chromate de plomb jaune.*

L'hypobromite de sodium additionné de soude caustique, chauffé à l'ébullition pendant quelques instants, transforme un sel de chrome en *chromate jaune*, persistant après addition d'ammoniaque qui détruit l'hypobromite (Denigès).

Le **permanganate de potassium**, chauffé à l'ébullition avec du carbonate de sodium et un sel de sesquioxyde de chrome, transforme celui-ci en chromate.

La **perle au borax** a une coloration *vert émeraude*, dans la flamme d'oxydation aussi bien que dans la flamme de réduction.

Le **carbonate de sodium** sec, mélangé à du bioxyde de sodium, de l'azotate de potassium ou à du chlorate de potassium, transforme au rouge les composés du chrome en chromates alcalins.

RÉACTIONS DES CHROMATES

Les chromates sont **jaunes** ou **rouges** ; les *chromates neutres sont jaunes*, les *bichromates rouges.* Les chromates alcalins sont *fixes* et solubles dans l'eau.

L'hydrogène sulfuré, dans les solutions acides, donne

une *coloration brune*, puis verte avec dépôt de soufre ; il y a réduction de l'acide chromique en sel de sesquioxyde de chrome. Si on n'a pas ajouté un acide avant de faire passer le courant d'hydrogène sulfuré, le précipité est jaune verdâtre, car il contient du soufre et du sesquioxyde de chrome :

$$Cr^2O^7K^2 + 4SO^4H^2 + 3H^2S = SO^4K^2 + (SO^4)^3Cr^2 + 7H^2O + 3S$$

La chaleur favorise la réaction et transforme une partie du soufre en acide sulfurique.

Le **sulfure d'ammonium** produit dans les bichromates un précipité vert gris brunâtre, formé d'hydrate d'oxyde de chrome et de soufre, devenant vert par l'ébullition ; dans les chromates neutres, on a d'abord une coloration brune, puis un précipité vert.

Les **réducteurs** : l'*anhydride sulfureux*, l'*alcool* en présence de l'acide sulfurique, le *zinc* et l'acide sulfurique, l'acide tartrique à chaud, l'acide oxalique à l'ébullition, etc., réduisent les chromates en sels de sesquioxyde de chrome *verts*.

Dans une analyse méthodique, pour éviter la précipitation du soufre et la lenteur de la réduction du chromate par l'hydrogène sulfuré, il est préférable, dès que les essais préliminaires ont mis en évidence l'acide chromique, de réduire celui-ci par l'un des réducteurs, de préférence en faisant bouillir avec de l'alcool le liquide acidulé avec de l'acide sulfurique.

L'azotate de baryum produit un précipité *blanc jaunâtre* de chromate de baryum, CrO^4Ba, soluble dans les acides chlorhydrique et azotique étendus.

L'azotate d'argent donne un précipité *rouge pourpre* de chromate d'argent, CrO^4Ag^2, *très soluble dans l'acide azotique et dans l'ammoniaque*. Pour obtenir cette réaction dans une solution acide, on ajoute du carbonate de calcium pur en léger excès, puis on filtre ; dans le liquide filtré, l'azotate d'argent donne un précipité qui peut être d'abord blanc ou jaunâtre s'il y a un chlorure, un bromure, un iodure ; quand tout le chlore, le brome, l'iode, sont précipités, la coloration rouge caractéristique apparait.

L'azotate de plomb produit un précipité *jaune* de chromate de plomb, CrO^4Pb, *soluble dans la soude, insoluble dans l'acide acétique et dans l'acide azotique étendus*, soluble dans l'acide azotique concentré.

Le **papier ioduré amidonné** devient *bleu*.

L'eau oxygénée étendue, ajoutée à une dissolution diluée et légèrement acidulée d'un chromate, sur laquelle on a versé une couche d'éther, donne une belle *coloration bleue*. En retournant plusieurs fois le tube fermé, sans agiter, l'*éther devient bleu*, tandis que le liquide perd sa couleur bleue. Cette réaction est très sensible.

La **perle au borax** est *verte* comme pour les sels de sesquioxyde de chrome.

La **diphénylamine**, en solution sulfurique, avec quelques gouttes de solution, donne une *coloration bleue*.

La **diphénylcarbazide** en solution alcoolique, versée dans une solution contenant une trace d'un chromate et un excès d'acide chlorhydrique, donne une *coloration violette*, insoluble dans le benzène (Cazeneuve).

L'azotate mercureux donne naissance à un précipité *rouge brique*.

Réactions microchimiques. — On transforme les composés en chromates.

Le *chromate d'argent* cristallise en *tables rectangulaires* ou *rhombiques volumineuses, tronquées* sur les bords et colorées en *rouge de sang*.

Le *chromate de plomb* est cristallisé en *prismes jaune orange*, quand il est précipité dans des dissolutions bouillantes et azotiques se refroidissant lentement (Bourgeois).

THORIUM, Th = 232

Métal grisâtre, de densité 10,92, brûle au rouge.

L'oxyde de thorium est *blanc* ou *gris*.

Les **sels** de thorium sont généralement incolores.

La **soude** précipite un hydrate *blanc*, insoluble dans un excès de réactif (différence avec l'alumine, la glucine).

L'ammoniaque précipite un hydrate *blanc*, insoluble dans un excès.

Le **sulfure d'ammonium** donne un précipité *blanc* d'hydrate.

Le **fluorure de sodium** précipite du fluorure de thorium, d'abord *blanc gélatineux*, devenant bientôt *pulvérulent*, insoluble dans l'acide fluorhydrique.

L'acide oxalique produit un précipité *blanc* (différence avec l'alumine et la glucine), *insoluble dans l'acide oxalique*, très soluble dans les acides minéraux étendus et dans l'acétate d'ammonium (différence avec les sels d'yttrium et de cérium).

Le **sulfate de potassium** précipite du sulfate double de thorium et de potassium (différence avec l'alumine et la glucine).

L'eau oxygénée précipite vers 60° du peroxyde de thorium.

ZIRCONIUM, Zr = 90,5

L'oxyde de zirconium est une poudre *blanche*, émettant au rouge une lumière intense, insoluble dans l'acide chlorhydrique s'il est anhydre.

Les **alcalis** précipitent de l'hydrate *blanc*, floconneux, insoluble dans un excès de réactif (différence avec l'alumine et la glucine).

L'acide oxalique donne un précipité *blanc*, cristallin (différence avec l'alumine et la glucine), *soluble dans l'acide oxalique*.

L'eau oxygénée produit un précipité *blanc* d'hydrate de peroxyde de zirconium ZrO^3, insoluble dans l'acide sulfurique à 1 p. 100.

L'iodate de potassium le précipite complètement à l'état d'iodate de zirconium, surtout à chaud (différence avec l'alumine).

Le **papier de curcuma**, plongé dans une solution de sel de zirconium acidulée par l'acide chlorhydrique, se colore en *rouge brun* après dessiccation.

CÉRIUM, Ce = 141

Métal mou, de densité 6,7, fusible vers 800°, se ternissant à l'air humide; il brûle avec une flamme plus éclatante que celle du magnésium. Il décompose lentement l'eau à froid.

Les **sels céreux** sont *blancs* ou *incolores*, leurs solutions sont incolores, de saveur douce et astringente.

Les **sels cériques** sont *rouges* ou *orangés*; ils sont facilement transformés en sels céreux incolores par les réducteurs, en particulier par l'acide sulfureux.

Le **sulfure d'ammonium** produit un précipité blanc volumineux d'hydrate, insoluble dans les alcalis.

Les **alcalis** précipitent de l'hydrate blanc, devenant jaune à l'air, insoluble dans un excès de précipitant.

Les **hypochlorites** alcalins précipitent de l'hydrate de peroxyde de cérium jaune clair.

Le **bioxyde de plomb**, chauffé à l'ébullition avec une solution d'un sel céreux additionné de son volume d'acide azotique concentré, colore le liquide en *jaune*.

L'eau oxygénée, en présence d'acétate d'ammonium, produit une coloration *brun rougeâtre*, puis un *précipité gélatineux*. En remplaçant l'acétate par l'ammoniaque, le précipité est *orangé*.

La **strychnine** en solution à 1 p. 1 000 dans l'acide sulfurique concentré, mise avec le produit de l'évaporation d'un sel de cérium avec un peu de soude, développe une magnifique *coloration violet bleu*, passant rapidement au *rouge* (Plugge).

TITANE, Ti = 48

Métal d'un blanc brillant, très dur, *rayant le quartz*, de densité 4,87, brûlant dans l'oxygène à 610° (Moissan).

L'**acide titanique** TiO^2, blanc, devient jaune quand on le chauffe au rouge.

Les **alcalis** donnent un précipité *blanc*, insoluble dans un excès de réactif.

Le **ferrocyanure de potassium** précipite en *jaune rouge clair*.

Le **tannin** forme un précipité *brun*, devenant *rouge orangé*.

L'eau oxygénée colore en *rouge orangé*, insoluble dans l'éther.

Le **zinc** réduit l'acide titanique en colorant la dissolution au bout de quelque temps, d'abord en *violet pâle*, puis en *bleu*.

L'hydroquinone, avec l'acide sulfurique, donne une teinte *rouge cramoisi*.

TANTALE, Ta = 182

Poudre noire, à éclat métallique, de densité 10,78, s'oxydant au rouge.

L'acide tantalique, Ta^2O^5, est blanc; il se combine avec les acides et les bases.

L'acide azotique précipite en blanc.

L'acide fluorhydrique dissout l'hydrate tantalique; en ajoutant du fluorure de potassium, on obtient de fines aiguilles, $2KFl,TaFl^5$, presque insolubles dans l'acide fluorhydrique.

URANIUM, U = 239

Métal très blanc, peu malléable, de densité 18,4, volatil à la température de l'arc électrique, décomposant très lentement l'eau à la température ordinaire, rapidement à 100° (Moissan).

L'oxyde uraneux, UO^2, qui fonctionne comme un radical, est appelé *uranyle*; il est *brun* ou *noir*, soluble dans l'acide azotique en donnant de l'azotate uranique.

L'oxyde uranique ou acide uranique, UO^3, est *rouge brique*; son hydrate, $UO^2(OH)^2$, est *jaune*. Au rouge, ils se changent tous les deux en oxyde uranoso-uranique, U^3O^8, *vert noir foncé*.

Les **sels d'oxyde uranique** sont *jaunes*, généralement solubles dans l'eau; ceux qui sont insolubles dans l'eau se dissolvent dans les acides. Chauffés avec du zinc et de l'acide sulfurique, ils prennent la coloration *verte des sels uranoso-uraniques*.

L'ammoniaque et les **alcalis caustiques** produisent un précipité *jaune*, d'uranate alcalin, insoluble dans un excès de réactif; le chlorure d'ammonium facilite la précipitation.

Le **sulfure d'ammonium** précipite à froid du sulfure d'uranium *brun chocolat*, insoluble dans le sulfure d'ammonium pur, mais un peu soluble, en un liquide brun, dans le sulfure contenant du carbonate d'ammonium.

L'eau oxygénée donne un précipité *jaunâtre*, soluble dans l'acide chlorhydrique, dans le carbonate d'ammonium en un liquide *jaune*.

Le papier de curcuma est coloré en *brun*, devenant plus foncé par l'addition de carbonate de sodium; un excès d'acide empêche la coloration.

Le **ferrocyanure de potassium** produit une coloration *brun rouge*; cette réaction est très sensible.

La **teinture de cochenille** donne une coloration *verte*.

La **perle au borax**, dans la flamme d'*oxydation*, est *jaune à chaud*, *vert jaunâtre à froid*; dans la flamme de *réduction*, *verte*.

INDIUM, In = 113

Métal blanc, brillant, très mou, ductile, s'oxydant lentement à l'air, fusible à 176°, de densité 7,4.

L'ammoniaque et les **alcalis** précipitent de l'hydrate d'oxyde, insoluble dans l'ammoniaque, soluble dans la soude, solution d'où il se précipite au bout de quelque temps.

L'hydrogène sulfuré, dans les solutions d'acétate ou de sels neutres, produit un précipité *jaune* de sulfure d'indium.

Le **sulfure d'ammonium** produit un précipité *blanc* de sulfhydrate de sulfure d'indium.

La **flamme** est colorée en *violet bleu*; au spectroscope, on voit une raie violette et une raie bleue, d'un grand éclat.

GLUCINIUM, Gl = 9

Métal blanc, brillant, mou, malléable et tenace, de densité 2,1, fusible vers 800°.

La **glucine** ou **oxyde de glucinium** est une poudre blanche sans saveur, insoluble dans l'eau, soluble dans les acides.

Les **sels de glucinium** ressemblent à ceux d'aluminium; les sels solubles ont une saveur douce et astringente, une réaction acide.

Les **alcalis** et **l'ammoniaque** précipitent de l'hydrate de glucinium, *blanc*, floconneux, un peu soluble dans l'ammoniaque, soluble dans la soude, d'où le chlorure d'ammonium le précipite.

Le **phosphate d'ammonium**, ajouté à une solution additionnée d'abord d'acide chlorhydrique, puis d'acide citrique, donne à l'ébullition, en faisant tomber goutte à goutte de l'ammoniaque jusqu'à neutralisation, un précipité *blanc* dense, *cristallin*, de phosphate ammoniaco-glucinique.

NICKEL, Ni = 59

MÉTAL. — Le nickel est blanc d'argent, très dur, ductile, de densité 8,3 à 8,8. Il est magnétique à la température ordinaire et perd cette propriété vers 250° ; il fond à très haute température, vers 1500°. Inaltérable à l'air à la température ordinaire, il s'oxyde seulement au rouge, lentement dans l'air, plus rapidement dans l'oxygène. L'acide chlorhydrique et l'acide sulfurique étendus le dissolvent avec dégagement d'hydrogène, l'acide azotique le dissout facilement ; toutefois, il devient passif dans l'acide azotique fumant.

RÉACTIONS DES SELS DE NICKEL

Il existe une seule sorte de sels de nickel, les sels de protoxyde, *jaunes* lorsqu'ils sont *anhydres*, **verts** lorsqu'ils sont *cristallisés*. Les *solutions* de sels de nickel sont **vertes** ; elles possèdent une légère réaction acide. Les sels sont décomposés au rouge.

L'**hydrogène sulfuré** *ne précipite pas les solutions acidulées* au moyen d'un acide fort, mais donne un léger précipité dans les sels neutres ; si le liquide contient de l'*acétate de sodium*, tout le nickel est précipité à l'état de sulfure, NiS. Ce précipité *noir* de sulfure de nickel est un peu soluble dans le sulfure d'ammonium, si celui-ci contient un excès d'ammoniaque ; on peut éviter cette dissolution en faisant bouillir avec du chlorure d'ammonium ; ce sulfure est *peu soluble dans l'acide chlorhydrique* et l'acide sulfurique froids, très soluble à l'ébullition dans ces acides ainsi que dans l'acide azotique et l'eau régale.

Le **sulfure d'ammonium** précipite du sulfure de nickel *noir*, NiS, présentant les caractères indiqués ci-dessus.

La **soude** donne un précipité *vert pomme*, inaltérable à l'air, insoluble dans un excès de réactif, *soluble dans l'ammoniaque* en un liquide d'un beau *bleu*. Si on ajoute à ce précipité du *brome* ou de l'*hypochlorite de sodium*, *il devient noir* à chaud et partiellement soluble dans l'ammoniaque, soluble dans le cyanure de potassium. Les matières organiques telles que l'acide tartrique, le sucre, la glycérine, etc., empêchent cette réaction.

L'ammoniaque produit un précipité *vert clair, soluble dans un excès de réactif en un liquide d'un beau bleu* ; si le liquide contient du chlorure d'ammonium en excès, on n'a pas de précipité.

Le **carbonate de sodium** donne un précipité *vert très clair*, ne se formant pas si le liquide contient un grand excès de chlorure d'ammonium.

Le **carbonate d'ammonium** produit un précipité *vert clair*, soluble dans un excès de réactif en un liquide *bleu verdâtre*.

Le **cyanure de potassium** précipite du cyanure de nickel, $Ni(CAz)^2$, *jaune verdâtre*, soluble dans un excès de réactif en un liquide jaune, d'où l'hydrogène sulfuré ne précipite plus le nickel ; en ajoutant de l'acide chlorhydrique à ce liquide jaune, on précipite du cyanure de nickel.

Le **ferrocyanure de potassium** donne un précipité blanc verdâtre, insoluble dans l'acide chlorhydrique.

Le **ferricyanure de potassium** produit un précipité jaune verdâtre, insoluble dans l'acide chlorhydrique.

L'acide oxalique, ajouté à un sel de nickel, produit au bout de quelque temps un précipité blanc verdâtre, soluble dans l'ammoniaque.

Le **sulfo-carbonate de potassium**, versé dans une solution un peu concentrée d'un sel de nickel, rendue alcaline par de l'ammoniaque, donne un liquide *groseille* ou *rouge brun* foncé, presque noir par réflexion. Si la solution est très étendue, on a une couleur rouge jaunâtre.

L'hypobromite ou l'hypochlorite de sodium, ajoutés à une solution alcalinisée avec de la soude caustique, donne un précipité *noir* de sesquioxyde de nickel, soluble dans le cyanure de potassium.

La **perle au borax** est violette à chaud, rouge brun à froid.

Sur le charbon, avec du carbonate de sodium, on obtient des paillettes métalliques blanches, ductiles, attirables à l'aimant, solubles dans l'acide azotique en un liquide vert.

COBALT, Co = 59

MÉTAL. — Le cobalt est un métal blanc d'argent, plus dur et plus tenace que le fer, très difficilement fusible; magnétique, de densité 8,5. Inaltérable à l'air froid, il s'oxyde au rouge. *Les acides chlorhydrique et sulfurique étendus le dissolvent* lentement avec dégagement d'hydrogène, l'acide azotique le dissout facilement.

RÉACTIONS DES SELS DE COBALT

Les sels de cobalt cristallisés et renfermant de l'eau sont **rouges ou roses**; ordinairement les sels **anhydres** sont **bleus**, les sels neutres rougissent le tournesol et sont décomposés au rouge. Les sels cobalteux ou de protoxyde de cobalt sont seuls employés, les sels cobaltiques ou de sesquioxyde de cobalt sont très instables.

L'hydrogène sulfuré *ne précipite pas les sels de cobalt à acides forts* en présence des acides; dans une liqueur neutre, le cobalt est en partie précipité à l'état de sulfure *noir*, CoS; si la dissolution contient de l'acétate de sodium en quantité suffisante, tout le cobalt est précipité; la solution d'acétate de cobalt n'est pas précipitée complètement.

Ce précipité de sulfure est *noir*, *insoluble dans les alcalis et dans le sulfure d'ammonium*, un peu soluble dans l'acide acétique concentré, *difficilement soluble dans l'acide chlorhydrique*, très facilement soluble dans l'eau régale et dans l'acide azotique chaud.

Le **sulfure d'ammonium** précipite le cobalt à l'état de sulfure de cobalt *noir*, CoS, présentant les caractères indiqués ci-dessus.

La **soude** donne un précipité *bleu* de sous-sel, insoluble dans un excès de réactif, *devenant vert à l'air*; par l'ébullition, le précipité devient rouge pâle; l'alcool le fait devenir brun; le carbonate d'ammonium le dissout en un liquide rouge violet.

L'**ammoniaque** produit un précipité *bleu, soluble dans un excès de réactif* en un liquide *brun rougeâtre*. Si la liqueur contient des sels ammoniacaux, il ne se forme pas de précipité.

Le **carbonate de sodium** donne un précipité *rose*, insoluble dans un excès de réactif.

Le **carbonate d'ammoniaque** donne un précipité *rose*, soluble en un liquide *rouge pourpre*.

Le **ferrocyanure de potassium** produit un précipité *vert*, insoluble dans l'acide chlorhydrique.

Le **ferricyanure de potassium** donne un précipité *rouge brun*, insoluble dans l'acide chlorhydrique.

Le **phosphate de sodium** produit un beau précipité *bleu violacé*, soluble dans l'acide chlorhydrique et dans l'ammoniaque.

L'**azotite de potassium** additionné d'acide acétique donne lentement, dans une solution un peu concentrée et légèrement chauffée, un précipité *jaune*, insoluble dans l'azotite de potassium, mais soluble dans l'eau pure en un liquide rouge.

Le **cyanure de potassium** produit un précipité *blanc brunâtre*, soluble dans un excès de réactif en un liquide jaune verdâtre.

Le **sulfocyanate de potassium** en solution très concentrée, à laquelle on ajoute quelques gouttes de solution contenant du cobalt, se colore en *bleu* soluble dans l'éther (Vogel).

L'**acide tartrique**, additionné d'un excès d'ammoniaque, puis de quelques gouttes de ferricyanure de potassium, colore une solution étendue de sel de cobalt en *rose*, une solution concentrée en *rouge jaunâtre* foncé.

Sur le charbon, on obtient des paillettes métalliques blanches, brillantes, ductiles, attirables à l'aimant, solubles dans l'acide azotique en un liquide *rose*.

La perle au borax est d'un *bleu* magnifique, paraissant violet à la flamme de la bougie.

De **l'oxyde de zinc**, humecté de quelques gouttes d'un sel de cobalt, chauffé au rouge sur le charbon, donne une masse *verte*.

L'alumine, chauffée au rouge sur le charbon, après avoir été humectée de quelques gouttes de sel de cobalt, donne une masse *bleue*.

L'hypobromite de sodium produit, dans une solution d'un sel de cobalt additionnée de 2 à 3 volumes de *glycérine*, une teinte *verte feuille morte* intense.

L'hypobromite, l'hypochlorite de sodium, l'eau oxygénée et l'iode, dans une solution alcalinisée de cobalt donne à l'ébullition un précipité *noir brun* de sesquioxyde, insoluble dans le cyanure de potassium.

Réactions microchimiques. — *L'azotite cobaltico-potassique* forme à froid de *petits grains jaunes, presque noirs* à la lumière transmise; il cristallise *à chaud en cubes et octaèdres jaunes.*

Le *sulfocyanate cobaltico-mercurique*, obtenu en ajoutant du sulfocyanate de mercure et du sulfocyanate de potassium, cristallise dans l'eau chaude en *rhombes bleus* magnifiques (Behrens).

MANGANÈSE, Mn = 55

MÉTAL. — Le manganèse est gris blanchâtre, de densité 7,2; on le trouve rarement à l'état de métal pur, mais à l'état d'alliage avec le fer. Il est dur, cassant, très difficilement fusible. Il décompose l'eau à 100° et s'oxyde en présence de l'air humide; il se dissout facilement dans les acides.

PROTOXYDE, MnO. — Poudre *verte* lorsqu'il est

anhydre ; l'hydrate, blanc, s'oxyde très rapidement en devenant brun et se transformant en hydrate manganique.

OXYDE SALIN, Mn^3O^4. — *Rouge brun*, produit soit par l'oxydation du protoxyde de manganèse, soit par la décomposition par la chaleur du bioxyde de manganèse.

SESQUIOXYDE, Mn^2O^3. — Base faible, donnant des sels de sesquioxyde de manganèse très altérables et transformables en sels de protoxyde. Chauffé avec de l'*acide chlorhydrique* il dégage du *chlore*, avec l'acide sulfurique il donne un dégagement d'oxygène.

BIOXYDE, MnO^2. — Brun noir, donne par la chaleur de l'oxygène et de l'oxyde salin de manganèse. Chauffé avec de l'acide sulfurique, il donne du sulfate de protoxyde de manganèse et de l'oxygène. L'*acide chlorhydrique* à chaud *dégage du chlore* et forme du chlorure de manganèse.

MANGANATES, MnO^4M^2. — Les manganates sont *verts* ; par un acide minéral, ils sont transformés en permanganates rouges. Les *réducteurs*, l'acide sulfureux, les sulfites, les sels ferreux, l'acide arsénieux, etc., *les décolorent* instantanément en transformant le manganèse en protoxyde de manganèse soluble dans les acides.

PERMANGANATES, MnO^4M^2. — Sels *rouge noirâtre*, donnant des *dissolutions rouges*. L'*acide chlorhydrique* chauffé avec un permanganate donne un *dégagement de chlore*, pendant que le liquide se décolore, le manganèse étant transformé en sel de protoxyde de manganèse.

Les *réducteurs* : le sulfate ferreux, l'acide sulfureux, les sulfites, l'acide arsénieux, l'hydrogène sulfuré, etc., réduisent les permanganates, *avec précipité brun si le liquide est neutre* ; *sans précipité*, mais avec décoloration, si le liquide contient un acide, de préférence l'acide sulfurique ; il se forme un sel de protoxyde de manganèse. Le papier, projeté dans une solution de permanganate, se couvre d'une couche brune ; en ajoutant de la soude, le liquide devient vert.

Le spectre d'absorption des permanganates est cannelé.

RÉACTIONS DES SELS DE MANGANÈSE

SELS. — Les sels de protoxyde de manganèse *sont seuls stables*, les permanganates, les manganates et les sels de sesquioxyde de manganèse se transformant en sels de protoxyde de manganèse sous l'influence des réducteurs, en particulier par l'hydrogène sulfuré.

Les sels de manganèse sont incolores ou *légèrement rosés* ; ils sont solubles dans l'eau ou dans les acides. Les sels solubles, excepté le sulfate de manganèse, sont décomposés au rouge. Ils ne rougissent pas le tournesol.

L'**hydrogène sulfuré** ne précipite pas les solutions acides, même à acides faibles ; certains sels neutres à acides faibles donnent un léger précipité.

Le **sulfure d'ammonium** produit un précipité de sulfure de manganèse, MnS, blanc jaunâtre quand il est en petite quantité, *couleur chair* lorsqu'il est abondant ; ce précipité s'oxyde peu à peu à l'air en devenant brun ; il est *insoluble dans un excès de réactif, insoluble dans la soude* caustique ; *il se dissout dans les acides* chlorhydrique, azotique, acétique. La précipitation est facilitée par la présence de chlorure d'ammonium, retardée dans les solutions étendues, empêchée ou retardée par certains acides organiques tels que l'acide citrique. Un excès de sulfure d'ammonium colore le sulfure de manganèse en vert.

La **soude et la potasse caustiques, l'ammoniaque**, produisent un précipité *blanc* insoluble dans un excès de réactif ; peu à peu ce précipité ***devient brun*** en présence de l'air. Le chlorure d'ammonium empêche complètement la précipitation par l'ammoniaque, partiellement par la soude et la potasse caustiques. Le chlorure d'ammonium, ajouté à une dissolution d'où l'on a précipité de l'oxyde, dissout seulement la partie qui n'est pas oxydée.

Les **carbonates alcalins** donnent un précipité *blanc*, qui *brunit* peu à peu à l'air en se transformant en oxyde salin brun.

Le **ferrocyanure de potassium** donne un précipité *blanc rougeâtre*, peu soluble dans l'acide chlorhydrique.

Le **ferricyanure de potassium** produit un précipité *brun*, insoluble dans l'acide chlorhydrique et dans l'ammoniaque.

Le **bioxyde de plomb**, ajouté à une solution d'un sel de manganèse additionnée d'**acide azotique**, donne, après ébullition et dépôt de l'excès de bioxyde de plomb, une coloration *rouge foncé* due à l'acide permanganique. Si le liquide contient du chlore, la réaction ne se produit pas; toutefois, on peut l'obtenir en faisant d'abord bouillir pendant quelque temps, puis en ajoutant du bioxyde de plomb; celui-ci chasse le chlore et donne la coloration lorsque tout le chlore a été éliminé. En remplaçant le bioxyde de plomb par le **peroxyde de bismuth**, la réaction se fait à froid (Schneider).

La **perle au borax** est rouge violet à chaud, *rouge améthyste* à froid.

L'**hypobromite de sodium**, ajouté à un sel de manganèse, donne un précipité *brun noir*; en faisant bouillir le liquide, on obtient la coloration *rouge* du permanganate de potassium; en filtrant ce liquide et ajoutant un peu de soude, la coloration devient *verte*. Si on a versé de la *glycérine* dans le liquide, avant l'addition d'hypobromite, le liquide *brunit*, puis devient *rouge intense*.

Du **persulfate de sodium** est ajouté à une solution *très étendue* d'un sel de manganèse; on verse quelques gouttes d'acide sulfurique et une goutte de solution d'azotate d'argent; en chauffant à l'ébullition, le liquide se colore en *rose* ou *rouge* (acide permanganique) suivant la quantité de manganèse. Si la solution n'est pas très étendue, on a un liquide *rouge foncé* contenant un précipité noir se déposant lentement.

Un mélange de **carbonate de sodium** sec et d'**azotate de potassium**, fondu au rouge avec un composé du manganèse, donne une masse *verte* contenant du manganate; en traitant par l'eau et un acide, on a une solution *rouge*.

Réactions microchimiques. — Le *phosphate ammoniaco-manganeux*, obtenu en ajoutant du phosphate de sodium et de l'ammoniaque, donne des *cristaux en forme d'X et des rhombes*, que la potasse et l'eau oxygénée colorent en *brun*.

L'*oxalate manganeux* cristallise en *prismes soudés* entre eux et formant des *étoiles à croisement de trois baguettes incolores*.

ZINC, Zn = 65

MÉTAL. — Le zinc est blanc bleuâtre, de densité 6,86 à 7,20, cassant vers 0° et 200°, très malléable entre 100° et 150°, fusible à 410°; il distille vers 1000°; au rouge, il brûle avec une *flamme vert bleuâtre* accompagnée d'une fumée blanche abondante. L'*acide sulfurique*, l'*acide chlorhydrique étendus* le dissolvent avec dégagement d'hydrogène; toutefois, si le zinc est pur, il ne se dissout qu'après avoir ajouté un sel de cuivre ou de platine.

L'acide azotique le dissout très facilement. La *soude* et la *potasse* caustiques *le dissolvent* ou le transforment en zincates de sodium ou de potassium, avec dégagement d'hydrogène.

OXYDE DE ZINC, ZnO. — Poudre *blanche*, irréductible par la chaleur, devenant *jaune à chaud* et *reprenant sa coloration blanche par refroidissement*. Insoluble dans l'eau, à laquelle il communique cependant une légère réaction alcaline, il se *dissout facilement dans les acides et* *dans la soude.* Calciné au rouge sur le charbon avec quelques gouttes d'un sel de cobalt, il est transformé en une *masse verte.*

SULFURE, ZnS. — Le sulfure de zinc artificiel est *blanc*; la blende a une coloration variant du jaune au noir, mais sa poudre est blanc grisâtre. Il se *dissout dans l'acide chlorhydrique* étendu *en dégageant de l'hydrogène sulfuré.*

RÉACTIONS DES SELS DE ZINC

Les sels de zinc sont incolores, fixes; ils rougissent le tournesol, et sont décomposés par la chaleur, excepté le chlorure de zinc volatil.

L'hydrogène sulfuré précipite une partie du zinc dans les solutions neutres, même à acides forts; dans les solutions de sels neutres à acide faible, tels que l'acétate, le zinc est complètement précipité à l'état de *sulfure de zinc hydraté blanc.* En présence des acides forts, l'hydrogène sulfuré ne donne pas de précipité.

Le **sulfure d'ammonium** donne un précipité *blanc* de sulfure de zinc, ZnS, hydraté; la précipitation est favorisée par le chlorure d'ammonium. Ce sulfure de zinc est *insoluble dans un excès de sulfure d'ammonium, dans la soude caustique ou l'ammoniaque*; il est soluble dans les acides chlorhydrique, azotique, sulfurique, mais il ne se dissout pas dans l'acide acétique. Dans les solutions très étendues, la précipitation est longue.

La **soude** produit un précipité *blanc* d'hydrate d'oxyde de zinc $Zn(OH)^2$, *très soluble dans un excès de réactif*; si la solution est étendue, le précipité se reforme à l'ébullition. Si la solution n'est pas trop concentrée, le chlorure d'ammonium ajouté en petites quantités donne un léger précipité qui se redissout dans un grand excès de chlorure d'ammonium.

L'ammoniaque précipite aussi de l'hydrate d'oxyde de zinc *blanc,* facilement *soluble dans un excès d'ammoniaque.*

Cette précipitation est contrariée ou empêchée par les sels ammoniacaux. En faisant bouillir cette solution ammoniacale, l'oxyde se précipite partiellement si la solution est concentrée, totalement dans les solutions étendues.

Le **carbonate de sodium** précipite du carbonate basique de zinc *blanc*, insoluble dans un excès de réactif. Cette précipitation est empêchée par les sels ammoniacaux.

Le **carbonate d'ammonium** donne un précipité *blanc*, soluble dans un excès de réactif; en faisant bouillir cette solution, il se forme de nouveau un précipité.

Le **cyanure de potassium** produit un précipité *blanc*, soluble dans un excès de réactif.

Le **ferrocyanure de potassium** donne un précipité *blanc*, un peu soluble dans un excès de réactif, insoluble dans l'acide chlorhydrique.

Le **ferricyanure de potassium** produit un précipité *jaune orangé brunâtre*, soluble dans l'acide chlorhydrique et dans l'ammoniaque.

Le **phosphate de sodium** précipite du phosphate de zinc *blanc*, gélatineux.

Le **réactif bisulfite-pyridine**, ajouté à quatre ou cinq fois son volume d'une solution de zinc donne, après une vive agitation, un précipité *blanc cristallin* en lamelles ou aiguilles quadratiques, $SO^4Zn.C^5H^5Az$.

Sur le charbon, en présence du carbonate de sodium, un composé du zinc chauffé au chalumeau donne des *fumées blanches* et un *enduit jaune à chaud*, devenant *blanc par refroidissement*.

Humecté de quelques gouttes d'un **sel de cobalt**, un sel de zinc *chauffé au rouge* sur le charbon laisse une *masse verte*.

L'**urobiline** en solution chloroformique (2 c. c.), additionnée de 5 centimètres cubes d'alcool à 95°, puis de quelques centimètres cubes de la solution neutralisée par l'ammoniaque, donne une *fluorescence verte*, même avec des traces de zinc (Roman et Delluc).

Réactions microchimiques. — *L'oxalate* forme des *prismes à angles et à bords obtus*, solubles dans l'ammoniaque en un liquide abandonnant par évaporation de magnifiques *rosettes*.

Le *sulfocyanate zinco-mercurique*, obtenu en ajoutant du sulfocyanate de mercure et d'ammonium, est en *prismes allongés* ou en *cristaux bifurqués ou dendritiques* (Pozzi-Escot).

DIDYME, Di = 145

Métal gris clair, mou, s'oxydant à l'air humide ; sa densité est 6,54.

Les **sels** solubles dans l'eau et leurs solutions ont une coloration rougeâtre ou violet pâle.

La **soude** précipite de l'hydrate *blanc*, insoluble dans un excès.

L'ammoniaque précipite de l'hydrate, soluble dans le chlorure d'ammonium.

Le sulfure d'ammonium produit un précipité *blanc d'hydrate*, insoluble dans un excès de réactif.

La **perle au borax** est *violetaméthyste foncé dans la flamme d'oxydation, rosée dans la flamme de réduction.*

GALLIUM, Ga = 70

Métal blanc d'argent, de densité 3,96, dur, peu ductile, inaltérable à l'air, peu oxydable au rouge, non volatil. Il est *insoluble à froid dans l'acide azotique, qui le dissout à l'ébullition;* il est aussi *soluble dans l'acide chlorhydrique, la soude et l'ammoniaque.*

Les **sels** de gallium sont *incolores* ou *blancs*, fixes, décomposés par la chaleur.

Leurs réactions et leurs propriétés ressemblent à celles des sels de zinc.

Les **alcalis** précipitent un hydrate *blanc*, floconneux, *très soluble dans un excès de réactif.*

L'hydrogène sulfuré ne précipite pas les solutions acidulées par un acide fort ; il précipite incomplètement les dissolutions des sels neutres. Mais, tout le gallium est précipité dans les solutions de sels de gallium à acide organique, ou de sels à acide fort additionnés d'acétate de sodium. Il se fait un précipité *blanc*, insoluble dans le sulfure d'ammonium et l'acide acétique, soluble dans les acides forts.

Le **sulfure d'ammonium** produit un précipité *blanc* de sulfure de gallium, insoluble dans un excès de réactif. L'acide tartrique empêche la précipitation.

Le **ferrocyanure** précipite du ferrocyanure de gallium, *blanc*, légèrement soluble dans l'eau, *insoluble dans l'acide chlorhydrique*.

BARYUM, Ba = 137

Le métal n'a pas été isolé à l'état de pureté.

BARYTE, $Ba(OH)^2$. — Corps blanc, assez soluble dans l'eau (7 p. 100) ; c'est une base puissante à réaction fortement alcaline, très caustique.

SULFATE, SO^4Ba. — Corps *blanc*, *insoluble dans l'eau et les acides*, réduit au rouge par le carbonate de sodium et le charbon en sulfure soluble dans l'eau, présentant les caractères des sulfures et des sels de baryum.

On peut faire bouillir le sulfate de baryum pulvérisé avec du carbonate de sodium ; en filtrant le liquide bouillant, il passe un peu de sulfate de sodium et il reste sur le filtre du carbonate de baryum, soluble dans l'acide chlorhydrique.

SELS. — Les sels de baryum sont blancs, fixes, en général insolubles dans l'eau, mais solubles dans les acides, excepté le sulfate et le silicofluorure.

RÉACTIONS DES SELS DE BARYUM

La **soude et la potasse caustiques**, exemptes de carbonates, donnent un précipité *blanc* dans les solutions concentrées, rien dans les solutions étendues ; le précipité est *soluble dans l'eau* distillée.

Les **carbonates alcalins** précipitent du carbonate de baryum CO^3Ba, *blanc*, insoluble dans un excès de réactif ; la précipitation est complète seulement à l'ébullition.

L'acide sulfurique, les **sulfates solubles**, les solutions de **sulfate de strontium** et de **sulfate de calcium**, produisent un précipité *blanc*, lourd, finement pulvérulent de sulfate de baryum, SO^4Ba, complètement *insoluble dans l'eau, les acides dilués et les alcalis*, un peu soluble dans les acides chlorhydrique et azotique concentrés. Dans les solutions très étendues et très acides, la précipitation se fait très lentement.

L'**acide hydrofluosilicique** donne un précipité *blanc, cristallin*, de silicofluorure de baryum $BaFl^2.SiFl^4$; dans les solutions étendues, la précipitation se fait seulement au bout de quelque temps. Ce précipité est un peu soluble dans l'eau, complètement insoluble dans l'alcool étendu, un peu soluble dans les acides.

Le **phosphate de sodium** précipite du phosphate de baryum, $(PO^4)^2Ba^3$, *blanc, soluble dans les acides*, un peu soluble dans le chlorure d'ammonium.

L'**oxalate d'ammonium** donne un précipité *blanc* d'oxalate de baryum, C^2O^4Ba,H^2O, soluble dans les acides azotique et chlorhydrique, soluble aussi dans les acides acétique et oxalique lorsqu'il vient d'être précipité.

Le **bichromate de potassium**, le chromate de strontium, donnent un précipité *jaune clair* de chromate de baryum CrO^4Ba, *insoluble dans l'eau et dans l'acide acétique*, soluble dans les acides azotique et chlorhydrique, un peu soluble dans l'eau bouillante.

L'**iodate de potassium** produit un précipité blanc, cristallin.

La **flamme** bleue du brûleur Bunsen, dans laquelle on introduit un sel de baryum soluble ou un composé additionné d'acide chlorhydrique, est colorée en jaune verdâtre, paraissant vert bleuâtre à travers un verre vert.

Réactions microchimiques. — Le *chromate de baryum* cristallise en *rectangles jaune clair*.

Le *tartrate de baryum et d'antimoine*, formé par l'émétique, est en *tables hexagonales et lames minces orthorhombiques*.

STRONTIUM, Sr = 87,5

Le métal n'a pas été isolé à l'état de pureté.

STRONTIANE, $Sr(OH)^2$. — Corps blanc, peu soluble dans l'eau (1,8 p. 100), base puissante, très caustique.

SULFATE, SO^4Sr. — Corps blanc, très peu soluble dans l'eau (0,01 p. 100). On peut le reconnaître de la même façon que le sulfate de baryum.

SELS. — Les sels de strontium sont blancs, fixes; beaucoup sont insolubles dans l'eau; excepté le sulfate, ils se dissolvent tous dans les acides.

RÉACTIONS DES SELS DE STRONTIUM

La **soude** et la **potasse** caustiques, exemptes d'acide carbonique, produisent dans les solutions concentrées un précipité *blanc* d'hydrate de strontiane $Sr(OH)^2$; ce précipité est soluble dans l'eau distillée.

Les **carbonates alcalins** précipitent du carbonate de strontium, CO^3Sr, *blanc*, insoluble dans un excès de réactif; la *précipitation est complète seulement à l'ébullition*.

L'**acide sulfurique**, les **sulfates** solubles, le **sulfate de calcium**, donnent un précipité *blanc* de sulfate de strontium, SO^4Sr, *insoluble dans les acides* et les alcalis étendus, un peu soluble dans l'eau, insoluble dans l'alcool étendu. Le précipité, d'abord amorphe, devient peu à peu cristallin; la chaleur favorise la précipitation.

Le **chromate neutre de potassium** précipite lentement, dans les solutions neutres ou alcalines, du chromate de strontium, CrO^4Sr, *jaune clair*, cristallin, *soluble dans les acides*, un peu soluble dans l'eau et les sels ammoniacaux; l'*acide acétique empêche la précipitation*. Le bichromate de potassium ne donne pas de précipité.

Le **phosphate de sodium** produit un précipité *blanc* de

phosphate de strontium $(PO^4)^2Sr^3$, soluble dans les acides.

L'oxalate d'ammonium donne un précipité *blanc* d'oxalate de strontium, $2C^2O^4Sr + 5H^2O$, très soluble dans les acides chlorhydrique et azotique, *un peu soluble dans l'acide acétique* et l'acide oxalique. Dans une solution étendue d'un sel de strontium acidulé avec de l'acide acétique, l'oxalate d'ammonium ne donne pas de précipité; mais si la solution est concentrée, on a un précipité. Par conséquent, pour employer cette réaction dans la séparation du strontium et du calcium, il faut au préalable étendre beaucoup la solution, ou ajouter de l'acide sulfurique et filtrer avant d'ajouter l'oxalate d'ammonium, afin de ne pas précipiter l'oxalate de strontium.

L'iodate de potassium précipite les solutions concentrées, mais ne donne rien dans les solutions étendues.

La **flamme** est colorée en *rouge intense* par les sels de strontium ; vue à travers un verre bleu, elle paraît avoir une coloration variant du pourpre au rose; cette coloration est masquée par les sels de baryum.

Réactions microchimiques. — Le *sulfate de strontium* cristallise en *prismes* et en *lamelles orthorhombiques*; en présence de l'acide chlorhydrique concentré, on a *des carrés* et *des rectangles*.

L'*oxalate* est en *octaèdres quadratiques* et *prismes clinorhombiques*.

CALCIUM, Ca = 40

MÉTAL. — Le calcium est *blanc, brillant* comme l'argent; sa densité est 1,85; il fond à 760°, brûle à l'air vers 300° en produisant des étincelles brillantes et très lumineuses (Moissan). Le calcium *décompose lentement l'eau* à la température ordinaire avec formation d'hydrate de chaux qui entoure le métal; dans l'eau sucrée, la dissolution est plus rapide.

CHAUX, CaO. — La *chaux vive* est un corps *blanc*, de densité 3,2, absorbant l'humidité et l'anhydride carbonique de l'air. Elle se délite dans l'eau en se transformant en hydrate, $Ca(OH)^2$, avec grand dégagement de chaleur.

HYDRATE DE CHAUX, $Ca(OH)^2$. — Substance *blanche, très peu soluble dans l'eau* (0,13 p. 100), caustique, base énergique. Elle est appelée *chaux éteinte*.

SULFATE, $SO^4Ca + 2H^2O$. — *Blanc*, cristallin, *un peu soluble dans l'eau* (0,2 p. 100). Le plâtre ou sulfate anhydre, SO^4Ca, mis avec de l'eau, s'hydrate avec dégagement de chaleur.

SELS. — Blancs, fixes; beaucoup de sels de calcium sont insolubles dans l'eau, mais solubles dans les acides, excepté le sulfate dont les acides n'augmentent pas la solubilité.

RÉACTIONS DES SELS DE CALCIUM

La **soude** et la **potasse** caustiques, exemples de carbonates, donnent un précipité *blanc* dans des solutions concentrées; ce précipité est soluble dans l'eau en excès.

Les **carbonates alcalins** produisent un précipité *blanc*, insoluble dans un excès de réactif, un peu soluble dans l'acide carbonique; aussi, la précipitation n'est complète qu'après ébullition.

L'**acide sulfurique**, les **sulfates** donnent un précipité *blanc* de sulfate de calcium SO^4Ca, dans les solutions qui ne sont pas trop étendues; ce précipité est un peu soluble dans un excès d'eau et dans les acides, insoluble dans l'alcool. Il ne se produit pas de précipité dans les solutions très étendues.

Le **phosphate de sodium** donne un précipité *blanc* de phosphate tricalcique, soluble dans les acides.

L'**oxalate d'ammonium** précipite lentement, dans les solutions étendues et froides, de l'oxalate de calcium C^2O^4Ca, H^2O, *blanc, très soluble dans l'acide chlorhydrique et l'acide azotique, insoluble dans l'acide acétique* et dans l'acide oxalique. Cette réaction est caractéristique pour distinguer le calcium du strontium et du baryum, dont les oxalates sont solubles dans l'acide acétique; mais, comme l'oxalate de strontium est peu soluble dans l'acide acétique et surtout se dissout très difficilement lorsqu'il a été précipité, il faut ajouter d'abord un sulfate soluble qui précipite complètement le baryum, incomplètement le strontium et le calcium ; à cette solution neutre ou neutralisée par l'ammoniaque, on ajoute un excès d'acide acétique, puis de l'oxalate d'ammonium ; un trouble indique d'une façon *certaine* la présence du calcium.

La **flamme** est colorée en *rouge jaunâtre* par les sels de calcium ; toutefois cette coloration est complètement masquée par le sodium. Vue à travers un verre bleu, qui arrête les radiations du calcium, on a une coloration gris verdâtre. A travers le verre vert, la coloration paraît vert serin.

Réaction microchimique. — Le *sulfate de calcium* est cristallisé en *prismes aplatis* à faces terminales obliques, réunis souvent en *mâcles* rappelant le gypse fer de lance.

MAGNÉSIUM, Mg = 24

MÉTAL. — Le magnésium est blanc d'argent à reflets bleuâtres, dur, malléable, très léger, sa densité étant de 1,7. Il fond au rouge faible et se volatilise au rouge blanc. Inaltérable dans l'air sec, il s'oxyde lentement dans l'air humide.

Chauffé au rouge en présence de l'air, *il brûle avec une flamme blanche éblouissante*. Les *acides étendus le dissolvent* facilement avec dégagement d'hydrogène. Les solutions de sels ammoniacaux le dissolvent à l'ébullition avec dégagement d'hydrogène.

MAGNÉSIE, MgO. — Poudre *blanche, très légère, très peu soluble dans l'eau* ($0^{gr},2$ par litre). La magnésie et son hydrate *se dissolvent facilement dans les acides étendus*, tandis que la magnésie calcinée est difficilement soluble dans les acides, et cela d'autant moins qu'elle a été calcinée à une température plus élevée.

HYDROCARBONATE DE MAGNÉSIUM (magnésie blanche des pharmacies), $4CO^3Mg, Mg(OH)^2 + 6H^2O$. — Poudre *blanche, très légère*, un peu soluble dans l'eau contenant de l'acide carbonique, très facilement soluble dans les acides avec dégagement d'acide carbonique.

RÉACTIONS DES SELS DE MAGNÉSIUM

Les sels de magnésium sont *blancs*; ceux qui sont solubles ont une *saveur amère désagréable*, ne rougissent pas le tournesol excepté le sulfate de magnésium; ils se dissocient quand on évapore leur solution; ils sont décomposés au rouge. Les sels insolubles dans l'eau se dissolvent facilement dans les acides.

Le **sulfure d'ammonium** contenant de l'ammoniaque libre produit un précipité *blanc*, volumineux, d'hydrate de magnésie; si la solution contient des sels ammoniacaux, il n'y a aucun précipité.

La **soude** et la **potasse caustiques** donnent un précipité *blanc* volumineux, un peu soluble dans un excès de réactif.

L'**ammoniaque** précipite de l'hydrate de magnésie *blanc, très soluble dans les sels ammoniacaux.*

Le **carbonate de sodium** produit un précipité *blanc* d'hydrocarbonate de magnésium. A froid, la précipitation est incomplète; il faut *faire bouillir* pendant quelques minutes pour que le magnésium soit *complètement précipité.*

Le **carbonate d'ammonium** ne donne rien d'abord; peu à peu il se forme un précipité cristallin de carbonate de magnésium $CO^3Mg,3H^2O$. *En présence des sels ammoniacaux, il ne se produit aucune précipitation.*

L'**oxalate d'ammonium**, dans les solutions très étendues, ne donne pas de précipité; dans les solutions un peu concentrées, il se forme peu à peu un précipité *blanc* d'oxalate ammoniaco-magnésien.

Le **phosphate de sodium**, ajouté à une solution d'un sel de magnésium contenant du **chlorure d'ammonium** et de l'**ammoniaque**, donne un précipité *blanc cristallin*, même dans les solutions très étendues, de phosphate ammoniaco-magnésien $PO^4Mg.AzH^4 + 6H^2O$. Ce précipité, *complètement insoluble dans l'eau, se dissout dans les acides*, même dans l'acide acétique.

L'**hypoiodite de sodium** (obtenu au moment de l'usage, en faisant dissoudre de l'iode pulvérisé dans une solution de soude à 2 p. 100 jusqu'à ce que la liqueur soit fortement colorée en jaune) produit un précipité *brun rouge*, volumineux; une *coloration rougeâtre* dans les solutions étendues (Schlagdenhauffen). Cette réaction n'est pas empêchée par les alcalino-terreux.

De l'**azotate de cobalt** (quelques gouttes) est ajouté à un composé du magnésium placé sur le charbon; en chauffant avec le chalumeau *au rouge*, on obtient une masse rose après refroidissement.

Réaction microchimique. — Le *phosphate ammoniaco-magnésien* est en cristaux sous forme d'X *et de cristaux hémimorphes rhombiques.*

POTASSIUM, K=39

MÉTAL. — Le potassium est blanc, brillant lorsqu'on vient de le couper, mou et malléable comme de la cire, fusible à 62°,5, distillant à 719°. Ce métal s'altère rapidement à l'air humide en se couvrant d'une couche blanche de potasse caustique. *Il décompose l'eau* en dégageant de l'hydrogène qui brûle avec une flamme violette, le liquide contient de la potasse caustique bleuissant le papier de tournesol.

POTASSE CAUSTIQUE, KOH. — Corps solide, blanc, fusible au rouge sombre ; elle est déliquescente ; à l'air humide, elle absorbe l'eau et l'acide carbonique ; sa réaction est fortement *alcaline*.

SELS. — Les sels de potassium sont *incolores*, lorsque l'acide n'est pas coloré ; les sels à acides forts sont neutres au tournesol et très solubles dans l'eau. Le carbonate de potassium est déliquescent.

RÉACTIONS DES SELS DE POTASSIUM

Le **chlorure de platine**, ajouté à une solution d'un sel de potassium, donne par agitation un précipité *jaune, cristallin* et lourd de chlorure double de platine et de potassium, $PtCl^4,2KCl$, cristallisé en *petits octaèdres*. La précipitation se produit rapidement dans les solutions concentrées, lentement et seulement après agitation dans les solutions moyennement étendues. Quant aux solutions très étendues, on doit les concentrer et ajouter de l'alcool qui facilite la précipitation.

L'**acide tartrique**, ajouté à une solution concentrée, neutre ou alcaline, d'un sel de potassium, donne un précipité *blanc*, grenu, *cristallin*, se déposant rapidement, de tartrate acide de potassium. On facilite la formation du précipité en agitant le liquide. On peut remplacer l'acide tartrique par le tartrate acide de sodium. Si le liquide est étendu, on doit l'évaporer au préalable ; s'il contient un acide, il faudra chasser cet acide.

L'**acide picrique** produit un précipité *jaune cristallin*, un peu soluble dans l'eau. Cette réaction est caractéristique seulement si le liquide est exempt de sels ammoniacaux et des métaux autres que les métaux alcalins.

Le **réactif de Carnot** (p. 118), préparé au moment de l'usage, additionné d'une ou deux gouttes d'un sel de potassium, forme un précipité *jaune* d'hyposulfite bismuthico-potassique.

L'acide perchlorique, ou le perchlorate de sodium, précipite du perchlorate de potassium très peu soluble dans l'eau.

Le cobaltinitrite de sodium ou réactif nitroso-cobaltique (p. 119), dissous dans de l'eau au moment de l'usage ($0^{gr},50$ dans 2 à 3^{cc} d'eau), donne un précipité *jaune cristallin*, même en solution contenant 1/25 000 de potassium et en présence de beaucoup de sels de sodium. La réaction ne se produit pas en présence des acides minéraux et des alcalis caustiques; de petites quantités d'acide acétique, de carbonates alcalins, de sels de magnésium ou de calcium, n'ont pas d'influence nuisible.

La flamme du brûleur Bunsen est colorée en *violet bleuâtre* par les sels de potassium. Cette réaction est masquée complètement par le sodium; en éteignant les radiations jaunes dues au sodium, au moyen d'un verre bleu ou d'un prisme contenant de l'indigo, la flamme paraît rouge cramoisi ou violette.

L'acide hydrofluosilicique précipite le potassium sous forme d'hydrofluosilicate de potassium gélatineux, opalin, à peine visible. En filtrant, il reste sur le filtre une masse gélatineuse transparente.

L'acide phosphomolybdique à 10 p. 100 (p. 119), ajouté dans une solution *acide* d'un sel de potassium, produit un *précipité cristallin* de phosphomolybdate de potassium. Dans les solutions étendues, apparaît un *trouble laiteux* au bout d'une heure ou deux. La chaleur et l'alcool favorisent la précipitation (Worner). Si le liquide contient de l'ammoniaque, qui donnerait aussi un précipité, la chasser par la soude à l'ébullition.

Réactions microchimiques. — L'*hyposulfite double de potassium et de bismuth*, obtenu par le réactif de Carnot, est cristallisé en *lames hexagonales jaunâtres* (Pozzi-Escot).

Le *chloroplatinate de potassium* est cristallisé en *magnifiques octaèdres jaunes*. La réaction est caractéristique seulement en l'absence des sels d'ammonium, de rubidium et de césium.

Le *phosphomolybdate de potassium*, obtenu en ajoutant à la solution de l'acide phosphomolybdique, est cristallisé en *octaèdres* et *dodécaèdres rhomboïdaux*, très réfringents, d'aspect sphérique et très peu solubles.

Le *sulfate double de potassium et de bismuth*, obtenu en ajoutant une solution de sulfate acide de bismuth à la liqueur contenant du potassium, est en *cristaux rhomboédriques étoilés* (Heintz).

SODIUM, Na = 23

MÉTAL. — Le sodium est un métal blanc, brillant, mou, malléable comme la cire; sa densité est 0,97; il fond à 95°,6 et se volatilise au rouge. Son éclat très vif se ternit rapidement à l'air humide; il se forme une couche blanche de soude caustique. Il décompose l'eau en dégageant de l'hydrogène.

SOUDE CAUSTIQUE, NaOH. — Corps solide, déliquescent, très caustique, très *alcalin*, fusible au rouge sombre. A l'air, la soude se transforme en un liquide épais, qui devient bientôt solide par absorption d'acide carbonique.

SELS. — Incolores; les sels à acide fort sont neutres au tournesol et très solubles dans l'eau.

Le carbonate de sodium est en gros cristaux s'effleurissant rapidement à l'air.

RÉACTIONS DES SELS DE SODIUM

Le **pyroantimoniate de potassium**, dans une solution *neutre* ou *alcaline*, donne lentement un précipité *blanc*, *grenu*, lourd, de pyroantimoniate de sodium; pour faciliter la précipitation, il faut frotter contre les parois du verre, avec un agitateur. Si le liquide est très étendu, il faut l'évaporer avant d'ajouter le réactif; s'il est acide, on évapore la plus grande partie de l'acide et on neutralise avec une solution de carbonate de potassium.

L'acide dioxytartrique donne un précipité *blanc, cristallin* dans les solutions un peu concentrées.

L'acide hypophosphorique produit un précipité *blanc, cristallin* dans les solutions un peu concentrées.

Réactions microchimiques. — L'*acétate double d'uranyle et de sodium*, $C^2H^3O^2(UO^2).C^2H^3O^2Na$, obtenu en ajoutant une dissolution acétique concentrée d'acétate d'uranyle, est en *tétraèdres réguliers* d'un *jaune verdâtre.*

L'*acétate triple d'uranyle, de sodium et d'un autre métal*, obtenu en ajoutant de l'acétate d'uranyle ou de magnésium ou de l'un des métaux : fer, nickel, cobalt, glucinium, zinc, cadmium, cuivre, est en *rhomboèdres basés jaune verdâtre* pâle.

Le *fluosilicate de sodium*, 2NaFl, $SiFl^4$, obtenu en ajoutant du fluosilicate d'ammonium, cristallise en *rosettes, tables hexagonales* et *prismes bipyramidés.*

Le *nitrate double de sodium et de bismuth*, $3SO^4Na^2.2(SO^4)^3Bi^2$, obtenu en ajoutant du sous-nitrate de bismuth en solution azotique et sulfurique (Behrens) à un fragment de la substance à essayer, vers 50-60°, se dépose autour du fragment sous forme de *très fines aiguilles incolores.* Avec le potassium, on a des tablettes hexagonales.

La **flamme** est colorée en *jaune intense*, même quand la solution contient des traces de sel de sodium ; cette coloration n'est pas altérée par les sels de potassium et masque beaucoup d'autres colorations. Un cristal de bichromate de potassium, éclairé par la flamme du sodium, paraît incolore ; l'iodure mercurique, étalé sur une feuille de papier, paraît blanc légèrement jaunâtre. Vue à travers un verre vert, la flamme du sodium paraît jaune orangé.

Le **spectre** de la flamme du sodium, examiné au spectroscope, offre une ligne jaune D, dédoublable en deux raies très rapprochées.

AMMONIUM, $AzH^4 = 18$

GAZ AMMONIAC, AzH^3. — Le gaz ammoniac a une *odeur* caractéristique; il donne des *fumées blanches* au contact d'un agitateur trempé dans un *acide volatil*, tel que les acides chlorhydrique, azotique, acétique; *il bleuit le papier de tournesol*, *rougit le papier à la phtaléine*, *verdit le papier de géorgine* et *brunit le papier de curcuma*.

Un agitateur trempé dans le *réactif de Nessler* se couvre d'un enduit *rouge brun* en présence du gaz ammoniac.

Une baguette imprégnée à son extrémité d'*azotate mercureux* se couvre d'un précipité *noir* au contact du gaz ammoniac.

DISSOLUTION D'AMMONIAQUE. — *Bleuit le papier de tournesol*, *rougit la phtaléine du phénol*, *verdit le papier de géorgine*, *brunit le papier de curcuma*. Elle laisse dégager du gaz ammoniac, facile à reconnaître à son *odeur* pénétrante, surtout en chauffant.

RÉACTIONS DES SELS AMMONIACAUX

Les sels ammoniacaux sont *volatils*, avec ou sans décomposition, à une température peu élevée. Ils sont généralement très solubles dans l'eau; ils sont incolores, excepté lorsque l'acide est coloré.

La **soude**, la **potasse** caustique, l'**hydrate de chaux**, chauffés avec les sels ammoniacaux, dégagent du gaz ammoniac que l'on reconnaît d'abord à son *odeur caractéristique*, puis aux réactions suivantes : il *bleuit le papier de tournesol*, *brunit le papier de curcuma*, *rougit le papier de phtaléine du phénol*, donne des *fumées blanches* au contact d'un agitateur trempé dans un *acide* volatil, chlorhydrique, azotique ou mieux acétique; il *noircit* le papier ou une baguette imprégnée d'*azotate mercureux*, *brunit* une baguette humectée de *réactif de Nessler*.

Le réactif de Nessler (p. 113) donne avec les solutions très étendues de sels d'ammoniaque un précipité *jaune*; lorsque le liquide contient une plus grande quantité d'ammoniaque, le précipité est *orangé, rouge orangé* ou même *brun*.

Le **chlorure de platine** produit lentement et après agitation, un précipité *jaune* de chloro-platinate d'ammonium, $PtCl^4.2(AzH^4Cl)$. Dans les solutions très étendues, la précipitation est très difficile; il faut concentrer le liquide par évaporation au bain-marie. La précipitation se fait plus facilement et plus complètement en ajoutant de l'alcool. Par calcination, ce précipité laisse un résidu de platine métallique (mousse de platine).

L'**acide tartrique**, dans les solutions très concentrées et neutres, précipite au bout de quelque temps du tartrate acide d'ammonium.

L'**acide picrique** donne par agitation un précipité cristallin de picrate d'ammonium.

L'**hypobromite de sodium**, versé dans une solution neutre ou alcaline d'un sel d'ammonium, donne à froid un dégagement d'azote.

La **formaldéhyde**, adhérente à une baguette de verre, mise dans une atmosphère contenant de l'ammoniaque, et plongée dans un peu d'*eau bromée*, donne immédiatement un précipité *jaune* d'hexaméthylène-tétramine (Denigès).

L'**acide phosphomolybdique** à 10 p. 100 (p. 119) produit, dans une solution acide, un précipité cristallin. Cette réaction est commune aux sels de potassium.

L'**hématoxyline**, ou l'extrait de campêche, portée à l'extrémité d'un agitateur dans une atmosphère contenant de l'ammoniaque, se colore en *rouge carmin*.

Réaction microchimique. — Le *phosphate ammoniaco-magnésien*, obtenu en ajoutant à un liquide contenant de l'ammoniaque, un peu de sulfate de magnésium, de bicarbonate de sodium et de phosphate de sodium, est en cristaux *sous forme d'X et de formes dérivées du prisme orthorhombique*.

LITHIUM, Li = 7

Les *sels* de lithium sont blancs ou incolores; le chlorure et l'azotate sont déliquescents.

La *lithine* est peu soluble dans l'eau, bleuit fortement le papier de tournesol; elle n'est pas déliquescente.

RÉACTIONS DES SELS DE LITHIUM

Le **carbonate de sodium** donne à froid un précipité *blanc* de carbonate de lithium, CO^3Li^2, dans les solutions concentrées; ce précipité est soluble dans un excès de réactif.

En chauffant à l'ébullition les solutions qui ne sont pas trop étendues, on obtient un précipité; en effet, le carbonate de lithium, très peu soluble dans l'eau, se dissout facilement dans une petite quantité d'acide carbonique.

Le **phosphate de sodium** produit, dans les solutions un peu concentrées, un précipité *blanc* de phosphate de lithium, $PO^4Li^3 + H^2O$; dans les solutions un peu étendues, le précipité se forme seulement à l'ébullition. Le précipité de phosphate de lithium est un peu soluble dans l'eau, très soluble dans l'acide chlorhydrique; l'ammoniaque ne le reprécipite pas de sa solution chlorhydrique.

L'**acide hydrofluosilicique** donne un précipité blanc.

Le **fluorure d'ammonium** produit un précipité blanc gélatineux.

La **flamme** est colorée en *rouge carmin* par un sel de lithium acidulé avec de l'acide chlorhydrique.

Au spectroscope, on voit deux lignes intenses, l'une *rouge carmin*, l'autre *rouge orangé*.

Réactions microchimiques. — Le *phosphate de lithium*, obtenu en précipitant à chaud par le phosphate de sodium, est cristallisé sous forme de *bâtonnets*, de *rhombes*, *d'étoiles à quatre ou cinq rayons*.

Le *carbonate de lithium*, précipité au moyen du carbonate d'ammonium, est cristallisé en *aiguilles* et en *prismes*.

Le *fluorure de lithium*, obtenu avec le fluorure d'ammonium, est en *cubes* et en belles *rosettes rectangulaires*.

RUBIDIUM, Rb = 85

Métal très répandu dans la nature, mais en très minime quantité. Blanc d'argent, mou, fusible à 38°,5, donne des vapeurs bleues au rouge; il décompose l'eau à froid en enflammant l'hydrogène.

L'hydrate d'oxyde de rubidium, RbOH, est grisâtre, poreux, volatil à haute température. Très caustique, il est très soluble dans l'eau et l'alcool; à l'air humide, il se liquéfie en absorbant l'acide carbonique.

Le **chlorure de platine** produit un précipité jaune, $2RbCl,PtCl^4$.

L'**acide tartrique** donne un précipité blanc, cristallin, un peu soluble dans l'eau.

L'**acide picrique** précipite des aiguilles cristallines, solubles dans beaucoup d'eau.

L'**acide hydrofluosilicique** forme un précipité transparent.

L'**acide perchlorique** précipite du perchlorate grenu, blanc.

La **flamme** est colorée en violet rougeâtre.

CÉSIUM, Cs = 133

Métal assez répandu, mais en très petite quantité: accompagne presque toujours le rubidium, le lithium, le potassium. Métal blanc d'argent, mou, fusible à 27°, décompose l'eau.

L'hydrate CsOH possède les propriétés de la potasse.

Le **chlorure de platine** donne un précipité *jaune clair*, $2CsCl,PtCl^4$.

L'**acide tartrique**, l'**acide picrique**, l'**acide hydrofluosilicique**, l'**acide perchlorique**, produisent des réactions analogues à celles des sels de rubidium.

La **flamme** est colorée en *violet rougeâtre*.

MÉTALLOIDES ET DÉRIVÉS

FLUOR, Fl = 19

Le fluor, isolé par électrolyse de l'acide fluorhydrique anhydre (Moissan), est un gaz *jaune verdâtre*, à odeur pénétrante. Il se combine énergiquement à l'hydrogène, le brome, l'iode, etc. ; il décompose l'eau à la température ordinaire, déplace le chlore dans les chlorures.

ACIDE FLUORHYDRIQUE, HFl

L'acide fluorhydrique émet des *fumées blanches* en présence de l'air ; *à l'état gazeux, il attaque le verre* en le dépolissant ; *en dissolution, il attaque le verre sans le dépolir. L'acide fluorhydrique rougit le tournesol.* Il présente les réactions des fluorures.

FLUORURES, FlM

Les *fluorures alcalins* et *quelques fluorures* de fer, d'étain, de mercure, d'aluminium, sont *solubles dans l'eau* ; les *fluorures alcalino-terreux sont insolubles dans l'eau.*

Le **chlorure de baryum** produit, dans les solutions de fluorures, un précipité *blanc* volumineux, soluble dans l'acide chlorhydrique concentré.

Le **chlorure de calcium** précipite du fluorure de calcium

gélatineux, presque transparent. La précipitation est complète seulement après addition d'ammoniaque ou sous l'influence de la chaleur.

L'azotate d'argent ne précipite pas les fluorures.

L'acide sulfurique concentré, chauffé avec un fluorure, dégage de l'acide fluorhydrique donnant des *fumées blanches* à l'air humide, et surtout en présence d'un agitateur humecté d'ammoniaque. Cet acide fluorhydrique gazeux *attaque le verre*. Pour faire cette réaction, on recouvre un verre de montre d'une mince couche de cire, sur laquelle on trace quelques traits avec une aiguille de façon à dénuder le verre; on remplit d'eau la concavité du verre de montre et on le place au-dessus d'une petite capsule dans laquelle on a mis le mélange d'acide sulfurique et du fluorure, en le séparant de celle-ci à l'aide de deux petits morceaux de bois; il faut chauffer très peu de façon à ne pas fondre la cire.

L'acide silicique, mélangé en excès avec un fluorure pulvérisé et de l'**acide sulfurique** concentré, donne à chaud un dégagement d'abondantes *fumées blanches* de fluorure de silicium, $SiFl^4$; celui-ci, au contact de l'eau ou de l'ammoniaque, donne un *dépôt de silice*, en se transformant en acide hydrofluosilicique.

Réaction microchimique. — Le *fluosilicate de sodium* cristallise en *tables hexagonales*, *rosettes* et *prismes bipyramidés*. Pour obtenir ce précipité cristallin, on chauffe, dans une cuiller de platine, la substance finement pulvérisée avec de l'acide sulfurique concentré et de la silice; on condense les vapeurs de fluorure de silicium sur une petite lame de platine légèrement convexe, humectée d'un peu d'eau; on dépose le liquide sur la lame de verre et on lui ajoute une goutte de solution de chlorure de sodium.

CHLORE, Cl = 35,5

Le chlore est un *gaz jaune verdâtre*, à odeur forte et suffocante, absorbable par la soude et la potasse caustiques, avec lesquelles il se transforme en hypochlorite ; il est soluble dans l'eau, non inflammable et ne fume pas à l'air. C'est un *oxydant énergique*. Le *papier ioduré amidonné devient bleu* dans une atmosphère qui contient du chlore.

La *dissolution du chlore* dans l'eau est jaune clair, plus ou moins foncé suivant la concentration ; c'est un *oxydant énergique*, qui transforme les sels ferreux en sels ferriques, l'acide sulfureux en acide sulfurique, etc.

Le **papier ioduré amidonné** devient *bleu* sous l'influence du chlore libre.

L'**iodure de potassium** prend une coloration *jaune*, plus ou moins brune. L'iode libre peut être mis en évidence soit au moyen du *chloroforme* qui se colore en *rouge améthyste*, soit par l'*eau amidonnée* qui donne une coloration *bleue*.

L'**indigo**, le *tournesol*, sont décolorés par le chlore.

Une solution de **diphénylamine** dans l'acide sulfurique étant versée dans un verre à expérience, si on fait couler avec précaution à sa surface quelques gouttes d'un liquide contenant du chlore, il se forme une *zone de séparation* de coloration *bleue*.

L'**eau saturée d'aniline**, faite récemment, versée en excès dans une petite quantité d'une solution contenant du chlore additionnée d'un peu de *soude* caustique, donne une coloration *violette* ou *rouge violacé* ; en ajoutant de l'éther, celui-ci se colore en bleu.

Le **réactif de Denigès** permet de déceler des traces de chlore libre; pour cela *on fait bouillir* 5 à 10 centimètres cubes du réactif, auquel on ajoute une ou deux gouttes de la solution, additionnée au préalable d'un peu de soude caustique ; il se produit immédiatement une magnifique *coloration bleue.*

Pour déceler des traces de chlore dans une atmosphère, on trempe l'extrémité d'une baguette de verre dans de la soude caustique, on la porte dans l'atmosphère gazeuse où on la laisse quelques instants, puis on la trempe dans le réactif chauffé au préalable. Lorsque l'atmosphère contient des traces de chlore, on peut faire barboter le gaz au préalable dans une dissolution de soude caustique, dont quelques gouttes seront ensuite ajoutées au réactif bouillant. Le brome n'influence pas cette réaction.

Le **réactif de Villiers et Fayolle** donne une *coloration bleue, puis violette* ; ce réactif est aussi coloré en violet par le peroxyde de chlore.

Le **papier à la benzidine** (imprégné d'une solution alcoolique saturée de benzidine) devient *rouge brun.*

Le **papier à la tétraméthylparadiamidodiphénylamine** devient *bleu foncé.*

ACIDE CHLORHYDRIQUE, HCl

L'acide chlorhydrique *gazeux* émet des *fumées* en présence de l'air ; ces fumées sont beaucoup plus abondantes et plus blanches, si on approche un agitateur imprégné d'ammoniaque. Ce gaz est *très soluble dans l'eau* et *rougit* fortement le papier de tournesol.

La *solution d'acide chlorhydrique* a une odeur forte et piquante ; elle émet des vapeurs blanches, surtout en présence de l'ammoniaque ; elle a une réaction très fortement acide. Les réactions sont celles des chlorures.

CHLORURES, ClM

Les chlorures sont *tous solubles dans l'eau*, *excepté* le chlorure d'*argent* et le chlorure *mercureux*, complètement *insolubles*, le chlorure *cuivreux*, insoluble mais rapidement oxydable, et le chlorure de *plomb*, un peu soluble à froid, beaucoup plus à chaud. Excepté lorsque le métal est coloré, les chlorures sont *blancs* ou *incolores*; *beaucoup sont volatils*, quelques-uns sont décomposés au rouge. Ils sont généralement cristallisés en cubes.

L'azotate d'argent forme un précipité *blanc* de chlorure d'argent, AgCl, *insoluble dans l'acide azotique, soluble dans l'ammoniaque*, dans le cyanure de potassium, dans l'hyposulfite de sodium.

L'azotate mercureux donne un précipité blanc de chlorure mercureux, Hg^2Cl^2, qui noircit par l'ammoniaque.

L'azotate de plomb produit, dans les solutions qui ne sont pas trop étendues, un précipité blanc cristallin, un peu soluble à froid, beaucoup plus à l'ébullition.

L'acide sulfurique, chauffé dans un tube à essai avec un chlorure solide, excepté le chlorure d'argent, dégage de l'acide chlorhydrique formant des fumées blanches avec l'air, beaucoup plus abondantes en présence de l'ammoniaque. Si, à la partie supérieure du tube dans lequel se dégage l'acide chlorhydrique, on met un agitateur imbibé d'une solution de soude, on voit se former un enduit blanc formé de petits cristaux cubiques de chlorure de sodium.

Le **bioxyde de manganèse** et **l'acide sulfurique**, ajoutés à un chlorure, dégagent du ***chlore*** quand on chauffe le mélange.

Le **permanganate de potassium**, chauffé avec un chlorure, se *décolore* et dégage du ***chlore***.

Le **bichromate de potassium** pulvérisé, mélangé avec un chlorure solide et mis dans un tube à essai avec de l'acide sulfurique concentré, donne à chaud un dégagement de chlorure de chromyle, CrO^2Cl^2, que l'on peut recueillir dans l'ammoniaque en adaptant à l'extrémité du tube un bouchon dans lequel passe un tube recourbé ; l'ammoniaque prend une *coloration jaune* et la solution contient à la fois de l'acide chromique et du chlore :

$$CrO^2Cl^2 + 4AzH^4.OH = 2AzH^4Cl + CrO^4(AzH^4)^2 + 2H^2O$$

Du **bisulfate de potassium** sec est mélangé intimement à un chlorure solide ; on chauffe dans un *petit tube fermé à un bout*, à l'orifice duquel on a placé un papier imprégné d'*azotate de cobalt* ; s'il y a du chlore, le papier *bleuit* ; s'il y a du brome ou de l'iode, il verdit ; s'il y a un mélange de chlore et de brome, il bleuit d'abord puis devient bleu verdâtre.

Le **carbonate de potassium** sec, chauffé au rouge avec un chlorure insoluble, décompose ce chlorure en formant du chlorure de potassium que l'on peut facilement mettre en évidence.

Une **perle de borax**, saturée d'oxyde de cuivre et chauffée avec un chlorure dans la *flamme réductrice* du chalumeau, colore le dard en *bleu bordé de pourpre*.

Réactions microchimiques. — Les réactions suivantes permettent de caractériser le chlore, soit un chlorure soluble, soit le chlore libre ou l'acide chlorhydrique saturés par l'ammoniaque, repris par l'eau après évaporation :

Le *chloroplatinate de potassium*, $2KCl,PtCl^4$, formé avec le sulfate platinique et le sulfate de potassium, cristallise en *octaèdres*.

Le *chloroplatinate thalleux*, $2TlCl,PtCl^4$, formé en ajoutant du sulfate platinique et du sulfate thalleux, cristallise en petits *octaèdres jaunes*, fort nets.

Le *chlorure de thallium*, formé dans une solution étendue ou moyennement concentrée et chaude, donne des *cubes très réfringents* ; dans une solution concentrée, des *rosettes* ou des *croix*, *blanches par réflexion, noires par transmission*.

Le *chlorure d'argent* cristallise dans l'ammoniaque en *cubes* et *octaèdres*.

ACIDE HYPOCHLOREUX, $ClOH$, et HYPOCHLORITES.

Les hypochlorites ont une **odeur** spéciale caractéristique; ils sont ordinairement mélangés à un excès de base et de chlorure. La chaleur les décompose.

Les **acides** les décomposent en donnant un dégagement de chlore.

L'azotate d'argent donne un précipité blanc, mélange de chlorure et d'hypochlorite, qui se décompose rapidement en chlorure et chlorate d'argent :

$$3ClOAg = 2AgCl + ClO^3Ag.$$

L'azotate de plomb, ou mieux la solution de plombite de sodium, obtenue en ajoutant un excès de soude à une solution d'un sel de plomb, donne un précipité *blanc* devenant, lentement à froid, rapidement à chaud, *rouge orangé*, puis *brun*, par transformation en bioxyde de plomb.

Le **sulfate de manganèse** donne un précipité *brun noir* d'hydrate de peroxyde.

Le **tournesol**, **l'indigo**, additionnés d'un acide, sont *décolorés* par les hypochlorites.

Le **permanganate de potassium** *n'est pas altéré* par les solutions *alcalines* d'hypochlorite.

L'eau d'aniline, dans les solutions d'hypochlorite alcalinisées par la soude caustique, donne une coloration *violacée* devenant *bleue* par addition d'alcool.

Le **réactif de Denigès**, chauffé à l'ébullition et additionné de I à II gouttes de solution d'hypochlorite, prend une *belle teinte bleue.*

ACIDE CHLOREUX, ClO^2H, et CHLORITES.

L'anhydride chloreux est un gaz *jaune verdâtre*, à odeur désagréable particulière. Il fait explosion à 57°. Il est très soluble dans l'eau, la solution est fortement colorée en jaune. L'acide chloreux et les chlorites se décomposent facilement en chlorures et chlorates.

L'azotate d'argent donne un précipité *blanc* de chlorite d'argent, ClO^2Ag, soluble dans beaucoup d'eau.

Le tournesol et **l'indigo** sont rapidement *décolorés*.

Le sulfate ferreux, additionné d'un chlorite, prend une *coloration améthyste* disparaissant rapidement.

Le permanganate de potassium donne un précipité *brun*.

L'azotate de plomb produit un précipité *blanc* dans les solutions peu étendues. Desséché, ce précipité fait explosion lorsqu'on le chauffe à 100°.

ACIDE CHLORIQUE, ClO^3H, et CHLORATES.

L'acide chlorique en solution concentrée est un liquide incolore ou légèrement jaunâtre, d'odeur faible, rappelant celle de l'acide azotique. Il rougit, puis blanchit le tournesol.

Tous les chlorates sont solubles dans l'eau. Ils sont *décomposés au rouge* en oxygène et chlorure :

$$ClO^3K = KCl + 3O$$

ou donnent du chlore et un oxyde (chlorates des métaux alcalino-terreux).

Sur le charbon, tous les chlorates *déflagrent* en laissant un *résidu de chlorure*; chauffés avec du cyanure de potassium, ils font violemment explosion.

L'acide chlorhydrique dégage à chaud de l'*acide chloreux jaune* et du *chlore*.

L'indigo, additionné d'acide sulfurique et de **sulfite** de sodium, est *décoloré* quand on ajoute un chlorate.

L'acide sulfurique concentré, mis en contact avec un chlorate solide, se colore en *jaune orangé* en dégageant un *gaz jaune, détonant* parfois *spontanément*. Pour éviter des explosions dangereuses, il faut opérer sur une très petite quantité de chlorate.

Le sulfate d'aniline (I à II gouttes du réactif des chlorates de Denigès, p. 122), ajouté à quelques gouttes d'une solution de chlorate additionnée d'*acide sulfurique concentré*, donne une belle *coloration bleue*. Cette réaction est très sensible.

Le **réactif résorcinique** (p. 122), ajouté à quelques gouttes de la solution additionnée de dix fois son volume d'*acide sulfurique*, donne une belle *coloration verte* caractéristique (Denigès).

La **brucine** en solution sulfurique est colorée en *rouge*.

Le **sulfate de diphénylamine** (p. 122) et le **sulfate de diphénylène-imine** (p. 123) produisent une coloration *bleue* avec un chlorate.

Le **cuivre**, chauffé avec une solution de chlorate additionnée d'*acide sulfurique*, donne un dégagement de *chlore*, tandis que le *liquide* devient *vert* par formation de chlorure de cuivre (différence entre les azotates et les chlorates).

Le **couple zinc-cuivre** (p. 86) réduit un chlorate en chlorure; la solution, dans laquelle l'azotate d'argent ne donnait rien, est *précipitée en blanc* par ce réactif, après réduction par le couple.

PERCHLORATES, ClO^4M

Les *perchlorates sont solubles dans l'eau;* toutefois, *quelques-uns sont très peu solubles*, par exemple, le perchlorate de *potassium*. Tous les perchlorates sont décomposés au rouge.

Le **chlorure de potassium**, dans les dissolutions un peu concentrées, donne un précipité *blanc cristallin* de perchlorate de potassium ClO^4K, peu soluble dans l'eau, insoluble dans l'alcool.

Les **sels de baryum** et **d'argent** ne précipitent pas.

Les **perchlorates ne sont pas réduits** par le couple zinc-cuivre (différence avec les chlorates).

Les **hydrosulfites** les réduisent en chlorures, précipitant par l'azotate d'argent.

BROME, Br = 80

Liquide dense, *rouge brun*, donnant des *vapeurs jaune orangé, dont l'odeur est désagréable et irritante*. Le brome *décolore le tournesol et l'indigo ;* il est *un peu soluble dans l'eau*, à laquelle il communique une coloration *jaune orangé* ; il est *très soluble dans l'alcool*, l'éther, le sulfure de carbone, le *chloroforme* ; les *solutions sont jaune orangé.*

Le **chloroforme** ou le **sulfure de carbone**, agités avec une solution aqueuse de brome, enlèvent le brome à la dissolution, en se colorant en *jaune orangé.*

L'amidon en poudre prend une coloration *jaune aurore* avec le brome.

L'eau d'aniline, après saturation par la soude, produit une *coloration* ou un *précipité jaune orangé* par le brome (Denigès).

L'aniline, acidulée par l'acide chlorhydrique, se transforme en *aniline tribromée* cristallisée en *aiguilles blanches.*

L'indigo est *décoloré.*

Le **papier ioduré amidonné** se colore en *bleu.*

Le **papier de fluorescéine** acétique (p. 110) est coloré en *rose*, par le brome libre ; il se forme de l'*éosine* (Baubigny), dont la teinte apparait après dessiccation.

Le **papier à la benzidine** devient *bleu* par le brome.

Le **papier à la tétraméthylparadiamidophénylméthane** devient *bleu foncé.*

ACIDE BROMHYDRIQUE, HBr

L'acide bromhydrique est un *gaz* à odeur piquante, très acide, *très soluble dans l'eau.* La solution aqueuse contient du brome libre, qui la colore en *rouge orangé* ; elle fait effervescence avec les carbonates ; elle est volatile sans résidu. Dans l'acide bromhydrique, le *brome est mis en liberté* par le chlore, l'acide azotique, le bioxyde de manganèse et l'acide sulfurique, le permanganate de potassium, les chromates, le persulfate d'ammonium. Les sels de sesquioxyde de fer et les azotites ne décomposent pas l'acide bromhydrique. Les réactions de l'acide bromhydrique sont celles des bromures.

BROMURES, BrM

Les bromures sont *tous solubles dans l'eau*, *excepté* le bromure d'*argent*, le bromure *mercureux* et le bromure *cuivreux*, complètement insolubles dans l'eau ; le bromure de *plomb*, un peu soluble à froid, assez soluble à chaud. Les bromures sont *blancs* ou *incolores*, excepté lorsque le métal donne des sels colorés. Un grand nombre de bromures sont *volatils* ; quelques-uns sont décomposés au rouge. Ils sont généralement cristallisés en cubes. L'acide chlorhydrique les transforme en chlorures.

L'azotate d'argent donne un précipité *blanc jaunâtre*, *insoluble dans l'acide azotique* étendu, beaucoup plus *difficilement soluble dans l'ammoniaque* que le chlorure, très soluble dans le cyanure de potassium et dans l'hyposulfite de sodium.

L'azotate de plomb précipite du bromure de plomb, *blanc*, soluble dans un grand excès d'eau, plus facilement à chaud.

L'azotate de protoxyde de palladium produit, dans les dissolutions neutres, un précipité *brun rouge* de bromure de palladium $PdBr^2$, qui se forme lentement dans les dissolutions étendues.

L'acide sulfurique concentré et chaud *met le brome en liberté*.

L'eau de chlore dégage du *brome*; la liqueur prend une coloration *jaune* ou *rouge jaunâtre*, suivant la quantité de brome mis en liberté ; en ajoutant du *chloroforme* ou du sulfure de carbone, ces dissolvants s'emparent du brome en se colorant en *jaune orangé*. Il faut absolument éviter d'ajouter un grand excès de chlore, car il se formerait du chlorure de brome.

L'acide azotique décompose à chaud les bromures métalliques, excepté le bromure d'argent ; le *brome mis en liberté* est caractérisé comme ci-dessus.

Le **bioxyde de manganèse** et l'acide sulfurique, le

bichromate de potassium et l'acide sulfurique, chauffés avec un bromure, mettent le *brome en liberté*, sous forme de *vapeurs rouge brun* à odeur caractéristique.

L'amidon humide se colore en *jaune* par le brome libre; on peut obtenir cette réaction en ajoutant I ou II gouttes d'acide azotique fumant au mélange d'une solution de bromure et d'amidon.

Une **perle de borax** saturée d'oxyde cuivrique et chauffée avec un chlorure à la *flamme réductrice* du chalumeau, colore le dard en *bleu bordé de vert.*

Réactions microchimiques. — Le *bromure thalleux* cristallise comme le chlorure de thallium, mais les cristaux sont plus petits.

Le *bromoplatinate de potassium*, par le sulfate de platine et le sulfate de potassium, cristallise en *octaèdres rouge orangé*, se formant, dans un mélange avec un chlorure, avant les octaèdres jaunes de chloroplatinate.

HYPOBROMITES, BrOM

Les hypobromites sont généralement *jaunes*, fortement alcalins au tournesol; les acides les transforment en bromures et brome.

L'eau d'aniline donne un précipité variant du *jaune rougeâtre* au *rouge brun.*

Les **acides** mettent le *brome en liberté;* celui-ci est caractérisé comme précédemment.

Les **sels de manganèse et de plomb** donnent des réactions identiques à celle des hypochlorites.

L'**ammoniaque**, les **sels ammoniacaux** et l'**urée** dégagent de l'azote.

BROMATES, BrO^3M

Les bromates sont solubles dans l'eau.

L'**acide sulfurique**, les *réducteurs*, tels que le zinc, l'acide sulfureux, le sulfate ferreux, etc., dégagent des *vapeurs de brome*, faciles à reconnaître au moyen des réactions caractéristiques.

L'**azotate d'argent** donne un précipité *blanc*, peu soluble dans l'acide azotique, soluble dans l'ammoniaque.

L'azotate mercureux donne un précipité *blanc jaunâtre*, peu soluble dans l'acide azotique froid.

Le sulfate d'aniline est coloré comme par les chlorates; mais, le réactif résorcinique n'est pas influencé.

IODE, I = 127

L'iode est un corps *solide, gris d'ardoise, à éclat presque métallique*, cristallisé en lamelles; sa densité est de 4,5; il fond à 113° et bout vers 100° en donnant des *vapeurs violettes*; il émet des vapeurs à la température ordinaire. *Très peu soluble dans l'eau* (1 p. 5 500), *il la colore* néanmoins *en jaune*; il se dissout mieux dans l'alcool, le *chloroforme* et le sulfure de carbone, qui sont colorés en *violet améthyste*. Il se dissout très bien dans l'acide iodhydrique et les iodures alcalins.

L'empois d'amidon est coloré en *bleu* intense par l'iode libre; cette coloration *disparaît par la chaleur et se reproduit par refroidissement*. Le papier amidonné est un excellent réactif de l'iode : il suffit de l'humecter d'eau pour qu'il se colore en bleu par des traces d'iode. Cette réaction est très sensible.

L'eau d'aniline donne un précipité *jaune serin* avec l'iode.

L'acétone ou **l'alcool**, ajoutés à une solution contenant de l'iode, additionnée d'une ou deux gouttes de *soude caustique*, donne à l'ébullition de l'*iodoforme* qui se sépare sous forme de petits cristaux *jaunes à odeur caractéristique*.

La **dextrine** est colorée en *rouge violacé* par l'iode libre. Comme pour l'amidon, la coloration disparaît par la chaleur et reparaît par refroidissement.

Le bisulfite de sodium, ajouté jusqu'à décoloration à une solution contenant de l'iode et additionnée d'*ammoniaque*, donne par l'*azotate d'argent* un précipité *blanc, insoluble dans un excès d'ammoniaque*.

Le **chloroforme** ou le **sulfure de carbone**, ajoutés à une solution contenant de l'iode libre, se colorent, après retournement du tube, en *rouge-améthyste*.

ACIDE IODHYDRIQUE, HI

Gaz incolore, d'odeur piquante, fortement acide, très soluble dans l'eau, facilement décomposable en donnant de l'iode libre.

La solution aqueuse d'acide iodhydrique est incolore, mais *brunit* rapidement à l'air par formation d'eau et d'iode, très soluble dans l'acide non décomposé. Cette solution est volatile sans résidu, elle fait effervescence avec les carbonates.

Le **chlore** et le **brome** *déplacent l'iode*, facile à mettre en évidence au moyen des réactions précédentes.

Les **oxydants**, même les plus faibles : *acide azotique*, *perchlorure de fer*, *bioxyde de plomb*, *bioxyde de manganèse*, *chromates*, *persulfates*, etc., *mettent l'iode en liberté*.

IODURES, IM

Les iodures présentent une très grande analogie avec les chlorures et les bromures ; toutefois, un plus grand nombre sont insolubles, et plusieurs iodures ont une *couleur* caractéristique.

L'azotate d'argent produit un précipité *jaune clair* d'iodure d'argent, AgI, *insoluble dans l'acide azotique, insoluble dans l'ammoniaque* ; ce dernier réactif, ajouté en excès, fait changer la couleur du précipité qui devient *blanc*.

L'azotate de protoxyde de palladium donne un précipité *brun noirâtre*, insoluble dans les acides.

Le **sulfate de cuivre** donne un précipité *blanc grisâtre* d'iodure cuivreux ; le liquide contient de l'*iode libre*. En ajoutant du bisulfite de sodium, le liquide est incolore.

L'acide azotique nitreux, ou **l'azotite de potassium** additionné d'un acide, *mettent l'iode en liberté.*

L'eau de chlore et **l'eau de brome**, ajoutées en petite quantité, *mettent l'iode en liberté*; si le liquide a été au préalable additionné d'*eau amidonnée*, il se colore en *bleu*. Ces réactifs ne doivent pas être ajoutés en excès, car il se formerait du chlorure d'iode, et la coloration ne se produirait pas.

Les **oxydants** : *bioxyde de manganèse* ou de *plomb*, *bromate*, *perchlorure de fer*, etc., ajoutés à une solution d'un iodure additionné d'un peu d'acide sulfurique, *mettent l'iode en liberté*.

L'acétone, ajoutée à un iodure additionné de **carbonate de sodium** et **d'hypochlorite de sodium**, donne à chaud de l'*iodoforme* en petits *cristaux jaune clair à odeur caractéristique*.

Le **chlorure mercurique**, ajouté en petite quantité à la solution d'un iodure additionné **d'ammoniaque** et d'un peu de **soude** caustique, produit un précipité *rouge kermès*.

Le **chlorure mercurique** en excès donne un précipité *rouge vif*, très soluble dans les iodures alcalins.

L'azotate de thallium donne un précipité *jaune*, insoluble dans l'eau bouillante.

L'azotate de plomb produit un précipité *jaune*, un peu soluble dans l'eau froide, beaucoup plus soluble à chaud. En filtrant la dissolution bouillante, on voit se former par refroidissement des *paillettes jaune d'or*.

Le papier réactif des iodures (p. 111) devient *bleu*.

Réaction microchimique. — L'*iodoplatinate de potassium*, obtenu en ajoutant à un iodure du sulfate de platine et du sulfate de potassium, est en *cristaux octaédriques de couleur graphite*.

IODATES

L'acide iodique est une poudre *blanche cristalline*, facilement soluble dans l'eau, décomposée par la chaleur en iode et oxygène.

Les iodates sont décomposés au rouge, soit en oxygène et iodure, soit en iode, oxygène, et oxyde métallique. Les iodates alcalins se dissolvent facilement dans l'eau. L'acide iodique et les iodates se réduisent très facilement.

L'acide chorhydrique à chaud dégage du chlore.

Le **chlorure de baryum** produit un précipité blanc d'iodate de baryum, $(IO^3)^2Ba$, soluble dans l'acide azotique.

L'azotate d'argent donne un précipité blanc d'iodate d'argent, IO^3Ag, cristallin, peu soluble dans l'acide azotique, très soluble dans l'ammoniaque.

Les **réducteurs** : acide sulfureux, sulfites, hydrogène naissant, hydrogène sulfuré, sulfate ferreux, etc., produisent un iodure et de l'*iode libre*.

L'azotate d'argent, ajouté à un iodate dans lequel on met de **l'ammoniaque** en excès et du **zinc**, donne rapidement, au niveau du zinc, un précipité *blanc* d'iodure d'argent.

OXYGÈNE, O = 16

Gaz incolore, rallumant une allumette présentant quelques points en ignition, lorsqu'il est pur ou presque pur, entretenant la combustion.

La solution de **pyrogallol**, additionnée de soude caustique, *se colore en noir*.

Une éprouvette remplie de **bioxyde d'azote** incolore, dans laquelle on fait passer quelques bulles d'un gaz contenant de l'oxygène, a son atmosphère *colorée en jaune* par de l'hypoazotide.

La solution d'**indigo**, *décolorée* au préalable, *bleuit* en présence de l'oxygène.

OZONE, OO^2

Gaz incolore, à *odeur caractéristique* de marée ; c'est celle que l'on sent autour d'une machine électrique en activité,

Cette odeur est très caractéristique et très sensible.

Le **papier** imprégné d'une solution de **protoxyde de thallium** ou de **sulfate de manganèse** *brunit*.

Le **papier ioduré amidonné** *bleuit*. Cette réaction est commune à différents corps oxydants pouvant mettre l'iode en liberté.

Le **papier de tournesol rouge** imprégné d'*iodure de potassium*, *bleuit* par formation de potasse libre.

Le **chlorhydrate de métaphénylène diamine** est *bruni* par l'ozone.

Le **papier** imprégné de **phtaléine** et humecté d'une solution d'**iodure de potassium** à 15 p. 100, rougit par l'ozone, de la potasse étant mise en liberté.

Le **papier à l'acide rosolique** imbibé d'une solution d'**iodure de potassium** prend une coloration *rouge vineux* par l'ozone, plus stable qu'avec le papier à la phtaléine.

Le **papier à la benzidine** (imprégné d'une solution alcoolique saturée de benzidine) *brunit* par l'ozone. Ce papier bleuit par le brome et le bioxyde d'azote, devient rouge brun par le chlore.

Le **papier** imbibé d'une solution alcoolique saturée de **tétraméthylparadiamidodiphénylméthane** devient *violet* par l'ozone. Ce papier devient bleu foncé avec le chlore et le brome, jaune paille avec le bioxyde d'azote.

EAU, H^2O

Liquide incolore, inodore, bouillant à 100° sous 760 millimètres. On reconnaît qu'un corps contient de l'eau en le chauffant dans un petit tube fermé à un bout, l'eau se condense sur les parties froides.

Le **sulfate de cuivre déshydraté, blanc,** devient *bleu* en présence de l'eau.

Le **papier citro-molybdique bleu** *se décolore* par hydratation.

Le **papier de chlorure de cobalt bleu** devient *rose*.

Le **papier de Huxley** à l'iodure double de plomb et de potassium devient *jaune*.

EAU OXYGÉNÉE, H^2O^2

L'eau oxygénée est un liquide incolore, de saveur métallique désagréable; elle a une réaction légèrement acide; elle blanchit la peau et décolore le tournesol. On peut l'obtenir cristallisée en refroidissant à — 10° une solution à 95 p. 100; à son contact, la poudre de charbon et le magnésium s'enflamment, la mousse de platine détermine une explosion.

Les **oxydants** *dégagent de l'oxygène*: 1° en solution acide, le permanganate de potassium, le bioxyde de plomb, le bioxyde de manganèse; 2° en solution alcaline, les hypochlorites, les hypobromites, les ferricyanures, l'oxyde d'argent.

Le **réactif au gaïacol**, additionné de deux fois son volume de lait de vache cru ou d'un peu de salive, donne avec l'eau oxygénée une *coloration rougeâtre* (Dupouy).

L'**acide chromique**, en solution très étendue, additionné de quelques centimètres cubes d'*éther* et de quelques gouttes d'eau oxygénée, prend une coloration *bleue*, qui passe dans l'éther en retournant plusieurs fois le tube.

L'**iodure de potassium**, additionné de sulfate ferreux et d'eau amidonnée, se colore en *bleu* sous l'influence d'une trace d'eau oxygénée.

Le **réactif sulfo-molybdique**, incolore ou décoloré par une trace de solution de permanganate de potassium, se colore en *jaune* sous l'influence d'une petite quantité d'eau oxygénée.

Le **chlorhydrate de métaphénylène diamine** en solution ammoniacale, additionné d'eau oxygénée et porté à l'ébullition, prend une belle *coloration bleue*, devenant *rouge par la soude caustique*. Cette réaction, très sensible, n'est pas masquée par les azotites.

Le **sulfate de titane** produit une coloration *jaune foncé* avec des solutions contenant seulement 1 p. 180000.

Réaction de Bach. — A 5 centimètres cubes du liquide à essayer, on ajoute 5 centimètres cubes d'un liquide contenant 1 gramme de bichromate de potassium et V gouttes d'*aniline* par litre; en versant une goutte d'*acide oxalique* à 5 p. 100, il se forme une coloration *violette*.

SOUFRE, S = 32

Le soufre est un corps solide, friable, *jaune citron*, parfois blanc lorsqu'il a été obtenu par précipitation dans une dissolution; sa densité varie entre 1,9 et 2,2. *Il fond* à 114° en devenant *jaune brun clair, puis brun foncé* à une température plus élevée; il bout à 444°. Le soufre chauffé au-dessus de 200° et refroidi brusquement est transformé en *soufre mou* ayant la consistance du caoutchouc. Insoluble dans l'eau, *il se dissout* bien *dans le sulfure de carbone*, un peu dans le benzène. Chauffé à l'air, *il brûle* en dégageant de l'*anhydride sulfureux* à odeur caractéristique.

Chauffé avec une dissolution de **carbonate de sodium**, il se dissout peu à peu en se transformant en *sulfure de sodium*. Chauffé à l'ébullition avec une dissolution de **soude caustique**, il donne naissance à un mélange de sulfure de sodium et d'hyposulfite de sodium.

Le soufre se transforme en *acide sulfurique* quand on le chauffe avec la plupart des **oxydants** : l'acide azotique concentré, l'eau régale, un mélange de chlorate de potassium et d'acide chlorhydrique, etc.

L'**ammoniaque** n'a aucune action sur le soufre à froid; mais, elle le dissout peu à peu à chaud, avec formation de sulfure d'ammonium qui colore le liquide en jaune.

Avec l'acide sulfurique de Nordhausen, le soufre donne peu à peu une coloration *bleue*.

RECHERCHE DU SOUFRE

Pour reconnaître le soufre, libre ou dans une combinaison quelconque, on le transforme en *sulfate* ou en *sulfure*.

L'hypobromite de sodium transforme le soufre et tous ses composés en *acide sulfurique*. Pour opérer cette oxydation, on fait bouillir la matière avec une dissolution de soude caustique ; on ajoute de l'hypobromite de sodium, puis de l'acide chlorhydrique pur. La liqueur présente *les caractères des sulfates*.

Avec le carbonate de sodium sec, un composé quelconque du soufre, chauffé sur le *charbon* au chalumeau, donne naissance à un *sulfure* ; le produit de la réaction, mis sur une *pièce d'argent* avec une goutte d'eau, fait une *tache noire*.

Réactions microchimiques. — Le *sulfate de calcium* cristallise en *prismes aplatis*, généralement *maclés en fer de lance*. Pour l'obtenir, on transformera le composé en sulfate par fusion avec un mélange de carbonate de sodium et d'azotate de potassium, on ajoutera de l'acide acétique et du chlorure de calcium.

L'*alun de césium* cristallise en beaux *octaèdres* et *cuboctaèdres incolores*.

HYDROGÈNE SULFURÉ, H^2S

L'hydrogène sulfuré est un *gaz* incolore, *combustible*, brûlant avec une flamme bleue en dégageant de l'anhydride sulfureux et produisant parfois un dépôt de soufre, lorsque la combustion est incomplète. Il a une *odeur d'œufs pourris*.

Il est *peu soluble dans l'eau* : un litre en dissout $3^l,13$ à la température de 15°.

Le **papier à l'acétate de plomb** devient *noir*.

Le **plombite de sodium** devient *noir*.

Le **papier** imprégné **d'émétique** prend une coloration *orangée*.

La dissolution d'hydrogène sulfuré *rougit momentanément le tournesol*; en présence de l'air, l'hydrogène sulfuré s'élimine peu à peu et le tournesol reprend sa coloration primitive.

Les **oxydants** décomposent la dissolution avec dépôt de soufre, lentement par l'oxygène de l'air, immédiatement par le chlore, le brome, l'iode, l'acide azotique, l'anhydride sulfureux et les autres oxydants.

Il **précipite** un grand nombre de métaux à l'état de *sulfures colorés*, insolubles dans l'eau.

Le **nitro-prussiate de sodium** *n'est pas coloré* par l'hydrogène sulfuré libre; mais, *en ajoutant de la soude*, le liquide prend une belle *coloration violette*.

Le **sulfate de diméthyl-paraphénylène-diamine**, ajouté en petite quantité à une solution contenant de l'hydrogène sulfuré, plus un cinquantième de son volume d'*acide chlorhydrique concentré* et quelques gouttes d'une solution diluée de *perchlorure de fer*, donne une *coloration bleue*.

Une **lame d'argent** est colorée en *noir* par l'hydrogène sulfuré.

SULFURES

Les sulfures sont solides; *beaucoup de sulfures sont colorés*; celui de zinc est *blanc*; ceux de cadmium, d'arsenic, d'étain au maximum, sont *jaunes*; le sulfure de manganèse est *couleur chair*; le sulfure d'antimoine est *rouge orangé*; ceux de plomb, d'argent, de fer, etc., sont *noirs*.

Les *sulfures alcalins et alcalino-terreux sont solubles dans l'eau*, les autres sont insolubles. Quelques-uns sont solubles dans les acides étendus, d'autres dans le sulfure d'ammonium.

Quelques sulfures, celui d'antimoine par exemple, sont *fusibles*; quelques-uns sont *volatils* (sulfures de mercure, d'arsenic). Le sulfure de mercure rouge devient noir en subissant une modification allotropique.

L'*oxygène* à température élevée peut les transformer : 1° en sulfates; 2° en oxyde et anhydride sulfureux, lorsque le sulfate est décomposable; 3° en métal libre, lorsque l'oxyde est décomposé par la chaleur.

Par voie humide, les sulfures peuvent être transformés, *par oxydation*, en sulfates (métaux proprement dits), ou en un mélange d'hyposulfite et polysulfures (métaux alcalins et alcalino-terreux).

Le *chlore* attaque tous les sulfures, en produisant un chlorure métallique et du chlorure de soufre, ou bien du soufre libre si le chlorure de soufre ne peut pas exister dans les conditions de l'expérience.

Quelques sulfures, par exemple le sulfure de sodium, sont *dissociés par l'eau*.

RÉACTIONS GÉNÉRALES DES SULFURES

L'**acide chlorhydrique** étendu décompose les sulfures solubles avec dégagement d'*hydrogène sulfuré, noircissant le papier à l'acétate de plomb*; quelques sulfures insolubles dans l'eau sont décomposés de la même manière par l'acide chlorhydrique avec dégagement d'hydrogène sulfuré; ce sont les sulfures de fer, de nickel, de cobalt, de manganèse, de zinc. D'autres sont décomposés par l'acide chlorhydrique concentré et bouillant; d'autres, enfin, sont solubles seulement dans l'eau régale.

Le **nitro-prussiate de sodium** colore en *violet rouge* ou en *bleu* les dissolutions de sulfures.

L'acétate de plomb produit un précipité *noir* de sulfure de plomb, insoluble dans les acides étendus, soluble dans l'acide chlorhydrique bouillant.

Une **lame d'argent** prend une coloration *noire* sous l'influence des sulfures solubles.

Le **perchlorure de fer** étendu, additionné de *glycérine* et d'un peu de soude, prend une *teinte verte* lorsqu'on ajoute un sulfure soluble.

Le **nitrobenzène** (quelques gouttes), ajouté à une solution de sulfure additionnée de quelques gouttes d'*alcool* et de *soude caustique*, colore le liquide en *rouge* au bout de quelque temps.

RÉACTIONS DES SULFHYDRATES DE SULFURES, MHS

L'**acide chlorhydrique** produit un dégagement d'*hydrogène sulfuré*, *sans précipité*.

Le **sulfate de manganèse** produit un *précipité chair*, en même temps qu'il se dégage de l'*hydrogène sulfuré*, facile à déceler au moyen du papier à l'acétate de plomb.

Le **chloral** en solution à 20 p. 100 *n'est pas coloré* par les sulfhydrates de sulfures.

Le **nitro-prussiate de sodium** donne une *coloration bleue*.

RÉACTIONS DES SULFURES NEUTRES, M^2S

L'**acide chlorhydrique** produit un dégagement d'*hydrogène sulfuré*, *sans précipité*.

Le **sulfate de manganèse** précipite du sulfure de manganèse *couleur chair*, *sans dégagement d'hydrogène sulfuré*.

Le **chloral** en solution à 20 p. 100 donne un *dépôt rouge* et un *liquide rouge*.

Le **nitro-prussiate de sodium** produit une *coloration rouge*.

RÉACTIONS DES POLYSULFURES, M^2S^n

L'**acide chlorhydrique** donne un *précipité de soufre* et un *dégagement d'hydrogène sulfuré*.

Le **chloral** en solution à 20 p. 100 produit un *dépôt rouge* et un *liquide rouge*.

Le **nitro-prussiate de sodium** colore une solution de polysulfure en *rouge*.

HYDROSULFITES, SO^2M^2

Les hydrosulfites sont des corps très instables, *extrêmement réducteurs*; tous les oxydants sont réduits, l'oxygène est absorbé très rapidement.

L'acide chlorhydrique colore en *jaune orangé* les solutions d'hydrosulfites.

L'azotate d'argent est *réduit* à froid ; il se précipite de l'argent métallique *gris noirâtre*.

Le **sulfate de cuivre ammoniacal** donne un précipité *rouge*, mélange d'oxydule de cuivre et de cuivre métallique.

L'indigo est décoloré immédiatement par les hydrosulfites, la coloration reparaît par agitation à l'air.

HYPOSULFITES, $S^2O^3M^2$

Les hyposulfites sont généralement solubles dans l'eau ; l'hyposulfite de calcium et quelques autres hyposulfites sont décomposés à l'ébullition en sulfite et soufre. Les hyposulfites alcalins, chauffés à l'abri de l'air, se décomposent en eau, soufre et hydrogène sulfuré volatil, et il reste un mélange de sulfure et de sulfate.

L'acide chlorhydrique ou l'acide sulfurique étendus, ajoutés à une dissolution d'hyposulfite, *ne produisent d'abord pas de changement*; mais bientôt, il se forme un *précipité blanc de soufre et il se dégage de l'anhydride sulfureux*. Ce précipité se forme d'autant plus rapidement que la solution est plus concentrée.

L'azotate d'argent produit un précipité *blanc* d'hyposulfite d'argent, *soluble dans un excès* d'hyposulfite; ce précipité *se transforme* bientôt *en sulfure d'argent noir*, surtout à chaud.

Le **perchlorure de fer** colore en *violet rouge* les solutions d'hyposulfites alcalins; cette coloration disparaît rapidement par réduction en sel de protoxyde de fer.

Les **oxydants** : permanganate de potassium, acide chromique ou chromates, etc.; l'iodure d'amidon, sont réduits par les hyposulfites; la solution de permanganate de potassium est décolorée, l'acide chromique est transformé en sesquioxyde de chrome.

Le **chlorure d'antimoine** produit un précipité *rouge vermillon.*

Le **zinc** et l'**aluminium** en présence de l'acide chlorhydrique, produisent un dégagement d'*hydrogène sulfuré.* Cette réaction est commune aux sulfites.

L'**aluminium** et la **soude caustique** donnent un sulfure; on n'a pas cette réaction avec les sulfites.

ANHYDRIDE SULFUREUX, SO^2

Le gaz anhydride sulfureux est caractérisé par son **odeur** et les réactions suivantes :

Le **réactif de Denigès**, azotate de cadmium et aniline, absorbe rapidement l'anhydride sulfureux pour donner un précipité *blanc, cristallin, en lamelles hexagonales régulières.* Un agitateur, trempé dans ce réactif et porté dans une atmosphère contenant de l'anhydride sulfureux, se recouvre rapidement d'un enduit blanc.

Un agitateur imprégné de **chlorure de baryum** et de **chlore** ou de **brome**, mis dans une atmosphère contenant de l'anhydride sulfureux, se recouvre bientôt d'une couche blanche de sulfate de baryum, produit par la *transformation de l'acide sulfureux en acide sulfurique* sous l'influence du chlore ou du brome.

Le **papier amidonné iodaté** *bleuit* sous l'influence de l'anhydride sulfureux, *puis se décolore* sous l'influence d'un excès d'anhydride sulfureux.

Un **papier** imprégné d'un mélange de **chlorure ferrique** et de **ferricyanure de potassium** étendus, devient *bleu* sous l'influence de l'anhydride sulfureux, par réduction du ferricyanure.

SULFITES, SO^3M^2

Les *sulfites alcalins* sont *très solubles dans l'eau*. Presque tous les autres, peu solubles ou insolubles dans l'eau, se dissolvent dans l'eau chargée d'acide sulfureux ; ils se précipitent de cette solution par l'ébullition. En présence de l'air, *les sulfites s'oxydent* peu à peu en se transformant en sulfates.

Les **acides** étendus décomposent les sulfites en mettant en liberté l'anhydride sulfureux, reconnaissable à son odeur et aux caractères précédents.

L'azotate de baryum produit un précipité *blanc* de sulfite de baryum, *soluble dans l'acide chlorhydrique*; s'il y a du sulfate, il reste un précipité blanc insoluble.

L'hydrogène sulfuré donne un précipité de *soufre*, avec formation d'acide pentathionique :

$$5H^2S + 5SO^2 = 5S + 4H^2O + S^5O^6H^2$$

Le **cuivre**, mis dans une solution de sulfite additionnée d'acide chlorhydrique, donne à chaud un précipité *noir*.

Le **réactif de Denigès**, azotate de cadmium et aniline, donne un précipité *blanc cristallin*.

Il **réduit** les corps tels que l'acide chromique, le permanganate de potassium, le chlorure mercurique, etc.

Le **zinc** ou **l'aluminium**, en présence de l'acide chlorhydrique et d'un sulfite, donnent un *dégagement d'hydrogène sulfuré* noircissant le papier à l'acétate de plomb.

Réactions microchimiques. — Le *précipité* obtenu *avec le réactif de Denigès* est cristallisé en *lamelles hexagonales* d'une très grande netteté.

Le *sulfate de baryum*, obtenu en mettant dans une atmosphère contenant de l'anhydride sulfureux une solution de chlorure de baryum additionnée de chlore, de brome ou d'iode, est cristallisé en *losanges allongés, isolés ou en croix*.

ANHYDRIDE SULFURIQUE, SO^3

Corps blanc, émettant des vapeurs blanches *très abondantes* en présence de l'air, se liquéfiant peu à peu en se transformant d'abord en acide disulfurique ou acide de Nordhausen, puis en acide sulfurique.

ACIDE DISULFURIQUE (ou de Nordhausen), $S^2O^7H^2$

Liquide sirupeux, contenant parfois une partie solide blanche ou des cristaux incolores; il répand à l'air d'abondantes fumées blanches dues à la volatilisation de l'anhydride sulfurique.

L'acide sulfurique de Nordhausen, dans lequel on fait dissoudre un peu de **parabichlorure de benzène hexachloré**, $C^6Cl^6.Cl^2$, se colore en *rouge violacé* (Et. Barral). En laissant en contact avec l'air humide, l'acide disulfurique se transforme peu à peu en SO^4H^2 par absorption de l'humidité de l'air; la coloration disparaît lorsque l'acide disulfurique a été transformé en acide sulfurique.

ACIDE SULFURIQUE, SO^4H^2

Liquide oléagineux, incolore, inodore, de densité 1,84 (66° à l'aréomètre Baumé), lorsqu'il est au maximum de concentration. Mélangé avec l'eau, il dégage beaucoup de chaleur.

Le *papier*, le *sucre de canne* et un grand nombre de matières organiques *charbonnent* quand on les chauffe avec un liquide qui contient de l'acide sulfurique. Pour obtenir cette décomposition des matières organiques avec un acide très étendu, il faut évaporer. Chauffé avec du *cuivre*, l'acide sulfurique concentré donne un dégagement d'*anhydride sulfureux*.

SULFATES, SO^4M^2

Les sulfates neutres sont *solubles dans l'eau*, excepté les *sulfates de baryum* et de *plomb*, complètement insolubles, quelques *sulfates basiques*, insolubles dans l'eau, mais solubles dans les acides, et les *sulfates de strontium* et *de calcium*, un peu solubles dans l'eau.

Les sulfates sont *incolores* ou *blancs* lorsque le métal ne donne pas des sels colorés; les sulfates anhydres de ces derniers métaux sont ordinairement blancs et reprennent leur coloration primitive en s'hydratant.

L'azotate de baryum donne un précipité *blanc*, lourd, *insoluble dans l'eau et les acides minéraux*, même à chaud.

L'acétate de plomb produit un précipité *blanc*, un peu soluble dans les acides chlorhydrique et azotique bouillants, *soluble dans le tartrate d'ammonium*.

Chauffés sur le charbon au chalumeau, avec du **carbonate de sodium** sec, les sulfates insolubles ou solides sont réduits en *sulfures* : un fragment du résidu, mis sur une pièce d'argent et humecté d'un peu d'eau, donne une *tache noire* qui ne disparaît pas sous un filet d'eau.

Un fragment de ce résidu, mis avec une solution étendue de *nitroprussiate de sodium*, lui communique une coloration *violacée*.

PERSULFATES, $S^2O^8M^2$

Peu stables, surtout en solution, les persulfates se décomposent assez facilement. Par l'ébullition, une solution *devient acide* en se décomposant en oxygène, acide sulfurique et sulfate :

$$S^2O^8M^2 + H^2O = O + SO^4M^2 + SO^4H^2$$

L'azotate d'argent produit un précipité d'oxyde d'argent.

La liqueur de Fehling est réduite à chaud par les persulfates; il se forme un précipité *rouge* d'oxydule de cuivre.

Le **sulfate de manganèse** donne à chaud un précipité *noir* de bioxyde de manganèse.

L'**azotate de cobalt**, chauffé avec un persulfate, produit un précipité de bioxyde de cobalt.

Le **tournesol** est *décoloré*.

Oxydants très énergiques, les persulfates transforment les sels ferreux en sels ferriques, *dégagent du chlore* quand on les chauffe avec de l'*acide chlorhydrique*, oxydent l'alcool, le ferrocyanure de potassium, mettent en liberté l'iode d'une solution d'iodure de potassium acidulée, etc.

Le **naphtol** α donne une coloration *noir violacé* avec une solution alcalinisée par un excès de soude caustique.

SÉLÉNIUM, Se = 80

Le sélénium est un métalloïde *noir gris*, de densité 4,26, à éclat submétallique lorsqu'il a été fondu; il donne une *poudre rouge*. Sa couleur est *rouge*, lorsqu'il a été obtenu par précipitation. Il fond vers 270° et bout à 665°, en émettant des *vapeurs jaunes*, se condensant en *gouttelettes* brun noirâtre.

Insoluble dans l'eau, il se dissout un peu dans le sulfure de carbone.

Chauffé à l'air, il *brûle* avec une *flamme bleue*, en répandant une *odeur* caractéristique et très désagréable de *raifort pourri*, en se transformant en anhydride sélénieux SeO^2.

L'**acide sulfurique** concentré, surtout l'acide de Nordhausen, le dissout à froid sans l'oxyder, en se colorant en *vert foncé*; en ajoutant de l'eau, on précipite des flocons *rouges* de sélénium. A chaud, l'acide sulfurique concentré l'oxyde en le transformant en acide sélénieux.

Chauffé avec de l'**acide azotique**, il se transforme en acide sélénieux. Avec l'eau régale, il donne un mélange d'acides sélénieux et sélénique.

Calciné avec de l'**azotate de potassium**, il se transforme en séléniate de potassium.

HYDROGÈNE SÉLÉNIÉ, H^2Se

Gaz d'une *odeur* nauséabonde de *choux pourris*, soluble dans l'eau, combustible comme l'hydrogène sulfuré, avec dépôt de sélénium rouge. La dissolution se décompose à l'air, en présence du chlore, du brome, de l'iode, etc.; il se forme un précipité *rouge*, amorphe, de sélénium.

ANHYDRIDE SÉLÉNIEUX, SeO^2

Corps solide, blanc, volatil, très soluble dans l'eau. Par évaporation de la dissolution, on obtient des cristaux prismatiques d'acide sélénieux, SeO^3H^2.

SÉLÉNITES, SeO^3M^2

Les sélénites alcalins sont seuls solubles dans l'eau, les solutions ont une réaction alcaline; excepté ceux de plomb et d'argent, ils se dissolvent dans l'acide azotique.

Les **réducteurs**, zinc, fer, acide sulfureux, le chlorure stanneux, etc., produisent un précipité *rouge* de sélénium, gris à chaud.

L'**hydrogène sulfuré** précipite un mélange de sélénium et de soufre, *jaune* à froid, *jaune rouge* à chaud, soluble dans le sulfure d'ammonium.

L'**azotate de baryum** donne un précipité blanc de sélénite de baryum, soluble dans les acides forts.

Le **cuivre** métallique *noircit* immédiatement dans les solutions chaudes additionnées d'acide chlorhydrique; au bout de quelque temps, la coloration devient *rouge clair* par le sélénium mis en liberté.

SÉLÉNIURES, SeM^2

L'acide chlorhydrique dégage de l'hydrogène sélénié à odeur de choux pourris, brûlant avec une flamme bleue et déposant du sélénium rouge. Les séléniures alcalins sont solubles dans l'eau.

Une **lame d'argent**, mise en contact avec un séléniure soluble, humecté d'un peu d'eau, est *noircie*.

Les séléniures insolubles, chauffés **sur le charbon avec du carbonate de sodium**, sont transformés en séléniure de sodium soluble, *noircissant une lame d'argent* et le papier à l'acétate de plomb.

Chauffés avec du **chlorure d'ammonium** dans un petit tube fermé à un bout, ils donnent un sublimé *rouge* de sélénium.

ACIDE SÉLÉNIQUE, SeO^4H^2

Liquide très acide, très avide d'eau, pouvant être concentré et chauffé jusqu'à 280° ; une température plus élevée le décompose en oxygène et acide sélénieux. Il dissout le zinc, fer, etc., avec dégagement d'hydrogène et formation d'un séléniate.

Chauffé avec de l'**acide chlorhydrique** concentré, il est *réduit* en acide sélénieux, avec dégagement de chlore :

$$SeO^4H^2 + 2HCl = SeO^3H^2 + Cl^2 + H^2O$$

Si le liquide a été additionné d'indigo, au préalable, il est décoloré.

L'acétate de plomb produit un précipité *blanc* de séléniate de plomb, soluble dans l'acide azotique concentré.

L'azotate de baryum donne un précipité *blanc* de séléniate de plomb, presque insoluble dans l'acide azotique.

Chauffé avec du **chlorure d'ammonium**, dans un petit tube fermé à un bout, un séléniate sec est réduit en formant un *sublimé rouge* de sélénium.

TELLURE, Te = 125

Corps solide, d'aspect métallique, blanc comme l'antimoine, cristallin, de densité 6,25, fragile. Il fond un peu au-dessus de 400° et se volatilise au rouge.

Il forme des combinaisons analogues à celles du soufre et du sélénium. Chauffé en présence de l'air, il brûle avec une flamme d'un bleu tendre, verdâtre intérieurement, en produisant des fumées d'anhydride tellureux.

L'acide sulfurique concentré et froid le dissout partiellement en se colorant en *pourpre* ; en ajoutant de l'eau, le tellure se précipite ; mais, en chauffant, il se dégage de l'anhydride sulfureux et il se forme de l'anhydride tellureux qui cristallise par refroidissement.

L'acide azotique concentré le transforme en acide tellureux.

HYDROGÈNE TELLURÉ, H^2Te

Gaz incolore, d'une odeur analogue à celle de l'hydrogène sulfuré; il est soluble dans l'eau, rougit le tournesol, brûle avec une flamme bleue et dépôt noir de tellure. La solution aqueuse est incolore, mais devient rapidement violette, puis brune par décomposition et mise en liberté du tellure.

TELLURURES, TeM^2

Les tellurures alcalins sont solubles dans l'eau.

Grillés dans le tube ouvert, ils donnent un sublimé blanc d'anhydride tellureux.

Les **acides** dégagent, avec un grand nombre de tellurures, de l'hydrogène telluré.

Ils communiquent à la *flamme de réduction* une coloration *bleuâtre*, à la *flamme d'oxydation* une coloration *verdâtre*.

Une **lame d'argent** est *noircie* par un tellurure soluble additionné d'une goutte d'eau.

Les tellurures insolubles, chauffés **sur le charbon** avec du **carbonate de sodium**, sont transformés en tellurure de sodium soluble, *noircissant une lame d'argent* et le papier à l'acétate de plomb.

ANHYDRIDE TELLUREUX, TeO^2

Corps solide blanc, devenant *jaune* par la chaleur et se volatilisant au rouge. Insoluble dans l'eau, soluble à chaud dans l'acide sulfurique, l'acide azotique.

TELLURITES, TeO^3M^2

Il existe aussi des bitellurites et des tétratellurites.

L'hydrogène sulfuré donne, dans les solutions de tellurites ou d'anhydride tellureux, un précipité *brun* de sulfure, soluble dans le sulfure d'ammonium et les alcalis.

Le **chlorure de baryum** précipite du tellurite de baryum *blanc*, soluble dans l'acide azotique et l'acide sulfurique.

Le **zinc** métallique donne un dépôt *noir* de tellure.

Le **chlorure stanneux**, **l'acide sulfureux**, précipitent aussi du tellure *noir*.

En ajoutant du **chlorure d'ammonium**, du **chlorure de magnésium** et de **l'ammoniaque**, on a un précipité blanc non cristallin (différence avec le sélénium).

ACIDE TELLURIQUE, TeO^4H^2

Cristaux incolores, solubles dans l'eau, ayant la composition : $TeO^4H^2 + 2H^2O$; ils perdent $2H^2O$ à 100°. Chauffés au rouge sombre, ils donnent de l'anhydride TeO^3, jaune orangé, insoluble dans l'eau bouillante; au rouge vif, il se décompose en anhydride tellureux et oxygène.

L'acide chlorhydrique décompose l'acide tellurique et les tellurates en dégageant du chlore et formant de l'acide tellureux :

$$TeO^4H^2 + 2HCl = TeO^3H^2 + Cl^2 + H^2O$$

L'azotate de baryum donne un précipité blanc, soluble dans l'acide azotique et l'acide chlorhydrique.

Chauffé **sur le charbon** avec du **carbonate de sodium**, il donne du tellurure de sodium, *noircissant* une lame d'argent en présence de l'eau.

Chauffé **sur le charbon**, dans la flamme réductrice, il dégage une *odeur* de raves pourries et forme une auréole blanche, orangée sur les bords.

Chauffé **dans le tube fermé**, avec du **carbonate de sodium** et de la **poudre de charbon**, il donne du tellurure de sodium, qui se dissout dans l'eau en un liquide *rouge pourpre*.

AZOTE, Az = 14

Gaz incolore, inodore, *non combustible*, *non comburant*. Gaz inerte ne troublant pas l'eau de chaux, ne noircissant pas le pyrogallol alcalin. Au rouge, il est absorbé par le magnésium avec incandescence et formation d'azoture de magnésium, corps solide orangé.

AMMONIAQUE, AzH^3

Le gaz ammoniac, la solution d'ammoniaque et les sels ammoniacaux ont été étudiés avec les métaux (p. 230).

HYDRAZINE (Diamidogène), $H^2Az-AzH^2$

Liquide incolore, bouillant à 113°,5, très soluble dans l'eau, les alcools méthylique, éthylique, amylique. Ses vapeurs se décomposent vers 350°, en ammoniaque et azote. C'est un *réducteur très puissant*. Elle réagit avec violence sur le chlore, le brome, l'iode, le soufre, les oxydes facilement réductibles, les oxydants, etc. Enflammée, elle brûle à l'air avec une flamme violette.

L'hydrate d'hydrazine, Az^2H^4,H^2O, dont la préparation est moins difficile que celle de l'hydrazine, est un liquide incolore, réfringent, qui ronge le liège et le caoutchouc; sa saveur est caustique et brûlante. Il bout à 119°.

Par substitution de radicaux organiques aux hydrogènes, elle donne naissance à des *hydrazines*, corps très importants.

L'hydrazine est un **réducteur très énergique** : les sels d'or, de platine, de mercure, etc., sont réduits immédiatement.

Le chlore, le **brome**, **l'iode**, **l'hypobromite de sodium**, le

ferricyanure de potassium additionné de **soude** caustique, réagissent vivement. Avec le chlore, il se forme un dichlorhydrate d'hydrazine, avec *mise en liberté d'azote* :

$$3Az^2H^4,H^2O + 2Cl^2 = 2(Az^2H^4,2HCl) + Az^2 + 3H^2O$$

L'aldéhyde benzylique, dans une solution *alcaline*, produit des *flocons jaunes* de benzalazine, solubles dans l'éther et fusibles à 93°.

Le **sulfate de cuivre**, en solution pas trop diluée, produit un sel double *bleu*, difficilement soluble, surtout après un long repos.

Le **chlorure d'or** est *réduit en solution acide*, réaction qui la distingue de l'hydroxylamine.

Additionnée d'un mélange de **nitroprussiate de sodium** et de **soude** caustique, puis d'**acide chlorhydrique**, elle donne une *coloration bleu violacé* très persistante (Denigès).

HYDROXYLAMINE, $AzH^2.OH$

Corps solide blanc, fusible à 33°, très soluble dans l'eau, très hygrométrique. Chauffée brusquement, elle déflagre. *Base énergique*, comme l'ammoniaque, elle donne avec les acides des sels bien cristallisés. Elle possède des propriétés *réductrices très énergiques*.

En ajoutant quelques gouttes de **sulfate de cuivre**, puis de la **soude** caustique, il se forme un précipité *jaune* d'hydrate d'oxyde cuivreux.

Le **sulfate de cuivre ammoniacal** est décoloré.

Le **chlorure mercurique** donne un précipité *jaune*, devenant rapidement *blanc* (calomel), et même *gris* (mercure) par un excès d'hydroxylamine.

On ajoute quelques gouttes de **nitroprussiate de sodium** à une solution neutre contenant de l'hydroxylamine, puis on alcalinise fortement avec de la **soude** caustique; en chauffant, il se développe immédiatement une belle coloration *rouge fuchsine*. Dans ces conditions, l'hydrazine ne donne pas de coloration; la phénylhydrazine produit une coloration rouge disparaissant par l'ébullition (Angeli).

PROTOXYDE D'AZOTE, Az^2O

Gaz incolore, inodore, de saveur douceâtre, non combustible, *rallumant une allumette* présentant quelques points en ignition, ne noircissant pas le pyrogallol alcalin.

BIOXYDE D'AZOTE, AzO

Gaz incolore, *devenant jaune orangé en présence de l'oxygène* en se transformant en hypoazotide AzO^2. Ce gaz est absorbé par les sels ferreux en solutions neutres ou acides; avec les *sels ferreux acides*, il donne une *coloration brune* intense. Il oxyde un grand nombre de sels, qu'il fait passer au minimum d'oxydation.

HYPOAZOTIDE, AzO^2

L'hypoazotide (ou vapeurs rutilantes) est un *gaz jaune orangé*, se dissolvant dans l'eau en se transformant en un mélange d'acide azoteux et d'acide azotique.

Un agitateur trempé dans une solution sulfurique de **diphénylamine** se colore en *bleu* dans une atmosphère contenant de l'hypoazotide. Cette réaction se produit aussi avec le peroxyde de chlore.

Un agitateur trempé dans la *soude caustique* et porté dans une atmosphère contenant de l'hypoazotide, donne les **réactions des azotites et des azotates**, car l'hypoazotide se transforme, au contact des alcalis, en un mélange d'azotites et d'azotates.

Le **spectre** de l'hypoazotide est caractérisé par une série de *bandes d'absorption* équidistantes formant un *spectre cannelé*, dans la région comprise entre le rouge et le vert.

ACIDE AZOTEUX, AzO^2H

L'acide azoteux est un *liquide bleu*, soluble dans l'eau en un liquide *bleu* plus ou moins foncé.

Les azotites sont généralement *solubles dans l'eau*; par les *acides*, ils sont *décomposés* avec dégagement d'hypoazotide.

ACIDE AZOTIQUE, AzO^3H

L'acide azotique est un liquide *jaune*, *fumant* à l'air lorsqu'il est au maximum de concentration (*acide azo-*

tique fumant); cette coloration est due à l'hypoazotide.

L'*acide azotique pur est incolore*. Très corrosif, *il attaque un grand nombre de métaux* en donnant des vapeurs rutilantes; il décompose rapidement les matières organiques et *colore en jaune foncé* celles qui contiennent de l'azote. L'acide azotique concentré émet des fumées blanches en présence de l'air.

Les *azotates neutres sont tous solubles dans l'eau*; quelques azotates basiques sont insolubles.

Tous les azotates *déflagrent sur le charbon au rouge*, en donnant un résidu d'oxyde, ou de carbonate alcalin si c'est un azotate d'un métal alcalin.

Chauffés dans un tube fermé à un bout, les azotates donnent un dégagement d'*hypoazotide jaune orangé*; pour mieux voir la coloration, il faut regarder suivant l'axe du tube.

RÉACTIONS DES AZOTITES ET DES AZOTATES

Un grand nombre de réactions permettent de mettre en évidence les azotites et les azotates; mais, quelques-unes se produisent aussi avec les autres oxydants, tandis que beaucoup d'autres sont communes aux azotites et aux azotates.

1° RÉACTIONS COMMUNES AUX AZOTITES, AZOTATES, CHLORATES, CHROMATES, ETC.

Le **sulfate de diphénylamine**, additionné d'une goutte de la solution et d'un centimètre cube d'acide sulfurique, donne par agitation une *belle coloration bleue*. Si la solution est concentrée, la coloration se dégrade vers le jaune.

Le **carbazol** (diphénylène-imine) en solution sulfurique, donne une coloration *bleu verdâtre*.

La **brucine** en solution acidulée de 1 p. 100 d'acide

sulfurique, ajoutée dans la proportion de IV à V gouttes à 2 centimètres cubes de la solution additionnée de 2 centimètres cubes d'acide sulfurique concentré, donne une *coloration rouge.*

L'**indigo** est *décoloré* en présence d'un acide.

2° RÉACTIONS COMMUNES AUX ACIDES AZOTIQUE ET AZOTEUX

Le **bisulfate de sodium** sec, chauffé dans un *petit tube fermé à un bout* avec un azotite ou un azotate sec, donne un dégagement de *vapeurs rutilantes.*

Du sulfate ferreux cristallisé étant mis en suspension dans de l'acide sulfurique concentré, si on ajoute I ou II gouttes de solution contenant un azotite ou un azotate, se colore en *rose* s'il y a très peu d'azotate, en *brun* plus ou moins foncé s'il y a beaucoup d'azotite ou d'azotate.

Réaction de Desbassyns de Richemond. — Quatre à cinq centimètres cubes de ce réactif étant mis dans un tube à essais, on fait glisser le long de la paroi une goutte de la solution à essayer; à la surface de séparation, on a une *coloration rose* qui envahit toute la masse par agitation; comme dans la réaction précédente, la coloration peut être *rouge brun* ou *brun foncé*, si la solution est concentrée.

Réaction de Granval et Lajoux. — A du *réactif sulfo-phénique*, on ajoute I goutte du liquide à essayer, on verse 10 centimètres cubes d'eau et on sursature par l'ammoniaque; on a une *coloration jaune* de nitrophénate d'ammonium.

Le **zinc**, ajouté dans une solution contenant un azotite ou un azotate, additionnée de quelques gouttes d'acide sulfurique, réduit peu à peu l'acide azoteux et l'acide azotique et les transforme en ammoniaque, que l'on peut mettre en évidence en chauffant le liquide avec de la soude caustique. Le gaz ammoniac se reconnaît à l'aide des réactions indiquées page 230.

3° RÉACTIONS DE L'ACIDE AZOTEUX

Les **acides** dégagent de l'hypoazotide, caractérisé par les *vapeurs rutilantes* qu'il donne en présence de l'air; souvent le liquide est bleu plus ou moins foncé, par formation d'acide azoteux : cette coloration disparaît par la chaleur, avec dégagement de vapeurs rutilantes.

L'**azotate d'argent** produit un précipité *blanc*, un peu soluble dans l'eau, *soluble dans les acides avec dégagement de vapeurs rutilantes.*

L'**hydrogène sulfuré** est réduit ; il se forme un précipité de *soufre.*

Le **permanganate de potassium** est *décoloré* en présence des acides.

L'**iodure de potassium** amidonné est coloré *en bleu.*

Le **ferrocyanure de potassium** est transformé en ferricyanure.

Ces dernières réactions, non caractéristiques, sont communes au chlore, au brome, à l'ozone, à l'eau oxygénée, aux hypochlorites, aux hypobromites.

L'**oxydule de cuivre** rouge, mis sur une soucoupe, additionné d'acide sulfurique concentré et de I ou II gouttes d'une solution contenant un azotite, donne une *coloration violette.*

La **métaphénylènediamine** en solution ammoniacale (V gouttes), ajoutée à 5 centimètres cubes d'acide sulfurique à 10 p. 100, additionnée de I goutte du liquide à essayer, donne après agitation et en chauffant au bain-marie bouillant, une *coloration jaune* ou *brune* de vésuvine.

De l'**antipyrine** en solution à 5 p. 100 est ajoutée à un volume de solution variant de quelques gouttes à 50 centimètres cubes suivant la concentration ; si on verse 1 goutte d'acide sulfurique concentré pur, on obtient après agitation une *coloration verte* ou d'un *bleu verdâtre*. Cette réaction est très sensible; elle permet de déceler 0gr,0001 d'acide azoteux dans un litre d'eau.

Le **réactif acide sulfanilique et naphtylamine**, en solution dans l'acide acétique, chauffé vers 70-80°, donne dans les solutions concentrées une *coloration rouge devenant rapidement jaune*; avec les solutions étendues, une *teinte rouge rosé* persistante.

Réactions de Denigès. — 1. Un mélange à volumes égaux d'**acide sulfurique phéniqué** et d'**acétate mercurique**, étant porté à l'ébullition, on ajoute I ou II gouttes du liquide à essayer; avec les solutions renfermant au moins 0gr,50 d'acide azoteux libre ou combiné par litre, on a une *coloration rose rouge*. Pour les solutions plus étendues, on ajoute au réactif de 1 à 10 centimètres cubes du liquide à analyser et on fait bouillir à nouveau, si la coloration rose ne s'est pas manifestée au bout de quelques secondes.

2. On met dans un tube 5 centimètres cubes de la solution d'**acétate d'aniline** et une quantité du liquide à examiner variant de I goutte à 10 centimètres cubes suivant la concentration; après avoir porté à l'ébullition, on a une *coloration variant du jaune paille à l'orangé foncé*, devenant *rouge* par quelques gouttes d'acide chlorhydrique ou d'acide sulfurique. Cette réaction est commune aux hypochlorites, hypobromites, au chlore et au brome.

L'**acide naphtionique** cristallisé (0gr,02 à 0gr,03), mis dans un tube à essais, est additionné de 5 à 6 centimètres cubes du liquide à essayer, puis de II à III gouttes d'acide chlorhydrique; après agitation pendant une minute, on verse XX à XXX gouttes d'ammoniaque en inclinant le tube de façon à ne pas mélanger les liquides; on a une *coloration rose* avec des traces d'acide azoteux, *rouge foncé* pour une proportion élevée.

Le **chlorure de cobalt** additionné de **cyanure de**

potassium et d'*acide acétique* se colore en *jaune orangé* avec les azotites.

Cinq gouttes de **réactif résorcinique** sont ajoutées dans un tube à essais à 2 centimètres cubes d'acide sulfurique pur; en versant IV gouttes de la solution à analyser, on a une coloration *rouge carmin* ou *bleu violacé* très intense. La réaction est très sensible et se produit avec 0gr,0001 d'acide azoteux dissous dans le liquide employé. Ce réactif donne une *coloration verte par les chlorates.*

4° RÉACTIONS DE L'ACIDE AZOTIQUE

Les **sels de cinchonamine**, acidulés par l'acide chlorhydrique, donnent un précipité d'azotate de cinchonamine presque insoluble dans l'eau.

Le **quinétol** en solution dans l'acide sulfurique donne un précipité (Grimaux).

Le **cuivre** en tournure, ajouté à une solution contenant un azotate additionné de son volume environ d'acide sulfurique concentré, dégage, surtout en chauffant, des *vapeurs rutilantes.*

L'antipyrine à 5 p. 100, additionnée de deux fois son volume de la solution à analyser, puis d'une quantité d'*acide sulfurique supérieure à la moitié de son volume*, donne, par agitation, une *coloration rouge intense*, devenant *rouge carmin par addition d'eau.* Cette réaction est très sensible.

En ajoutant un volume double d'acide sulfurique, la teinte tend vers l'orangé et même vers le jaune, mais redevient carmin par addition d'un excès d'eau (Denigès).

Réactions microchimiques. — L'*azotate de cinchonamine* est cristallisé en *lamelles allongées*, terminées par un *pointement aigu*, dérivant d'un *prisme monoclinique* allongé suivant l'axe de symétrie (Bourgeois).

L'*azotate de baryum*, obtenu en distillant un azotate

avec de l'acide sulfurique, ajoutant de l'eau de baryte au distillatum et évaporant, cristallise en *cubes* et *octaèdres réguliers*.

PHOSPHORE, Ph = 31

Phosphore ordinaire. — Corps *jaune ambré*, translucide ou blanc, *phosphorescent dans l'air*, dégageant une *odeur alliacée*, insoluble dans l'eau, soluble dans le sulfure de carbone; il fond à 44°, bout à 290°.

Distillé avec de l'eau, une partie passe à la distillation, en donnant une *zone phosphorescente* dans la partie qui arrive au contact avec l'air. (Appareil de Mitscherlich, fig. 124.

L'air humide oxyde peu à peu le phosphore ordinaire en produisant un liquide sirupeux appelé *acide phosphatique*, mélange d'acides hypophosphoreux, phosphoreux et phosphorique.

Le phosphore légèrement chauffé *s'enflamme* à l'air en donnant une *flamme blanc verdâtre*, avec production de vapeurs blanches intenses d'anhydride phosphorique.

A la *lumière*, le phosphore blanc se couvre peu à peu de phosphore *rouge*, insoluble dans le sulfure de carbone.

Le phosphore émet des *vapeurs* qui *noircissent le papier imprégné d'azotate d'argent*, mais sont sans action sur le papier à l'acétate de plomb.

Le phosphore blanc est un *réducteur très énergique*; l'acide azotique concentré le transforme en acide phosphorique avec explosion. Chauffé avec de l'acide azotique de concentration moyenne, il se transforme lentement en acide phosphorique.

Chauffé avec une solution concentrée de *soude* ou de *potasse* caustiques, il se produit un dégagement d'*hydrogène phosphoré spontanément inflammable*.

Phosphore rouge. — Corps *rouge foncé*, non phosphorescent dans l'obscurité, inodore, non volatil, se décomposant à 200° en phosphore ordinaire ; il brûle difficilement. L'acide azotique moyennement concentré le transforme peu à peu à l'ébullition en acide phosphorique.

RECHERCHE DU PHOSPHORE ORDINAIRE

On recherche le phosphore ordinaire *libre* au moyen de l'*appareil de Mitscherlich* (fig. 124). Les matières, acidulées

Fig. 124. — Appareil de Mitscherlich.

avec un peu d'acide sulfurique, sont distillées dans un ballon B, auquel est adapté un réfrigérant ACDPL, dont la partie DPL est enfermée dans une caisse en bois. Dans la paroi antérieure, supprimée dans la figure, est pratiquée une petite ouverture devant laquelle on place l'œil pour voir la zone phosphorescente P.

Pour plus de certitude, surtout dans le cas de substances empêchant la phosphorescence, on reçoit le liquide distillé dans le ballon B' contenant de l'azotate d'argent.

Il se produit un précipité *noir* de phosphure d'argent, qu'on recueille sur un filtre, lave à l'eau distillée et introduit dans l'*appareil de Dussart et Blondlot* (fig. 125), appa-

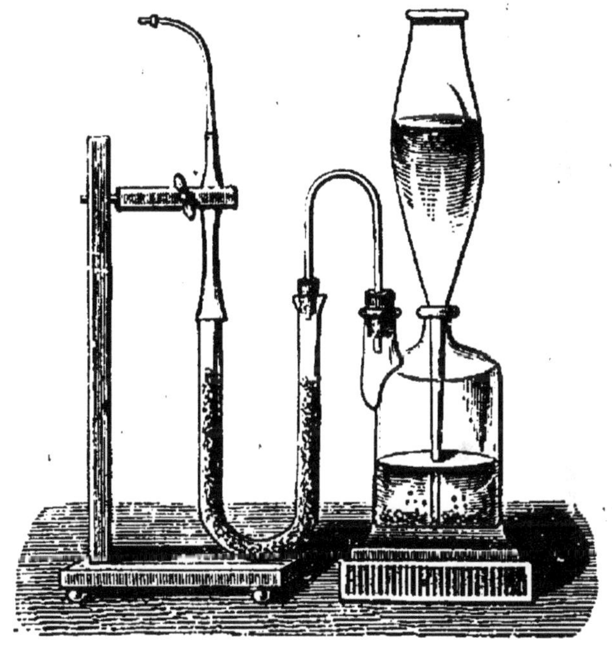

Fig. 125. — Appareil Dussart et Blondlot.

reil à hydrogène modifié de la façon suivante : dans le flacon à deux tubulures, on met du zinc pur ; on adapte une allonge plongeant jusqu'au fond du flacon, dans laquelle on verse de l'acide sulfurique au dixième.

Quand l'appareil est rempli par de l'hydrogène et qu'on

a chassé tout l'air, on fait tomber dans l'allonge le précipité obtenu avec l'azotate d'argent.

L'hydrogène formé agit à l'état naissant pour donner de l'*hydrogène phosphoré* ; on *enflamme* l'hydrogène à l'extrémité d'un ajutage de platine, après l'avoir desséché en lui faisant traverser un tube en U contenant du chlorure de calcium.

L'hydrogène brûle avec une *flamme* présentant en son milieu un *cône vert* et une *coloration vert émeraude* lorsqu'on l'écrase avec une soucoupe de porcelaine.

HYDROGÈNE PHOSPHORÉ, PH^3

L'hydrogène phosphoré gazeux peut être *spontanément inflammable* lorsqu'il contient de l'hydrogène phosphoré *liquide*. C'est un gaz incolore, à odeur alliacée pénétrante, facilement combustible avec une *flamme blanc verdâtre*, produisant des fumées blanches très abondantes d'anhydride phosphorique.

Il se forme dans la décomposition de quelques phosphures par l'eau ou par les acides; il se dégage aussi quand on chauffe du phosphore avec les alcalis.

Réducteur très énergique, il donne un précipité métallique avec les sels d'or, d'argent, etc.; il réduit les acides azotique, sulfurique, etc. Il est absorbé par la solution de chlorure cuivreux dans l'acide chlorhydrique, par le sulfate de cuivre, par le chlorure mercurique.

PHOSPHURES, PM^3

Les phosphures alcalins et alcalino-terreux sont décomposés par l'eau avec dégagement d'hydrogène phosphoré spontanément inflammable; les autres sont décomposés par l'acide chlorhydrique en donnant de l'hydrogène phosphoré non spontanément inflammable. Les phosphures des métaux lourds sont cassants, à éclat métallique, très oxydables; l'acide azotique les transforme en phosphates.

ACIDE HYPOPHOSPHOREUX, PO^2H^3
ACIDE PHOSPHOREUX, PO^3H^3

Ces deux acides, dont les réactions sont à peu près les mêmes, sont des corps *réducteurs*.

La **chaleur** décompose ces acides et leurs sels en donnant de l'hydrogène phosphoré à *odeur alliacée*, qui *brûle* avec une *flamme blanc verdâtre*.

L'**azotate d'argent** est *réduit*, surtout à chaud.

Le **chlorure mercurique** est *réduit* lentement à froid, rapidement à chaud, d'abord en calomel, puis en mercure métallique s'il y a un excès de ces acides réducteurs.

Le **permanganate de potassium** est *décoloré*.

Le **zinc**, ajouté à une solution additionnée d'acide sulfurique étendu, donne de l'hydrogène contenant de l'*hydrogène phosphoré*, reconnaissable à son *odeur alliacée* et à sa combustion avec une *flamme blanc verdâtre*.

Le **sulfate de cuivre** acidulé par de l'acide sulfurique, chauffé vers 60° avec l'acide hypophosphoreux ou ses sels, donne un précipité *rouge brun* d'hydrure cuivreux, soluble dans l'acide chlorhydrique.

Le **chlorure de baryum**, le **chlorure de calcium** et l'**acétate de plomb** précipitent les phosphites, mais ne précipitent pas les hypophosphites.

ANHYDRIDE PHOSPHORIQUE, P^2O^5

Corps blanc, ressemblant à de la neige, *absorbant énergiquement l'humidité* de l'air en se transformant en acide métaphosphorique sirupeux. En contact avec l'eau, il se dissout en produisant un bruissement analogue à celui que déterminerait un fer rouge trempé dans l'eau.

En se combinant avec l'eau, il donne naissance à trois sortes d'acides :

1° *Acide métaphosphorique :* $P^2O^5 + H^2O = 2PO^3H$.

2° *Acide pyrophosphorique :* $P^2O^5 + 2H^2O = P^2O^7H^4$.

3° *Acide orthophosphorique :* $P^2O^5 + 3H^2O = 2PO^4H^3$.

ACIDE MÉTAPHOSPHORIQUE, PO^3H

Obtenu en dissolvant l'anhydride phosphorique dans l'eau.

L'**azotate d'argent** donne un précipité *blanc*, soluble dans l'acide azotique.

L'**azotate de baryum** produit un précipité *blanc*, soluble dans l'acide azotique.

L'**albumine** est coagulée.

Les métaphosphates présentent les mêmes réactions, toutefois la coagulation de l'albumine se fait seulement en présence d'un acide, même l'acide acétique.

Le **réactif nitro-molybdique** ne précipite pas à froid ; en faisant bouillir, l'acide métaphosphorique se transforme en acide phosphorique ordinaire, donnant un précipité jaune.

ACIDE PYROPHOSPHORIQUE, $P^2O^7H^4$

L'acide pyrophosphorique en solution se transforme à l'ébullition en acide orthophosphorique.

Les pyrophosphates neutres alcalins sont seuls solubles dans l'eau ; leurs solutions ne sont transformées à l'ébullition en orthophosphates qu'en présence des acides.

L'azotate d'argent donne un précipité *blanc*, un peu soluble dans l'eau, *soluble dans l'acide azotique.*

L'azotate de baryum produit un précipité *blanc*, un peu soluble dans l'eau, *soluble dans l'acide azotique.*

L'albumine n'est pas coagulée.

Le **chlorure lutéo-cobaltique** en solution concentrée, additionnée de quelques gouttes d'un pyrophosphate, donne surtout à chaud des *paillettes jaune rougeâtre pâle*, brillantes.

Le **sulfate de magnésium**, ajouté à une solution de pyrophosphate, contenant du **chlorure d'ammonium** et de **l'acide acétique**, produit à chaud un précipité *blanc* de pyrophosphate de magnésium.

Le **réactif nitro-molybdique** ne précipite pas à froid les pyrophosphates; la précipitation se fait seulement à chaud, après hydratation et transformation de l'acide pyrophosphorique en acide phosphorique ordinaire.

ACIDE ORTHOPHOSPHORIQUE, PO^4H^3

L'acide phosphorique ordinaire, PO^4H^3, est en cristaux transparents, déliquescents en un liquide sirupeux. La chaleur le transforme, avec perte d'eau, d'abord en acide pyrophosphorique, puis en acide métaphosphorique.

Les orthophosphates ou phosphates ordinaires sont *fixes*, non décomposés par la chaleur ; toutefois, ils sont transformés en pyrophosphates s'ils sont dimétalliques, en métaphosphates s'ils sont monométalliques.

Les orthophosphates alcalins sont seuls solubles ; les autres sont insolubles dans l'eau, *solubles dans les acides.*

Le **chlorure de baryum** produit un précipité *blanc* de phosphate de baryum, $(PO^4)^2Ba^3$, *soluble dans les acides* chlorhydrique, azotique, etc., un peu soluble dans le chlorure d'ammonium.

Le **chlorure de calcium** ou le sulfate de calcium précipitent du phosphate tricalcique, $(PO^4)^2Ca^3$, *blanc*, très soluble dans les acides, même l'acide acétique, assez soluble dans le chlorure d'ammonium.

Le **sulfate de magnésium** produit lentement, dans les solutions concentrées de phosphates alcalins neutres, un précipité *blanc*, *cristallin* de phosphate de magnésium hydraté, $PO^4MgH + 7H^2O$.

Le **sulfate de magnésium**, ajouté dans les solutions *mêmes très étendues* contenant un phosphate soluble, du *chlorure d'ammonium* et de l'*ammoniaque*, précipite du phosphate ammoniaco-magnésien, $PO^4MgAzH^4,6H^2O$, *blanc, cristallin*, se rassemblant facilement au fond du récipient. Ce précipité est *complètement insoluble dans l'ammoniaque*, très facilement *soluble dans les acides*, même l'acide acétique. Dans les solutions étendues, le précipité se forme très lentement ; on favorise la précipitation en agitant le liquide et en frottant sur les parois du récipient à l'aide d'un agitateur.

L'azotate d'argent donne un précipité *jaune, soluble dans l'acide azotique* et *dans l'ammoniaque*.

Le **réactif nitro-molybdique** ou *sulfo-nitro-molybdique*, ajouté à un volume égal d'une solution contenant un phosphate, additionnée au préalable d'un peu d'acide azotique, produit *à froid* un précipité *jaune* de phosphomolybdate d'ammonium. Cette réaction, *faite à froid, est très caractéristique*, à la condition de ne pas chauffer au-dessus de 40°, car l'acide arsénique donne, *mais seulement à chaud*, un précipité jaune identique.

L'acétate d'urane donne un précipité *jaune pâle, insoluble dans l'acide acétique*, soluble dans les acides chlorhydrique et azotique.

L'azotate de bismuth produit un précipité *blanc* de phosphate de bismuth, *insoluble dans l'acide azotique*.

Le **perchlorure de fer**, ajouté à une solution neutre d'un phosphate, donne un précipité *blanc jaunâtre*, floconneux, gélatineux, de phosphate ferrique.

Cette réaction permet d'*éliminer complètement l'acide phosphorique* d'une dissolution; pour cela, la solution étant neutre ou acide, on ajoute d'abord quelques centimètres cubes d'*acétate de sodium* (solution saturée), puis quelques gouttes d'*acide acétique*; on verse ensuite goutte à goutte une solution assez concentrée de *perchlorure de fer*, jusqu'à ce qu'on obtienne une coloration *rouge sombre*; on fait alors bouillir pendant quelques minutes et on filtre.

En ajoutant de l'acétate de sodium, on a transformé les acides minéraux libres en sels de sodium avec mise en liberté de l'acide acétique; en ajoutant du perchlorure de fer dans cette solution ne contenant pas d'acide libre autre que l'acide acétique, on précipite l'acide phosphorique à l'état de phosphate de fer jaune, insoluble dans l'acide acétique. Dès que tout l'acide phosphorique a été complètement précipité, le liquide se colore en rouge par formation d'acétate de fer soluble dans l'eau; par l'ébullition on transforme cet acétate de fer en acétate basique insoluble. La filtration élimine à la fois le phosphate de fer et tout le fer en excès.

La solution filtrée doit être *incolore*; si elle ne l'étai pas, cela indiquerait qu'il reste un peu de fer en solution on ajouterait un peu d'acétate de sodium, on ferait bouillir et on filtrerait de nouveau.

La flamme, dans laquelle on introduit un phosphate imprégné d'acide chlorhydrique, est légèrement colorée en *vert jaunâtre*.

Du **magnésium** en poudre, mélangé à un phosphate sec pulvérisé, est introduit dans un petit tube fermé à un bout; au-dessus on met une petite couche de magnésium en poudre et on chauffe pendant quelques minutes au rouge. Il se produit du phosphure de magnésium avec incandescence et lumière; après refroidissement, on coupe le tube au-dessus de la matière et on ajoute quelques gouttes d'eau au résidu : *il se dégage de l'hydrogène phosphoré*, d'odeur *alliacée, brûlant avec une flamme blanc verdâtre.*

Imprégné de quelques gouttes d'**azotate de cobalt**, un phosphate chauffé au chalumeau sur le charbon donne une masse *bleue* après refroidissement.

Réaction microchimique. — Le *phosphomolybdate d'ammonium*, précipité jaune obtenu en ajoutant un peu de la solution au réactif sulfo-nitromolybdique, est en *cristaux maclés*, orientés le plus souvent suivant les trois axes d'un cube.

ACIDE BORIQUE, BoO^3H^3

L'anhydride borique, Bo^2O^3, est une masse vitreuse, incolore, fusible au rouge, non décomposable par la chaleur.

L'acide borique, BoO^3H^3, est en lamelles nacrées ou en petits cristaux transparents. Il est *soluble dans l'eau, dans l'alcool, dans l'acétone* ; si on évapore ces dissolutions, la vapeur d'eau ou d'alcool entraîne beaucoup d'acide borique. Sa solubilité dans l'acétone permet de séparer l'acide borique libre, dans un mélange avec les borates.

La solution aqueuse a une *légère réaction acide*; elle rougit le tournesol et brunit le *papier de curcuma*, qui devient *rouge brun* après dessiccation. En enflammant une solution d'acide borique dans l'alcool ordinaire ou mieux dans l'alcool méthylique, *la flamme est colorée en vert.*

L'acide borique est déplacé par les acides forts. Les *borates alcalins sont seuls solubles dans l'eau* et présentent une *réaction alcaline*. Les autres borates sont en général légèrement solubles dans l'eau, un peu solubles dans le chlorure d'ammonium et très solubles dans les acides forts. Tous les borates sont fixes.

Le **chlorure de baryum** donne un précipité *blanc*, un peu soluble dans l'eau, soluble dans les acides et dans beaucoup de chlorure d'ammonium.

L'**azotate d'argent** produit un précipité *blanc légèrement jaunâtre*, formé de borate et d'oxyde d'argent ; ce précipité est *très soluble dans l'acide azotique*.

L'**acide sulfurique** ou l'acide chlorhydrique, ajoutés dans une solution concentrée de borate, précipitent de l'*acide borique cristallisé*.

Le **papier de curcuma**, plongé dans une dissolution d'acide borique ou d'un borate additionnée d'acide sulfurique, prend, après dessiccation, une coloration *d'un beau rouge, devenant noir bleu et noir vert par le carbonate de sodium*.

De la **teinture de curcuma** et de l'*acide oxalique* sont ajoutés à une solution contenant de l'acide borique ; par évaporation à siccité au bain-marie, on obtient une *coloration rouge Magenta* très intense, stable pendant dix à douze heures ; elle est détruite par l'eau, soluble dans l'alcool et l'éther, vire au bleu intense par les alcalis (Cassal et Gerrans).

Le **chlorure mercurique**, dans les solutions un peu concentrées, donne un précipité *rouge brique*.

La **flamme de l'alcool** tenant en dissolution de l'acide borique est *colorée en vert*. Pour faire cette réaction avec une dissolution contenant un borate, on en évapore un peu dans une capsule, on ajoute quelques centimètres cubes d'alcool ordinaire ou mieux d'alcool méthylique, puis 1 ou 2 centimètres cubes d'acide sulfurique concentré ; l'alcool enflammé brûle avec une *flamme verte*.

Un **fil de platine** imprégné d'un borate et d'*acide sulfurique* communique à la flamme incolore du brûleur Bunsen une *coloration d'un vert émeraude*. La coloration est beaucoup plus sensible si on a trempé le fil de platine dans l'*acide sulfurique* et du *fluorure de calcium* en poudre. On peut aussi exalter cette coloration par le *chlorure* ou l'*azotate d'ammonium*.

L'hydrogène contenant du **borate de méthyle** brûle avec une *belle flamme verte*. Pour produire cette réaction, on fait arriver par un tube de verre un courant d'hydrogène pur dans un tube à essais, où l'on a mélangé la substance solide avec de l'*alcool méthylique* et de l'*acide sulfurique* ; par un autre tube de verre traversant le bouchon à deux trous qui ferme le tube, se dégage l'hydrogène chargé d'éther méthylique borique, que l'on enflamme.

Réaction microchimique. — Le *fluoborure de potassium*, $BoFl^3,KFl$, cristallise en *prismes* ou en *rhombes* plus ou moins modifiés. On obtient ce précipité cristallin, en dissolvant la substance dans de l'acide chlorhydrique et ajoutant du fluorure d'ammonium et du chlorure de potassium ; par concentration et refroidissement, le fluoborure de potassium cristallise.

PERBORATES, BoO^3M

Stables lorsqu'ils sont secs, les perborates dégagent peu à peu de l'oxygène en solution ou en présence de l'air humide. Ce sont des agents puissants d'oxydation.

Le **permanganate de potassium** acidulé par l'acide sulfurique est décoloré.

L'eau acidulée avec un peu d'acide sulfurique donne de l'eau oxygénée.

ANHYDRIDE SILICIQUE, SiO^2

L'acide silicique est un corps *blanc* ou *incolore*, infusible et inaltérable. Il existe à l'état cristallisé, amorphe ou hydraté ; lorsqu'il a été obtenu par calcination de l'hydrate gélatineux, il se présente sous forme d'une poudre blanche impalpable.

Il est *insoluble dans l'eau et dans les acides*, excepté dans l'acide fluorhydrique qui dissout facilement l'acide silicique amorphe, difficilement l'acide silicique cristallisé. Au moment de sa précipitation, l'acide silicique est un peu soluble dans l'eau et les acides; mais, après dessiccation en présence d'un acide tel que l'acide chlorhydrique, l'acide silicique ne se redissout plus.

La silice amorphe ou hydratée se dissout facilement dans les solutions aqueuses et chaudes de soude ou de potasse caustique et même dans les carbonates de sodium et de potassium; l'acide cristallisé n'est pas ou est à peine soluble. L'ammoniaque dissout assez facilement la silice hydratée gélatineuse, difficilement la silice hydratée sèche ou la silice anhydre amorphe, pas du tout la silice cristallisée.

Les *silicates* sont tous *insolubles dans l'eau, excepté les silicates alcalins.*

Les **acides** précipitent de la silice *gélatineuse* dans les solutions de silicates alcalins; ce précipité n'est pas complet et ne se produit pas si la solution est assez étendue; ce précipité est soluble dans les alcalis caustiques.

Pour voir si une solution, dans laquelle l'acide chlorhydrique n'a pas donné de précipité, contient de la silice, ou bien pour insolubiliser complètement la silice dont une partie seulement a été précipitée par l'acide chlorhydrique, on évapore à siccité le liquide acidulé avec de l'acide chlorhydrique, on reprend par l'eau acidulée, qui ne dissout pas l'acide silicique rendu complètement insoluble dans ces conditions.

Le **chlorure d'ammonium** précipite de la silice gélatineuse, un peu soluble dans l'eau.

Le **chlorure de baryum** donne un précipité blanc.

L'**azotate d'argent** produit un précipité blanc.

Fondu avec un mélange de **carbonates de potassium et de sodium**, un *silicate insoluble* dans l'eau se transforme en silicate alcalin; en reprenant avec de l'eau la masse fondue et en ajoutant, sans filtrer, de l'acide chlorhydrique ou de l'acide azotique, on a un résidu de silice gélatineuse que l'on peut insolubiliser complètement en faisant évaporer avec un excès d'acide chlorhydrique ; en reprenant par l'eau acidulée et en filtrant, la silice reste sur le filtre, tandis que la solution contient les bases et les autres acides.

Le **fluorure de calcium**, mélangé à de la silice ou à un silicate finement pulvérisés et de l'*acide sulfurique* concentré, donne à chaud un dégagement de *fluorure de silicium*, sous forme de *vapeurs blanches* abondantes, se condensant dans de l'eau pour donner un *dépôt de silice gélatineuse* et de l'*acide hydrofluosilicique.*

Réaction microchimique. — Le *fluosilicate de sodium* cristallise en *étoiles, pyramides* et *prismes hexagonaux* ; on l'obtient en chauffant la silice avec de l'acide sulfurique et du fluorure de calcium ; on condense les vapeurs de fluorure de silicium dans 1 goutte d'acétate d'ammonium, à laquelle on ajoute 1 goutte de chlorure de sodium.

ACIDE HYDROFLUOSILICIQUE, $SiFl^4,2HFl$

L'acide hydrofluosilicique en solution est un liquide très acide, qui se volatilise complètement par la chaleur en se transformant en fluorure de silicium et acide fluorhydrique, sous forme de vapeurs blanches abondantes ; quand on l'évapore dans un récipient en verre, il l'attaque en le dépolissant.

Les fluosilicates sont en général solubles dans l'eau et cristallisent facilement.

L'**azotate de baryum** produit un précipité cristallin blanc.

Les **sels de potassium** donnent un précipité *gélatineux transparent.*

L'**ammoniaque** précipite de la silice hydratée, et la liqueur contient du fluorure d'ammonium.

L'**acide sulfurique** concentré, chauffé avec un fluosilicate métallique, donne des *fumées blanches épaisses*, mélange de fluorure de silicium et d'acide fluorhydrique *attaquant le verre.*

Réaction microchimique. — Le *fluosilicate de sodium*, obtenu en ajoutant 1 goutte de chlorure de sodium, présente les caractères ci-dessus

CARBONE ET COMPOSÉS ORGANIQUES

Parmi les innombrables corps de la *Chimie du Carbone*, ou *Chimie Organique*, nous étudierons les réactions qualitatives de ceux que le chimiste et le pharmacien ont le plus fréquemment à caractériser. Cette étude sera précédée de la recherche qualitative des principaux éléments qui entrent dans la constitution des corps organiques.

RECHERCHE QUALITATIVE DES ÉLÉMENTS DES CORPS ORGANIQUES

Le nombre des éléments qui entrent souvent dans les corps organiques est très petit; ce sont d'abord, à côté du *carbone* et par ordre d'importance : l'*hydrogène*, l'*oxygène* et l'*azote*, puis le *chlore*, le *brome*, l'*iode*, le *soufre* et le *phosphore*. Les autres éléments se rencontrent rarement.

CARBONE. — Une parcelle d'un corps organique, **chauffée** *dans un petit tube fermé à un bout*, **charbonne** et dégage des gaz combustibles. Cette réaction n'est pas générale, car certains corps organiques (oxalates, carbonates, corps volatils, etc.) ne donnent pas cette réaction.

Beaucoup de corps organiques, **chauffés** sur une spatule de platine, **noircissent** et **brûlent** avec une flamme plus ou moins éclairante, parfois fuligineuse et donnant un *dépôt noir de charbon* sur une soucoupe de porcelaine froide.

Pour avoir une certitude sur la présence du carbone, on chauffe la substance avec de l'**oxyde de cuivre**, qui cède son oxygène pour transformer le carbone en *anhydride carbonique* :

$$C + 2CuO = CO^2 + 2Cu$$

Dans un petit tube à essais, on introduit un mélange de $0^{gr},10$ à $0^{gr},20$ de substance avec 4 à 5 grammes d'oxyde de cuivre en poudre ou mieux en paillettes; on adapte au tube à essais un tube deux fois recourbé, dont on fait plonger l'extrémité ouverte dans un verre renfermant de l'eau de chaux ou de l'eau de baryte. Ces liquides se *troublent par l'acide carbonique.*

Si le corps est liquide, on le met dans une petite ampoule de verre, on chauffe d'abord l'oxyde de cuivre au rouge, puis on volatilise le corps en chauffant la partie du tube contenant l'ampoule.

Pour les corps gazeux, on les fait passer sur de l'oxyde de cuivre chauffé au rouge dans un tube de verre vert, auquel est adapté un tube à gaz, dont l'extrémité plonge dans de l'eau de chaux.

HYDROGÈNE. — En chauffant le corps organique avec de l'**oxyde de cuivre bien sec**, comme pour la recherche du carbone, on constate qu'il se forme de l'*eau* et du cuivre métallique :

$$CuO + H^2 = H^2O + Cu$$

L'eau se condense à la partie supérieure du tube sous forme de gouttelettes; pour que la réaction soit plus sensible, on met à la naissance du tube abducteur une bandelette de l'un des *papiers réactifs* : *citromolybdique bleu*, au *chlorure de cobalt bleu*, *de Huxley* à l'iodure double de plomb et de potassium.

OXYGÈNE. — On ne recherche généralement pas l'oxygène. Toutefois, on peut déterminer si une substance contient de l'oxygène, en *chauffant au rouge* la substance dans un courant d'**hydrogène** pur et parfaitement sec ; il se forme de l'*eau* que l'on caractérise comme précédemment.

AZOTE. — Si l'azote est à l'état d'*ammoniaque*, on chauffe la substance avec de la **soude caustique** ; on caractérise l'ammoniaque par son odeur, l'action sur le tournesol, l'azotate mercureux et le réactif de Nessler.

Dans tous les cas, on peut appliquer l'un des procédés suivants :

1° Dans un tube en verre vert, on met un mélange de

$0^{gr},20$ à $0^{gr},30$ de substance et de 5 à 8 grammes de **chaux sodée**, et au-dessus une couche de 10 centimètres de chaux sodée ; on chauffe d'abord la chaux sodée, puis le mélange. Il se dégage de l'*ammoniaque* si le corps contient de l'azote.

2° On met dans un petit tube en verre vert fermé à un bout, un mélange de $0^{gr},05$ à $0^{gr},10$ de la substance avec environ deux fois son poids de **sodium** ; en chauffant, il se produit une déflagration. Le tube refroidi est brisé, mis dans un verre à expériences avec un peu d'eau ; après agitation, on filtre. Le sodium, réagissant sur le carbone en présence de l'azote, a formé du *cyanure* de sodium :

$$C + Az + Na = CAz\,Na$$

que l'on caractérise en ajoutant à la solution filtrée II à III gouttes de *sulfate ferreux* et I goutte de *perchlorure de fer* ; on chauffe vers 60° pendant une minute, on ajoute quelques gouttes de *soude caustique*, puis de l'*acide chlorhydrique* pour dissoudre les oxydes ferreux et ferrique. Le *bleu de Prusse* formé reste insoluble, et indique la présence de l'azote dans la substance.

Au lieu de transformer en bleu de Prusse le produit de la réaction du sodium, on peut obtenir du *sulfocyanate* en ajoutant quelques gouttes de *sulfure d'ammonium* à la solution filtrée ; on chauffe pendant quatre à cinq minutes. Le liquide, acidulé pour décomposer le sulfure d'ammonium en excès, est chauffé, puis filtré pour séparer le soufre. En ajoutant au liquide I goutte de *perchlorure de fer* en solution très étendue, on a une belle *coloration rouge de sang*.

3° On peut aussi transformer l'azote de la substance en *ammoniaque*, par la **méthode de Kjeldahl**. Pour cela, on chauffe $0^{gr},10$ à $0^{gr},15$ de substance avec 10 à 15 centimètres cubes d'*acide sulfurique concentré* et 5 à 6 grammes de *bisulfate de potassium* dans un matras d'essayeur. Lorsque le liquide est décoloré, on laisse refroidir, on verse le liquide sulfurique dans un ballon contenant deux fois son volume d'eau. Dans ce liquide, on met un morceau de papier de tournesol et on ajoute peu à peu une *solution de soude* jusqu'à ce que le papier devienne franchement bleu ; on verse encore un peu de soude et l'on chauffe ; *il se dégage de l'ammoniaque* reconnaissable à l'odeur et par son action sur le papier de tournesol, le réactif de Nessler et l'azotate mercureux.

CHLORE, BROME, IODE. — 1° Les composés organiques contenant un ou plusieurs de ces métalloïdes **brûlent** *avec une flamme bordée de vert ou de bleu.*

2° En faisant **brûler** une matière organique sur une *perle de sel de phosphore saturée d'oxyde de cuivre*, on a des *colorations de la flamme* caractéristiques : *verte pour le chlore*, d'un *vert mélangé de bleu pour le brome*, *bleue pour l'iode*. Au lieu de la perle, on peut faire brûler la substance sur une spatule ou une petite nacelle de platine contenant un peu d'oxyde de cuivre ; ou encore faire brûler un peu de la substance sur une toile métallique de cuivre chauffée dans la flamme d'un brûleur Bunsen.

3° On **brûle**, sous un verre *humecté d'eau* et renversé, un papier contenant la substance organique ; les acides chlorhydrique, bromhydrique et iodhydrique formés se dissolvent dans l'eau en quantité suffisante pour qu'après avoir retourné le verre et ajouté un peu d'eau, *l'azotate d'argent donne un précipité, soit blanc de chlorure d'argent très soluble dans l'ammoniaque, soit jaunâtre de bromure d'argent peu soluble, soit jaune d'iodure d'argent insoluble dans l'ammoniaque*. L'iode colore la flamme en violet.

4° Par la **méthode de Carius** : on chauffe en tube scellé, à 180° pendant quatre à cinq heures, $0^{gr},10$ à $0^{gr},15$ de la substance avec 8 à 10 grammes d'**acide azotique concentré** ; après refroidissement, on met le tube de verre dans un tube d'acier et on l'ouvre en introduisant l'extrémité effilée dans la flamme d'un brûleur Bunsen ; le dégagement gazeux terminé, on coupe l'extrémité du tube, on verse son contenu dans un verre contenant de l'eau et on recherche dans le liquide : le chlore, le brome et l'iode. La solution est brune, colorant en violet le chloroforme, lorsque la substance contient ce dernier métalloïde.

5° Par la **chaux** : on mélange 0gr,10 à 0gr,15 de substance avec un peu plus de dix fois son poids de chaux vive, *pure et exempte de chlore*; on introduit le mélange dans un tube en verre vert de 6 à 8 millimètres de diamètre fermé à un bout ; on ajoute un peu de chaux vive et l'on chauffe au rouge sombre. Le tube encore chaud est plongé dans un verre contenant de l'eau ; le tube se brise, la chaux se délite dans l'eau. On acidule par l'acide azotique pur et on filtre. L'azotate d'argent donne un précipité si la substance contient un halogène. Dans le liquide, on recherchera et séparera ces trois métalloïdes.

6° **Méthode de Schiff, modifiée par Piria.** — Dans un petit creuset de platine, on met 0gr,10 à 0gr,15 de la substance avec un mélange de 1 partie de *carbonate de sodium* sec et 4 à 5 parties de *chaux vive pure*. Ce petit creuset est renversé dans un plus grand creuset de platine ; on remplit l'intervalle avec le mélange de carbonate de sodium et de chaux, et on chauffe au rouge. La réaction terminée, le contenu du creuset est traité par l'eau, puis par l'acide azotique ; on recherche et on sépare les halogènes dans le liquide filtré.

SOUFRE. — 1° En chauffant un peu de la substance avec un fragment de **sodium** dans un tube de verre vert, il se forme un sulfure. Le produit de la réaction est dissous avec précaution dans de l'eau ; le liquide noircit le papier à l'acétate de plomb et se colore en rouge violacé par le nitroprussiate de sodium.

2° Si la substance est solide, on mêle intimement 0gr,10 à 0gr,20 de sa poudre avec 5 à 6 fois son poids du **mélange de carbonate de sodium et d'azotate de potassium** ; on projette par petites portions dans un creuset chauffé au rouge, pour transformer le soufre en sulfate. Après refroidissement, on traite par l'eau, on acidule par l'acide chlorhydrique et on ajoute du chlorure de baryum; si la substance contient du soufre il se fait un précipité blanc de sulfate de baryum.

On peut aussi fondre de l'azotate de potassium dans un creuset de porcelaine et projeter la substance par petites portions dans le sel fondu.

3° Par la **méthode de Carius.** — Comme pour le chlore, on chauffe à 180°, en tube scellé, 0gr,10 à 0gr,15 de la substance avec de l'acide azotique concentré; le soufre est transformé en *acide sulfurique*, que l'on met en évidence en ajoutant de l'azotate de baryum dans le liquide filtré et étendu d'eau.

Cette méthode convient surtout dans le cas des corps volatils; ceux-ci sont introduits au préalable dans de petites ampoules.

4° Dans un ballon de un demi-litre, on met un peu de la substance avec 1gr,5 à 2 grammes de **permanganate de potassium** et 0gr,5 de **potasse caustique**; on ajoute 25 à 30 centimètres cubes d'eau et l'on chauffe au réfrigérant ascendant pendant deux à trois heures; le soufre est transformé en *sulfate.*

5° Pour savoir sous quelle forme se trouve le soufre, on met dans un ballon un mélange de 1 volume d'eau et 2 volumes de glycérine, on ajoute à saturation de l'**hydrate de chaux** récemment préparé, puis de l'**hydrate de plomb** récemment précipité ou de la litharge très finement pulvérisée; on fait bouillir pendant quelques minutes. Ce liquide chauffé avec une substance contenant du *soufre non oxydé*, se colore en *noir*, tandis qu'il ne se produit aucune coloration lorsque le soufre est oxydé.

PHOSPHORE. — 1° Par la **méthode de Carius** : on chauffe à 180°, en tube scellé, un peu de la substance avec de l'acide azotique concentré, pour transformer le phosphore en *acide phosphorique*. La réaction terminée, on ouvre le tube, on étend d'un peu d'eau et on ajoute à quelques centimètres cubes de la solution un volume égal de *réactif nitromolybdique* ; un précipité *jaune* formé à une température inférieure à 40° indique la présence du phosphore.

2° La substance est mélangée à 12 parties de **potasse caustique** pure et 6 parties d'**azotate de potassium** ; on projette par petites portions dans un creuset de porcelaine chauffé au rouge. Après refroidissement, on dissout dans l'eau et on verse de l'acide azotique en excès ; à un peu de ce liquide acide, on ajoute volume égal du *réactif nitromolybdique*, qui donne un précipité *jaune* s'il y a du phosphore.

On peut remplacer la potasse caustique par le carbonate de sodium.

3° La substance est calcinée dans un creuset de porcelaine fermé ; on mélange le charbon broyé avec la moitié de son poids de **magnésium** en poudre et on l'introduit dans un tube de verre vert. En chauffant au rouge, on aperçoit généralement une lueur phosphorescente ; en faisant tomber quelques gouttes d'eau sur le résidu froid, il se dégage de l'*hydrogène phosphoré*.

ARSENIC. — 1° Par la **méthode de Carius** : comme pour le phosphore. Le *réactif nitromolybdique* donne un précipité *jaune*, mais seulement au-dessus de 50°.

2° On fait un mélange de **potasse caustique** et d'**azotate de potassium** et on le projette dans un creuset de porcelaine chauffé au rouge ; la dissolution du résidu dans l'acide azotique donne, par le *réactif nitromolybdique à chaud, un précipité jaune*.

MÉTAUX. — Dans les sels métalliques, on peut généralement caractériser les métaux par leurs réactions propres ; cependant, les *acides tartrique*, *citrique*, etc., empêchent un grand nombre de réactions, qui sont aussi masquées par la présence des *saccharoses*, des *glucoses*, de la *glycérine*.

Les réactions des métaux sont souvent complètement masquées dans certains composés organiques tels que les ferrocyanures, ferricyanures, cobalticyanures, etc..., l'hermophényl, etc. ; on ne peut pas mettre en évidence les métaux sans détruire, au préalable, la molécule organique.

Dans ces conditions, il est préférable de détruire ces composés par la chaleur.

En général, on incinérera la substance organique dans un *moufle*, afin d'obtenir les matières minérales.

Pour effectuer cette incinération, on sera obligé d'opérer autrement lorsque la substance contient un sel ou un métal volatil comme le mercure, le zinc, le cadmium, etc. Bien que les sels de certains métaux ne soient pas volatils, le métal peut être mis en liberté par réduction, en présence du carbone provenant de la décomposition de la matière organique.

Pour rechercher le *mercure*, on introduit dans un tube de verre vert un mélange de la substance avec de la *chaux vive*, on ajoute de la chaux vive et on chauffe au rouge ; le mercure se condense sous forme de gouttelettes métalliques dans les parties froides du tube.

Dans le cas d'un *sel* ou d'un *métal volatil*, on chauffe avec précautions la substance au *rouge naissant* dans une capsule de platine, jusqu'à ce qu'il ne se dégage plus de vapeurs odorantes. Le résidu charbonneux est écrasé à l'aide d'un agitateur avec un peu d'eau et d'acide chlorhydrique ; on filtre et on recherche dans cette dissolution les métaux par la méthode analytique générale.

CARBONE, C = 12

Le carbone est un corps *noir*, qui *brûle avec incandescence* quand on le chauffe au rouge en présence de l'air. Le diamant, incolore, brûle au rouge. Le *produit de la combustion est de l'anhydride carbonique.*

Chauffé avec de l'oxyde de cuivre, il donne un dégagement d'*anhydride carbonique*, facile à mettre en évidence en adaptant, au tube dans lequel on chauffe le mélange, un bouchon dans lequel passe un tube recourbé, dont l'extrémité libre se rend dans de l'eau de chaux (fig. 126); l'*eau de chaux se trouble* rapidement, par formation de carbonate de calcium. On peut former ce précipité sur un agitateur mouillé par de l'eau de chaux, que l'on plonge dans la partie supérieure du tube.

OXYDE DE CARBONE, CO

L'oxyde de carbone est un gaz incolore, *brûlant avec une flamme bleue*. La solution chlorhydrique ou ammoniacale de chlorure cuivreux absorbe l'oxyde de carbone.

Le chlorure de palladium produit avec l'oxyde de carbone un précipité *noir soyeux*.

L'azotate d'argent ammoniacal est réduit par l'oxyde de carbone; on peut, pour avoir une plus grande sensibilité, imprégner un morceau de papier avec la solution d'azotate d'argent ammoniacal.

L'hémoglobine, dans laquelle on fait passer de l'oxyde de carbone, prend une coloration *rouge clair intense*, qui ne vire pas au rouge foncé quand on fait passer un courant d'acide carbonique. Le spectre d'absorption de la carboxyhémoglobine présente deux bandes obscures, qui ne se résolvent pas en une seule sous l'influence des réducteurs.

L'acide iodique chauffé à 150° transforme l'oxyde de carbone en acide carbonique avec dégagement d'*iode*; l'iode se reconnaît facilement, grâce à la *coloration bleue* qu'il communique à l'*eau amidonnée*.

On peut employer le papier trempé dans une dissolution d'*acide iodique* et d'*amidon*.

ANHYDRIDE CARBONIQUE, CO^2

L'anhydride carbonique est un gaz incolore, à odeur légèrement acidule, *non combustible, non comburant*, beaucoup plus dense que l'air ; il rougit le papier de tournesol humecté d'eau en *rouge vineux*, mais cette coloration disparaît par la dessiccation.

Ce gaz *trouble l'eau de chaux* ou l'*eau de baryte*; il est *absorbable par la soude ou la potasse* caustiques.

La *solution* d'acide carbonique a une *saveur aigrelette*, piquante ; le *tournesol* prend une coloration *rouge vineux*. Versé en petite quantité dans de l'*eau de chaux* ou de *baryte*, elle donne un *précipité* de carbonate de calcium ou de baryum, qui se dissout dans un excès d'acide carbonique, celui-ci transformant le carbonate alcalino-terreux en bicarbonate assez soluble.

CARBONATES; CO^3M^2

Les *carbonates alcalins sont solubles dans l'eau; tous les autres sont insolubles* dans l'eau pure, mais un peu solubles dans l'acide carbonique. Presque tous les carbonates sont *décomposés au rouge*.

Les solutions de carbonates alcalins ont une *réaction alcaline* très intense : la phtaléine du phénol est fortement rougie par les carbonates neutres, tandis qu'elle n'est pas colorée ou devient rose par les bicarbonates. L'acide rosolique est coloré en rouge.

Les **acides**, ajoutés à un carbonate, donnent un dégagement gazeux d'anhydride carbonique incolore, *troublant l'eau de chaux* ou l'*eau de baryte*.

Pour produire cette réaction et mettre en évidence l'anhydride carbonique, on place la substance solide ou liquide dans un tube à essais (fig. 126), auquel on adapte un bouchon en caoutchouc percé de deux trous ; dans l'un de ces trous passe un tube droit plongeant presque jusqu'au fond du tube et muni à son extrémité libre d'un petit entonnoir en verre soufflé; dans l'autre trou passe un tube recourbé à angle aigu et effilé à son extrémité libre. Par le tube droit, on fait tomber goutte à goutte un acide, qui produit une effervescence en arrivant au contact du carbonate : l'anhydride carbonique dégagé s'échappe par l'extrémité effilée du tube recourbé, que l'on a fait plonger dans une solution d'eau de chaux ou de baryte, dans laquelle il donne un précipité blanc.

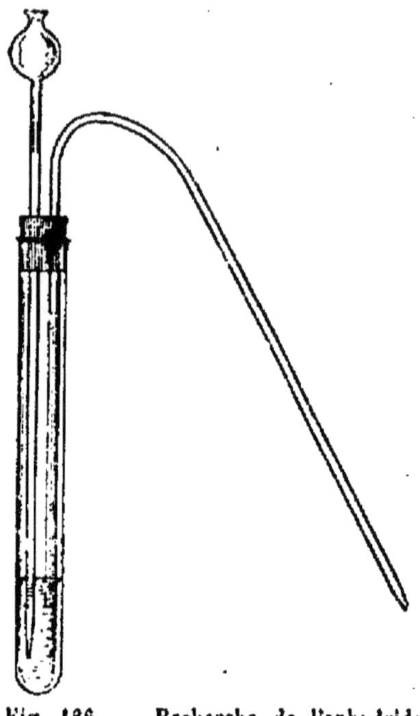

Fig. 126. — Recherche de l'anhydride carbonique.

L'eau de chaux, l'eau de baryte produisent un précipité *blanc* dans les dissolutions de carbonates; le précipité est soluble dans l'acide chlorhydrique.

L'azotate d'argent donne un précipité blanc de carbonate d'argent, soluble dans l'ammoniaque et dans l'acide azotique.

Le **chlorure de calcium**, le **chlorure de baryum** produisent un précipité blanc dans les solutions de carbonates, excepté dans les solutions étendues de bicarbonates; pour ces dernières, la précipitation se fait à l'ébullition.

Le **perchlorure de fer** donne avec les carbonates solubles un précipité d'hydrate de sesquioxyde de fer.

Le **sulfate de magnésium**, dans les solutions de *carbonates neutres*, donne un précipité blanc. Mais, dans les solutions de ***bicarbonates***, on n'a *pas de précipité* à froid ; il faut chauffer à l'ébullition pour que le liquide se trouble et dégage de l'acide carbonique.

Réactions microchimiques. — Le *carbonate de calcium*, formé en ajoutant un sel de calcium à une dissolution d'un carbonate alcalin, est en petits *rhomboèdres* et en *cristaux fibreux*.

Le *carbonate de strontium* est formé de cristaux *fibreux réunis en grappes*.

Le *carbonate de plomb* cristallise en aiguilles et *baguettes orthorhombiques*.

PERCARBONATES, $C^2O^6M^2$

Les percarbonates sont stables lorsqu'ils sont anhydres ; en présence de l'air humide ou en dissolution dans l'eau, ils produisent de l'eau oxygénée ou dégagent de l'oxygène. Ce sont des *oxydants très énergiques*.

Le **permanganate de potassium** acidulé avec de l'acide sulfurique est décoloré.

L'eau acidulée dégage de l'acide carbonique et forme de l'eau oxygénée :

$$C^2O^6K^2 + 2SO^4H^2 = 2SO^4KH + 2CO^2 + H^2O^2$$

SULFURE DE CARBONE, CS^2

Liquide incolore lorsqu'il est pur, ordinairement jaune, très réfringent ; son odeur est désagréable, nauséabonde, excepté lorsqu'il est pur ; il bout à 46°,5, s'enflamme à l'air un peu au-dessous du rouge sombre.

Les **alcalis caustiques** le dissolvent peu à peu en un liquide *jaune brun*, contenant un mélange de carbonate et sulfocarbonate alcalin :

$$3CS^2 + 6KOH = CO^3K^2 + 2CS^3K^2 + 3H^2O$$

La **potasse alcoolique** forme du xanthate de potassium :

$$CS^2 + C^2H^5.OK = CO.C^2H^5.K.S^2$$

que l'on mettra en évidence, dans la solution jaunâtre obtenue, par les réactions suivantes :

1° Une solution de **sulfate de cuivre** donne un précipité *jaune* de xanthate cuivreux dans la solution alcaline, *jaune orangé* brillant dans la solution acidulée par l'acide chlorhydrique;

2° Le **plombite de sodium** forme un précipité *marron*, devenant brun à chaud.

La **triéthylphosphine** en solution éthérée forme des cristaux *rougeâtres* avec le sulfure de carbone.

CARBURES D'HYDROGÈNE

L'analyse chimique décèle dans les carbures d'hydrogène seulement *deux éléments* : le *carbone* et l'*hydrogène*. Les premiers termes des séries acycliques sont gazeux; la condensation augmentant, ils deviennent liquides; les termes les plus élevés sont solides.

CARBURES FORMÉNIQUES, C^nH^{2n+2}

Ces carbures de la série *saturée* sont doués d'affinités peu énergiques; ils ne donnent pas de produits d'addition, mais seulement des **produits de substitution**; traités par le chlore ou le brome, surtout à la lumière, ils forment de l'acide chlorhydrique ou de l'acide bromhydrique :

$$C^nH^{2n+2} + Cl^2 = C^nH^{2n+1}Cl + HCl$$

le produit de la réaction devient *acide*.

Les **pétroles d'Amérique**, les **vaselines**, les **paraffines**, sont formés presque exclusivement de carbures forméniques. Les carbures légers des pétroles de Bakou contiennent surtout des carbures saturés, tandis que les parties lourdes sont constituées par des carbures à noyau cyclique.

CARBURES ÉTHYLÉNIQUES, C^nH^{2n}

Le **chlore** et le **brome** forment des **produits d'addition** par fixation simultanée de deux atomes d'halogène, sans dégagement d'acide :

$$C^2H^4 + Br^2 = C^2H^4Br^2$$

Ils se combinent aussi avec l'acide sulfurique à 66° Baumé,

pour donner des éthers de l'acide sulfurique; par exemple, $CH^3.CH^2.O.SO^3H$, que l'eau décompose en donnant un alcool ; par exemple, avec le sulfate acide d'éthyle, on a l'alcool éthylique :

$$CH^3.CH^2.O.SO^3H + H^2O = CH^3.CH^2.OH + SO^4H^2$$

Le **sulfate mercurique acide** (Denigès) est un excellent réactif des carbures éthyléniques, avec lesquels il donne des composés *jaunes*, de formule $(SO^4 {<}^{Hg}_{Hg}{>} O)^3.C^nH^{2n}$. Cette réaction, extrêmement sensible, se produit en quelques minutes à froid, rapidement à chaud, par le contact direct d'un peu de carbure gazeux ou liquide avec un excès de réactif. En traitant par l'acide chlorhydrique, le carbure d'hydrogène est mis en liberté, avec vive effervescence s'il est gazeux.

Pour le **diméthyléthylène**, $(CH^3)^2 = C = CH^2$, Denigès a obtenu une réaction caractéristique : en le mettant en contact, à chaud, avec l'azotate mercurique fortement acide, il se forme un précipité *orangé*, $(AzO^3)^2Hg.C^4H^8$; ce précipité, desséché, *détone* par le choc ou par une élévation de la température.

CARBURES ACÉTYLÉNIQUES, C^nH^{2n-2}.

Les premiers termes sont gazeux; du *butine* C^4H^6 au *tétradécine* $C^{14}H^{26}$, ils sont liquides; les termes supérieurs sont solides.

Le **chlore** et le **brome** donnent des **produits d'addition** ; ils se combinent directement en fixant 4 atomes d'halogène ; cette fixation se fait en deux temps.

L'acide sulfurique à 66° dissout les carbures acétyléniques ; la solution versée dans la glace donne naissance à des *cétones*, à de l'aldéhyde pour l'acétylène (éthine).

Ces carbures d'hydrogène se *polymérisent* facilement sous l'influence de la chaleur ; par exemple, l'acétylène se transforme en benzène.

Il existe deux groupes bien distincts de carbures acétyléniques :

1° Les carbures acétyléniques vrais : $R - C \equiv C - H$;

2° Les carbures acétyléniques bisubstitués : $R' - C \equiv C - R'$.

Ces deux sortes de carbures acétyléniques se combinent avec le *chlorure mercurique*, en solution aqueuse froide, pour donner des combinaisons instables se transformant rapidement en composés *blancs*, cristallins, très lourds, de formule complexe (Kutscherow). Chauffés à l'ébullition, ils régénèrent le chlorure mercurique et donnent une *cétone*, de l'aldéhyde avec l'acétylène.

Le **chlorure cuivreux ammoniacal** donne avec les carbures acétyléniques vrais des précipités *rouges* ou *jaunes*, combinaisons résultant du remplacement de l'hydrogène du carbure par du cuivre (Berthelot).

L'azotate d'argent ammoniacal en solution alcoolique donne avec les carbures acétyléniques vrais des précipités blancs $AzO^3.CR' = CAg^2$ (Béhal). Cette réaction est très sensible.

Le **sodium**, avec les carbures acétyléniques vrais, donne des dérivés substitués sodés, tandis que les carbures acétyléniques substitués n'en donnent pas.

DÉRIVÉS HALOGÉNÉS DU FORMÈNE

Parmi les dérivés de substitution des halogènes aux atomes d'hydrogène du formène, plusieurs sont des médicaments très employés.

CHLORURE DE MÉTHYLE, CH^3Cl

Corps gazeux à la température et à la pression ordinaires; liquide bouillant à — 22°. On l'emploie à l'état de liquide, enfermé dans des cylindres métalliques très résistants. Il a une *odeur agréable* s'il est pur, souvent légèrement *alliacée*; il *brûle* avec une *flamme bordée de vert*.

CHLOROFORME, $CHCl^3$

Liquide mobile, à odeur pénétrante; il bout à 61°; sa densité est de 1,5. Il ne brûle pas, mais on peut enflammer un morceau de papier imprégné de chloroforme, la *flamme est bordée de vert*. Il s'altère peu à peu à l'air et à la lumière en donnant de l'oxychlorure de carbone :

$$CHCl^3 + O = COCl^2 + HCl$$

La **liqueur de Fehling** est *réduite* par une ébullition prolongée.

La **potasse alcoolique** à 4 p. 100, additionnée de I ou II gouttes d'**aniline** et de quelques gouttes d'un produit contenant du chloroforme, dégage à chaud une *odeur désagréable et repoussante* de phénylcarbylamine, $C=Az-C^6H^5$.

La **potasse alcoolique** à 4 p. 100, additionnée d'un peu de *naphtol* β solide, est chauffée à l'ébullition ; en ajoutant un produit contenant du chloroforme, on obtient une *coloration bleue, devenant rouge par l'acide chlorhydrique.* La solution bleue, étendue d'alcool si la coloration est trop intense, présente au spectroscope une bande d'absorption au milieu du rouge.

La **potasse alcoolique**, chauffée avec du chloroforme, le décompose ; en ajoutant de l'acide azotique étendu pour saturer l'alcali et aciduler le liquide, puis de l'**azotate d'argent**, on a un précipité blanc de chlorure d'argent très soluble dans l'ammoniaque à 5 p. 100.

L'**hydrogène** pur, traversant un liquide contenant du chloroforme, se charge de vapeurs de chloroforme ; en allumant cet hydrogène à l'extrémité d'un embout en platine et mettant un fil de cuivre dans cette *flamme*, celle-ci se *colore en vert* (Vitali).

BROMOFORME, $CHBr^3$

Liquide d'*odeur agréable*, de saveur sucrée ; il bout à 150° ; de densité 2,90. Très peu soluble dans l'eau, il se dissout très bien dans l'alcool, l'éther, les essences.

Avec la **liqueur de Fehling**, la **potasse alcoolique** et l'**aniline**, la **potasse alcoolique** et le **naphtol**, il donne les mêmes réactions que le chloroforme.

La **potasse alcoolique** le transforme à chaud en bromure ; en ajoutant de l'acide azotique et de l'**azotate d'argent**, on a un précipité *blanc jaunâtre très peu soluble dans l'ammoniaque à 5 p. 100.*

IODOFORME, CHI^3

L'iodoforme est un corps solide, *jaune*, cristallisant en paillettes hexagonales ; il possède une *odeur forte, péné-*

trante et tenace, rappelant celle du safran. Insoluble dans l'eau, à laquelle il communique son odeur caractéristique, il est très soluble dans l'alcool et l'éther. Il fond à 119° et se volatilise ; il est volatil avec la vapeur d'eau.

La **liqueur de Fehling** est réduite.

Exposée au soleil, une *dissolution* d'iodoforme dans le *sulfure de carbone* prend une coloration *rouge carmin*, due à l'iode mis en liberté.

La **poudre de zinc** ou d'**aluminium**, en présence de l'acide acétique, réduit l'iodoforme; l'*iode* mis en liberté est décelé par l'eau amidonnée, après addition de quelques gouttes de solution d'azotite de potassium à 1 p. 100.

L'aniline (1 à 2 centimètres cubes), soumise à l'ébullition pendant une minute avec quelques parcelles d'iodoforme, donne une *coloration rouge sang*, que l'alcool ne change pas, présentant une bande d'absorption du rouge au vert.

La **diméthylaniline**, chauffée à l'ébullition pendant une minute avec un peu d'iodoforme, produit une *coloration* d'abord *verte*, puis *bleu violacé* ; par addition d'alcool, la teinte devient *rouge violet* (Denigès). Cette réaction est plus sensible que la précédente.

La **dyméthylaniline** pure, incolore, ajoutée à un volume égal de solution éthérée d'iodoforme, produit une *coloration jaune* ; la réaction doit être faite rapidement à la lumière diffuse, car les rayons solaires brunissent vite les solutions éthérées d'iodoforme.

Le **réactif de Lutzgarten** (V gouttes), ajouté à une solution éthérée d'iodoforme donne, après évaporation, une *coloration rouge cerise*, détruite par les acides et régénérée par les alcalis.

Au microscope, l'iodoforme se présente sous forme de *lamelles hexagonales jaunes*, isolées ou groupées, ou en cristaux dérivés de l'hexagone. Pour l'obtenir ainsi cristallisé, on agite la substance avec de l'éther, on sépare ce dissolvant, on lui ajoute un volume égal d'alcool et on fait évaporer sur une lame porte-objet.

DIIODOFORME, C^2I^4

Cristaux ou lamelles orthorhombiques *jaune pâle*, sensiblement inodores, fusibles à 192°, de densité 4,38. Volatil sans décomposition. *Insoluble dans l'eau*, il se dissout peu dans l'alcool froid, beaucoup dans l'éther, le sulfure de carbone, le chloroforme et le benzène.

Exposée au soleil, la solution dans le *sulfure de carbone* se colore en *rouge* par l'iode mis en liberté.

La **diméthylaniline** donne une belle coloration *violette*, mais *plus bleue qu'avec l'iodoforme*; en étendant d'alcool, la teinte est aussi plus violette (Denigès).

L'**aniline** permet de différencier nettement l'iodoforme et le diiodoforme (Denigès). Après une minute d'ébullition, avec 1 à 2 centimètres cubes d'aniline, on a une *teinte à peine rougeâtre*, devenant *jaune* par addition d'alcool, sans bande d'absorption.

HYDROCARBURES CYCLIQUES

L'**acide azotique fumant** transforme très facilement les carbures cycliques en *dérivés nitrés* ayant une odeur caractéristique. Pour opérer cette transformation, on ajoute goutte à goutte le carbure à de l'acide azotique fumant ou à un mélange d'acide sulfurique concentré et d'acide azotique fumant. Après un contact de quelques minutes, on verse le produit dans 10 à 20 fois son volume d'eau et on sépare le corps liquide ou solide; s'il est en très petite quantité, on agite avec de l'éther pour dissoudre le dérivé nitré, on sépare, on filtre sur un filtre sec et on évapore la solution éthérée.

Le produit de l'action de l'acide azotique peut être caractérisé par son *odeur*, par son *point de fusion* s'il est solide et surtout par sa *transformation en amine aromatique* sous l'influence de l'hydrogène naissant. Cette amine sera caractérisée par des réactions spéciales.

Par exemple, le *benzène* est transformé par l'acide azotique fumant en *nitrobenzène* à *odeur d'essence d'amandes amères*; en distillant ce nitrobenzène avec de la limaille de fer et de l'acide acétique, on obtient de l'*aniline*; celle-ci est caractérisée soit en traitant par la *soude* et l'*hypochlorite de calcium* qui forment une belle coloration *violette*, soit en ajoutant de l'*hypobromite de sodium* qui donne un *précipité orangé*.

Un composé nitré quelconque (III à IV gouttes), chauffé à l'ébullition avec 3 centimètres cubes d'alcool à 50° et V à VI gouttes de chlorure de calcium à 10 p. 100, puis avec un peu de poudre de zinc, est transformé en *hydroxylamine*, *réduisant l'azotate d'argent ammoniacal* en solution alcoolique faible (Mulliken et Barker).

L'*acide picrique* donne des combinaisons jaunes cristallisées avec les hydrocarbures cycliques de poids moléculaire élevé, tels que le naphtalène, l'anthracène, etc. (Fritzsche); il suffit de mélanger la solution de ces carbures dans le benzène à une solution benzénique d'acide picrique.

L'*acide sulfurique* et l'*acide sulfurique formolé* donnent des réactions colorées.

ALCOOLS

RÉACTION GÉNÉRALE

Les alcools forment des *éthers* avec les acides; ces éthers sont produits par la combinaison de l'alcool et de l'acide avec élimination d'eau :

$$\underset{\text{alcool.}}{C^2H^5.OH} + \underset{\text{acide acétique.}}{CH^3.CO.OH} = H^2O + \underset{\text{éther acétique.}}{C^2H^5.O.CH^3.CO}$$

Ils se produisent difficilement et lentement en chauffant un mélange d'alcool et d'acide, beaucoup plus facilement en présence de l'acide sulfurique, de l'acide chlorhydrique, du chlorure stannique, etc. En faisant réagir le chlorure d'acide sur l'alcool, on les obtient très facilement :

$$C^2H^5.OH + CH^3.COCl = HCl + C^2H^5.O.CH^3.CO$$

alcool. chlorure d'acétyle. éther acétique.

Les éthers obtenus possèdent généralement une odeur, des propriétés organoleptiques, physiques et chimiques qui permettent de reconnaître l'alcool.

ALCOOLS PRIMAIRES, SECONDAIRES, TERTIAIRES

ALCOOLS PRIMAIRES

Leur formule générale est : $R.CH^2.OH$.

L'acide sulfurique réagit pour *donner des éthers sulfuriques* ;

$$C^2H^5.OH + SO^4H^2 = C^2H^5.O.SO^3H + H^2O$$

alcool. sulfate acide d'éthyle.

éthers acides, faciles à isoler par le carbonate de baryum qui les transforme en sel de baryum soluble.

Cette réaction permet la séparation des alcools primaires, secondaires et tertiaires. Pour cela, on met en contact à froid, avec précaution, l'alcool et l'acide sulfurique ; après un contact plus ou moins long, on traite le mélange par l'eau glacée qui dissout l'éther et l'acide sulfurique; les alcools secondaires et tertiaires ou leurs produits de destruction sont décantés. Le liquide est traité par le carbonate de baryum pour séparer l'acide sulfurique à l'état de sulfate de baryum insoluble; le sel de baryum est transformé en éther sulfurique acide ou en son sel de sodium au moyen de l'acide sulfurique étendu ou du sulfate de sodium ; en distillant avec de l'eau, on régénère l'alcool.

Les alcools primaires, *oxydés* par le bichromate de potassium et l'acide sulfurique, donnent naissance à une *aldéhyde* :

$$CH^3.CH^2.OH + O = H^2O + CH^3.CHO$$

alcool éthylique. aldéhyde.

ALCOOLS SECONDAIRES

Ils ne se *combinent pas à l'acide sulfurique* pour donner des éthers sulfuriques acides.

Par *oxydation*, ils se transforment en *acétone*.

ALCOOLS TERTIAIRES

Ils ne *produisent pas avec l'acide sulfurique* d'éther sulfurique acide.

Par *oxydation*, ils se décomposent en formant *deux acides*.

DIAGNOSE DES ALCOOLS

Plusieurs moyens sont employés pour différencier les alcools primaires, secondaires, tertiaires. On peut chercher à déterminer la vitesse d'éthérification de ces alcools, la formation de dérivés nitrés, l'action du trichlorure de phosphore, les produits provenant de la déshydratation de ces alcools :

1° Par la détermination de la limite et de la vitesse d'éthérification (Mentschutkine). — On fait un mélange d'une molécule de l'alcool absolument sec et d'une molécule d'acide acétique pur. On introduit un poids déterminé (1 à 2 gr.) dans des petites ampoules de verre effilées à un bout, que l'on ferme ensuite à la lampe (fig. 127, d'après Béhal), en recourbant l'extrémité effilée; ces ampoules sont suspendues dans un bain de glycérine chauffé à 155°.

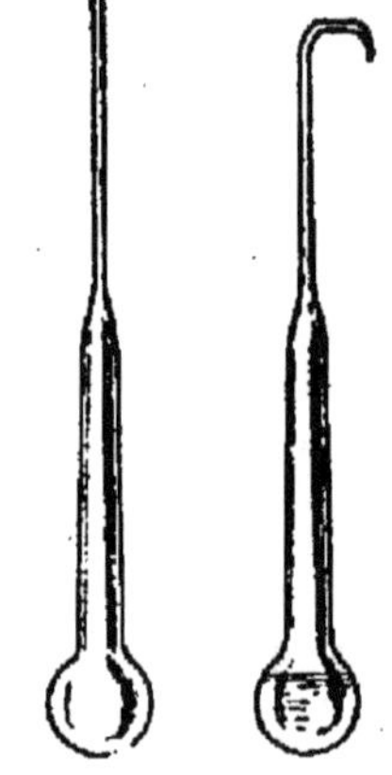

Fig. 127. — Ampoules.

La *vitesse* d'éthérification est déterminée en chauffant les ampoules pendant une heure à 155°; le tube refroidi est lavé, puis brisé sous l'eau; on dose par l'eau de baryte titrée ou par la soude $\frac{N}{10}$ la quantité d'acide restant, pour avoir par différence le poids d'acide éthérifié. Ce poids, rapporté à 100 grammes de substance, représente la *vitesse d'éthérification*.

La *limite* d'éthérification est obtenue en chauffant les ampoules à 155° pendant un temps variable de 144 à 216 heures.

Le poids d'acide éthérifié, rapporté à 100 grammes, donne la *limite d'éthérification.*

On obtient les chiffres suivants :

	Vitesse.	Limite.
Alcools primaires......	44,5 à 46,7	66,6 à 67,4
— secondaires....	16,9 à 16,5	58,7 à 63,1
— tertiaires......	0,9 à 2,2	0,8 à 6,6

Ces résultats sont modifiés, tout en restant de même ordre, lorsque l'alcool contient une fonction carbure non saturé.

2° **Au moyen des dérivés nitrés et nitrosés des alcools** (V. Meyer). — L'alcool est transformé en *dérivé iodé* en chauffant avec de l'iode, du phosphore rouge et un peu d'eau. Ce dérivé iodé ($0^{gr},20$) est mis avec de l'*azotite d'argent* ($0^{gr},50$) dans un petit tube à essais, muni d'une tubulure latérale ; on chauffe et on distille de façon à avoir I ou II gouttes de liquide, auquel on ajoute II gouttes de soude, 2 centimètres cubes d'eau et $0^{gr},01$ d'azotite de potassium. On ajoute de l'acide chlorhydrique, puis de la soude.

Les **alcools primaires** donnent des colorations *rouges* ; les alcools **secondaires** produisent des liquides qui, traités par le chloroforme, lui abandonnent une matière colorante *bleue* ; les alcools **tertiaires** ne donnent *rien.*

3° **Par la méthode de Cahours et Demarçay.** — En chauffant pendant deux ou trois jours à 50-60°, en vase clos, un alcool avec de l'*acide oxalique* sec, les alcools primaires et secondaires donnent un *mélange d'éther formique et d'éther oxalique* ; celui-ci est plus abondant avec les alcools primaires, moins abondant avec les alcools secondaires. Les alcools tertiaires se transforment en *carbure éthylénique,* sans éther.

4° **Par la méthode de Chancel.** — On chauffe à l'ébullition 1 centimètre cube de l'alcool avec deux fois son volume d'*acide azotique* concentré ; on ajoute 10 centimètres cubes d'eau, et au liquide refroidi 10 centimètres cubes d'éther. Celui-ci, décanté après agitation, est évaporé ; le résidu dissous dans un peu d'alcool est additionné de potasse alcoolique.

Tandis que les alcools *primaires* et *tertiaires* ne donnent *rien,* on obtient bientôt de petits *cristaux prismatiques jaunes avec les alcools secondaires.*

5° **Par la méthode de Jorochenko.** — Le *trichlorure de phosphore,* agissant à chaud sur les *alcools primaires,* donne 80 p. 100 de leur poids d'un *chlorhydrophosphite* $RO.PCl^2$; les *alcools secondaires* 80 p. 100 de leur poids d'un *carbure éthylénique,* de l'acide chlorhydrique et de l'acide phosphoreux ;

les *alcools tertiaires* 95 p. 100 de *chlorhydrure tertiaire* R.Cl et de *l'acide phosphoreux*.

6° **Par la méthode de Denigès.** — On met dans un tube 2 centimètres cubes de *réactif mercurique* (p. 130), on porte à l'ébullition et on ajoute aussitôt après une goutte du liquide à essayer; avec l'*alcool amylique tertiaire*, le précipité devient rapidement *blanc* et cristallin, puis finalement prend une *teinte grisâtre*, par mise en liberté du mercure; en ne chauffant qu'après le mélange de l'alcool et du réactif, on obtient, avant d'atteindre l'ébullition, un précipité *jaune*.

Avec l'*alcool butylique tertiaire*, il se forme un précipité *jaune*, augmentant par l'ébullition.

Le *triméthylcarbinol* produit avec le réactif mercurique une réaction encore nette avec 0gr,0001 de cet alcool. Il suffit de faire bouillir 2 centimètres cubes de réactif avec 1 centimètre cube d'alcool méthylique tenant en dissolution 1/10 000 d'alcool butylique tertiaire.

ALCOOL MÉTHYLIQUE, CH^4O

Liquide mobile, d'odeur agréable, de densité 0,842; il bout à 66°. Enflammé, il *brûle avec une flamme incolore*. Il se mélange en toutes proportions avec l'eau, l'alcool et dissout un grand nombre de substances.

Réaction de Trillat. — Une solution ne contenant pas plus de 10 p. 100 d'alcool méthylique, est *oxydée* par le bichromate de potassium et l'acide sulfurique; en distillant, on obtient de l'*acide acétique* et du *méthylal*, $CH^2(O.CH^3)^2$; le produit de la distillation, chauffé pendant cinq heures à 65-70° avec de la *diméthylaniline* rectifiée et un peu d'acide sulfurique, puis avec du bioxyde de plomb et de l'acide acétique, donne une *belle coloration bleue*.

Une **spirale de cuivre oxydé**, chauffée au rouge au-dessus de l'alcool méthylique, donne de l'*aldéhyde méthylique* ou formol, d'odeur piquante caractéristique.

ALCOOL ÉTHYLIQUE (ou ordinaire), C^2H^6O.

L'alcool est un liquide incolore, d'odeur agréable, de saveur brûlante, bouillant à 78°; sa densité est 0,806.

Il se mélange en toutes proportions avec l'eau et dissout un grand nombre de corps. Enflammé, il brûle avec une *flamme bleue* légèrement blanche.

A la distillation d'un mélange d'eau et d'alcool, les vapeurs condensées à l'aide d'un réfrigérant Liebig donnent des **stries** caractéristiques, surtout pour les premières parties. Le liquide distillé servira à faire les réactions.

De l'**iode** en solution dans de l'iodure de potassium est ajouté goutte à goutte à un liquide alcoolique, alcalinisé par quelques gouttes de **soude caustique**, jusqu'à ce que le liquide devienne jaune, coloration que l'on fait disparaître par I goutte de soude; en chauffant vers 60-70°, il se forme de l'**iodoforme**, caractérisé par son odeur et la forme de ses cristaux. Cette réaction n'est pas absolument caractéristique, car l'aldéhyde, l'acétone, l'alcool propylique produisent aussi de l'iodoforme.

Le **bichromate de potassium** est réduit à chaud en présence de l'acide sulfurique; le liquide devient *vert* par transformation du chromate en sulfate de sesquioxyde de chrome, et il se dégage de l'*aldéhyde* à odeur caractéristique.

En ajoutant à la solution 5 p. 100 d'**ammoniaque** et quelques gouttes de solution d'**iode** dans l'iodure de potassium, on a un précipité *gris noir* d'iodure d'azote. Avec l'aldéhyde et l'acétone, il se forme de l'iodoforme.

Du **permanganate de potassium** et de l'acide sulfurique, ajoutés à un liquide alcoolique, transforment à froid l'alcool en *aldéhyde;* après quelques minutes de contact, on décolore avec quelques gouttes de solution de bisulfite de sodium et on ajoute un volume égal du *réactif fuchsine-bisulfite* (p. 129), qui donne une *coloration rose violacé.*

L'acide butyrique (II à III gouttes), chauffé avec le liquide alcoolique additionné du quart de son volume d'acide sulfurique, forme du *butyrate d'éthyle* à *odeur d'ananas* (Berthelot).

La solution d'**azotate mercurique** acidulée avec de l'acide azotique, chauffée à l'ébullition avec de l'acide azotique, est réduite partiellement en sel mercureux noircissant par l'ammoniaque. L'alcool méthylique ne donne pas cette réaction.

Un *mélange* de deux solutions à 5 p. 100, l'une de **chlorure de cobalt**, l'autre de **sulfocyanate de potassium**, est mis dans un tube; en versant à sa surface un liquide contenant un peu d'alcool, celui-ci se colore en *bleu turquoise*. Cette coloration, plus intense à la surface de séparation des deux liquides, est détruite par l'eau oxygénée.

ALCOOL AMYLIQUE ORDINAIRE, $C^5H^{12}O$

Liquide incolore, d'odeur forte et pénétrante, bouillant à 131°, de densité 0,825, peu soluble dans l'eau (2 p. 100 environ), soluble en toutes proportions dans l'acool, le pétrole, etc.

Pour l'isoler d'un liquide, on agite celui-ci avec de l'éther, on sépare le liquide éthéré, on l'évapore à la température du laboratoire.

L'aniline donne une *coloration rouge* avec l'alcool amylique additionné d'acide chlorhydrique.

Le bichromate de potassium, en présence de l'acide sulfurique, transforme à chaud l'alcool amylique en aldéhyde et *acide valérianique*, dont l'*odeur* est caractéristique.

L'acétate d'amyle, obtenu en chauffant l'alcool amylique avec de l'acide acétique cristallisable et de l'acide sulfurique, possède une *odeur d'essence de poires*.

GLYCÉRINE, $C^3H^8O^3 = CH^2.OH - CH.OH - CH^2.OH$

Liquide incolore, inodore à froid, à odeur spéciale à chaud, sirupeux, de saveur sucrée. Elle peut être obtenue difficilement en gros cristaux fusibles à 18°. Soluble en toutes proportions dans l'eau et l'alcool, elle est insoluble dans le chloroforme, l'éther, les essences et les huiles. Elle bout à 290° en se décomposant partiellement; mais on peut la distiller dans le vide. La glycérine ne dévie pas le plan de polarisation de la lumière.

La **soude caustique** ne décolore pas la glycérine à chaud, elle ne réduit pas la liqueur de Fehling, réactions qui la distinguent des sucres.

Le **bisulfate de potassium**, chauffé avec de la glycérine aussi privée d'eau que possible, la décompose en *acroléine* ou propénal, $CH^2 = CH - CHO$. Il se dégage des *vapeurs blanches à odeur irritante et fort désagréable* de corps gras surchauffés ; on reconnaît l'acroléine au moyen du *réactif de Nessler*, dont on imprègne l'extrémité d'un agitateur (Crismer), il se produit une *coloration brune*.

On peut encore reconnaître l'*acroléine* par la réduction de l'*azotate d'argent* ; pour cela, on fait bouillir dans un tube à essais contenant une baguette de verre, un mélange de 2 centimètres cubes d'une solution d'azotate d'argent à 2 p. 100, 2 centimètres cubes d'ammoniaque et 2 centimètres cubes de solution de soude caustique (Denigès). La baguette de verre, portée aussitôt dans l'axe du tube où se dégage l'acroléine, prend une *coloration brune*, due à l'argent réduit.

Une solution de **borax additionnée de tournesol** prend une coloration bleue ; en ajoutant de la glycérine, le liquide *devient rouge*.

PHÉNOLS

Dans les médicaments, les phénols sont très rarement à l'état de pureté. Pour les séparer des matières qui les accompagnent, on distille, avec 60 à 70 centimètres cubes d'eau additionnée de quelques gouttes d'acide chlorhydrique, une quantité du médicament contenant $0^{gr},20$ à $0^{gr},30$ de phénols ; ceux qui sont solides et insolubles dans l'eau se condensent dans le réfrigérant sous forme solide, généralement dans un grand état de pureté ; le point de fusion et les réactions colorées permettent souvent de les reconnaître. Dans la solution aqueuse, on recherchera les phénols solubles à l'aide des réactifs généraux et particuliers (E. Barral).

Pour les *éthers* des phénols, on les *saponifie* au préalable en ajoutant au produit solide, ou bien au résidu de l'évaporation, quelques centimètres cubes d'alcool à 95° et quelques pastilles de *potasse* caustique; on fait bouillir pendant quelques minutes, jusqu'à ce que la saponification soit complète, on évapore l'alcool dans le vide sur l'acide sulfurique et on distille comme précédemment avec de l'eau, après avoir saturé et acidulé le résidu avec de l'acide chlorhydrique (E. Barral).

Le **chlorure ferrique** ou l'alun de fer, ajoutés à une solution aqueuse d'un phénol, même à fonctions multiples comme la morphine, l'acide salicylique, donnent une *coloration variant du bleu au violet.*

L'eau bromée produit, dans les solutions contenant des phénols, un précipité *jaune* ou *blanc* de bromophénols, insolubles ou très peu solubles dans l'eau.

Le **réactif de Millon**, chauffé à l'ébullition avec un phénol, prend une *coloration rouge intense* ; lorsque le phénol est en proportion suffisante, on obtient un précipité *jaune*, soluble dans l'acide acétique avec une belle *coloration rouge.* Cette réaction est extrêmement sensible.

PHÉNOL ORDINAIRE, $C^6H^5.OH$

Le phénol est un corps solide, cristallisé en aiguilles incolores, fusibles à 42° ; le liquide bout à 185°. *L'odeur* du phénol, différente suivant qu'il provient du goudron de la houille ou qu'il a été obtenu par synthèse, *est caractéristique.* L'eau dissout environ 6 p. 100 de phénol provenant du goudron de la houille et plus de 8 p. 100 de phénol synthétique. Il est très soluble dans l'alcool, l'éther, la glycérine.

Le phénol se colore peu à peu en *rose*, puis en *brun* ; neutre au tournesol, il se combine aux alcalis caustiques, mais ne décompose pas les carbonates.

L'eau bromée donne un précipité *blanc jaunâtre* de

tribromophénol, $C^6H^2Br^3.OH$, insoluble dans l'eau et les acides, soluble dans les alcalis.

L'**albumine** est coagulée.

Le **perchlorure de fer** colore en *bleu* les solutions de phénol.

Le **chlorure de chaux**, versé dans une solution de phénol additionnée de quelques gouttes d'ammoniaque, donne une *coloration bleu vert* (Salkowski).

L'**eau oxygénée**, ajoutée dans une solution alcalinisée par l'ammoniaque, produit une *coloration bleu verdâtre*.

La **solution mercurique** de Denigès, bouillie pendant au moins une minute avec un volume égal de la solution de phénol, fournit, après refroidissement, une combinaison mercurielle, *blanche*, très peu soluble à froid (Denigès).

L'**eau régale** produit une coloration *rouge pourpre cramoisi*.

Quelques gouttes d'**éther nitreux** alcoolisé sont mélangées dans un tube à essais à 6 centimètres cubes d'acide sulfurique concentré; en faisant couler à la surface une solution contenant du phénol, on voit se former une *zone rouge* (Eykmann).

L'**acide molybdique** en solution dans l'acide sulfurique concentré, produit une *coloration violette* avec quelques gouttes d'une solution contenant du phénol (Davy).

Le **persulfate d'ammonium** cristallisé, ajouté à une solution de phénol donne bientôt, surtout à chaud, une coloration *brune*, devenant *noire* (E. Barral).

L'**azotite de sodium**, ajouté à une solution phéniquée acidulée avec de l'acide sulfurique, produit une *coloration jaune* devenant *brun* foncé par la soude, *bleue* par l'hypochlorite de sodium.

En ajoutant les substances suivantes dans l'ordre indiqué : **alcool, ammoniaque**, solution **alcoolique d'iode** jusqu'à absorption complète de ce dernier, on obtient une *coloration vert d'eau* persistante (Manseau).

De l'**essence de menthe poivrée**, ajoutée à du phénol, donne à la longue une coloration *vert bleu*, disparaissant à chaud pour reparaître par refroidissement (Fiora).

Le **réactif de Frœhde** se colore en *bleu vert* par le phénol.

L'**azotate de potassium** et l'acide sulfurique donnent une coloration *violette* avec le phénol.

Le **nitrate mercurique**, chauffé à l'ébullition avec une solution de phénol, produit une odeur d'aldéhyde salicylique (Frésénius). La liqueur surnageante prend une coloration rouge.

ACIDE PICRIQUE ou TRINITROPHÉNOL, $C^6H^2(AzO^2)^3.OH$

Cristaux ou lamelles **jaunes**, fusibles à 122°,5, de *saveur très amère* (amer de Welter), peu solubles dans l'eau (1,2 p. 100), plus solubles dans l'alcool et dans l'éther. Chauffé brusquement, il détone violemment. Il est acide au tournesol et possède un pouvoir colorant très intense.

Le **chlorure de potassium** et le chlorure d'ammonium donnent des précipités cristallins *jaunes* dans les solutions assez concentrées.

Le **cyanure de potassium** en excès, chauffé avec une solution d'acide picrique, donne une *coloration rouge* intense d'isopurpurate de potassium.

Le **sulfhydrate d'ammonium**, chauffé avec une solution de picrate, développe une *coloration rouge*.

L'**azotate mercureux** donne un précipité *vert*, se dissolvant par la chaleur.

L'**albumine** est précipitée.

L'**hypochlorite de calcium**, chauffé avec un picrate, dégage des vapeurs piquantes de chloropicrine.

Le **bleu de méthylène** produit un précipité *vert.*

Le **sulfate de cuivre ammoniacal** forme un précipité cristallin *verdâtre.*

Le **sulfate ferreux**, en présence de l'acide tartrique, transforme l'acide picrique jaune en acide picramique *rouge.*

CRÉSOL ou CRÉSYLOL, $C^6H^4\begin{smallmatrix}CH^3\\OH\end{smallmatrix}$

Le liquide retiré du goudron de houille ou de la créosote de bois de hêtre contient les trois crésols isomères; son point d'ébullition varie entre 190 et 200° ; il a une *odeur caractéristique.*

L'eau bromée en excès donne un précipité jaune d'or, insoluble, peu stable, de dibromocrésol bromé, $C^6H^2Br^2.CH^3.OBr$.

L'iode en solution dans l'*iodure de potassium*, produit, dans une solution alcaline de crésols, un précipité rouge brun amorphe, $C^6H^2I^2.CH^3.OH$, fusible à 150-200°.

L'iode, ajouté à une solution *ammoniacale* de crésols, donne un précipité de même composition, fusible à 69-76°.

THYMOL, isopropylmétacrésol, $C^3H^7 - C^6H^3\begin{smallmatrix}OH\\CH^3\end{smallmatrix}$

Corps solide, cristallisé, fusible vers 50°, possédant une odeur agréable, qui est celle du thym. Très peu soluble dans l'eau (0gr,03 p. 100), il se dissout très bien dans l'alcool et l'éther.

Le **perchlorure de fer ne donne pas de coloration** avec la solution aqueuse.

Additionnée d'un demi-volume d'**acide acétique** et d'un volume d'**acide sulfurique** concentré, une solution aqueuse saturée se colore en *rouge violet.*

On dissout un peu de thymol dans 3 à 4 centimètres cubes d'alcool, on ajoute IV à V gouttes de **soude caustique**, on fait bouillir et on verse 1 centimètre cube de **chloroforme**. Le liquide, soumis à l'ébullition pendant quelques instants, prend une *coloration rouge* *dichroïque* avec bande d'absorption dans le jaune (Denigès).

L'hypochlorite de sodium, ajouté à une solution aqueuse de thymol alcalinisée par l'ammoniaque, colore le liquide en *bleu*.

L'iode en solution dans l'iodure de potassium produit, avec une solution de thymol alcalinisée par la soude, un précipité *brun rouge* d'aristol.

NAPHTOL α, $C^{10}H^8O$

Petites aiguilles brillantes, blanches, parfois rosées, *fusibles dans l'eau bouillante* à 96°, en un liquide bouillant à 280° ; sa densité est 1,22. Presque insoluble dans l'eau froide, il est très soluble dans l'alcool, l'éther, le chloroforme, le benzène, la glycérine. Il est entraîné par l'eau à l'ébullition.

NAPHTOL β

Petites lamelles nacrées, blanches, fusibles à 122° en un liquide bouillant à 285°. Sa saveur est âcre et piquante. Presque insoluble dans l'eau froide, il se dissout dans l'eau bouillante, l'alcool, l'éther, le benzène, le chloroforme. Il est entraîné par l'eau à l'ébullition, moins facilement que le naphtol α.

Réactions du naphtol α et du naphtol β.

Le **point de fusion** permet de les distinguer : le naphtol α fond dans l'eau bouillante.

La **potasse solide**, en présence du **chloroforme**, les colore en *bleu* ; l'ébullition accentue cette coloration. Cette réaction est commune aux deux naphtols.

L'**eau bromée**, ajoutée goutte à goutte jusqu'au moment où commence à naître un précipité, produit une *coloration violette* avec le *naphtol α*, tandis qu'avec le *naphtol β la coloration est jaune.*

L'**hypobromite de sodium** (III gouttes) donne une coloration et un précipité *violet sale* avec une solution aqueuse saturée de *naphtol α*, tandis qu'on a une *coloration jaune, puis noire*, disparaissant avec un excès de réactif, pour le *naphtol β*.

Le **perchlorure de fer** très étendu, versé goutte à goutte dans une solution aqueuse de *naphtol α*, *donne un précipité et une coloration jaunes* à froid, devenant *rouge lie de vin* à chaud; agité avec de l'éther, celui-ci se colore en *bleu*. Le *naphtol β ne donne rien à froid*, une coloration et un précipité jaunes à chaud, colorant l'éther en jaune.

Du **persulfate d'ammonium** solide, ajouté à un peu de *naphtol α* solide, mélangé dans un verre avec 20 centimètres cubes d'eau et 5 centimètres cubes environ de soude caustique, donne une coloration *jaune rougeâtre*, se fonçant rapidement pour passer au brun noir; si on ajoute de l'*éther*, celui-ci se colore en *rouge groseille* (B. Moreau). *Avec le naphtol β*, on a une *coloration noire*, ne devenant noire que très lentement; *l'éther se colore en jaune verdâtre*.

L'**acide iodique** en solution produit, avec le naphtol α, un précipité floconneux *blanc jaunâtre* qui se *colore* rapidement en *violet*. Avec le naphtol β, le précipité prend peu à peu une *coloration rouge*; après repos, le liquide est coloré en *jaune*, le précipité est *rouge brun* (Vincent).

De l'**iodure de potassium ioduré** (2[cc]) est versé dans un tube contenant un peu de naphtol solide; en versant un excès de **soude** caustique, et agitant, le naphtol α donne une solution limpide *non colorée*, le naphtol β un liquide trouble coloré en *violet* (Jorissen).

Le **réactif Ymonnier** donne un précipité *noir* avec le naphtol α, rien avec le napthol β.

L'**acide azotique** à chaud produit une coloration et un précipité *violets avec le naphtol β*; une *coloration jaune verdâtre*, puis *jaune orangé avec le naphtol β*.

GAIACOL, $C^6H^4.OH.OCH^3$

Le gaïacol, ou éther méthylique de la pyrocatéchine, constitue le principe actif de la créosote de hêtre.

Le gaïacol pur est obtenu en cristaux blancs, fusibles à 28°,5 en un liquide bouillant à 205°. Peu soluble dans l'eau (1,6 p. 100), il se dissout bien dans l'alcool, l'éther, la glycérine. Il a une odeur aromatique caractéristique et une saveur caustique.

Le **nitrite de sodium** à 10 p. 100 et l'acide azotique, ajoutés à une solution aqueuse de gaïacol, donnent une *coloration rouge orangé clair*.

Du **sulfate de cuivre** à 5 p. 100 est mélangé à la moitié de son volume d'une solution à 5 p. 100 de **cyanure de potassium**; en versant ce liquide dans un verre, sur les parois duquel est déposée une trace de gaïacol, on voit se former immédiatement des stries d'un précipité *marron pourpre* pour le gaïacol pur. Avec la créosote, le précipité vu par transparence est *vert émeraude*; avec le gaïacol pauvre, gris rouge (Fonzes-Diacon).

L'eau bromée forme un précipité *orangé*, devenant rapidement *brun*.

Les **hypochlorites alcalins**, chauffés avec du gaïacol alcalinisé par l'ammoniaque, colorent le liquide en *vert*.

Le **perchlorure de fer** en très petite quantité colore les solutions de gaïacol en *bleu* pur; une nouvelle addition de perchlorure de fer fait devenir la coloration *verte*, puis rapidement *acajou*.

L'acide sulfurique, chauffé avec du gaïacol, le colore en *rouge orangé*.

L'acide chromique à 1 ou 2 p. 100, ajouté à une solution aqueuse de gaïacol, donne une *coloration* et un *précipité bruns* (Guérin).

L'acide iodique à 1 ou 2 p. 100 colore les solutions aqueuses en *orangé brun* et laissent déposer un *précipité kermès* (Guérin).

Chauffé avec du **chloroforme** et de la **soude**, il produit une *coloration rouge pivoine*.

L'acide sulfurique formolé produit une *coloration rouge violacé* dans une solution aqueuse de gaïacol.

RÉSORCINE, $C^6H^4<^{OH_1}_{OH_3}$

En cristaux blancs, fusibles à 118°; elle bout à 276°. Soluble dans l'eau, l'alcool, l'éther, elle est insoluble dans le sulfure de carbone et le chloroforme; sa saveur est à la fois amère et sucrée.

Le **sulfate mercurique** produit un précipité *blanc*.

De la **soude caustique** à 30 p. 100 est mise dans un verre; en versant à la surface une solution alcoolique de résorcine, on a un *anneau vert* à la surface de séparation.

L'**hypochlorite de sodium** colore une solution de résorcine en *violet*, puis en jaune.

Le **perchlorure de fer** produit une coloration *violet foncé*.

Un mélange de **choral** et de **chloroforme** chauffé avec de la résorcine, donne une *coloration rouge*.

L'acide sulfurique formolé se colore en *jaune*, puis *orangé* avec *masses groseille* en suspension.

L'acide sulfurique nitreux colore en *jaune orangé* la solution de résorcine; en chauffant vers 100°, la teinte devient *bleue*, puis *rouge*.

HYDROQUINONE, $C^6H^4<^{OH_1}_{OH_4}$

L'hydroquinone est dimorphe; elle cristallise en aiguilles monocliniques ou en prismes hexagonaux, fusibles à 169°. Soluble dans l'eau, dans l'alcool et l'éther.

De la **soude caustique** à 30° est mise dans un verre conique; en versant à la surface une solution alcoolique d'hydroquinone, celle-ci se colore en *jaune*.

L'acide sulfurique formolé, dans lequel on projette un peu d'hydroquinone, se colore en *jaune brun*, puis feuille morte.

PYROCATÉCHINE, $C^6H^4<^{OH_1}_{OH_2}$

Petits cristaux fusibles à 104°; elle bout à 240°. Sa saveu est légèrement sucrée, puis astringente. Très soluble dans l'eau, l'alcool, l'éther, elle est presque insoluble dans le benzène froid.

La **liqueur de Fehling** est *réduite*.

Le **sulfate mercurique** colore une solution de pyrocatéchine en *jaune*, *jaune rouge*, puis *rouge brun*.

L'**acide sulfurique formolé**, dans lequel on fait tomber quelques cristaux de pyrocatéchine, prend une coloration *carmin*.

PYROGALLOL, $C^6H^3{\lt}\begin{matrix}OH\\OH\\OH\end{matrix}$

Aiguilles blanches, légères, fusibles à 133°, bouillant à 294° en se décomposant partiellement. Très soluble dans l'eau, il se dissout dans l'alcool et l'éther.

La **soude**, en présence de l'air, le colore rapidement en *noir*.

Les **sels ferreux** le colorent en *bleu*.

L'**iode** le colore en *rouge*.

Le **réactif de Mathieu-Plessy** produit une coloration *verte*.

PHLOROGLUCINE, $C^6H^3(OH)^3$

La phloroglucine cristallise dans l'eau avec $2H^2O$, qu'elle perd à 100°; elle fond ensuite et se sublime.

Le **sulfate mercurique** (p. 130), versé dans la moitié de son volume de solution, donne un précipité *blanc jaunâtre*.

Sur de la **soude**, une solution alcoolique de phloroglucine donne un *anneau blanc*.

L'**acide sulfurique formolé**, dans lequel on met de la phloroglucine en poudre, prend une coloration *rouge orangé* (Denigès).

De la **saccharine**, chauffée avec de l'acide sulfurique et une trace de phloroglucine, produit une coloration *violette* (Wauters).

Le **bois** humecté d'une solution alcoolique de phloroglucine à 8 p. 100, acidulée avec 25 p. 100 de HCl, prend une *coloration rouge fuchsine* (recherche du bois dans le papier).

ALDÉHYDES ET CÉTONES

Les aldéhydes et les cétones ont un grand nombre de réactions communes; d'autres permettent de les différencier. Les réactions générales sont les suivantes :

L'amalgame de sodium transforme les *aldéhydes* en alcools primaires correspondants, les *cétones* en alcools secondaires.

Les **oxydants**, tels que le permanganate de potassium et le bichromate de potassium en présence de l'acide sulfurique, changent une *aldéhyde en acide correspondant*, tandis qu'une *cétone est scindée en deux molécules d'acide*.

Les **aldéhydes sont très réductrices**; elles réduisent à froid, le *réactif de Tollens* (p. 120) en précipitant l'argent métallique, le *réactif de Nessler* (p. 113) qui prend une *coloration brune*; à chaud, la *liqueur de Fehling* (p. 127). Les **cétones ne sont pas réductrices**, excepté quelques cétoses.

La **fuchsine-bisulfite** de sodium (p. 129) se colore en *violet*, d'autant plus foncé que le liquide contient plus d'*aldéhyde*; cette coloration vire au bleu violacé par l'acide chlorhydrique (Schmidt). Les cétones ne donnent pas de coloration.

L'acide γ-diazobenzènesulfonique, obtenu en traitant l'acide parasulfanilique par l'azotite de sodium en liqueur sulfurique, donne avec une *aldéhyde*, de la soude caustique et un peu d'amalgame de sodium, une *coloration rouge violet*. Cette réaction est très sensible. Elle se produit avec toutes les aldéhydes qui ne s'altèrent pas en solution alcaline; par exemple, elle ne se produit pas avec le chloral.

Le **bisulfite de sodium** s'unit aux *aldéhydes* pour donner des combinaisons cristallisées un peu solubles dans l'eau, c'est-à-dire ne se formant pas dans des solutions trop diluées. Les *cétones*, excepté celles en $R.CO.CH^3$ (acétone ordinaire, etc.), ne forment pas de combinaison cristalline avec le bisulfite de sodium.

Le **chlorhydrate de phénylhydrazine**, en présence de l'acétate de sodium, forme avec les *aldéhydes de la série grasse* des produits de condensation *huileux*; les *aldéhydes aromatiques* et le *furfurol* des produits *cristallisés*.

Du **nitroprussiate de sodium** (V à VI gouttes de solution récente à 10 p. 100) est ajouté à 2 à 3 centimètres cubes de la solution alcalinisée avec III à IV gouttes de soude caustique ; on agite et on verse rapidement X à XII gouttes d'*acide acétique*; on obtient une coloration *rouge* pour une *aldéhyde de la série acyclique* et *bleue* pour les *aldéhydes de la série cyclique*. Cette réaction est commune aux cétones renfermant le groupement $CH^3.CO$ (Legal-Denigès).

ALDÉHYDES

FORMOL, méthanal, aldéhyde formique, aldéhyde méthylique, H.CH.O

Liquide bouillant à 21° ; à la température ordinaire, gaz d'une *odeur pénétrante*, irritant les yeux et les muqueuses. Instable à l'état pur, il se polymérise par transformation en *trioxyméthylène* $(CH^2O)^3$ solide.

La solution commerciale, ordinairement à 40 p. 100, est un liquide incolore, à odeur pénétrante et irritante, légèrement sirupeuse, très soluble dans l'eau, possédant des *propriétés réductrices très énergiques*. Il réduit l'azotate d'argent en milieu alcalin, mais ne le réduit pas en milieu acide. Le bioxyde de sodium décompose avec explosion une solution concentrée de formol.

Le **vin rouge** et un certain nombre de **matières colorantes** sont décolorées rapidement à chaud, lentement à froid.

Il ne donne pas la réaction du nitroprussiate, car il ne contient pas le groupement $CH^3.CO$.

De la diméthylaniline (X gouttes) est ajoutée à la solution à essayer ; on acidule par quelques gouttes d'*acide sulfurique*, on agite vivement ; le mélange est chauffé pendant une demi-heure au bain-marie ; on alcanilise avec de la *soude* et on fait bouillir jusqu'à ce que l'odeur de la diméthylaniline ait disparu ; après refroidissement, on filtre, on lave deux ou trois fois avec un peu d'eau. Le filtre est ensuite étalé au fond d'une capsule de porcelaine et humecté d'*acide acétique*; en faisant tomber du *bioxyde de plomb*, on obtient une *coloration bleu violacé* (Trillat).

L'eau d'aniline à 3 ou 4 grammes par litre donne un *trouble*, puis un précipité *blanc* de triphényltriméthylène-triamine.

Le sulfate acide de mercure (3 à 4 centimètres cubes), porté à l'ébullition et additionné de formol, donne rapidement un précipité cristallin de sulfate mercureux *devenant noir par l'ammoniaque* (Denigès). On peut obtenir cette réaction en portant, à l'extrémité d'une baguette de verre, une goutte du réactif bouillant dans une atmosphère contenant des vapeurs de formol; on a un précipité cristallisé qui se présente au microscope sous forme de lamelles groupées.

La résorcine (0gr,50) chauffée à l'ébullition avec 2 ou 3 centimètres cubes d'une solution de formol mélangée à un volume égal de *soude caustique*, donne une *coloration jaune, devenant rouge* (Lebrin).

Le réactif de Nessler devient *brun* par le formol.

L'amylamine en solution aqueuse à 1 p. 100 donne un précipité *blanc*, même avec de très faibles quantités de formol (Denigès).

L'acide salicylique en solution à 1 p. 100 dans l'acide sulfurique concentré, est *coloré en rouge* par le formol.

L'eau de brome, ajoutée dans une solution *ammoniacale* de formol saturée d'acide acétique, donne un précipité *jaune*.

La phloroglucine, ajoutée à une solution de formol alcalinisée avec de la soude, développe à froid une belle *coloration rouge* (Jorissen).

Le **chlorhydrate de phénylhydrazine** et le **perchlorure de fer**, ajoutés à une solution alcoolique de formol, donnent une *coloration rouge*; la réaction est plus nette avec un peu d'acide sulfurique.

Une solution de **chlorhydrate de phénylhydrazine** à 1 p. 100, additionnée de 2 p. 100 d'acétate de sodium, est ajoutée à dix fois son volume d'une solution contenant des traces de formol ; en versant V gouttes d'acide sulfurique, on développe, au bout de quelques instants, une belle *coloration verte.*

Le **lait** ou la **peptone** en solution aqueuse, additionnés d'un peu de *formol* et versés à la surface d'un mélange de 10 centimètres cubes d'acide sulfurique concentré et de 1 centimètre cube de perchlorure de fer officinal, forment à la surface de séparation une magnifique *coloration bleue* (Helmer).

La **méthylphénylhydrazine** asymétrique en solution chlorhydrique produit, avec le formol, un précipité *blanc*, devenant *vert foncé* au bout d'une demi-heure (Goldschmidt).

ALDÉHYDE ORDINAIRE, éthanal, aldéhyde acétique, $CH^3.CHO$

Liquide incolore, très mobile, d'une odeur pénétrante et un peu suffocante, bouillant à 21°. Soluble en toutes proportions dans l'eau, l'alcool, l'éther.

L'aldéhyde ordinaire donne les réactions générales des aldéhydes.

Le **sulfate mercurique** (2 à 3 centimètres cubes) chauffé au voisinage de l'ébullition, dans lequel on projette peu à peu quelques gouttes d'une solution contenant de l'aldéhyde, prend une *coloration rougeâtre*, avec bande d'absorption dans le jaune (Denigès).

CHLORAL, aldéhyde trichlorée, $CCl^3.CHO$

Le *chloral anhydre* est un liquide d'une odeur pénétrante particulière, bouillant à 94°.

L'*hydrate de chloral*, $CCl^3.CHO + H^2O$, est employé en thérapeutique ; c'est un corps solide, en prismes monocliniques blancs ou en masses saccharoïdes, d'odeur spéciale, de saveur âcre; il fond à 52° en un liquide bouillant vers 100°. Il est très soluble dans l'eau, l'alcool, l'éther, le chloroforme, les huiles, le sulfure de carbone.

La **soude caustique** le décompose en chloroforme et formiate de sodium :

$$CCl^3.CHO + NaOH = CHCl + H.CO^2N$$

Le **sulfure de sodium** donne une solution et un précipité *jaunes*.

Le **zinc** réduit à chaud le chloral en présence de l'acide sulfurique; le liquide précipite ensuite par l'azotate d'argent.

Un peu de **résorcine**, ajoutée à une solution de chloral alcalinisée par la soude, donne à l'ébullition une *coloration rouge à fluorescence verte*; en diluant beaucoup le liquide avec de l'eau, la coloration a presque disparu, tandis que la fluorescence persiste.

FURFUROL, aldéhyde pyromucique, $C^4H^3O.CHO$

Liquide incolore, brunissant à l'air; son odeur aromatique rappelle celle des amandes amères. Peu soluble dans l'eau, il se dissout bien dans l'alcool et l'éther. Il bout à 162°.

Les **acides** le colorent en *rouge* à froid.

La **xylidine** ordinaire et l'**acide acétique**, mélangés à volumes égaux et additionnés d'un peu d'alcool, sont colorés en *rouge intense* par une trace de furfurol.

L'eau d'aniline, acidulée par l'acide chlorhydrique, produit avec le furfurol une *coloration rouge*, analogue à l'éosine (Schiff).

La **phloroglucine**, en solution saturée à froid dans l'acide chlorhydrique à 50 p. 100, produit à chaud avec le furfurol une belle *coloration rouge*, avec bandes d'absorption entre le jaune et le vert, près de la raie D.

ALDÉHYDE BENZOIQUE, essence d'amandes amères, aldéhyde benzylique, benzylol, $C^6H^5.CHO$

Liquide incolore, très réfringent, d'*odeur* agréable d'*essence d'amandes amères*, de saveur âcre et aromatique. Il bout à 180°.

Peu soluble dans l'eau (3 p. 100), il se dissout bien dans l'alcool et dans l'éther.

A l'air et à la lumière, il se transforme en acide benzoïque.

La **diméthylaniline**, chauffée avec de l'aldéhyde benzoïque et du chlorure de zinc, donne une magnifique coloration *vert émeraude*, devenant bleu verdâtre intense. Le produit est soluble dans l'alcool et dans l'éther en un liquide bleu verdâtre.

L'**acide sulfurique** la dissout à chaud en prenant une coloration *rouge pourpre*.

La **liqueur de Fehling** n'est pas réduite.

CÉTONES

ACÉTONE ORDINAIRE, propanone, $CH^3.CO.CH^3$

Liquide incolore, très mobile, d'odeur agréable, bouillant à 56°. Très soluble dans l'eau, l'alcool, l'éther; l'acétone est employée comme dissolvant.

Elle ne recolore pas la fuchsine-bisulfite de sodium.

L'**iode** en solution à 2 p. 100 dans l'iodure de potassium, ajouté goutte à goutte à une dissolution aqueuse d'acétone alcalinisée par 2 p. 100 d'*ammoniaque*, produit un précipité *brun* d'iodure d'azote se transformant rapidement en *iodoforme* (différence avec l'alcool ordinaire). Cette réaction, d'après Schwincker, serait commune à tous les corps renfermant le groupement $CH^3.CO$, dont le carboxyle est en relation avec un radical hydrocarboné ou avec H (aldéhyde ordinaire).

Le **chlorure mercurique**, additionné d'un excès de *potasse alcoolique*, donne un précipité jaune d'oxyde mercurique; si le liquide contient de l'acétone, un peu d'oxyde mercurique entre *en dissolution* et peut être précipité par le sulfure d'ammonium dans le liquide filtré.

L'**aldéhyde métanitrobenzylique**, ajoutée à une solution d'acétone alcalinisée par la soude caustique, donne une coloration *jaune*, virant au *vert* et à l'*indigo*.

En ajoutant du **sulfate de cuivre** et de l'**iodure de**

potassium iodé à une solution d'acétone acidulée par l'acide phosphorique, on a un *trouble floconneux brun*. En chauffant, le *liquide se décolore*, et il se sépare un abondant *précipité gris blanc* (Sternberg).

SUCRES

Les sucres sont des corps de *saveur sucrée*, contenant dans leur molécule *plusieurs fonctions alcooliques*. On peut les diviser en :

1° Sucres renfermant uniquement des **fonctions alcooliques** : glycols, glycérines, érythrites, pentites, hexites, etc. Leurs réactions analytiques sont celles des alcools ;

2° **Aldoses**, sucres possédant une fonction *aldéhyde* : glucose, etc. ;

3° **Cétoses**, sucres contenant une fonction *étone* : lévulose, etc. ;

4° **Saccharoses**, sucres résultant de la soudure de deux molécules à fonction aldéhyde ou cétone : saccharose, etc.

5° **Sucres à chaîne fermée.**

ALDOSES ET CÉTOSES

Les *aldoses* et les *cétoses* présentent les *réactions des aldéhydes et des cétones*.

La **fuchsine-bisulfite** de sodium est colorée par les aldoses et ne l'est pas par les cétoses (Villiers et Fayolle).

Les aldoses et les cétoses ont des propriétés **réductrices** ; par exemple, elles *réduisent la liqueur de Fehling et l'azotate d'argent ammoniacal sodique*.

La **phénylhydrazine** se combine à *froid* avec les aldoses et les cétoses en proportions équimoléculaires, pour donner une *hydrazone* généralement soluble dans l'eau.

La **phénylhydrazine** en excès, chauffée avec une aldose ou une cétose acidulée avec l'acide acétique, donne une *osazone*, corps *cristallisé jaune*, insoluble, dont le point de fusion est souvent caractéristique. Pour obtenir facilement cette osazone, on verse dans un tube à essais environ 10 centimètres cubes d'une solution aqueuse contenant 10 p. 100 d'acétate de sodium et 20 centimètres cubes d'acide acétique ; on ajoute 1 centimètre cube de phénylhydrazine et on chauffe le mélange au bain-marie bouillant ; au liquide chaud, on ajoute 1 centimètre cube de la solution d'aldose ou de cétose en continuant à chauffer. Au bout de quelque temps, on voit se former des *aiguilles jaunes* ; celles-ci sont séparées, essorées, séchées, afin de pouvoir en prendre le point de fusion. Pour le glucose et le lévulose, le point de fusion est de 205°, identique pour les deux ; il est de 193° pour le galactose.

L'**orcine**, en solution à 1 p. 1000 dans l'*acide chlorhydrique concentré*, colore le liquide en *rouge orangé* si le glucose est en C^6, en *violet bleu* s'il est en C^5. Cette réaction est commune aux saccharoses, à l'amidon, aux glucosides, aux gommes, à l'arabinose.

La **phloroglucine** en solution chlorhydrique, colore le liquide en *rouge*. Dans ces deux réactions, l'acide chlorhydrique réagissant sur les hydrates de carbone forme du *furfurol*, qui réagit sur l'orcine ou la phloroglucine.

La **levure de bière** fait *fermenter* quelques aldoses et cétoses.

GLUCOSE ORDINAIRE, dextrose, $C^6H^{12}O^6$

Les cristaux de glucose anhydre fondent à 114°. Dans une solution aqueuse, il cristallise en petits mamelons blancs agglomérés en choux-fleurs, contenant une molécule d'eau, $C^6H^{12}O^6 + H^2O$, inaltérables à l'air, perdant leur eau à 100°. Soluble dans un peu plus de son poids d'eau, il est trois fois moins soluble que le sucre de canne; il est peu soluble dans l'alcool absolu. A poids égal, il sucre trois fois moins que le sucre de canne. Les solutions de glucose dévient le plan de polarisation à droite, son pouvoir rotatoire est de $\alpha_D = + 58°,7$.

La soude caustique, chauffée avec une solution de glucose, donne une *coloration* variant du *jaune au brun* suivant la proportion de glucose.

La **liqueur de Fehling** est réduite à chaud par le glucose; il se forme un précipité rouge d'oxyde cuivreux.

Pour reconnaître des traces de glucose, il est préférable d'opérer de la manière suivante : dans un tube à essais, on chauffe à l'ébullition 5 à 6 centimètres cubes de liqueur de Fehling, dans laquelle on a mis une pastille de potasse caustique; on incline le tube et on fait couler sur la paroi II à III gouttes du liquide à essayer; s'il contient du glucose, il se produit à la surface un *anneau jaune devenant rapidement rouge*.

Le **sous-nitrate de bismuth**, en suspension dans l'eau fortement alcalinisée par la soude caustique, *est réduit* à l'ébullition; il se produit un précipité *noir* de bismuth métallique.

La **levure de bière** détermine la fermentation alcoolique du glucose :

$$C^6H^{12}O^6 = 2C^2H^6O + 2CO^2$$

avec dégagement d'acide carbonique. Pour constater la formation de l'alcool et de l'anhydride carbonique, on met dans un petit flacon la solution avec un peu de levure de bière; on adapte un bouchon de caoutchouc traversé par un tube deux fois recourbé, pour recueillir l'anhydride carbonique dans une petite éprouvette ou un tube à essais rempli de mercure et retourné dans un verre contenant du mercure. En portant à l'étuve à 40-45°, il se dégage de l'anhydride carbonique reconnaissable par l'eau de chaux. La fermentation terminée, on distille le liquide et on recherche, dans le distillatum, l'alcool au moyen des réactions indiquées.

L'acide picrique en solution à 4 p. 1000, chauffé à l'ébullition avec une solution de glucose, donne une *coloration rouge foncé* (Braun).

Le **réactif de Mathieu-Plessy** donne une *coloration rouge* avec le glucose. On chauffe ensuite avec de l'acide chlorhydrique et on laisse refroidir ; le liquide froid donne une *coloration rouge* quand on l'agite avec un volume égal d'un mélange à parties égales d'acide chlorhydrique de densité 1,124 et de solution de sucre à 2 p. 100.

La **laine** imbibée de *chlorure stanneux*, chauffée avec du glucose, devient *noire* à chaud.

L'acide diazobenzol sulfureux, ajouté à une solution de glucose alcalinisée par de la soude, donne une coloration *rouge vif* (Penzolt).

L'acétate de plomb ammoniacal, chauffé avec une solution de glucose, forme un précipité *rouge chair* (Rubner). On n'a pas de réduction par le saccharose.

L'azotate de cobalt à 5 p. 100, additionné d'un léger excès de soude caustique, donne avec une solution de glucose une coloration *bleue*, devenant rapidement *vert sale*.

FRUCTOSE, lévulose, $C^6H^{12}O^6$.

On l'obtient dans le dédoublement du saccharose par les acides étendus :

$$\underset{\text{saccharose.}}{C^{12}H^{22}O^{11}} + H^2O = \underset{\text{glucose.}}{C^6H^{12}O^6} + \underset{\text{lévulose.}}{C^6H^{12}O^6}$$

Corps solide, fusible à 95°, plus soluble dans l'eau et l'alcool que le glucose. Son pouvoir rotatoire lévogyre est $\alpha_D = -104°$ à 14° ; il varie avec la température.

La **soude caustique** colore à chaud une solution de fructose en *brun*.

La **liqueur de Fehling** est réduite à chaud.

La levure de bière détermine la fermentation alcoolique.

Du **réactif résorcinique** est mélangé à un volume égal de solution contenant du fructose et à un volume égal d'acide chlorhydrique concentré; on mélange et on chauffe au bain-marie bouillant pendant deux minutes. Il se forme une *coloration* et un *précipité rouges*; l'addition d'alcool fait disparaître le précipité et le liquide devient d'un *beau rouge* (Sélivanoff). Le glucose et le galactose donnent seulement une *coloration jaunâtre faible.*

GALACTOSE, $C^6H^{12}O^6$

Il se produit, à côté du glucose, dans le dédoublement du lactose par les acides étendus. Il fond à 168°.

La liqueur de Fehling est *réduite.*

La **levure de bière** ne provoque pas la fermentation alcoolique.

SACCHAROSES

Les saccharoses sont des corps de saveur sucrée, possédant la propriété d'être dédoublés, sous l'influence des agents d'hydratation et en particulier des acides étendus, en deux ou plusieurs molécules de glucoses, identiques entre eux ou différents.

SACCHAROSE, $C^{12}H^{22}O^{11}$

La saccharose cristallise sous forme de gros prismes monocliniques incolores, durs, de densité 1,60. Il est soluble dans le tiers de son poids d'eau à la température ordinaire, insoluble dans l'éther anhydre et l'alcool absolu froid. Il *dévie* le plan de polarisation de la lumière *à droite*, $\alpha_D = + 64°,1$ à 20°. Il fond à 160°.

Les **acides** étendus le scindent en deux molécules, l'une de glucose, l'autre de fructose; le polarimètre permet de constater le dédoublement : le saccharose, qui dévie le plan de polarisation à droite, *dévie* au contraire *à gauche après interversion.*

La liqueur de Fehling n'est pas réduite.

L'azotate d'argent ammoniacal sodique est réduit.

La **levure de bière**, contenant un ferment soluble, l'invertine, qui dédouble le saccharose en glucose et lévulose, produit indirectement la fermentation des produits du dédoublement.

Quelques gouttes d'**azotate de cobalt** à 5 p. 100 additionné d'un léger excès de **soude caustique**, versées dans une solution de saccharose, donnent une *teinte améthyste foncée* assez persistante. Cette réaction reste bien nette, même en présence de 90 p. 100 de glucose.

Le **réactif de Mathieu-Plessy** produit avec le saccharose une coloration *vert brun*.

LACTOSE, $C^{12}H^{22}O^{11} + H^2O$

Prismes orthorhombiques incolores, durs, craquant sous la dent, de saveur sucrée, beaucoup moins intense que celle du saccharose. Il se ramollit vers 87°, perd son eau à 110° et fond à 203°,5. *Dextrogyre*, $\alpha_D = + 52°,5$. L'eau froide en dissout 16 p. 100, l'eau chaude 50 p. 100.

Les **acides étendus** le transforment à chaud en glucose et galactose.

La liqueur de Fehling est *réduite* à chaud.

L'azotate d'argent ammoniacal sodique est *réduit* à l'ébullition.

La **levure de bière** ne provoque pas la fermentation alcoolique du lactose.

La **phénylglucosazone** fond à 200°.

De l'acétate neutre de plomb en poudre est mélangé à la moitié de son volume d'une dissolution assez concentrée de lactose; on chauffe à l'ébullition, puis on ajoute II gouttes de solution de soude et goutte à goutte un excès d'ammoniaque; il se produit une *coloration jaune, puis rouge* (Rubner).

L'azotate de cobalt à 5 p. 100 (quelques gouttes), additionné d'un léger excès de soude, donne une *coloration bleue* fugace.

MALTOSE, $C^{12}H^{22}O^{11} + H^2O$

Il se forme avec le glucose dans l'action de la diastase sur l'empois d'amidon ou le glycogène. Il se présente sous forme de masse cristalline formée d'aiguilles blanches et dures, perdant leur eau de cristallisation à 100°.

Dextrogyre, $\alpha_D = +149°,5$.

La liqueur de Fehling est *réduite* à chaud.

L'azotate d'argent ammoniacal sodique est *réduit* à l'ébullition.

Les **acides** le dédoublent en deux molécules de glucose.

La **levure de bière** produit directement la fermentation alcoolique.

L'acétate neutre de plomb en poudre, chauffé avec la moitié de son volume d'une solution contenant du maltose, donne, comme le lactose, après addition de II gouttes de soude et d'un excès d'ammoniaque, une coloration jaune devenant rouge.

HYDRATES DE CARBONE

Produits de condensation des sucres, de formule générale $(C^6H^{10}O^5)^n$, dont la grandeur moléculaire n'est pas déterminée.

Le **naphtol** α en solution alcoolique, ajouté à dix fois son volume de solution, donne une *coloration violette* par l'addition de son volume d'acide sulfurique.

INULINE, $(C^6H^{20}O^5)^n$

Au microscope, petits granules irréguliers. Fusible à 178° en s'altérant. Presque insoluble dans l'eau froide, elle se dissout un peu dans l'alcool chaud.

Les **acides étendus** la dédoublent en 10 parties de lévulose et 1 partie de glucose.

DEXTRINES, $(C^6H^{10}O^5)^n$

Produits provenant du dédoublement de l'amidon, modifié par les acides, la chaleur ou un ferment; leur composition n'est pas constante.

La **liqueur de Fehling** est *réduite* par les dextrines.

Les **acides étendus** transforment les dextrines en glucose.

L'eau iodée les colore en *rouge vineux*.

L'azotate de cobalt à 5 p. 100, alcalinisé par un excès de soude, produit une *coloration bleue* persistante, masquant la teinte améthyste foncée produite par le saccharose.

L'acétate de cuivre à 7 p. 100, acidulé par 2,5 p. 100, d'acide acétique, n'est pas réduit à chaud par la dextrine, mais il est réduit par le glucose.

L'acétate de plomb en solution saturée, traité par l'oxyde de plomb en excès et filtré, précipite à l'ébullition par la dextrine.

GLYCOGÈNE, $(C^6H^{10}O^5)^n + H^2O$

Substance contenue dans le foie et les muscles des animaux. Poudre blanche, soluble dans l'eau en donnant un *liquide opalescent*.

L'eau iodée le colore en *rouge de sang*.

Les **acides étendus** le dédoublent d'abord en dextrine et maltose, puis en glucose.

AMIDON, $(C^6H^{10}O^5)^n$

Au microscope, grains de formes et de dimensions différentes suivant l'origine. Poudre blanche insoluble dans l'eau, l'alcool et l'éther; cependant, broyé dans l'eau, il donne un liquide bleuissant par l'iode.

Chauffé avec de l'eau, il se gonfle et se transforme en *empois*, espèce de gelée différente d'une dissolution, car elle ne traverse pas un filtre de porcelaine.

Les **acides étendus** le transforment à chaud en dextrine et glucose.

L'eau iodée colore en *bleu*, soit le produit sec mis avec de l'eau, soit l'empois; cette coloration disparaît par la chaleur pour reparaître par refroidissement.

L'eau bromée produit avec l'amidon une *teinte aurore*.

L'acide azotique étendu le transforme à chaud en acide oxalique.

ACIDES ORGANIQUES

Les acides organiques renferment le groupement fonctionnel CO.OH, forcément terminal (carboxyle); leur formule générale est $R.CO.OH$. Comme les acides minéraux, ils *rougissent le papier de tournesol* et agissent sur les réactifs colorés des acides comme les acides minéraux, généralement comme les acides faibles ; ils donnent des *sels* par substitution d'un métal à l'hydrogène du groupement $CO.OH$.

A côté de ces acides proprement dits, il existe des substances auxquelles on donne improprement le nom d'acide parce qu'elles rougissent le tournesol et se combinent aux bases; mais elles ne contiennent pas le groupement $CO.OH$. Le nitrile formique, $H - C \equiv Az$, est généralement désigné sous le nom d'acide formique, l'oxalylurée

$$\begin{matrix} CO - AzH \\ | \\ CO - AzH \end{matrix} \Big> CO$$

sous celui d'acide parabanique, etc.

Il existe des acides *monobasiques*, *bibasiques*, *tribasiques*, etc. ; des acides à *fonction complexe*, *acides alcools*, *acides aldéhydes*, *acides cétones*, etc.

Leurs caractères analytiques sont généralement peu nombreux.

ACIDES MONOBASIQUES

Parmi les acides monobasiques, deux d'entre eux, l'acide formique et l'acide acétique, sont recherchés en même temps que les acides minéraux, par la méthode générale.

ACIDE FORMIQUE, $H.CO.OH$

Liquide incolore, transparent, caustique, à odeur pénétrante caractéristique, émettant à l'air de légères fumées blanches. Il est soluble dans l'eau et dans l'alcool. Il bout à 98°,5 et distille sans décomposition ; chauffé, il peut brûler avec une flamme bleue.

Les *formiates sont décomposés au rouge* ; ils donnent du charbon, des carbures d'hydrogène, de l'acide carbonique, de l'eau et un résidu de carbonate, d'oxyde ou de métal.

Ils sont très solubles dans l'eau, excepté le formiate de plomb et les formiates de mercure, peu solubles à froid ; ils se dissolvent en général très bien dans l'alcool, excepté les formiates de plomb et les formiates alcalino-terreux qui sont peu solubles.

L'acide sulfurique concentré, chauffé avec un formiate, dégage de l'*oxyde de carbone* reconnaissable à ce qu'il *brûle avec une flamme bleue.*

L'acide sulfurique étendu, chauffé avec un formiate, met en liberté de l'acide formique reconnaissable à son odeur et à ses réactions.

L'acide sulfurique additionné de son volume d'alcool, chauffé modérément avec une solution d'un formiate, donne au bout de quelque temps l'odeur du noyau de pêche rappelant celle du rhum, caractéristique du formiate d'éthyle.

Le **perchlorure de fer**, ajouté à une solution neutre de formiate, donne une *coloration rouge foncé*; à l'ébullition, il se précipite du sous-formiate ferrique *jaune brun*. Cette réaction est commune à l'acide acétique.

L'azotate d'argent précipite, dans les solutions concentrées, du formiate d'argent *blanc*, cristallin, difficilement soluble ; bientôt le liquide prend une *coloration brune*, puis *noire*, due à l'argent métallique provenant de la réduction du formiate d'argent. En présence de l'ammoniaque, cette réduction est plus rapide ; elle se produit aussi dans les solutions étendues où l'azotate d'argent n'a pas donné de précipité.

L'azotate mercureux produit, dans les solutions concentrées, un précipité *blanc* de formiate mercureux $Hg^2(CHO^2)^2$, difficilement soluble dans l'eau ; ce précipité est rapidement *réduit*, surtout à chaud, en mercure métallique.

Le **chlorure mercurique**, chauffé vers 60-70° avec un formiate, précipite du chlorure mercureux blanc.

Le **sulfate mercurique** (p. 130), additionné de quelques gouttes d'acide formique ou d'une solution d'un formiate, donne un précipité *blanc*, se présentant au microscope sous forme de *feuilles de fougère*; ce précipité *brunit par l'ammoniaque*.

ACIDE ACÉTIQUE, $CH^3.CO.OH$

L'acide acétique est un liquide incolore, d'odeur et de saveur piquantes caractéristiques; il fond à 17° et bout à 118°. Il est très soluble dans l'eau, dans l'alcool, etc. Chauffé, il brûle avec une flamme bleue.

Les acétates sont généralement bien cristallisés; la chaleur les décompose au rouge avec formation d'acide acétique et d'acétone, reconnaissables à leur odeur. Il reste un résidu de carbonate pour un acétate alcalin ou alcalino-terreux, d'oxyde ou de métal pour les autres acétates; il reste presque toujours en même temps un résidu noir de carbone. Les acétates sont très solubles dans l'eau et dans l'alcool; quelques-uns cependant sont peu solubles dans ce dissolvant.

L'acide sulfurique concentré chauffé avec un acétate dégage de l'acide acétique, reconnaissable à son odeur.

L'**acide sulfurique** et l'**alcool**, chauffés avec un acétate, produisent de l'éther acétique caractérisé par son odeur spéciale.

Le **perchlorure de fer**, ajouté à une solution neutre d'un acétate, colore le liquide en *rouge foncé*; en chauffant à l'ébullition, on obtient un précipité *jaune brun* volumineux d'acétate basique de fer; si l'acétate est en excès, le liquide ne contient plus de fer; ce précipité se dissout dans l'acide chlorhydrique en un liquide jaune.

Pour obtenir cette réaction dans le cas d'un liquide acide contenant un acide minéral libre, il faut d'abord neutraliser exactement cet acide minéral avant d'ajouter le perchlorure de fer.

L'azotate d'argent produit un précipité blanc cristallin dans les solutions concentrées, *soluble dans l'eau chaude*, dans l'acide azotique, dans l'ammoniaque.

Le **chlorure mercurique** n'est pas réduit à l'ébullition.

L'azotate mercureux donne à froid un précipité *blanc* en écailles cristallines, soluble dans l'eau chaude, dans l'acide azotique et dans un excès de réactif.

L'acide arsénieux, chauffé avec un acétate sec, donne bientôt des vapeurs blanches à *odeur repoussante* de cacodyle.

L'oxyde de plomb, chauffé avec de l'acide acétique libre, est en partie dissous à l'état de sous-acétate de plomb; le liquide possède une *réaction alcaline* et se *trouble par l'acide carbonique*.

ACIDE BUTYRIQUE, $C^3H^7.CO^2H$

Liquide incolore, légèrement oléagineux, soluble dans l'eau, bouillant à 163°. Son *odeur* piquante et désagréable rappelle celle du *beurre rance*.

Les butyrates sont généralement solubles dans l'eau; ils ont un aspect gras. Le butyrate de calcium est plus soluble dans l'eau froide que dans l'eau chaude; aussi, une solution saturée à froid se prend en masse quand on la chauffe vers 70°.

L'acide sulfurique étendu met en liberté l'acide butyrique, caractérisé par son odeur.

L'acide sulfurique et **l'alcool**, chauffés avec l'acide butyrique ou un butyrate, dégagent du butyrate d'éthyle à *odeur d'ananas*.

L'azotate d'argent produit un précipité blanc, soluble à chaud.

Le **sulfate de cuivre** donne un précipité vert bleuâtre, soluble à chaud.

ACIDE VALÉRIANIQUE, $C^4H^9.CO^2H$

Liquide incolore, d'*odeur* piquante et fort désagréable de *valériane*, bouillant à 175°; il est dextrogyre. Les valérianates possèdent l'odeur de l'acide.

L'acide sulfurique et **l'alcool**, chauffés avec l'acide valérianique ou un valérianate, dégagent du valérianate d'éthyle à *odeur de pommes*.

ACIDE LACTIQUE, $CH^3.CH.OH.CO^2H$

L'acide lactique est à la fois alcool secondaire et acide monobasique; celui qui se produit dans le lait aigri, dans la fermentation du sucre, du lactose, de la glycérine, etc., est l'acide lactif racémique. C'est un liquide sirupeux, incristallisable, soluble en toutes proportions dans l'eau, l'alcool, l'éther: il est incolore, sa saveur est franchement acide et mordante. Il se décompose vers 130°.

Les lactates sont très solubles dans l'eau; mais, la plupart se dissolvent lentement et difficilement.

L'acide sulfurique concentré décompose à chaud l'acide lactique; le liquide *brunit* et il se dégage de l'*oxyde de carbone* qu'on enflamme; il brûle avec une flamme bleue,

Le **réactif d'Uffelmann** devient jaune par l'acide lactique.

L'acétate de plomb ammoniacal donne avec les lactates un précipité blanc, grenu et sablonneux, insoluble dans l'alcool.

Le **bioxyde de plomb** ou le **permanganate de potassium** en présence de l'acide sulfurique, dégagent à l'ébullition de l'*aldéhyde*, reconnaissable à son odeur et à la coloration brune qu'elle donne avec le réactif de Nessler porté à l'extrémité d'un agitateur dans le tube où se fait la réaction (Denigès).

Le **lactate de calcium** se présente au *microscope* sous forme de *deux touffes de pinceau accolées par leur sommet*. Pour l'obtenir, on neutralise à l'ébullition l'acide lactique par le carbonate de calcium, on filtre ; si par refroidissement la cristallisation ne se produit pas, on ajoute un peu d'alcool et d'éther.

Le **lactate de zinc**, préparé avec le carbonate de zinc comme le lactate de calcium, se présente au *microscope* sous forme de *prismes*, figurant parfois des *masses tronquées* ou des *tonnelets*.

Le **sulfate de cuivre** colore en *bleu intense* une solution d'acide lactique.

ACIDE BENZOIQUE, $C^6H^5.CO^2H$

Aiguilles blanches ou lamelles minces et brillantes, inodores ou avec une légère odeur aromatique s'il provient du benjoin, urineuse s'il a été obtenu avec l'acide hippurique. Il fond à 121° et bout à 250°. Ses vapeurs, qui se forment dès 100°, irritent le pharynx et provoquent la toux; elles se condensent en aiguilles brillantes. Il brûle avec une flamme blanche et fuligineuse. *Peu soluble dans l'eau froide* (0,1 p. 100 à 20°), il est beaucoup plus soluble à 100° (6 p. 100); il est très soluble dans l'alcool et dans l'éther.

Les *benzoates sont généralement solubles dans l'eau*; les seuls insolubles sont ceux à base faible. La saveur des benzoates solubles est âcre. Un acide fort précipite à froid l'acide benzoïque en poudre cristalline d'un blanc brillant.

L'acétate de plomb donne avec les benzoates solubles un précipité blanc, soluble dans un excès de réactif; il ne donne rien avec l'acide benzoïque.

Le **perchlorure de fer**, additionné d'ammoniaque très étendu jusqu'à ce que la solution soit *rouge brun foncé*, mais claire, précipite tout l'acide benzoïque des solutions neutres de benzoates alcalins, sous forme de benzoate de fer basique volumineux, *couleur chair*.

De l'**acide sulfurique** est chauffé avec de l'acide benzoïque vers 240° jusqu'à ce qu'il se dégage d'*abondantes vapeurs blanches*; en ajoutant peu à peu quelques cristaux d'**azotate de sodium**, on a un liquide clair incolore. Après refroidissement, en versant de l'eau ammoniacale et 1 goutte de **sulfure d'ammonium**, le liquide prend une coloration *rouge brun*, due à la formation du dimétadiamido-benzoate d'ammonium (Mohler).

ACIDE SALICYLIQUE, $C^6H^4\begin{cases} OH \\ CO^2H \end{cases}$

L'acide salicylique cristallise en aiguilles prismatiques incolores et inodores, *peu solubles dans l'eau froide* (0,1 p. 100 à 20°), beaucoup plus à chaud (8 p. 100 à 100°); il est très soluble dans l'alcool, l'éther, le chloroforme, l'alcool amylique. Il fond à 155° et se sublime sans décomposition si on le chauffe avec précaution; au contraire, chauffé brusquement, il se décompose partiellement en anhydride carbonique et phénol.

Les salicylates sont neutres ou basiques. Les sels alcalins, surtout s'ils renferment des salicylates basiques, brunissent à l'air. Les sels neutres sont généralement très solubles dans l'eau; beaucoup de sels basiques sont insolubles.

Les **acides minéraux**, ajoutés dans une solution de salicylate pas trop étendue, précipitent l'acide salicylique cristallisé.

Le **perchlorure de fer** étendu colore en *violet* intense les solutions d'acide salicylique ou d'un salicylate. Cette coloration, très sensible, est empêchée par l'acide chlorhydrique et par l'ammoniaque.

Une solution de **paradiazonitraniline** est ajoutée goutte à goutte, en agitant, à 10 centimètres cubes de la solution contenant l'acide salicylique, additionnée de II gouttes de soude caustique à 10 p. 100, jusqu'à disparition de la coloration; on verse 10 centimètres cubes d'éther, on agite et on décante la partie aqueuse. A la solution éthérée, on ajoute XX à XXX gouttes de soude à 10 p. 100; on agite, la couche aqueuse se colore en *rouge*, la couche éthérée reste incolore. En séparant la couche aqueuse et ajoutant 5 centimètres cubes d'ammoniaque concentrée à la couche éthérée, celle-ci reste incolore tandis que la solution ammoniacale se colore en rouge.

Le **réactif de Millon**, chauffé avec de l'acide salicylique, prend une *coloration rouge*.

L'**eau bromée** précipite de l'acide dibromosalicylique *jaune clair*.

L'**acétate de plomb** donne un précipité blanc.

L'**alcool méthylique**, chauffé avec une solution salicylique et de l'*acide sulfurique*, dégage de l'*éther méthylsalicylique*, dont l'*odeur* est caractéristique (essence de gaulthéria).

ACIDES BIBASIQUES

L'acide carbonique et les carbonates ont été étudiés, page 206, avec l'anhydride carbonique. L'acide oxalique est recherché en même temps que les acides minéraux.

ACIDE OXALIQUE, $\begin{matrix} CO.OH \\ | \\ CO.OH \end{matrix}$

L'acide oxalique cristallisé, $C^2H^2O^4 + 2H^2O$, est un corps solide, incolore, en prismes orthorhombiques très solubles dans l'eau et dans l'alcool. Chauffé, il se volatilise en partie sans décomposition, tandis qu'une portion est décomposée avec émission de vapeurs provoquant la toux.

Les oxalates sont tous décomposés au rouge, l'acide oxalique se transformant en un mélange d'acide carbonique et d'oxyde de carbone. *Les oxalates alcalins sont seuls solubles* dans l'eau, les autres sont insolubles, excepté quelques oxalates doubles.

Le **chlorure de calcium** précipite de l'oxalate de calcium *blanc*, en poudre très fine, $C^2O^4Ca + 3H^2O$, insoluble dans l'eau, *insoluble dans l'acide acétique* et dans l'acide oxalique, très soluble dans l'acide chlorhydrique et l'acide azotique. Les sels ammoniacaux et l'ammoniaque favorisent la précipitation. Dans les solutions très étendues, la précipitation ne se fait pas immédiatement.

L'azotate de baryum donne un précipité *blanc* d'oxalate de baryum, $C^2O^4Ba + H^2O$, légèrement soluble dans l'eau, un peu soluble dans le chlorure d'ammonium, l'acide acétique et l'acide oxalique, très soluble dans l'acide chlorhydrique et l'acide azotique.

L'azotate d'argent produit un précipité blanc d'oxalate d'argent, $C^2O^4Ag^2$, presque insoluble dans l'eau, soluble dans l'acide azotique concentré et chaud, ainsi que dans l'ammoniaque.

L'acide sulfurique concentré, chauffé avec de l'acide oxalique ou un oxalate sec, dégage un mélange d'*oxyde de carbone* et d'acide carbonique :

$$C^2H^2O^4 = CO + CO^2 + H^2O$$

L'oxyde de carbone *brûle avec une flamme bleue* caractéristique, l'acide carbonique trouble l'eau de chaux.

Le **bioxyde de manganèse** en poudre, mélangé avec un oxalate et quelques gouttes d'acide sulfurique, dégage de l'*acide carbonique troublant l'eau de chaux* :

$$MnO^2 + C^2H^2O^4 + SO^4H^2 = SO^4Mn + 2CO^2 + 2H^2O$$

Le **phosphate ferreux** en solution dans l'acide phosphorique, colore en *rouge vineux* foncé une solution contenant de l'acide oxalique.

Le **permanganate de potassium**, additionné d'acide sulfurique étendu, est *décoloré* à chaud avec dégagement de *bulles d'acide carbonique*.

Le **chlorure d'or** est *réduit* à l'ébullition par l'acide oxalique.

Un **sel de manganèse**, additionné d'acide azotique, *décompose et détruit* complètement, au bout de quelques minutes, l'acide oxalique contenu dans une dissolution. Cette réaction est utilisée pour éliminer l'acide oxalique ans une analyse.

Le **sulfate mercurique** acide donne un précipité cristallin d'oxalate de mercure. Cette réaction ne se produit pas en présence de l'acide chlorhydrique ou d'un chlorure.

Le **carbonate de sodium** en solution concentrée, maintenu à l'ébullition pendant quelques minutes avec un oxalate insoluble dans l'eau, donne naissance à un carbonate insoluble, tandis que l'acide oxalique entre en dissolution à l'état d'oxalate de sodium.

Réactions microchimiques. — L'*oxalate de calcium*

cristallise en *octaèdres quadratiques* ou en *prismes monocliniques* très petits.

Le *sulfate ferreux* donne un précipité *jaune* d'oxalate ferreux.

ACIDE SUCCINIQUE, $CO^2H\text{-}CH^2\text{-}CH^2\text{-}CO^2H$

Cristaux prismatiques ou tubulaires, incolores, inaltérables à l'air, inodores, fusibles à 180°, se décomposant par la chaleur à 235° en anhydride succinique et eau. Assez soluble dans l'eau (5 p. 100), il est moins soluble dans l'alcool, assez soluble dans l'éther. Chauffé à l'air, il brûle avec une flamme bleue, non fuligineuse.

Les *succinates alcalins sont solubles dans l'eau*, les autres peu solubles ou insolubles. Ils sont tous décomposés au rouge.

Le **chlorure de calcium**, dans une solution concentrée, produit un précipité *blanc* cristallin ; dans les solutions moyennement concentrées, il n'y a pas de précipité, mais en ajoutant 2 volumes d'alcool, on a un précipité blanc de succinate de calcium, soluble dans le chlorure d'ammonium.

L'azotate de baryum donne un précipité *blanc* dans les solutions de succinates alcalins, mais non dans celles d'acide succinique.

Le **perchlorure de fer** précipite du succinate de fer *rouge brun pâle*, soluble dans les acides étendus.

L'azotate d'argent donne un précipité *blanc*, peu soluble dans l'acide acétique, soluble dans l'acide azotique et dans l'ammoniaque.

L'acétate de plomb produit un précipité *blanc* amorphe, très soluble dans un excès de réactif et dans l'acide succinique. Au bout de quelque temps, ces solutions précipitent du succinate de plomb cristallisé, très peu soluble dans l'eau.

L'acide azotique est sans action.

ACIDE MALIQUE, $CO^2H-CH.OH-CH^2-CO^2H$

Petites aiguilles groupées en mamelons, fusibles vers 100°, *déliquescentes* et très solubles dans l'eau. La solution aqueuse a une saveur franchement acide et se couvre peu à peu de moisissure lorsqu'elle a été exposée aux poussières de l'air. L'acide malique ordinaire *dévie* le plan de polarisation de la lumière *à gauche.*

Les *malates alcalins sont solubles dans l'eau*, les sels acides des autres métaux sont en général solubles, les sels neutres insolubles.

Le **chlorure de calcium** donne, par l'ébullition, un précipité *blanc* dans les solutions concentrées, rien dans les solutions étendues; mais, dans ces dernières, l'addition de 2 volumes d'alcool fait naître un précipité *blanc* de malate de calcium, très soluble dans l'acide chlorhydrique.

L'acétate de plomb précipite du malate de plomb *blanc*, soluble dans les acides et dans l'ammoniaque, *fusible dans l'eau bouillante.*

L'azotate d'argent produit un précipité *blanc*, devenant un peu *gris* par la chaleur. La réduction est très incomplète, même après addition d'ammoniaque.

L'acide azotique l'oxyde à l'ébullition et le transforme en acide oxalique.

L'acide sulfurique concentré, chauffé avec l'acide malique ou un malate, dégage un mélange d'anhydride carbonique et d'*oxyde de carbone*, puis le liquide devient noir et donne de l'anhydride sulfureux.

Le **bichromate de potassium** en présence d'un peu d'acide sulfurique donne naissance à de l'*aldéhyde*, reconnaissable à son odeur ainsi qu'à son action réductrice sur le réactif de Nessler et l'azotate d'argent ammoniacal sodique.

Le **chlorure de palladium** est *réduit* en milieu neutre ou faiblement alcalin.

L'acétate mercurique à 5 p. 100 acidulé avec 1 p. 100

d'acide acétique, ajouté à dix fois son volume d'une solution contenant un malate, produit à l'ébullition, après addition de I ou II gouttes de permanganate de potassium, un précipité *blanc* d'oxalacétate mercurique (Denigès).

Le réactif de Pinerula (p. 127), chauffé avec un malate ou de l'acide malique sec, dans la proportion de X à XV gouttes pour 0gr,05 de substance, donne une *coloration vert jaune*, passant au *jaune vif*, et virant à l'*orangé* en diluant avec de l'eau.

ACIDE TARTRIQUE, CO^2H-CH.OH-CH.OH-CO^2H

L'acide tartrique ordinaire est l'acide droit; du reste, les réactions chimiques des autres acides tartriques sont les mêmes.

L'acide tartrique cristallise en *gros prismes monocliniques* présentant souvent des facettes hémiédriques. Inaltérable à l'air, il se dissout dans la moitié de son poids d'eau froide; il est assez soluble dans l'alcool, peu soluble dans l'éther.

L'acide tartrique empêche la précipitation de plusieurs oxydes par les alcalis ou leurs carbonates, par formation de sels doubles solubles.

Chauffé, l'acide tartrique fond à 170-180°, se boursoufle, devient brun, noir, et dégage une odeur particulière, *très caractéristique, de sucre brûlé.*

L'eau de chaux est précipitée en blanc par une très petite quantité d'acide tartrique; ce précipité est très soluble dans un excès d'acide.

Les *tartrates alcalins* et quelques autres tartrates, par exemple ceux d'aluminium et d'oxyde ferrique, sont *solubles dans l'eau*; les tartrates insolubles dans l'eau se dissolvent dans les acides chlorhydrique et azotique. Beaucoup de tartrates doubles sont solubles dans l'eau. La *chaleur* décompose au rouge les tartrates avec dépôt de charbon et *odeur de sucre brûlé.*

Le chlorure de calcium précipite en *blanc* les solutions de tartrates neutres; ce précipité est soluble dans les acides; il ne se forme qu'au bout de quelque temps en présence des sels ammoniacaux et se précipite à l'état cristallin.

L'azotate d'argent produit un précipité blanc, soluble dans les acides et l'ammoniaque, noircissant par la chaleur surtout en présence de l'ammoniaque.

L'acétate de plomb donne un précipité blanc, soluble dans l'acide azotique et l'ammoniaque.

La **résorcine** à 2 p. 100 (p. 122) mélangée à un peu moins de son volume d'acide sulfurique concentré, additionnée de 1 goutte d'une solution d'acide tartrique ou d'un tartrate, est chauffée à 130-140° ; il se développe une magnifique *coloration rose violacé* (Mœhler-Denigès). Cette réaction est masquée par les azotites, les azotates, les chlorates, les sucres.

L'acétate de potassium acidulé par l'acide acétique donne, dans les solutions pas trop étendues, un précipité cristallin de tartrate acide de potassium, se formant mieux par agitation.

Le **sulfate ferreux**, ajouté à une solution d'un tartrate additionné de II gouttes d'**eau oxygénée** et d'un excès de **soude caustique**, donne une *belle coloration violette*, presque noire dans les solutions concentrées.

Le **réactif de Pinerula** (p. 127), chauffé graduellement et avec précaution dans une capsule de porcelaine avec un tartrate solide, donne une *coloration bleue, devenant verte* en continuant l'action de la chaleur ; en ajoutant de l'eau dans la capsule refroidie, on a une *coloration rouge jaune* persistante.

ACIDE CITRIQUE, $CO^2H\text{-}CH^2\text{-}C.OH\text{-}CO^2H\text{-}CH^2\text{-}CO^2H$.

Gros cristaux incolores et transparents, dérivés du prisme orthorhombique, contenant une molécule d'eau,

$C^6H^8O^7 + H^2O$, soluble dans les trois quarts de son poids d'eau froide et dans son poids d'eau bouillante. Sa saveur franchement acide est agréable.

L'acide citrique s'effleurit lentement à l'air; chauffé, il perd son eau de cristallisation à 55°, fond à une température plus élevée et se carbonise en répandant des vapeurs acides, dont l'odeur forte est facile à distinguer de celles émises par l'acide tartrique.

L'eau de chaux additionnée d'une très petite quantité d'acide citrique (II à III gouttes pour 20 centimètres cubes d'eau de chaux), ne donne rien à froid; *en chauffant*, on voit se former un *précipité blanc*, soluble par refroidissement.

Les *citrates alcalins* neutres ou acides sont très solubles dans l'eau, ainsi que ceux formés avec des bases faibles telles que l'oxyde ferrique. L'acide citrique empêche la précipitation de plusieurs oxydes ou carbonates, par formation de citrates doubles solubles dans l'eau.

Le chlorure de calcium, qui ne produit pas de précipité à froid ou à chaud avec l'acide citrique, donne *à chaud* un précipité *blanc* avec les citrates neutres ou légèrement alcalinisés. En présence du chlorure d'ammonium, on n'a pas de précipité à froid, mais en chauffant, il se précipite du citrate tricalcique.

L'azotate d'argent produit un précipité *blanc*, floconneux, ne noircissant que très peu à l'ébullition, même en présence de l'ammoniaque.

L'acétate de plomb donne un précipité *blanc*, soluble dans l'ammoniaque.

De l'**hypobromite de sodium** récent est versé dans quatre fois son volume d'une solution contenant un citrate, d'abord alcalinisée, puis acidulée par un peu d'acide acétique; on chauffe à l'ébullition et on ajoute goutte à goutte de l'*acide acétique* jusqu'à coloration légèrement *rougeâtre*. Par refroidissement, on a un *trouble blanc* et quelquefois des *gouttelettes de bromoforme* (Denigès).

Du **sulfate mercurique** (p. 130) est versé dans la proportion de 1 p. 5 dans une solution contenant un citrate; on chauffe à l'ébullition, on filtre s'il y a lieu, et on ajoute goutte à goutte une solution de *permanganate de potassium* à 2 p. 100 ; il se forme un précipité *blanc*, insoluble (Denigès). La réaction est très sensible.

Le **réactif de Pinerula** (p. 127), chauffé graduellement et avec précaution dans une petite capsule de porcelaine, dans la proportion de X à XV gouttes pour 0gr,05 d'acide citrique ou avec le résidu de l'évaporation d'une dissolution, donne une *couleur d'un bleu intense*, ne virant pas au vert en continuant l'action de la chaleur et devenant *jaune très clair par addition d'eau.*

ACIDES NON CARBOXYLÉS

Un grand nombre de corps ne renferment pas le groupement fonctionnel CO.OH (carboxyle) et présentent deux caractères des acides: ils *rougissent le tournesol* et *donnent des sels* par substitution d'un métal à l'hydrogène.

Parmi ces corps, un des plus importants est le nitrile formique, appelé acide cyanhydrique. A côté de lui, on peut placer le cyanogène, peu important au point de vue analytique, et les acides ferrocyanhydrique, ferricyanhydrique, sulfocyanique.

CYANOGÈNE, C^2Az^2

Le cyanogène, ou nitrile oxalique, est un gaz incolore à odeur pénétrante particulière; *il brûle avec une flamme pourpre* dans laquelle on peut reconnaître la présence de l'acide carbonique; il est assez soluble dans l'eau.

ACIDE CYANHYDRIQUE, CAzH

L'acide cyanhydrique anhydre est un liquide très volatil, à odeur d'amandes amères, extrêmement toxique.

L'acide cyanhydrique est le nitrile de l'acide formique.

Le **papier à la teinture de gaïac et au sulfate de cuivre** *bleuit* dans une atmosphère contenant de l'acide cyanhydrique libre. Cette réaction très sensible se produit aussi sous l'influence de l'ozone, l'acide azoteux, le brome, l'iode, l'acide hypochloreux, l'ammoniaque.

Le **mélange de chlorure ferrique et de sulfate ferreux**, dans lequel on trempe un agitateur qui a été humecté d'une solution de soude et placé pendant quelque temps dans une atmosphère contenant de l'acide cyanhydrique, donne un précipité *bleu sale* formé de *bleu de Prusse*, d'oxyde ferreux et d'oxyde ferrique; en ajoutant quelques gouttes d'acide chlorhydrique pur étendu, on dissout les oxydes et il reste un *résidu bleu.*

Une solution opalescente est faite en mettant, au moment de l'emploi, dans 20 centimètres cubes d'eau, 1 goutte d'**azotate d'argent**, 1 goutte d'**iodure de potassium** (à 10 p. 100) et 2 centimètres cubes d'**ammoniaque.** Si on trempe un agitateur imbibé de solution de soude et laissé quelques instants dans une atmosphère contenant de l'acide cyanhydrique, on voit disparaître l'opalescence due à l'iodure d'argent qui troublait la solution.

Les autres réactions sont communes aux cyanures; pour les obtenir avec l'acide cyanhydrique libre, on sature au préalable par un excès de soude caustique.

CYANURES, CAzM

Tous les cyanures simples sont insolubles, excepté les cyanures alcalins, les cyanures alcalino-terreux, le cyanure de mercure. Les cyanures alcalins répandent une *odeur d'essence d'amandes amères.* Calcinés en présence de l'air, les cyanures se transforment en cyanates. La chaleur décompose quelques cyanures en *cyanogène* et métal (cyanures de mercure, d'argent). Les cyanures de potassium et de sodium fondent sans décomposition. Chauffés avec les oxydes de plomb, de cuivre, etc., les cyanures sont oxydés et transformés en cyanates, l'oxyde est réduit avec mise en liberté du métal. Chauffés avec du *soufre* ou des sulfures, les cyanures sont transformés en *sulfocyanates*. Les cyanures, chauffés avec de l'acide sulfurique concentré, sont tous décomposés au bout d'un temps plus ou moins long.

Il existe un très grand nombre de *cyanures doubles* ordinairement solubles dans l'eau; c'est pour cela que tous les cyanures des métaux lourds sont solubles dans le cyanure de potassium.

Parmi ces cyanures doubles on a : 1° les *vrais cyanures doubles, instables*, tels que le cyanure double de potassium et d'argent, dans lesquels les acides séparent les métaux; les réactifs donnent les réactions spéciales de ces métaux; 2° les *cyanures doubles stables*, dans lesquels les acides étendus ne précipitent pas les cyanures métalliques; les métaux ne peuvent pas être caractérisés par leurs réactions, par exemple les ferrocyanures, les ferricyanures, les cobalticyanures, etc.

Les réactions indiquées ci-dessous se rapportent aux cyanures simples et aux cyanures doubles instables, additionnés d'un acide.

L'**azotate d'argent** donne un précipité *blanc, très soluble dans un excès de réactif*, assez soluble dans l'ammoniaque, *insoluble dans l'acide azotique étendu, soluble dans l'acide azotique bouillant*. Pour obtenir la réaction, il est préférable de mettre 1 goutte de la solution contenant le cyanure dans la solution contenant l'azotate d'argent; en continuant à ajouter goutte à goutte cette solution de cyanure, on voit ce précipité augmenter, puis diminuer et disparaître par formation de cyanure double d'argent et de potassium ou de sodium, très soluble dans l'eau.

Le **sulfate ferroso-ferrique**, obtenu en mélangeant au moment de l'essai quelques gouttes de solution de perchlorure de fer à quelques gouttes de sulfate ferreux, donne avec un cyanure un précipité *bleu verdâtre*, mélange de bleu de Prusse et d'oxydes de fer; en ajoutant quelques gouttes d'acide chlorhydrique pur, les oxydes de fer se dissolvent et il reste un résidu *bleu* de *bleu de Prusse*. Dans cette réaction, le cyanure réagissant sur le sulfate ferreux a donné du ferrocyanure, avec lequel le perchlorure de fer a précipité du bleu de Prusse.

Le **sulfure d'ammonium** jaune, additionné de quelques gouttes d'un cyanure et chauffé au bain-marie dans une petite capsule en porcelaine jusqu'à décoloration, transforme ce cyanure en sulfocyanate. En évaporant ensuite à siccité et reprenant par l'eau, on a un liquide qui se colore en *rouge de sang* par une trace de perchlorure de fer.

Les **acides étendus**, chauffés avec un cyanure simple ou un cyanure double instable, dégagent de l'*acide cyanhydrique à odeur d'essence d'amandes amères*, reconnaissable aux réactions indiquées ci-dessus.

L'**acide sulfurique concentré**, chauffé avec un cyanure solide, simple, double instable, ou double stable, dégage de l'*oxyde de carbone*.

L'**acide picrique** en solution, chauffé à l'ébullition avec un peu d'une solution de cyanure, se colore en *rouge foncé*.

Le **sulfate de cuivre**, mélangé à un cyanure et additionné de soude caustique, donne un précipité qui, par l'acide azotique étendu, laisse un résidu *blanc* de cyanure cuivreux, insoluble dans l'eau acidulée par l'acide azotique.

Le **gaïacol** en solution aqueuse, additionné d'un peu d'une solution diluée de **sulfate de cuivre** et d'un liquide contenant des traces d'acide cyanhydrique ou de cyanure acidulé, *se colore en rouge grenat* (Bourquelot et Bougault).

Le **naphtol** α donne dans les mêmes conditions une *coloration bleu mauve.*

De l'**azotite de potassium** et du **perchlorure de fer** sont ajoutés à un cyanure dans la proportion de quelques gouttes; on verse de l'*acide sulfurique* étendu jusqu'à ce que le liquide devienne jaune et on chauffe jusqu'à l'ébullition. Après refroidissement, on ajoute de l'*ammoniaque*, on filtre pour séparer le sesquioxyde de fer de la solution du *nitroprussiate* formé; en ajoutant quelques gouttes d'une solution d'*hydrogène sulfuré*, on a une belle *coloration violette.*

L'**azotate d'urane** et le **sulfate ferreux ammoniacal** donnent un précipité *rouge foncé.*

FERROCYANURES, $Fe(CAz)^6M^4$

Les ferrocyanures alcalins et alcalino-terreux sont solubles dans l'eau. Ils sont tous décomposés par la chaleur.

L'**azotate d'argent** donne un précipité *blanc, insoluble dans l'ammoniaque et l'acide azotique étendu*, soluble dans le cyanure de potassium, *dans l'acide azotique concentré et bouillant.*

Le **sulfate ferreux** donne un précipité *blanc, devenant rapidement bleu* en présence de l'air.

Le **perchlorure de fer** produit un beau précipité *bleu* de *bleu de Prusse*, $Fe^4(FeC^6Az^6)^3$:

$$3K^4Fe(CAz)^6 + 4\,FeCl^3 = 12KCl + Fe^4(FeC^6Az^6)^3$$

insoluble dans l'acide chlorhydrique, décomposé par la soude ou la potasse caustiques à l'ébullition.

Le **sulfate de cuivre** forme un précipité *rouge brun*, insoluble dans l'acide chlorhydrique. Dans les solutions très étendues on a une simple coloration.

L'**azotate d'urane** produit un précipité *rouge brun*, gélatineux.

L'**acide sulfurique** concentré, chauffé avec un ferrocyanure solide, dégage à chaud de l'*oxyde de carbone.*

Les **oxydants** : chlore, eau oxygénée, etc., les transforment en ferricyanures.

L'**hypobromite de sodium** produit à l'ébullition un précipité *rouge* d'hydrate ferrique.

Le **permanganate de potassium** est *décoloré* en solution acide.

FERRICYANURES, $Fe^2(CAz)^{12}M^6$

Les ferricyanures alcalins, alcalino-terreux et un certain nombre de ferricyanures des métaux lourds sont solubles dans l'eau. Ils sont décomposés au rouge.

L'**azotate d'argent** donne un précipité *orangé, insoluble dans l'acide azotique étendu, soluble dans l'ammoniaque*, le cyanure de potassium, l'*acide azotique concentré bouillant.*

Le **sulfate ferreux** produit un précipité *bleu*, le bleu de Turnbull, $Fe^3(Fe^2C^{12}Az^{12})$, *insoluble dans l'acide chlorhydrique*, décomposé par la soude.

Le **perchlorure de fer** ne donne pas de précipité, mais une *coloration brun verdâtre.* Ce liquide est utilisé dans quelques cas pour connaître la présence de certains réducteurs, qui transforment le ferricyanure en ferrocyanure; ce dernier, se trouvant en présence de perchlorure de fer, donne un précipité de bleu de Prusse.

Le **sulfate de cuivre** produit un précipité *vert jaunâtre*, insoluble dans l'acide chlorhydrique.

L'**hydrogène sulfuré** réduit les ferricyanures en ferrocyanures, avec dépôt de soufre.

L'**acide sulfurique** concentré, chauffé avec un ferricyanure solide ou insoluble, dégage de l'*oxyde de carbone.*

L'**hypobromite de sodium** précipite à chaud de l'hydrate ferrique.

SULFOCYANATES, CAzSM

Les sulfocyanates sont généralement solubles dans l'eau ; leurs solutions, chauffées avec les bicarbonates alcalins, donnent du carbonate d'ammonium, mais pas de cyanure.

Chauffées avec l'acide sulfurique étendu, les solutions dégagent une partie de l'acide sulfocyanique. L'acide azotique étendu donne à chaud de l'acide sulfurique, de l'acide carbonique et du bioxyde d'azote.

Par calcination en présence de l'air, les sulfocyanates sont décomposés avec formation d'anhydride sulfureux, de sulfates et de cyanates ; ou d'azote, de cyanogène, de sulfure de carbone et d'un sulfure, suivant la nature du métal.

L'azotate d'argent produit un précipité *blanc*, soluble dans un excès de sulfocyanate, dans l'ammoniaque, *insoluble dans l'acide azotique froid, soluble dans l'acide azotique bouillant.*

Le perchlorure de fer colore en *rouge de sang* les solutions de sulfocyanates acidulées par l'acide chlorhydrique ; cette coloration ne disparaît pas en chauffant avec un peu d'alcool ; elle passe dans l'éther.

Le **sulfate de cuivre**, dans les solutions concentrées, donne un précipité *noir velouté*, $Cu(CAzS)^2$; dans les solutions étendues, une *coloration vert émeraude.*

Le **sulfate de cuivre**, versé dans une solution de sulfocyanate additionnée d'*acide sulfureux*, donne un précipité *blanc.*

L'acide molybdique en solution dans l'acide chlorhydrique concentré donne une *coloration rouge, soluble dans l'éther.*

Le **réactif sulfo-molybdique**, avec de l'*hyposulfite de sodium* et du *zinc*, produit une *coloration rouge*, soluble dans l'éther.

L'**azotate mercureux** donne un précipité *gris* ou *blanc*, suivant la concentration.

Le **zinc**, en présence d'un acide, dégage de l'hydrogène sulfuré.

NITROPRUSSIATES, $Fe^2(CAz)^{10}(AzO^2)^2M^4$

Les nitroprussiates sont des sels colorés en *rouge plus ou moins verdâtre*.

L'azotate d'argent produit un précipité *rouge chair*, soluble dans l'ammoniaque, insoluble dans l'acide azotique étendu.

L'azotate de cobalt forme un précipité *couleur saumon*, insoluble dans les acides chlorhydrique et azotique.

Les **sulfures alcalins** donnent une belle *coloration rouge pourpre*.

L'acétone, avec une solution de nitroprussiate alcalinisée par la soude, puis additionnée d'acide acétique, détermine une *belle coloration carmin*.

AMINES

Les amines résultent du remplacement de l'oxhydryle OH, d'un alcool ou d'un phénol, par l'amidogène AzH^2 :

$$\underset{\text{alcool éthylique.}}{CH^3.CH^2.OH} + AzH^3 = \underset{\text{éthylamine.}}{CH^3.CH^2.AzH^2} + H^2O$$

Nous étudierons seulement les réactions d'une amine aromatique, l'aniline ou phénylamine.

ANILINE, $C^6H^5.AzH^2$

Liquide incolore, mobile, très réfringent, d'une odeur particulière, désagréable, d'une saveur âcre et brûlante. Elle bout à 184°; sa densité est 1,036. En présence de l'air, elle brunit peu à peu. Très peu soluble dans l'eau, elle se mêle en toutes proportions avec l'alcool, l'éther, les huiles grasses, la ligroïne, l'éther de pétrole.

Elle se combine aux acides pour former des sels définis, mais elle ne bleuit pas le tournesol.

L'**eau bromée** précipite de la tribromaniline, précipité *blanc* formé d'aiguilles cristallines.

L'**hypobromite de sodium** forme un précipité *rouge kermès.*

L'**hypochlorite de sodium** colore une solution d'aniline en *rouge violacé*; si on fait bouillir après addition de *phénol*, la coloration devient *bleue.*

De l'**hypochlorite de sodium** ou de calcium (II à III gouttes) est ajouté à quelques gouttes d'une solution aqueuse d'aniline, diluées dans 10 à 15 centimètres cubes d'eau; en versant goutte à goutte une solution de *sulfure d'ammonium* au dixième, il se produit une *coloration rouge cerise*, disparaissant par les acides, les alcalis, la chaleur et un excès de sulfure (Jacquemin).

Le **chlorate de cuivre**, chauffé avec une solution d'aniline, produit une *coloration noire* très intense.

Le **bichromate de potassium** ajouté en petite quantité à de l'aniline mélangée avec un excès d'acide sulfurique, développe bientôt une *belle coloration bleue*, devenant *violette par l'eau.*

ANILIDES

Dérivés de l'aniline par substitution d'un radical acide dans le groupe AzH^2. La soude les décompose à l'ébullition en régénérant l'aniline, que l'on peut caractériser par les réactions indiquées.

HYDRAZINES

Ce sont des corps *réduisant* facilement l'*azotate d'argent ammoniacal* sodique et la *liqueur de Fehling.*

Les réactions de l'hydrazine ont été étudiées précédemment (p. 260).

L'**hypobromite de sodium** dégage de l'azote.

Du **nitroprussiate de sodium**, alcalinisé par de la soude caustique, est ajouté à une solution aqueuse d'une hydrazine; en acidulant ensuite par l'acide chlorhydrique, on obtient une *coloration bleu violacé* très persistante (Denigès).

SACCHARINE, sulfimide benzoïque, $C^6H^4\left<\begin{matrix}CO\\SO^2\end{matrix}\right>AzH$

Substance blanche, fusible à 220°, peu soluble dans l'eau (0,24 p. 100 à 15°), plus soluble dans l'alcool, la glycérine, le glucose. Elle possède une *saveur sucrée* 300 fois plus intense que celle du sucre de canne. Ses sels alcalins sont très solubles dans l'eau et doués d'une saveur sucrée.

Sous le nom de *sucramine*, on emploie un mélange de saccharose et de 2 p. 100 du sel ammoniacal de la saccharine.

Pour la séparer d'une dissolution, on agite le produit avec de l'éther, on sépare la solution éthérée et on la fait évaporer; dans le résidu, on recherche la saccharine par ses réactions.

Fondue avec un alcali, elle se transforme en *salicylate*, facile à reconnaître par la *coloration violette avec le chlorure ferrique* et par ses autres réactions.

Un peu de **résorcine** et **d'acide sulfurique** concentré sont chauffés avec de la saccharine jusqu'à *coloration verte*; en ajoutant de l'eau et un alcali, on a une *belle fluorescence verte*.

Du chlorure ferrique à 2 p. 100 de la solution officinale et de **l'eau oxygénée** (II gouttes de chaque) sont ajoutés à 5 centimètres cubes d'une solution de saccharine à 0,5 p. 1 000; au bout de trente à quarante-cinq minutes, on a une *coloration violette* (Leys).

Une solution de **paradiazonitraniline** est ajoutée goutte à goutte, en agitant, à un peu de saccharine dissoute dans 10 centimètres cubes d'eau et dans II gouttes de soude caustique à 10 p. 100, jusqu'à disparition de la teinte vert jaunâtre du liquide. On verse 10 centimètres cubes d'éther à 65°, on agite, décante la partie aqueuse; on ajoute à la solution éthérée XX à XXX gouttes de soude à 10 p. 100; en agitant, la couche inférieure aqueuse se colore en *brun jaunâtre*, tandis que la *couche éthérée est verte* (Riegler).

Un peu de **phloroglucine** en solution sulfurique est chauffée avec une trace de saccharine; le liquide prend une *coloration violette* (Wauters).

ALCALOIDES NATURELS

Les alcaloïdes sont des substances *azotées* capables de s'unir aux acides, comme l'ammoniaque, pour former de véritables sels. On les divise en *alcaloïdes liquides* (nicotine, conicine) ne contenant pas d'oxygène, et *alcaloïdes solides*, renfermant généralement de l'oxygène.

A l'état de base libre, les alcaloïdes sont généralement insolubles ou très peu solubles dans l'eau; au contraire, leurs sels se dissolvent ordinairement très bien dans l'eau et l'alcool.

On sépare les alcaloïdes de leurs sels par une base : ammoniaque, soude ou potasse caustiques, chaux, baryte.

Avec les réactifs généraux des alcaloïdes (p. 131), ont été étudiées les réactions générales des alcaloïdes. Ces réactifs, qui précipitent tous ou presque tous les alcaloïdes, appelés pour cela *réactifs de précipitation*, permettent de rechercher les alcaloïdes et de les isoler de leurs dissolutions; mais, ils ne permettent pas de les distinguer les uns des autres, ou seulement d'une façon secondaire.

Nous étudierons seulement les réactions colorées des alcaloïdes les plus importants.

Pour beaucoup d'alcaloïdes, les réactions caractéristiques manquent presque complètement. D'autre part, les précipités formés par les réactifs généraux ou spéciaux ne sont pas assez insolubles pour permettre une séparation complète.

Beaucoup de réactions colorées des alcaloïdes doivent être faites de préférence sur une soucoupe ou sur un fragment de porcelaine. A un petit fragment de l'alcaloïde ou d'un sel de cet alcaloïde, on ajoutera quelques gouttes du réactif.

Les réactions caractéristiques des alcaloïdes purs sont bien souvent masquées ou empêchées par les impuretés, surtout par les gommes et les substances analogues; on les séparera par la dialyse.

Dans un grand nombre de recherches d'alcaloïdes, l'expérimentation physiologique permettra seule de se prononcer sur la nature d'un alcaloïde séparé et isolé à l'aide de l'un des réactifs généraux.

NICOTINE, $C^{10}H^{14}Az^{2}$

Tabac. — *Liquide* oléagineux, incolore, devenant peu à peu jaune, puis brun en présence de l'air, bouillant à 247° dans une atmosphère d'hydrogène. Très soluble dans l'eau, il en est séparé par la potasse ou la soude caustiques. Son *odeur* est spéciale, désagréable, *rappelant le tabac*; sa saveur est âcre, brûlante.

Base forte, la nicotine précipite les oxydes métalliques. Elle est très toxique.

L'éther de pétrole ou l'éther, agités avec une solution aqueuse de nicotine alcalinisée par la soude, dissolvent la nicotine. La solution, évaporée dans un verre de montre, laisse des gouttelettes et des stries de nicotine à odeur caractéristique.

L'azotate d'argent est réduit.

Cristaux de Roussin : on les obtient en mélangeant une solution à 1 p. 100 de nicotine dans l'éther et une *solution éthérée d'iode*; il se sépare une *huile rouge brun*, qui se solidifie et devient cristalline. Dans le liquide jaune brun clair, se forment des *aiguilles, rouge rubis par transparence, bleu foncé par réflexion.*

En ajoutant 1 goutte de **formol** à 30 p. 100, puis 1 goutte d'**acide azotique** concentré, on obtient une *coloration rose* intense. La réaction se produit aussi avec de l'acide formique pur.

L'**eau chlorée** colore la nicotine en *rouge de sang*, puis en *brun*. Le produit, soluble dans l'alcool, se sépare à l'état cristallisé par refroidissement.

L'**acide azotique** de densité 1,4 donne un liquide *rouge*.

CONICINE, $C^8H^{17}Az$

Appelée aussi cicutine ou conine. — *Grande ciguë.*

Liquide huileux, incolore, devenant brun à l'air, bouillant à 168° dans un courant d'hydrogène, facilement soluble dans l'eau, dans l'alcool, dans l'éther, l'éther de pétrole. La solution aqueuse se trouble à chaud. Elle est très alcaline au tournesol. Son *odeur* est forte, nauséabonde, *rappelant celle de l'urine de souris*; les sels n'ont pas l'odeur de la base. Très toxique.

L'**éther de pétrole** ou l'éther, agités avec une solution de conicine additionnée d'un excès de soude, dissolvent la conicine. La solution, évaporée dans un verre de montre, abondonne la conicine, après évaporation, sous forme de gouttes huileuses, jaunâtres, possédant l'*odeur spéciale d'urine de souris.*

L'**eau de chlore** produit un précipité *blanc*, soluble dans l'acide chlorhydrique, différence avec la nicotine.

Elle **réduit l'azotate d'argent** en donnant un précipité *brun gris.*

Le **permanganate de potassium**, en solution à 2 p. 100 dans l'acide sulfurique, développe une *teinte pivoine* persistante.

Quelques gouttes d'**acide azotique** concentré, évaporées

avec une solution de conicine, donnent une coloration *jaunâtre*; après évaporation à siccité, il reste un résidu *orangé* d'odeur aromatique spéciale. En ajoutant quelques gouttes de soude, des gouttes huileuses brun roux, à odeur de nicotine, nagent dans un liquide roux orangé; en évaporant presque à siccité, il reste un résidu brun soluble dans SO^4H^2 en un liquide incolore.

Le **chlorhydrate de conicine**, obtenu en évaporant une solution de conicine additionnée d'un peu d'acide chlorhydrique étendu, est en *prismes allongés*, en *aiguilles* ou en *cristaux dendritiques*.

MORPHINE, $C^{17}H^{19}AzO^3$

Opium. — Cristallise en aiguilles brillantes et transparentes, avec H^2O qu'elle perd à 90-100°, soluble dans l'alcool ordinaire, l'alcool amylique, l'eau bouillante, le chloroforme (1 p. 1660), le benzène (1 p. 5 000), l'éther de pétrole (1 p. 5 000). Toxique.

Le **chlorure ferrique** étendu colore en *bleu* une solution neutre.

L'**acide azotique** concentré *colore en rouge orange*; l'addition de chlorure stanneux ne fait pas virer la coloration au violet, ce qui la distingue de la brucine.

Le **réactif de Frœhde** développe une coloration *violet foncé, virant ensuite au bleu ou au vert*.

L'**azotate d'argent**, le *permanganate de potassium*, le *ferricyanure de potassium* sont *réduits*.

De l'**acide sulfurique** concentré est mélangé à un peu d'une solution de morphine; au bout de douze à quinze heures de contact, en chauffant pendant une demi-heure à 100° ou quelques instants à 150°, le liquide se colore en *violet sale clair*; un peu de la solution, mise sur une soucoupe de porcelaine avec une goutte d'*acide azotique* de densité 1,2, prend une belle coloration, quelquefois d'*abord violette* et ensuite *rouge de sang*.

De l'**acide sulfurique** est chauffé au bain-marie pendant un quart d'heure avec de la morphine; en ajoutant 1 goutte d'**acide azotique**, on fait naître une *coloration rouge violet*, puis *bleu rouge*, puis *orangée* (Husemann).

De l'**acide chlorhydrique** concentré est évaporé au bain-marie avec de la morphine; il reste comme résidu une *huile rougeâtre*. En reprenant cette huile par l'acide chlorhydrique et ajoutant du bicarbonate de sodium jusqu'à réaction faiblement alcaline, puis II gouttes d'une **solution alcoolique d'iode**, il se forme une *coloration verte*; en agitant avec de l'éther, celui-ci se colore en *rouge pourpre* (Pellagri).

Le **bioxyde de plomb**, avec de la morphine acidulée par l'acide sulfurique, donne une *faible coloration rose, devenant brun marron très foncé par l'ammoniaque*. Pour faire cette réaction, on met dans une soucoupe une parcelle de la substance avec I goutte d'acide sulfurique à 5 p. 100, on mélange et on met un peu de bioxyde de plomb, on agite six à huit minutes; après trois à quatre minutes de repos, on incline la soucoupe pour laisser écouler une goutte de liquide clair, dans lequel on ajoute l'ammoniaque (G. Fleury).

Le **cyanure de potassium**, ajouté à une solution de morphine dans l'**eau chlorée**, développe une belle coloration *rouge cramoisi*, se produisant plus rapidement à chaud.

La **réaction de Lloyd**, qui consiste à mélanger parties égales d'**hydrastine** et d'un alcaloïde avec quelques gouttes d'acide sulfurique concentré, donne, au bout de cinq minutes, une coloration *violet bleu* devenant *rouge orange* par l'acide azotique.

L'**acide iodique**, en présence de l'acide sulfurique étendu, est *réduit* avec mise en liberté d'iode; l'addition d'ammoniaque ne décolore pas le liquide.

Le **formol sulfurique**, mélangé dans la proportion de III gouttes pour I goutte de la solution de morphine, donne une *coloration rouge pourpre, puis rouge violet, virant au bleu violacé, puis au bleu verdâtre* et enfin au *brun clair*.

Du **sucre** blanc est mélangé à un peu de morphine ; en ajoutant de l'**acide sulfurique** concentré, on obtient une coloration *rouge rose* ou *rouge pourpre*, qui conserve sa couleur pendant longtemps ; en absorbant l'humidité de l'air, elle vire peu à peu au *violet bleu*, au *vert bleu sale* et enfin au *jaune brun sale*.

De l'**arséniate de potassium** est ajouté à une solution de morphine dans l'acide sulfurique concentré ; le liquide chauffé devient *rouge brun foncé* ; en ajoutant de l'eau avec précaution au liquide refroidi, on a une liqueur *rougeâtre* ou *rouge, devenant verte* par une nouvelle addition d'eau.

Le **réactif de Mandelin** (p. 136) est coloré en *brun* ; la teinte passe peu à peu au *violet bleu* et, au bout d'un temps assez long, au *brun foncé*.

Le **réactif d'Ehrlich** (p. 137) produit une *coloration rouge vineux*.

Un mélange d'**acétate d'urane** et d'**acétate de sodium** en solution très étendue (0^{gr},30 de chacun des sels p. 100), donne une *coloration variant du rouge hyacinthe au jaune orange* (Wangerin).

APOMORPHINE, $C^{17}H^{17}AzO^2$

Dérivé artificiel de la morphine par perte de H^2O.

Masse blanche, amorphe, peu soluble dans l'eau froide, soluble dans l'eau bouillante, dans l'alcool, l'éther, le chloroforme. Exposée à l'air humide, elle devient verte. En présence de la soude, elle brunit à l'air en absorbant l'oxygène. Vomitif très énergique.

Une solution *très étendue* d'**acétate d'urane** et d'**acétate de sodium** (0^{gr},30 de chacun des sels p. 100), produit un précipité *brun*, qui se redissout *dans les acides étendus* en *se décolorant*, et qui *reparaît* ensuite, mais incolore, par les alcalis. Dans ces conditions, la morphine donne une coloration variant du rouge hyacinthe au jaune orangé.

Quelques gouttes de **bichromate de potassium** dilué sont ajoutées à une solution contenant de l'apomorphine; en agitant avec du *benzène*, celui-ci se colore en *violet*. En remplaçant le benzène par l'*éther acétique*, celui-ci se colore en *violet*; mais, en ajoutant un peu de *chlorure stanneux*, la coloration *vire au vert*, pour redevenir violette par une nouvelle addition de bichromate.

L'**acide chlorhydrique**, ajouté à une solution *éthérée* d'apomorphine, donne une matière colorée; en agitant avec un peu de soude pour saturer l'acide chlorhydrique, il se sépare des *flocons bleu indigo*.

L'**acide azotique** dissout l'apomorphine en se colorant en *rouge vif*.

HÉROINE (Diacétylmorphine), $C^{17}H^{17}AzO^3(C^2H^3O)^2$

Dérivé artificiel de la morphine.

Petits cristaux blancs, inodores, à réaction alcaline, de saveur légèrement amère. Elle fond à 170°. Presque insoluble dans l'eau, elle se dissout bien dans le chloroforme, le benzène; l'alcool froid, l'éther, la dissolvent peu.

Le chlorhydrate d'héroïne fond à 232-233°.

Les réactions dans lesquelles l'héroïne est saponifiée sont communes à la morphine et à l'héroïne. Les *propriétés réductrices* sont *moins marquées* dans l'héroïne que dans la morphine; par exemple, elle ne réduit pas l'acide iodique.

Les réactions suivantes différencient l'héroïne de la morphine :

Chauffée avec de l'**alcool** et de l'**acide sulfurique**, elle dégage de l'*éther acétique*, reconnaissable à son odeur caractéristique (Goldman).

Le **perchlorure de fer** *ne colore pas* les solutions d'héroïne; à la longue, on a une coloration bleuâtre.

L'acide azotique de densité 1,4 (à 65 p. 100) dissout l'héroïne en se colorant en *jaune*. Au bout de quelque temps à froid, rapidement à chaud, il se développe une *coloration bleu vert* partant du centre vers le bord du liquide; cette coloration *pâlit* bientôt et devient finalement *jaune* (Zernik). Cette réaction est caractéristique.

En ajoutant V gouttes de **furfurol** et I **goutte de perchlorure de fer** à une solution acidulée par l'acide sulfurique, on a une *coloration rouge*, devenant *violette* par la chaleur. Avec la morphine, on a une coloration rouge devenant verte par la chaleur.

NARCOTINE, $C^{22}H^{23}AzO^{7}$

Opium. — Prismes incolores, insolubles dans l'eau, peu solubles dans l'alcool et l'éther, très solubles dans le benzène et le chloroforme.

L'acide azotique de densité 1,4 la dissout en se colorant en *jaune rouge*, passant au jaune par la chaleur.

Le **réactif de Frœhde** dissout la narcotine en donnant un liquide *vert*, *virant au rouge cerise* magnifique, si la solution contient 0gr,01 de molybdate (Draggendorff).

Le **perchlorure de fer** (II ou III gouttes) ajouté à une solution de narcotine dans l'acide sulfurique, chauffée au préalable et refroidie, donne une *coloration rouge* avec les parties en contact, avec *bordure violet clair*; au bout de quelque temps, apparaît une *nuance rouge cerise* assez stable.

L'acide sulfurique concentré, chauffé progressivement avec une solution de narcotine, prend une teinte *orange*, *virant au rouge*. En élevant la température avec précaution, il se forme des *stries bleu violet* partant des bords du liquide; quand l'acide commence à émettre des vapeurs, la coloration devient *rouge violet* intense.

Le **réactif de Mandelin** donne une *coloration rouge vif*, puis *brun rouge*, enfin *rouge carmin*.

L'**eau chlorée** produit une coloration *vert jaunâtre*, *virant au rouge orangé* par l'ammoniaque.

Le **sulfocyanate de potassium** produit un précipité *rose*.

CODÉINE, $C^{18}H^{21}AzO^{3}$

Opium. — Gros cristaux transparents, fusibles à 150°, peu solubles dans l'eau (1 p. 80) et les alcalis, très solubles dans l'alcool, l'éther, le chloroforme.

Elle cristallise avec $H^{2}O$.

C'est de la méthylmorphine, $C^{17}A^{18}(CH^{3})AzO^{3}$.

L'**acide sulfurique** concentré, chauffé vers 150° avec de la codéine, se colore en *brun* foncé, devenant rougeâtre par refroidissement.

L'**acide sulfurique** concentré, additionné de I goutte de **perchlorure de fer**, donne une coloration *verte* à froid, *virant au bleu* par la chaleur.

Le **formol sulfurique** produit une *coloration violette*.

Le **sucre** blanc, dans une solution sulfurique de codéine, colore en *rouge pourpre*, *virant* bientôt au *violet*.

Le **réactif de Frœhde** est coloré en vert sale, virant au *bleu indigo*; après 24 heures, la teinte devient jaune.

L'**eau chlorée** dissout la codéine sans la colorer; en ajoutant de l'ammoniaque, on a une coloration *rouge brun*.

Le **réactif d'Ehrlich** donne une belle *coloration jaune*.

STRYCHNINE, $C^{21}H^{22}Az^{2}O^{2}$

Strychnées. — Petits prismes blancs, brillants, à peu près insolubles dans l'eau, dans l'alcool absolu et l'éther anhydre; un peu solubles dans l'alcool étendu d'un peu d'eau et dans l'éther alcoolisé. Elle a une saveur extrêmement amère. Très toxique.

Une parcelle de **bichromate de potassium** ou de

bioxyde de plomb, ajoutée à une solution de strychnine dans l'acide sulfurique, produit des *stries bleues* ou *bleu violet*; en agitant, la coloration envahit le mélange, puis *vire au rouge* et au *jaune rougeâtre*.

Le **réactif de Mandelin** donne la même réaction.

L'oxyde de cérium produit, dans une solution sulfurique de strychnine, une magnifique *coloration bleue, puis violette*, enfin *rouge persistante*.

Le **nitroprussiate de sodium** forme un précipité cristallin *brun clair*.

Du **réactif de Fluckiger** étant versé dans un tube, on ajoute le liquide contenant la strychnine; à la surface de séparation, on a une *coloration violette*.

On ajoute de la **poudre de zinc** et IV gouttes d'**acide chlorhydrique** à une solution d'environ 0gr,01 de strychnine dans 1 centimètre cube d'eau; on chauffe et on filtre. En ajoutant I goutte de **perchlorure de fer** étendu, on obtient une belle coloration *rouge safrané* ne disparaissant pas à chaud (Tafel).

Du **chlorate de potassium**, ajouté à une solution de strychnine dans l'acide azotique à 36°, la colore en *rouge*.

BRUCINE, $C^{23}H^{26}Az^2O^4$

Strychnées. — Cristallise avec 4 H^2O, en prismes orthorhombiques transparents ou en aiguilles groupées en étoiles. Presque insoluble dans l'eau froide, elle se dissout un peu dans l'eau chaude, facilement dans l'alcool, le chloroforme, l'alcool amylique; insoluble dans l'éther. Très toxique.

L'acide sulfurique concentré dissout la brucine en se colorant en *rouge intense*, puis en *jaune rouge*, devenant jaune par la chaleur. En ajoutant du *chlorure stanneux*, la couleur devient *violette* intense, avec formation d'un précipité violet dans les solutions concentrées.

L'eau bromée produit un *précipité violet*, passant au *brun*.

Le **bioxyde de manganèse**, ajouté dans une solution de brucine additionnée d'acide sulfurique étendu, produit au bout de quelques heures une coloration *rouge sang.*

L'acide azotique concentré dissout la brucine en se colorant en *rouge foncé*, devenant *jaune à chaud*, par formation de cacothéline (p. 114), virant au *violet par le chlorure stanneux.*

Le **réactif de Frœhde** (p. 136), dans une solution sulfurique de brucine, donne une *coloration rouge* qui passe au jaune.

Le **sulfomolybdate d'ammonium** se colore en *rouge brique*, puis plus tard en *bleu foncé* (Buckingham).

L'eau chlorée, ajoutée avec précaution, donne une *coloration rouge pâle*, qui devient *brun jaune clair par l'ammoniaque.* Dans une petite capsule, de la brucine additionnée d'eau chlorée se dissout en un liquide *rouge clair*, se décolorant par un excès d'eau chlorée; en évaporant au bain-marie, il reste un *résidu rouge de sang* (Beckurts). Cette réaction la différencie de la strychnine.

QUININE, $C^{20}H^{24}Az^2O^2$

Quinquinas. — La quinine cristallise avec $3 H^2O$, en aiguilles fines, soyeuses, brillantes. Presque insoluble dans l'eau froide, elle se dissout facilement dans l'alcool, l'éther, le chloroforme, difficilement dans le benzène. Saveur très amère. Elle commence à perdre son eau de cristallisation à 100°, fond à 157° et redevient solide après avoir abandonné son eau; elle fond de nouveau à 172°.

Les sels de quinine acides sont doués d'une **belle fluorescence bleue.**

L'eau chlorée saturée colore à peine une dissolution de quinine; en ajoutant de l'ammoniaque, le liquide devient *vert émeraude foncé.* Cette réaction, dite de la *thalléioquinine*, se produit aussi avec l'eau bromée, le bioxyde de plomb, les hypochlorites.

Du **ferrocyanure de potassium** est ajouté à une dissolution de quinine additionnée d'*eau chlorée*, ou mieux d'*eau bromée* ; en versant de l'*ammoniaque*, le liquide se colore en *rouge foncé* magnifique, disparaissant par les acides et reparaissant avec l'ammoniaque ajoutée avec précaution ; cette coloration devient bientôt *brun sale*. C'est la réaction de l'*érythroquinine*.

La teinture d'iode, versée dans une solution de quinine additionnée de 12 grammes d'acide acétique, 4 centimètres cubes d'alcool à 90° et 11 gouttes d'acide sulfurique concentré, produit au bout de quelque temps des cristaux d'*hérapathite* ou sulfate d'iodo-quinine, sous forme d'une *poudre cristalline noirâtre* ou de *grandes lamelles cristallines* offrant un beau *dichroïsme* et polarisant fortement la lumière (Hérapath).

Le **réactif de Mandelin** (p. 136) se colore rapidement en *vert brunâtre* ; mais, au bout de cinq minutes environ, la teinte passe au *vert pur persistant*.

En ajoutant 1 goutte d'**eau oxygénée** à une solution de sulfate ou de chlorhydrate de quinine, puis 1 goutte de **sulfate de cuivre** à 10 p. 100, il se produit, à l'ébullition, une coloration *rouge framboise*, virant successivement au *violet*, au *bleu* et au *vert*.

CINCHONINE, $C^{19}H^{22}Az^{2}O$

Quinquinas. — Prismes orthorhombiques transparents ou fines aiguilles blanches. D'abord insipide, elle donne plus tard la saveur amère du quinquina. Presque insoluble dans l'eau froide, elle se dissout peu dans l'alcool froid, dans l'éther et le chloroforme.

Les solutions de sels de cinchonine ne sont pas fluorescentes.

Le **réactif de Mandelin** fait naître au bout de quelque temps une *coloration vert bleuâtre* persistante (Lenz).

Le **ferrocyanure de potassium**, ajouté à une solution de

cinchonine contenant 1 à 2 p. 100 d'acide sulfurique, produit un précipité floconneux soluble dans un excès de ferrocyanure, surtout à chaud ; par refroidissement, il se dépose des *écailles brillantes, jaune d'or*, ou de longues aiguilles groupées en éventail, en rosaces ou en pyramides tronquées, affectant parfois l'aspect de plumes d'oiseau. Ces cristaux, examinés au microscope, sont caractéristiques.

COCAINE, $C^{17}H^{21}AzO^{4}$

Erythroxylon coca. — Prismes incolores, transparents, fusibles à 98°. Sa saveur est légèrement amère et fraîche, produisant bientôt l'insensibilité de la langue. Peu soluble dans l'eau (1,3 p. 1000), elle se dissout bien dans l'eau bouillante, dans l'alcool et surtout dans l'éther. Très toxique.

De l'**iodate de potassium** est ajouté à de la cocaïne en dissolution dans l'acide sulfurique ; en chauffant doucement au bain-marie, le liquide devient d'abord *jaune*, des *stries vert clair* apparaissent, tout le liquide devient *vert d'herbe, puis brun.*

Le **chromate de potassium**, dans une solution additionnée de quelques gouttes d'acide chlorhydrique, précipite du chromate de cocaïne, *jaune citron.*

Le **réactif résorcinique** (p. 122) donne une *coloration bleue.*

L'**acide sulfurique** concentré ne colore pas la cocaïne ; en mettant un cristal de **bichromate de potassium**, il se forme au bout de quelque temps une *coloration rouge brun*, devenant *vert foncé* par la chaleur. Avec l'ecgonine, la coloration verte se produit à froid (Procls).

De l'**acide azotique** (quelques gouttes) de densité 1,4 est mis dans une capsule avec un peu de cocaïne ; on évapore à sec au bain-marie ; en ajoutant II gouttes de solution alcoolique de potasse, il se dégage par l'agitation une *odeur de menthe poivrée* (Da Silva).

En ajoutant quelques gouttes de **permanganate de potassium** à 1 p. 330 à 0gr,01 de chlorhydrate de cocaïne dissous dans II gouttes d'eau, on a un *sel violet*, insoluble, parfois cristallin (Giesel).

En ajoutant 2 ou 3 centimètres cubes d'**eau chlorée** à II gouttes de solution cocaïnique, puis II gouttes de **chlorure de palladium** à 5 p. 100, on obtient un beau *précipité rouge*, insoluble dans l'alcool et l'éther, soluble dans l'hyposulfite de sodium.

VÉRATRINE, $C^{32}H^{49}AzO^{9}$

Veratrum sabadilla. — Prismes incolores, insolubles dans l'eau, solubles dans l'alcool. La poussière fait fortement éternuer. Très toxique.

Le **saccharose** broyé avec de la vératrine et une trace d'acide sulfurique, forme une *coloration verte, devenant bleue.*

Le **réactif de Mandelin** (p. 136) est coloré en *jaune*, virant ensuite au *rouge orangé*, puis au *rouge de sang* et, au bout d'un long temps, au *rouge cramoisi*.

L'acide chlorhydrique concentré, soumis à une ébullition prolongée avec de la vératrine, donne une teinte d'abord *rougeâtre*, puis *rouge intense*, ne disparaissant pas par le repos. Cette réaction est très sensible (Trapp).

L'acide sulfurique concentré change la vératrine en *grumeaux résinoïdes*, se dissolvant facilement en un liquide *jaune vert fluorescent*, devenant jaune peu intense, puis de plus en plus *jaune foncé*, *jaune rouge*, enfin *rouge de sang*, puis *rouge pourpre*. Cette coloration disparaît au bout de deux à trois heures, mais reparaît par la chaleur.

L'eau bromée, ajoutée goutte à goutte à une solution de vératrine dans l'acide sulfurique concentré, jusqu'à ce qu'on ait ajouté un volume égal, développe une *coloration pourprée* immédiate.

Le **réactif de Frœhde** donne une solution *jaune*, passant au *rouge cerise*, persistant pendant 24 heures

L'eau chlorée dissout la vératrine et se colore en *jaune*; l'ammoniaque fait passer la teinte au *jaune d'or*.

L'aldéhyde anisique à 20 p. 100 dans l'alcool absolu, ajoutée à une solution sulfurique de vératrine, la colore en *rouge de sang*, virant à l'*indigo* par la chaleur.

La **réaction de Lloyd**, qui consiste à mélanger parties égales [illegible] **hydrastine** et d'un alcaloïde avec quelques gouttes d'acide sulfurique concentré, donne avec la vératrine, au bout de cinq minutes, une *coloration rouge cerise*.

ATROPINE, $C^{17}H^{23}AzO^{3}$

Atropa belladona. — Petits prismes et aiguilles incolores, brillants. Inodore; d'une saveur amère repoussante et persistante. Fusible à 115°. Très toxique.

L'acide azotique fumant, évaporé avec une parcelle d'atropine, laisse un résidu qui, additionné d'une solution alcoolique de potasse, produit une belle *coloration violette, passant peu à peu au rouge* (Vitali).

Broyée avec un peu **d'azotite de potassium**, de l'atropine humectée d'un peu d'acide sulfurique donne une *coloration orange*, devenant *rouge violet* par la potasse (Arnold-Vitali).

Le **réactif de Mandelin** (p. 136) colore en *rouge, virant au rouge orangé* et finalement au *jaune*.

L'acide sulfurique concentré, chauffé avec l'atropine jusqu'à ce qu'il se produise une coloration *brune* faible, dégage, par addition d'un peu d'eau, une *odeur agréable de fleurs de prunier sauvage* ou *d'oranger*.

L'acide chromique cristallisé, chauffé avec de l'atropine jusqu'à ce qu'il se produise une coloration *verte*, dégage une *odeur de fleurs de prunier*.

L'acide acétique et **l'acide sulfurique** concentré, mélangés à volumes égaux à une solution d'atropine, sont chauffés pendant deux minutes, puis additionnés d'acide acétique cristallisable; il se produit une *fluorescence verte* (Cripps).

L'atropine **dilate la pupille.**

CAFÉINE, $C^8H^{10}Az^4O^2+H^2O$

Triméthylxanthine. — *Café; thé.* — Belles aiguille blanches, légères, soyeuses, amères, inodores. Peu soluble dans l'eau froide (1 p. 100), beaucoup plus à l'ébullition (10 p. 100); elle se dissout assez bien dans l'alcool (4 p. 100), le chloroforme (10 p. 100), très peu dans l'éther (0,3 p. 100) Chauffée, elle perd son eau de cristallisation à 100° et fond à 234°. Soluble dans les alcalis, dans les acides, dans une solution de salicylate de sodium.

L'eau **chlorée** ou l'acide azotique, évaporés avec une solution de caféine, laissent un *résidu brun rouge*, soluble dans l'ammoniaque en *devenant rouge pourpre.*

L'iodure de potassium ioduré produit un précipité *noir verdâtre.*

Le **réactif sulfomolybdique** se colore en *bleu clair.*

Le **chlorure d'or** à 10 p. 100 (II gouttes), mis sur le porte-objet à concavité, où se sont évaporées quelques gouttes d'une solution chloroformique de caféine, donne, après cinq minutes, du *chlorure double, cristaux* superbes *en aiguilles* (Vadam).

Du **ferricyanure de potassium** en solution dans l'*acide azotique* est porté à l'ébullition avec un liquide contenant de la caféine; en diluant avec un peu d'eau, il se sépare du *bleu de Berlin* (Archetti). L'acide urique produit la même réaction.

Un mélange de 10 centimètres cubes d'**eau bromée** saturée, 2 centimètres cubes d'eau, 1 centimètre cube d'acide chlorhydrique et $0^{gr},10$ de caféine, chauffé à l'ébullition jusqu'à décoloration, donne un liquide qui teint la peau en rouge et devient *bleu indigo* par

I goutte de sulfate ferreux et II à III gouttes d'ammoniaque.

Le **réactif de Walser** (iodomercurate de potassium avec excès d'iodure mercurique), ajouté à une solution de caféine additionnée d'acide sulfurique, *donne un précipité*.

THÉOBROMINE, $C^7H^8Az^4O^2$.

Diméthylxanthine. — Cristaux blancs, se sublimant sans altération vers 290°. Presque insoluble dans l'eau, l'alcool, l'éther, le chloroforme, elle se dissout à chaud dans une solution étendue de soude caustique, dans une solution de phosphate trisodique. Elle est insoluble en présence du salicylate de sodium. Par la chaleur, elle ne perd pas d'eau.

L'**eau chlorée**, évaporée au bain-marie avec de la théobromine, donne un résidu jaune, rutilant, devenant pourpre au contact de l'ammoniaque.

L'**iodure de potassium ioduré**, en présence de l'acide chlorhydrique, produit un précipité *noir*; en le dissolvant à chaud dans l'iodure de potassium à 10 p. 100, le liquide laisse déposer en se refroidissant des *cristaux noir verdâtre*.

L'**azotate d'argent** à 10 p. 100, ajouté à une solution chaude de 0gr,10 de théobromine dans 1 centimètre cube d'acide azotique et 2 centimètres cubes d'eau, donne un liquide dans lequel se déposent par refroidissement des *aiguilles* remplissant le tube.

En chauffant du **bioxyde de plomb** avec de l'acide sulfurique et de la théobromine, on obtient un liquide incolore qui colore la peau en *rouge brunâtre* et se colore en *bleu indigo* par addition de magnésie.

Le **réactif de Walser** (iodomercurate de potassium avec excès d'iodure mercurique) *ne donne pas de précipité* avec les solutions de théobromine (différence avec la caféine).

ERGOTININE, $C^{35}H^{40}Az^{4}O^{6}$

Claviceps purpurea. — Poudre blanche, se colorant assez rapidement à l'air. Insoluble dans l'eau, soluble dans l'alcool et l'éther; elle se dissout bien dans le chloroforme. Ses solutions ont une belle *fluorescence violette*; elle est dextrogyre. Les solutions alcooliques se colorent à la lumière en *vert*, puis en *brun*; si le liquide est acide, il devient *rouge*. Quand elle est altérée, elle devient insoluble dans l'ether.

L'**acide sulfurique nitreux** étendu la colore en *jaune rouge*; la teinte vire au *violet*, puis au *bleu*.

L'**acide sulfurique** additionné d'*un septième d'eau*, ajouté à une solution *éthérée* d'une trace d'ergotinine, colore la solution en *rouge*, virant rapidement au *violet*, puis au *bleu*.

Mélangée à deux fois son poids de **saccharose** et additionnée d'**acide sulfurique**, elle donne une liqueur *rose*.

SPARTÉINE, $C^{15}H^{26}Az^{2}$.

Spartium scoparium. — Liquide incolore, oléagineux, d'odeur pénétrante analogue à celle de la pyridine; volatil, bouillant à 287°, de saveur amère; brunit à l'air. La spartéine est insoluble dans l'eau, le benzène, l'essence de pétrole, soluble dans l'alcool, l'éther, le chloroforme. Toxique.

L'**iode** en solution *éthérée* la transforme en periodure, cristallisant dans l'alcool en *aiguilles vertes*.

L'**iode** en solution *dans l'iodure de potassium* produit à froid un précipité *rouge brique*.

Le **brome** produit une *résine brune* ou *rouge brun* avec dégagement de chaleur.

L'**acide chlorhydrique** dégage à l'ébullition une *odeur de souris*.

L'**acide chromique**, chauffé avec de la spartéine et de l'acide sulfurique, dégage une *odeur de cicutine* et colore le liquide en *vert* (Marque).

Le **sulfate de cuivre** produit un précipité *verdâtre*.

PILOCARPINE, $C^{11}H^{16}Az^2O^2$

Pilocarpus jaborandi. — Masse incolore, amorphe, hygrométrique, visqueuse, légèrement amère, soluble dans l'eau, l'alcool, le benzène, le chloroforme. Elle est dextrogyre. Toxique. Provoque la sécrétion de la sueur.

L'**acide sulfurique** la dissout en se colorant en *jaune*; en ajoutant un cristal de **bichromate de potassium**, on obtient une coloration *vert émeraude*.

Le **calomel**, ajouté à un peu de pilocarpine et un peu d'eau, donne une coloration *noirâtre*.

L'**eau oxygénée**, ajoutée à une solution de pilocarpine additionnée de quelques gouttes de solution de **bichromate de potassium**, donne une coloration *violette, soluble dans le benzène* (Wangerin), disparaissant par addition de protochlorure d'étain.

Le **persulfate de sodium**, chauffé avec une solution de pilocarpine, la colore en *jaune* en dégageant une *odeur vireuse* et légèrement ammoniacale; les vapeurs bleuissent le papier de tournesol (E. Barral).

Le **réactif de Mandelin**, chauffé avec une solution très diluée de pilocarpine, prend une coloration *jaune d'or*, puis *vert clair*, enfin *bleu clair* (E. Barral).

Le **réactif de Wenzel au permanganate de potassium**, chauffé avec une solution de pilocarpine, est d'abord décoloré, puis devient *jaune foncé* en dégageant des vapeurs blanches ayant l'*odeur de sucre brûlé* ou mieux d'acide tartrique décomposé par la chaleur (E. Barral).

L'**acide sulfurique formolé**, chauffé avec un peu de pilocarpine, se colore d'abord en *jaune*, puis en *jaune brun*, *rouge de sang* et *brun rouge* (E. Barral).

ÉMÉTINE, $C^{30}H^{44}Az^{2}O^{4}$

Ipécacuanha. — Fines paillettes incolores, fusibles à 65°, altérables à l'air et à la lumière, peu solubles dans l'eau, assez solubles dans l'alcool, l'éther, le chloroforme. Toxique.

Le réactif de Frœhde dissout l'émétine en se colorant en *rouge*, virant au *vert*.

L'acide sulfurique la dissout en se colorant en *vert brun*.

Le réactif d'Erdman la colore en *vert*, devenant *jaune*.

GLUCOSIDES

Les *glucosides* sont des produits naturels possédant la propriété de se scinder, sous l'influence des acides minéraux dilués, en glucose et une matière, variable suivant les glucosides, mais ne faisant pas partie de la classe des hydrates de carbone.

SOLANINE, $C^{43}H^{71}AzO^{16}$ (?)

Solanées; jeunes pousses de la pomme de terre, etc. Fines aiguilles soyeuses, nacrées, fusibles à 235°, se sublimant à une température plus élevée, en partie sans altération. Presque insoluble dans l'eau, l'éther, le benzène, elle se dissout bien dans l'alcool. Sa saveur est très amère et brûlante.

Les solutions, faites à chaud dans l'alcool ou l'alcool amylique, se prennent en gelée par refroidissement.

Elle se dédouble à l'ébullition, par les acides étendus, en glucose et *solanidine*.

L'**eau iodée** saturée devient plus foncée sous l'influence d'une solution de solanine.

Le **réactif de Mandelin** donne à chaud une *coloration rouge* très sensible, virant au *violet*.

Le **bichromate de potassium** dans l'acide sulfurique se colore en *bleu*, puis en *vert*.

L'**acide sulfurique** concentré dissout la solanine en se colorant en *jaune rougeâtre* clair, virant au *brun clair* à la longue. En exposant cette solution sulfurique aux **vapeurs de brome**, la coloration devient *brune*. En lui ajoutant goutte à goutte un volume égal d'**eau bromée**, il se forme des *stries rouges*; le liquide reste longtemps *rougeâtre* et dépose des flocons *bruns*.

L'**acide sulfurique** et l'**alcool**, chauffés avec de la solanine, donnent une faible coloration qui devient peu à peu *rouge par refroidissement*.

Le **sulfo-sélénite d'ammonium** donne à chaud une *coloration rouge*.

SANTONINE, $C^{15}H^{18}O^3$

Semen-contra. — Cristaux prismatiques blancs, d'un aspect nacré, inodores, de saveur amère, jaunissant à l'air, peu solubles dans l'eau froide (1 p. 300), assez solubles dans l'alcool froid (1 p. 40), dans l'éther. Elle est lévogyre : $\alpha = 171°$.

La santonine fond à 170° et se sublime partiellement à une température plus élevée, en donnant des vapeurs blanches, irritantes; elle brûle sans résidu. Très peu soluble dans les liqueurs acides, elle est enlevée à ces dissolutions par l'éther, le benzène et le chloroforme.

La **potasse alcoolique** étendue dissout en *rouge* quelques cristaux de santonine qui ont été exposés au soleil pendant plusieurs heures. La sensibilité augmente en ajoutant quelques gouttes de nitrite d'amyle, avant de traiter par la potasse alcoolique.

L'**acide sulfurique** additionné de la moitié de son volume d'eau, chauffé avec de la santonine, se colore en *jaune*; en ajoutant 1 goutte de perchlorure de fer et continuant à chauffer, le liquide devient *violet*.

Quelques gouttes de **chlorure de zinc**, évaporées à siccité avec quelques cristaux de santonine, laissent un résidu *bleu violet.*

Une trace de **cyanure de potassium** pulvérisé, chauffé à sec avec quelques cristaux de santonine, donne une *coloration* rouge, passant au *brun jaune.*

DIGITALINE, $C^{31}H^{54}O^{11}$(?)

Digitalis purpurea. — La *digitaline cristallisée* est en aiguilles blanches, légères, fusibles à 243°. La *digitaline amorphe* est une poudre blanche, fusible vers 100°.

Les digitalines sont inodores, amères, à peu près insolubles dans l'eau et l'éther; solubles dans le chloroforme, l'alcool, la glycérine. Extrêmement toxique.

L'acide chlorhydrique ou **l'acide phosphorique** donnent à chaud une coloration *vert émeraude.*

Le **perchlorure de fer** (traces), avec de **l'acide sulfurique alcoolisé** et la digitaline, produit une belle *coloration bleu verdâtre* persistante (Lafon).

L'acide azotique la colore en *jaune doré*; le résidu sec devient *rouge par l'ammoniaque.*

L'eau régale colore la digitaline en *jaune*, virant au *vert.*

L'acide sulfurique la colore en *vert*, devenant *rouge groseille par le brome.* En ajoutant du **bichromate de potassium** au liquide vert, il devient *bleu*, puis *brun.*

Le **chloral anhydre** dissout la digitaline en se colorant à chaud en *vert jaune*, virant au *violet*, puis au *vert.*

Le **réactif de Frœhde** se colore en *brun.*

PICROTOXINE, $C^{36}H^{40}O^{16}$(?)

Coque du levant. — Aiguilles prismatiques, un peu solubles dans l'eau froide (1 p. 150), beaucoup plus dans l'eau bouillante (4 p. 100), dans l'alcool et l'éther. Très toxique.

L'acide sulfurique concentré la dissout en se colorant en *jaune d'or*; par la chaleur, le liquide noircit. En ajoutant un excès de soude, le liquide devient *rouge brique*.

L'aldéhyde anisique en solution à 20 p. 100 dans l'alcool absolu (1 goutte), ajoutée à la solution sulfurique jaune d'or de picrotoxine, développe une auréole *violet indigo* intense virant au *bleu* fixe.

Une parcelle de **bichromate de potassium** pulvérisé, ajoutée dans la solution sulfurique de picrotoxine, produit une coloration *violette*, puis *brune*.

COLCHICINE, $C^{22}H^{25}AzO^{6}+5H^{2}O$

Colchicum autumnale. — Cristaux incolores, d'odeur agréable, amers; à peu près insolubles dans l'eau, la glycérine, l'éther et l'essence de pétrole; ils se dissolvent dans l'alcool et le chloroforme. Les acides dédoublent la colchicine en colchicéine et glucose.

L'acide azotique concentré la colore en *jaune*, puis en *vert*, en *rouge*, en *violet*; finalement le liquide devient *incolore*. En ajoutant alors de la **soude**, le liquide prend une *coloration rouge cerise* persistante.

Le **réactif de Mandelin** produit une *coloration violette*, fugace, virant au *rouge violacé* avec quelques gouttes d'eau.

L'acide sulfurique et l'*azotate de potassium* font naître une *coloration bleue*, puis *verdâtre*, *violacée*, *virant au rouge par un alcali*.

Le **réactif de Frœhde** se colore en *vert* par la colchicine.

Le **perchlorure de fer** colore les solutions de colchicine en *vert* foncé.

Le **bichromate de potassium** en solution à 5 p. 100 dans l'**acide sulfurique** concentré développe, en présence de la colchicine, une *coloration rouge*, virant lentement au *jaune*, puis au *vert*.

SALICINE, $C^{13}H^{18}O^{7}$

Saule, peuplier. — Petites paillettes ou aiguilles blanches, soyeuses, de saveur très amère. Peu soluble dans l'eau, l'alcool, l'alcool amylique, très peu dans le chloroforme et le benzène; insoluble dans l'éther. Fusible à 120°, elle se décompose au-dessus de 200°. L'émulsine et les acides minéraux à chaud la dédoublent en saligénine et glucose.

L'acide sulfurique concentré la colore en *rouge de sang* intense; elle prend un aspect *résineux* sans se dissoudre.

Chauffée avec de l'**acide sulfurique** et du **bichromate de potassium**, elle dégage l'*odeur d'aldéhyde salicylique* (essence de spirée). Le produit distillé se colore en *violet* magnifique par une trace de perchlorure de fer.

L'acide azotique dissout la salicine à chaud en dégageant des vapeurs rutilantes; le liquide *jaune*, additionné d'ammoniaque, devient *jaune intense*.

Le **réactif de Frœhde** colore la salicine en *bleu violet*.

MÉDICAMENTS NOUVEAUX

Les réactions d'un grand nombre de médicaments ont déjà été étudiées avec : les sels métalliques, les dérivés halogénés des carbures d'hydrogène, les alcools, phénols, aldéhydes, cétones, hydrates de carbone, acides organiques, amines, alcaloïdes, glucosides.

Il est possible de faire entrer les nombreux *médicaments* nouveaux dans les groupes déjà étudiés. Cette classification serait certainement beaucoup plus scientifique; mais, elle manquerait parfois de clarté; il serait difficile de ranger, parmi les alcaloïdes naturels, un grand nombre de médicaments, véritables *alcaloïdes artificiels*; enfin beaucoup de ces médicaments peuvent trouver leur place à la fois dans plusieurs groupes.

Parmi les très nombreux médicaments nouveaux, nous avons étudié seulement les *réactions des médicaments les plus importants*, laissant de côté les sels, les éthers, etc... (1), facilement décomposables en leurs composants; ceux-ci seront caractérisés séparément par leurs réactions, indiquées précédemment.

COLLARGOL

Argent colloïdal contenant 87 p. 100 d'argent, une matière albuminoïde, une trace d'acide azotique et d'ammoniaque; d'après Hanriot, le collargol commercial est du collargolate d'ammoniaque.

L'**azotate d'argent**, ajouté à une solution de collargol, précipite à la fois l'argent du collargol et celui de l'azotate; le précipité obtenu, d'aspect métallique, est insoluble dans la potasse, soluble dans l'acide azotique et le cyanure de potassium; il se dissout dans l'ammoniaque en donnant un liquide *rouge*.

Le **sulfate de cuivre**, l'**azotate de baryum** donnent des réactions analogues.

PROTARGOL

Protéinate d'argent, contenant 8,3 p. 100 d'argent métallique. Les solutions aqueuses ne sont pas précipitées par l'albumine, le chlorure de sodium, l'acide chlorhydrique dilué, l'ammoniaque, la soude caustique. Le sulfure d'ammonium brunit les solutions, mais ne provoque pas de précipitation. Les solutions aqueuses de protargol ont une réaction *alcaline*.

Par addition d'**acide chlorhydrique concentré**, il se produit un *précipité de protargol non modifié*, soluble dans une grande quantité d'eau.

(1) Voy. : Les nouveaux produits pharmaceutiques; conférence par M. V. Auger, *Bulletin de la Société Chimique*, 20 mars 1903.

HERMOPHÉNYL (Mercuriodisulfophénate de sodium), $C^6H^3.O.Hg(SO^3Na)^2$.

Poudre blanche, amorphe, soluble dans l'eau (22 p. 100), insoluble dans l'alcool, de saveur salée, sans goût métallique de mercure.

Il renferme 40 p. 100 de mercure *dissimulé*, c'est-à-dire que les réactions des sels de mercure sont complètement masquées; la solution ne précipite pas par l'hydrogène sulfuré, le sulfure d'ammonium, la soude, etc. Les solutions peuvent être stérilisées à 120° sans décomposition.

A chaud, l'hermophényl est décomposé par l'acide chlorhydrique bouillant, par le sulfure d'ammonium qui donne un précipité noir.

Le **perchlorure de fer** produit une coloration *violette*.

L'**acide sulfurique** concentré n'est pas coloré à froid; en chauffant, il se produit une légère coloration *jaune*, devenant *jaune orangé* (E. Barral).

Le **réactif de Berg** se colore à froid en *rouge améthyste*; en chauffant, la coloration devient *orangé rougeâtre* avec *précipité brun* (E. Barral).

Le **réactif de Frœhde**, chauffé avec un peu d'hermophényl, se colore en *jaune*, virant au *jaune orangé*, au *jaune brun*, au *brun*, enfin au *rouge améthyste* (E. Barral).

Le **persulfate de sodium** donne à froid une légère *coloration rose*; en chauffant, le liquide devient *jaune*; en ajoutant ensuite de la *soude* au liquide froid, il se fait un *précipité jaune* d'oxyde mercurique (E. Barral).

Le **réactif de Mandelin**, auquel on ajoute des traces de poudre d'hermophényl, donne en dissolvant la poudre des stries *indigo* foncé; le liquide est *bleu verdâtre* très foncé. En chauffant, le liquide devient plus clair, d'abord *bleu verdâtre*, puis vert émeraude au voisinage de la température d'ébullition du liquide (E. Barral).

L'**acide sulfurique formolé** produit à chaud une coloration *rouge brun* très intense (E. Barral).

SOZOIODOL (Acide diiodoparaphénylsulfonique),

$$C^6H^2I^2 \left\langle \begin{matrix} OH_1 \\ SO^3H_4 \end{matrix} \right.$$

Cristaux incolores, inodores, formant des sels cristallisés avec les alcalis. Il est soluble dans l'eau et l'alcool.

Le **chlorate de potassium** et l'**acide chlorhydrique**, chauffés avec du sozoiodol, produisent des *plaques dorées, brillantes*, à odeur caractéristique.

L'**acide azotique** dégage de l'*iode* et forme de l'*acide picrique.*

L'**acide sulfurique** produit de l'*iode* et de l'*iodophénol*, à odeur pénétrante.

Le **perchlorure de fer** colore les solutions de sozoiodol en *bleu violet*, virant au *rouge violet*.

CACODYLATE DE SODIUM (Diméthylarsinate sodique),

$$\begin{matrix} CH^3 \\ CH^3 \end{matrix} \rangle As \left\langle \begin{matrix} =O \\ ONa \end{matrix} \right.$$

Cristaux radiés, très déliquescents, très solubles dans l'eau. Les solutions peuvent être chauffées à 100° sans décomposition.

L'acide cacodylique est en cristaux prismatiques incolores, inodores, très solubles dans l'eau, dans l'alcool dilué, insolubles dans l'éther. Il fond à 200° en un liquide huileux se solidifiant seulement à 90°. Sa réaction est faiblement acide.

Dans un tube à essais, on met 10 centimètres cubes de solution d'**acide hypophosphoreux** et 10 centimètres cubes d'**acide chlorhydrique**; on ajoute 1 centimètre cube d'une solution aqueuse de cacodylate et on bouche le tube. Il se développe, au bout d'un temps variable suivant la proportion de cacodylate, une *odeur cacodylique* très nette, *sans dépôt d'arsenic*. Cependant, pour une proportion élevée de cacodylate, il se forme un dépôt d'arsenic à la partie supérieure du tube. Dans ces conditions, l'arrhénal ne dégage pas d'odeur et tout l'arsenic se précipite.

L'hyposulfite de sodium et **l'acide chlorhydrique**, dans les mêmes conditions, produisent les *mêmes réactions*.

Dans quelques grammes du **mélange oxydant fondu** (azotate de potassium, 4 parties; carbonate de potassium, 3 parties; carbonate de sodium, 3 parties) on projette quelques centigrammes de cacodylate. On sent aussitôt une *odeur cacodylique*, en même temps qu'il se produit sur les points en contact une *coloration noirâtre* qui disparaît rapidement. Le résidu, acidulé par l'acide sulfurique, donne par l'hydrogène sulfuré un précipité jaune de sulfure d'arsenic; abandonné pendant vingt-quatre heures dans un flacon bouché, on a une *odeur cacodylique* en débouchant ensuite le flacon (Barthe et Péry).

Les autres réactions sont indiquées plus loin dans le tableau comparatif entre l'arrhénal et le cacodylate.

MÉTHYLARSINATE DISODIQUE (Arrhénal),

$$CH^3.As\begin{cases}=O\\ -ONa\\ -ONa\end{cases},\ 6H^2O$$

L'acide méthylarsinique et son sel de sodium sont incolores, inodores, très solubles dans l'eau.

L'acide fond à 161-162° sans décomposition; il a une saveur piquante.

Le méthylarsinate disodique est en magnifiques cristaux limpides, devenant peu à peu opaques dans l'air sec. Sa saveur est celle du bicarbonate de sodium. Non desséché, il fond à 140° dans son eau de cristallisation.

L'acide hypophosphoreux et **l'acide chlorhydrique**,

mis en présence de l'arrhénal, dans les conditions indiquées pour le cacodylate de sodium, *ne dégagent pas d'odeur cacodylique*; tout l'arsenic, mis en liberté, se précipite au fond du tube.

L'**hyposulfite de sodium** et l'**acide chlorhydrique** produisent la même réaction.

Le méthylarsinate disodique produit un grand nombre de précipités avec les sels métalliques. Ces réactions sont indiquées dans le tableau comparatif entre l'arrhénal et le cacodylate.

DIFFÉRENCES ENTRE L'ARRHÉNAL ET LE CACODYLATE DE SODIUM

Réactifs.	Arrhénal.	Cacodylate de sodium.
Tournesol.	Bleuit le papier rouge.	Neutre.
Azotate d'argent.	Précipité blanc.	Pas de précipité.
Sulfate de cuivre.	Précipité vert pâle.	—
Acétate neutre de plomb.	Précipité blanc.	—
Sous-acétate de plomb.	Précipité blanc.	—
Chlorure mercurique.	Précipité rouge brique.	—
Azotate mercureux.	Précipité blanc.	Précipité blanc devenant jaune.
Chlorure de calcium.	A chaud, précipité blanc.	Pas de précipité.
Azotate de cobalt.	Précipité violacé.	—
Sulfate de nickel.	Précipité vert pré.	—
Sulfate de manganèse.	Précipité couleur chair.	—
Sulfate ferreux ammoniacal.	Précipité vert.	—

LANOLINE

Corps jaunâtre clair, visqueux, neutre, à odeur faible de suint. Exposée à l'air, elle ne rancit pas, mais prend une coloration plus foncée à la surface. Elle fond à 42°, sans donner un liquide transparent. Elle contient environ 70 p. 100 de graisses; elle renferme de la *cholestérine*, etc. Les alcalis étendus ne l'attaquent pas. Insoluble dans l'eau et l'alcool, elle se dissout dans le chloroforme, l'éther, le sulfure de carbone, les corps gras. Elle est inaltérable et ne rancit pas.

L'acide sulfurique, ajouté à une solution de lanoline dans l'**anhydride acétique**, produit une *coloration verte*.

L'acide sulfurique, ajouté à une solution chloroformique de lanoline, forme un *anneau rouge* à la surface de séparation des deux liquides.

On fond 2 grammes de **chaux éteinte** avec 0gr,1 de lanoline, en ayant soin d'éviter la carbonisation de la masse. Après refroidissement, la masse fondue est reprise par 5 centimètres cubes d'eau et agitée avec 5 centimètres cubes de chloroforme. En versant celui-ci sur un volume égal d'acide sulfurique concentré, on voit se développer à la surface de séparation la *coloration rouge foncé* due à la cholestérine.

Quelques gouttes d'**acide azotique** fumant sont versées sur un peu de lanoline; il se produit une coloration *rouge brun verdâtre* (E. Barral).

ABRASTOL (Asaprol), $(C^{10}H^{6}.OH_{\beta}.SO^{3})^{2}Ca$.

Poudre blanchâtre, légèrement rosée, inodore, de saveur amère, puis douceâtre; soluble dans l'eau, l'alcool, la glycérine, insoluble dans l'éther.

Le **perchlorure de fer** colore en *bleu* les solutions aqueuses.

L'**azotate mercurique** donne une *coloration rouge*.

L'**acétate d'urane acétique** colore en *ponceau*.

L'**acide chromique** donne un précipité *brun*.

L'**acide azotique** colore en *jaune*.

Les **acides minéraux** régénèrent le naphtol β, qui se précipite; en dissolvant le précipité dans la soude, un fragment de potasse donne à chaud une *coloration bleue*.

Le **réactif Ymonnier** donne un *précipité brunâtre* avec un *liquide orangé* (E. Barral).

Le **réactif de Berg** produit à froid une coloration *bleue*. devenant peu à peu *jaune* à l'ébullition (E. Barral).

Le **réactif de Frœhde** se colore à froid en *jaune brun noirâtre* (E. Barral).

En ajoutant quelques gouttes de **formol** et de l'**acide sulfurique** à un peu d'abrastol, il se développe une magnifique *fluorescence verte*, disparaissant par addition d'une grande quantité d'eau (E. Barral).

Le **persulfate de sodium** produit à chaud une coloration *jaune verdâtre*, devenant *brun verdâtre*, puis *brun orangé* (E. Barral).

Le **réactif sulfomolybdique** donne à chaud une coloration *jaune verdâtre*, virant au *bleu sale*, puis au *bleu foncé* au bout de quelque temps (E. Barral).

SULFONAL, $\begin{matrix} CH^3 \\ CH^3 \end{matrix} \!\!>\! C \!<\!\! \begin{matrix} SO^2C^2H^5 \\ SO^2C^2H^5 \end{matrix}$

Poudre blanche, en petits cristaux prismatiques, inodore, insipide, fusible à 125°,5. Le point de fusion permet de le différencier du trional, fusible à 76°, et du tétronal, fusible à 89°. Très peu soluble dans l'eau froide (0,2 p. 100), assez soluble à chaud (6 p. 100), il se dissout bien dans l'alcool chaud et le chloroforme. Il est inattaquable par la chaleur, les acides, les alcalis, les oxydants.

L'**acide sulfurique** et une trace de **phénol**, chauffés

avec un peu de sulfonal, le colorent en *vert émeraude* en dégageant une forte *odeur sulfureuse.*

Le **cyanure de potassium** sec, chauffé avec son poids de sulfonal, dégage à chaud des *vapeurs épaisses de mercaptan d'odeur alliacée* désagréable; la masse fondue contient du *sulfocyanate* de potassium, donnant une belle coloration *rouge* avec le perchlorure de fer.

La limaille de fer, chauffée avec du sulfonal, dégage une *odeur alliacée*; après refroidissement, l'acide chlorhydrique ajouté au résidu dégage de l'*hydrogène sulfuré.*

En chauffant 3 grammes de **potasse caustique** avec 1 gramme de sulfonal, il se dégage une *odeur infecte* et le mélange *brunit*; en refroidissant, il passe au *rouge* et l'eau donne une *solution bleue.* En ajoutant de l'acide chlorhydrique à ce liquide bleu, il vire au *violet* en même temps qu'il se dégage SO^2. En évaporant à siccité la solution, le résidu présente la réaction des sulfates et des polysulfures (Vitali). Cette réaction est commune au trional et au tétronal.

Les **cristaux,** obtenus par évaporation d'une solution éthérée, sont *arborescents* comme l'eau qui se congèle sur les vitres; le trional cristallise en lames aplaties, analogues à celles de l'azotate d'urée; le tétronal en prismes tronqués ou terminés en aiguilles.

Le **réactif de Frœhde,** chauffé avec un peu de sulfonal, prend une coloration *verdâtre*, puis *vert olive* stable, en dégageant une odeur aromatique (E. Barral).

Le **réactif de Mandelin** produit à chaud une coloration *orangée*, devenant *vert émeraude*, puis *vert bleuâtre* et *bleu clair* stable (E. Barral).

Le **formol** (quelques gouttes) et **l'acide sulfurique**, chauffés avec du sulfonal, donnent une coloration *rouge*, devenant *rouge brun*, puis *brun noir*, avec dégagement de SO^2 (E. Barral).

TRIONAL (Diéthylsulfone-méthyléthylméthane),

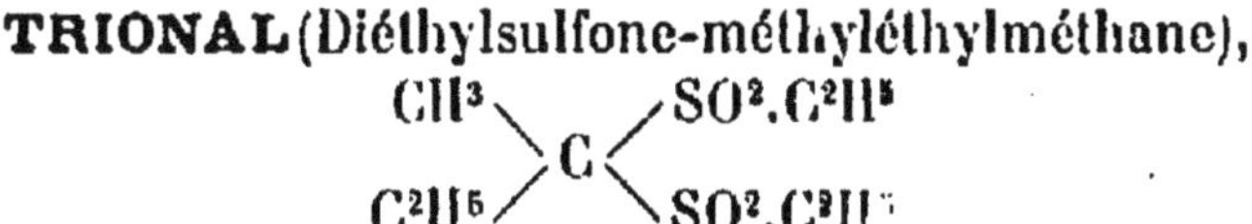

Petits cristaux blancs, fusibles à 76°, de saveur amère; peu solubles dans l'eau froide, ils se dissolvent mieux dans l'eau chaude; ils sont assez solubles dans l'alcool et l'éther.

Il se dissout facilement dans la paraldéhyde, tandis que le sulfonal est très peu soluble.

Le point de fusion permet de le distinguer du sulfonal et du tétronal, dont les réactions sont à peu près les mêmes. Cependant, quelques réactions sont un peu différentes.

Le **réactif de Frœhde** donne à chaud une coloration *verdâtre* fugitive, virant rapidement au *brun noir* avec dégagement de SO^2 (E. Barral).

Le **réactif de Mandelin** produit à chaud une coloration *jaune orangé*, devenant successivement *vert émeraude*, *bleue*, *verte*, *rouge brun*, avec dégagement de SO^2 (E. Barral).

Quelques gouttes de **formol** et de **l'acide sulfurique**, chauffés avec du trional, donnent une coloration *jaune*, devenant *orangée*, *rouge*, *brune*, avec dégagement d'une *odeur de souris*, puis de SO^2 (E. Barral).

TÉTRONAL (Diéthylsulfone-diéthylméthane),

$$\begin{matrix} C^2H^5 \\ C^2H^5 \end{matrix} > C < \begin{matrix} SO^2.C^2H^5 \\ SO^2.C^2H^5 \end{matrix}$$

Petites lamelles brillantes, fusibles à 89°, de saveur à la fois amère et camphrée, très peu solubles dans l'eau froide (1 p. 450); plus solubles dans l'éther, le chloroforme et l'alcool.

Les réactions obtenues avec le réactif de Frœhde, le réactif de Mandelin, le formol sulfurique, sont celles données par le trional (E. Barral).

Le **réactif de Fluckiger** au bichromate de potassium, chauffé avec du tétronal, se colore en orangé foncé, devenant *brun verdâtre*, puis *vert foncé* au bout de quelque temps (E. Barral).

HÉDONAL, $CO\left\langle\begin{matrix} AzH^2 \\ O.CH\left\langle\begin{matrix} CH^3 \\ C^3H^7 \end{matrix}\right. \end{matrix}\right.$

Uréthane du méthylpropylcarbinol.

Cristaux incolores, fusibles à 76° en un liquide bouillant à 215°. Peu soluble dans l'eau froide, un peu plus dans l'eau bouillante.

Sa saveur est très forte, rappelant celle de la menthe poivrée.

La **soude caustique** le décompose à chaud en *acide carbonique*, *ammoniaque* et *alcool amylique* secondaire ; ce dernier corps peut être reconnu en le transformant en iodoforme ou en éther benzoïque.

Le **réactif de Frœhde**, mis dans un tube avec quelques cristaux d'hédonal, produit un dégagement de bulles gazeuses ; en chauffant, le réactif se colore en *jaune verdâtre*, puis *vert olive*, enfin en noir verdâtre avec dégagement de SO^2 (Barral).

Le **réactif d'Ehrlich** se colore en *rose clair* au bout de quelques heures (E. Barral).

Le **réactif de Mandelin** produit une coloration *rouge vif*, devenant orangée (E. Barral).

L'acide sulfurique formolé est coloré en jaune par quelques cristaux d'hédonal ; en chauffant, il se produit une coloration *rouge*, devenant *rouge brun*, puis *noire* avec dégagement de SO^2 (E. Barral).

Le **réactif de Fluckiger** au bichromate de potassium,

chauffé avec quelques cristaux d'hédonal, se colore en *rouge foncé*, puis en *vert*, en dégageant une odeur empyreumatique et un gaz brûlant avec une flamme bleue (E. Barral).

DORMIOL, (Diméthyléthylcarbinol-chloral).

$$\begin{array}{l} C\equiv Cl^3 \\ | \\ C\begin{array}{l} \diagup OH \\ \diagdown H \end{array} \qquad \begin{array}{c} CH^3\ CH^3 \\ \diagdown\ \diagup \\ C-CH^2-CH^3 \end{array} \\ | \\ |\!\!-\!\!-\!\!-\!\!-O\diagup \end{array}$$

Liquide incolore, à odeur piquante, analogue à celle du menthol, de saveur à la fois fraîche et brûlante, de densité 1,24. Soluble en toutes proportions dans l'alcool, l'éther, le chloroforme.

La dissolution dans l'eau présentant quelques difficultés, il est vendu dans le commerce en solution à 50 p. 100.

Le dormiol **réduit** : à froid l'azotate d'argent ammoniacal, à chaud la liqueur de Fehling et le chlorure d'or (E. Barral).

L'**acide sulfurique**, ajouté à une solution de dormiol, produit une coloration *jaune*, devenant *rouge orangé* en chauffant, puis rouge brun, brun noir, en dégageant du chloral (E. Barral).

L'**aseptol**, chauffé avec quelques gouttes de dormiol, prend une magnifique *coloration groseille* (E. Barral).

L'**acétate d'aniline** (p. 123), chauffé avec du dormiol, dégage une *odeur repoussante* de carbylamines (E. Barral).

Le **sulfate acide de mercure** produit à chaud un *précipité jaune, devenant* bientôt *blanc*, puis *gris* (E. Barral).

ORTHOFORME, $C^6H^3\begin{cases} CO^2.CH^3 & (1) \\ OH & (3) \\ AzH^2 & (4) \end{cases}$

Il existe deux orthoformes : l'*ancien* (Einhorn et Heinz), paraamidométaoxybenzoate de méthyle, dont la formule est indiquée ci-dessus ; le *nouveau* (Hœchst), métaamidoparaoxybenzoate de méthyle, $C^6H^3-CO^2.CH^3(1)-OH(4)-AzH^2(3)$, appelé orthoforme Neu, peu employé.

Poudre cristalline, blanc jaunâtre, légère, inodore, sans saveur, peu soluble dans l'eau froide, plus soluble dans l'eau bouillante. Les solutions aqueuses s'oxydent peu à peu en laissant déposer un précipité rouge brique. Insoluble dans le chloroforme, le benzène, le sulfure de carbone, il se dissout bien dans l'alcool et l'éther.

Il se dissout dans la soude; mais, la solution se décompose peu à peu et devient noire.

L'orthoforme ancien fond à 120°, le nouveau à 142°.

L'**hypobromite de sodium**, ajouté *goutte à goutte* à une solution de 0gr,10 d'orthoforme dans 4 à 5 centimètres cubes de soude à 30 p. 100, développe une *coloration rouge*. Celle-ci s'accentue, puis s'atténue pour l'*orthoforme ancien*; de plus, en saturant par l'ammoniaque le liquide bouillant, il se décolore. La coloration rouge s'accompagne d'un *précipité rouge de sang* pour l'*orthoforme nouveau*; quand on ajoute de l'ammoniaque au liquide bouillant, ce précipité se dissout et le liquide devient *jaune orangé*.

La **soude caustique** colore en *jaune verdâtre* l'*orthoforme ancien*; en *rose* ou *rouge* l'*orthoforme nouveau*.

Le **sulfate mercurique** de Denigès produit une *coloration violette*, devenant *rouge brun* avec l'*orthoforme ancien*; *jaune*, puis *orangée* avec l'*orthoforme nouveau*.

L'**acide sulfurique** prend une coloration *vert foncé* avec l'*orthoforme ancien*, *lie de vin* avec l'*orthoforme nouveau*.

ANTIPYRINE (Analgésine), $C^{11}H^{12}Az^2O=$ CH³.C ═ CH / CH³.Az — CO / Az.C⁶H⁵

Diméthylphénylpyrazolone.

$$C^{11}H^{12}Az^2O = \begin{array}{l} CH^3.C = CH \\ CH^3.Az \quad CO \\ \quad Az.C^6H^5 \end{array}$$

Cristaux blancs, inodores, un peu amers, solubles dans leur poids d'eau froide; très solubles dans l'alcool, le chloroforme, moins dans l'éther.

L'antipyrine fond à 112°.

Le **perchlorure de fer** produit, dans une solution aqueuse d'antipyrine, une *coloration* et un *précipité rouge brun*.

L'**acide azotique nitreux** (1 goutte) colore en *vert* une solution d'antipyrine; en ajoutant de l'acide azotique fumant, le liquide devient *rouge* intense; en chauffant, la coloration verte passe au *rouge pourpre*.

L'**acide sulfurique** contenant un peu d'**acide azotique**, ajouté à un volume égal d'une solution d'antipyrine, produit une *coloration rouge carmin*, virant au *rose violacé* par addition d'eau (Denigès).

L'**acide chlorhydrique** fumant colore en *vert*.

L'**acide chlorhydrique** et le **ferricyanure de potassium** donnent une *coloration vert foncé* et un *précipité vert bleuâtre*.

L'**eau iodée** précipite en *rouge brique*.

Le **chlorure de zinc** sec, chauffé avec de l'antipyrine, dégage une *odeur de créoline ou de thymol*.

Le **chlorate de potassium** donne avec une solution chaude d'antipyrine, additionnée d'acide chlorhydrique, une coloration *jaune rougeâtre*; en se refroidissant, il se dépose des *gouttelettes huileuses rouge vif*, solubles dans le chloroforme en un liquide jaune orangé.

L'**eau oxygénée**, ajoutée à une solution d'antipyrine additionnée de quelques gouttes de solution de bichromate de potassium, donne une coloration *bleue* intense, soluble dans le benzène.

Le **réactif de Mandelin** développe une *coloration vert émeraude* très intense. En chauffant légèrement, la coloration devient *vert clair*, puis *jaune*, finalement *vert olive* (E. Barral).

PYRAMIDON, $C^{13}H^{17}Az^{3}O$

Diméthylamidoantipyrine, ou diméthylamidodiméthylphénylpyrazolone.

Poudre cristalline, blanc jaunâtre, assez soluble dans l'eau (6 p. 100), presque insipide.

Le **perchlorure de fer** colore la solution en *bleu violacé*, teinte qui disparaît assez rapidement.

Un **azotite** colore une solution de pyramidon en *violet* très fugace.

L'**acide azotique** fumant produit une réaction très intense, avec une *coloration violette* devenant améthyste. Avec ce réactif, l'antipyrine donne une coloration verte.

Une solution de **gomme arabique** produit avec le pyramidon une coloration *bleue*, virant au *violet*, puis au *rose* (Tanzi). Cette réaction est due à une oxydase (Denigès), détruite à 85°.

L'**hypochlorite de sodium**, l'**eau oxygénée**, le **bioxyde de manganèse** en très petite quantité, produisent une *coloration bleue* très fugace (Rodillon).

Le **persulfate de sodium** donne une coloration *bleu violet*, virant au *violet*, puis au *rose* et finalement au *jaune* (E. Barral).

Le **bioxyde de sodium** ne produit rien ; mais, en versant ensuite goutte à goutte de l'acide sulfurique étendu, la série des colorations précédentes se développe : *bleu violet*, *violet*, *rose* et *jaune* (E. Barral).

Le **réactif de Fluckiger** (p. 137) au bichromate de potassium donne une *coloration brune*, virant au *vert olive* (E. Barral).

En ajoutant à la solution aqueuse 1 goutte d'**eau iodée** ou d'**eau bromée**, on a une *coloration violette*, passant au *rouge* et au *jaune* (E. Barral).

Pour la recherche dans l'urine (Jolles), on superpose à l'urine une solution alcoolique d'*iode* à 10 p. 100, étendue de dix fois son volume d'eau. Il se forme un anneau rouge brun très apparent.

Le **réactif de Mandelin** développe peu à peu une *coloration brun acajou*, virant au *vert olive*, puis au *vert clair*. En chauffant, le liquide passe rapidement au *vert émeraude*, puis devient *jaune brun*, *brun* et donne un *précipité brun* (E. Barral).

Le **réactif Ymonnier** produit peu à peu une *coloration rouge brun*, puis *brun* foncé et un *précipité brun* (E. Barral).

CRYOGÉNINE (Benzamidosemicarbazide),

$$C^6H^4\begin{cases} CO-AzH^2 \\ AzH-AzH-CO-AzH^2 \end{cases}$$

La cryogénine est une poudre cristalline blanche, inodore, de saveur légèrement amère. Peu soluble dans l'eau (2,5 p. 100), elle se dissout bien dans l'eau chaude et dans l'alcool; elle est très peu soluble dans l'éther, l'acétone, le chloroforme, le benzène.

Le **sulfate de cuivre** développe lentement à froid, rapidement à chaud, une *coloration rouge* (Barraja).

Le **chlorure d'or**, la **liqueur de Fehling**, le **permanganate de potassium**, l'**acide iodique** sont réduits à chaud par la cryogénine.

Le **sulfate mercurique** de Denigès produit une *coloration jaune d'or* (E. Barral).

Le **bichromate de potassium** donne très lentement un précipité *brun*.

En ajoutant de l'**azotite de potassium**, puis de l'**acide chlorhydrique** à une solution de cryogénine, il se fait un précipité cristallin formé de *paillettes nacrées*.

L'**acide sulfurique formolé** développe une belle *coloration rouge violet* intense, avec *fluorescence verte* plus ou moins prononcée (E. Barral).

L'**acide azotique fumant** dissout les cristaux de cryogénine en un liquide *rouge foncé*; en ajoutant de l'eau, il se forme un *précipité brun* (E. Barral).

En ajoutant quelques gouttes d'**eau oxygénée**, puis peu à peu de l'**acide sulfurique** concentré, il se produit une coloration *jaune orangé*, virant au *brun* lorsqu'on a ajouté au liquide un volume égal d'acide sulfurique (E. Barral).

Le **bioxyde de sodium** donne une *coloration jaune*; en ajoutant de l'acide chlorhydrique, le liquide devient *rouge de sang foncé* (E. Barral).

Le **persulfate de sodium**, en présence de l'acide chlorhydrique, développe une *coloration rouge orangé*, se fonçant lentement pour devenir *rouge de sang* (E. Barral).

Le **réactif de Mandelin** donne une coloration *rouge orangé*, devenant *rouge groseille*, puis *rouge carmin* (E. Barral).

L'eau bromée ou l'**hypobromite de sodium** produisent, dans une dissolution aqueuse de cryogénine, un précipité *jaune* légèrement orangé; les cristaux de cryogénine prennent une belle *coloration rouge vif* (E. Barral).

Le **réactif de Frœhde**, agité avec quelques cristaux de cryogénine, donne lentement une *coloration rose* devenant de plus en plus *rouge*. En chauffant, la coloration se développe rapidement; mais, elle vire bientôt au *vert olive* et au *vert émeraude* stable (E. Barral).

Le **réactif d'Ehrlich**, chauffé avec une solution de cryogénine, produit une belle *coloration rose orangé* (E. Barral).

Le **réactif phospho-molybdique**, ajouté à une solution de cryogénine, produit une belle *coloration bleue*; au bout de quelque temps, il se fait un *précipité brun noir*, le liquide reste *bleu clair* (E. Barral).

ACÉTANILIDE (Antifébrine), $C^6H^5.Az\left\langle\begin{matrix}H \\ C^2H^3O\end{matrix}\right.$

Poudre blanche, cristalline, inodore, très peu soluble dans l'eau froide (0,5 p. 100), assez soluble dans l'alcool (3 p. 100), beaucoup plus dans l'éther (16 p. 100) et dans le chloroforme (14 p. 100), insoluble dans la glycérine. Elle fond à 113°, en un liquide bouillant à 295°.

Le **perchlorure de fer** se colore en *rouge* à chaud.

Le permanganate de potassium en solution, ajouté, après refroidissement, à de l'acétanilide chauffée avec de la soude, colore le liquide en *vert* et dégage une *odeur désagréable de carbylamine.*

L'acide chlorhydrique, chauffé avec de l'acétanilide, la transforme en chlorhydrate d'aniline (réactions, p. 357).

L'eau de chlore, ajoutée à de l'acétanilide chauffée avec de la soude étendue, donne une *coloration rouge* pelure d'oignon.

L'eau de chlore, ajoutée après refroidissement à de l'acétanilide chauffée à l'ébullition avec un peu d'acide chlorhydrique, produit une *coloration bleue* (Ritsert).

L'azotate mercureux produit, après évaporation à siccité, une *coloration verte.*

L'acide azotique, à chaud, la colore en *rouge foncé.*

L'acide chromique produit une *coloration rouge* foncé.

Pour la rechercher dans l'urine, on ajoute de l'ammoniaque : il se produit une coloration bleue, réaction de l'indo-phénol.

Chauffée avec 2 centimètres cubes de **soude caustique**, puis additionnée de III à IV gouttes de **chloroforme** et chauffée de nouveau, elle donne l'*odeur désagréable* et caractéristique de l'isonitryle. Cette réaction permet de la rechercher dans la phénacétine.

Le réactif de Mandelin produit une *coloration rouge*, virant rapidement au *brun verdâtre* (E. Barral).

Le réactif phospho-molybdique, ajouté à une solution d'acétanilide, donne un précipité *jaune vif*, *soluble à chaud* (E. Barral).

PHÉNACÉTINE, $C^6H^4 \left< \begin{matrix} O.C^2H^5 \\ AzH.C^2H^3O \end{matrix} \right.$

Para-acétphénétidine (phénédine).

Paillettes incolores, inodores, sans saveur, à peu près insolubles dans l'eau froide (0,6 p. 1000), un peu solubles dans l'eau bouillante, dans la glycérine, beaucoup plus dans l'alcool.

L'eau chlorée ou le **chlorure de chaux** colorent la phénacétine en *rouge violet*, virant au *rouge rubis.*

L'acide chlorhydrique, chauffé avec quelques gouttes de bichromate de potassium (mélange qui dégage du chlore) et de la phénacétine, produit les mêmes réactions.

L'acide azotique, ajouté à une solution sulfurique de phénacétine, la colore en *jaune citron*, réaction permettant de la distinguer de l'acétanilide.

Une trace de **phénol**, chauffée avec de l'**acide sulfurique** et de la phénacétine, développe une *coloration rouge pourpre* et une *odeur d'acide acétique.*

L'acide sulfurique pur, chauffé pendant quelques minutes avec de la phénacétine, se colore en *rouge pourpre*; après refroidissement, le liquide étant versé dans une grande quantité d'eau et additionné d'ammoniaque, on obtient une *coloration pourpre* très foncée.

Du **sulfate de quinine** en très petite quantité, ajouté à une solution aqueuse de phénacétine, donne une *coloration bleue* (Gigli).

Le **réactif phospho-molybdique**, dans une solution de phénacétine, donne un précipité *jaune vif, insoluble à chaud.* Avec l'acétanilide, le précipité obtenu est soluble à chaud (E. Barral).

On dissout 0gr,2 de phanacétine dans 2 centimètres cubes d'**acide chlorhydrique.** On fait bouillir pendant une minute, on ajoute 20 centimètres cubes d'eau et on filtre après refroidissement. La solution filtrée, additionnée de VI gouttes d'**acide chromique** à 3 p. 100, prend une coloration *rouge rubis* (Pharmacopée allemande).

Le **réactif de Mandelin** se colore en *vert olive* à froid; en chauffant, le liquide devient *rouge brun*, enfin *noir* (E. Barral).

Le **persulfate de sodium** produit, à chaud, une coloration *jaune*, devenant *orangée* par une ébullition prolongée (E. Barral).

L'eau bromée, chauffée avec quelques cristaux de phénacétine, les colore en *rose*, tandis que le liquide devient *jaune orangé*; par refroidissement, il se dépose peu à peu un précipité *brun* (E. Barral).

Le **réactif de Millon**, chauffé avec de la phanacétine, produit une coloration *jaune*, devenant *rouge*; il se dégage de l'*éther nitreux* et il se fait un précipité *jaune* (E. Barral).

SALOPHÈNE, $C^6H^4\begin{cases} OH \\ CO.O.C^6H^4.AzH.C^2H^3O \end{cases}$

Salicylate d'acétylparamidophénol.

Lamelles blanches, fusibles à 188°, presque insolubles dans l'eau, solubles dans l'alcool et dans l'éther, inodores, sans saveur. Volatil. Chauffé avec de la soude, il se dédouble en salicylate de sodium et acétylparamidophénol.

La **soude**, chauffée avec du salophène, se colore au contact de l'air en *bleu*, puis en *jaune rouge*. A l'abri de l'air, la coloration ne se produit pas. La solution refroidie se colore en vert avec l'iodure de potassium ioduré, avec l'eau bromée et l'hypochlorite de calcium.

Le **perchlorure de fer**, ajouté à une solution alcoolique de salophène, se colore en *violet*. Cette coloration est *jaune* quand on opère inversement.

L'alcool et l'acide sulfurique, à chaud, dégagent de l'éther acétique à odeur caractéristique.

L'acide sulfurique formolé colore les cristaux de salophène en *rouge groseille*; le liquide, d'abord jaune, devient *rouge groseille*. En chauffant, cette coloration passe à l'*orangé*, puis au *noir* en dégageant une *odeur de souris* (E. Barral).

Le **persulfate de sodium**, chauffé avec du salophène,

donne une *coloration rose* ; en ajoutant de la potasse et chauffant, le liquide devient *brun rouge, dégage de l'ammoniaque* et vire au *jaune clair* (E. Barral).

L'**acide azotique fumant** dissout le salophène ; en ajoutant de l'eau, il se fait un *précipité* volumineux blanc jaunâtre, *fusible à 110°*, après dessiccation (E. Barral).

Le **peroxyde de sodium**, avec de l'eau et du salophène, donne à chaud une coloration *rougeâtre faible*, devenant au bout de quelque temps *rouge grenat* (E. Barral).

Le **réactif de Frœhde** colore à froid les cristaux de salophène en *violet* ; en chauffant, les cristaux se dissolvent, le liquide se décolore, puis devient brun (E. Barral).

Le **réactif de Mandelin** colore les cristaux de salophène en *vert très foncé*, les dissout en un liquide vert noirâtre ; en ajoutant de l'eau, la coloration verte disparaît et il se fait un précipité floconneux brun (E. Barral).

THERMODINE

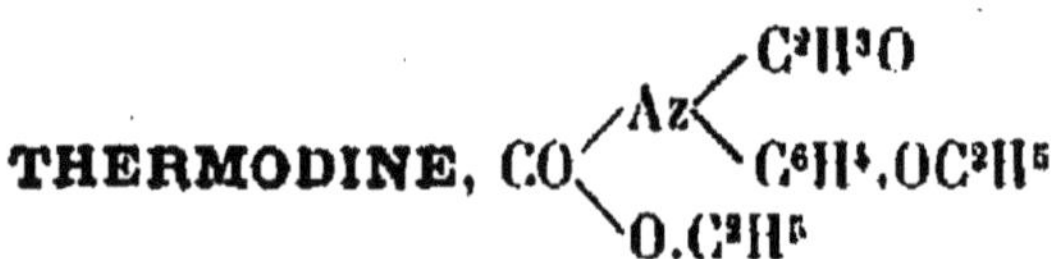

Acétyléthoxyphénylméthane.

Aiguilles blanches, résistantes, inodores, insipides, fusibles à 86-88°, très peu solubles dans l'eau froide, un peu plus dans l'eau chaude.

Le **perchlorure de fer**, ajouté à la solution filtrée provenant de l'action de l'acide sulfurique à chaud et addition d'eau, donne une belle *coloration rouge rubis*.

Le **chlorure de chaux** ou l'**acide chrômique** produisent la même réaction.

Le **réactif de Frœhde** donne à chaud une coloration *jaune*, devenant rapidement *vert jaunâtre* très foncé, puis *brun noir*, avec dégagement d'acide acétique (E. Barral).

Le **réactif de Mandelin** produit à froid une coloration *jaune verdâtre*, virant peu à peu au brun foncé (E. Barral).

L'**acide sulfurique**, chauffé avec des cristaux de thermodine, prend une coloration *jaune*, devenant *rouge grenat* par une ébullition prolongée, enfin *brun noir* (E. Barral).

Le **réactif sulfo-molybdique**, chauffé à l'ébullition avec de la thermodine, se colore en *bleu* magnifique de plus en plus foncé (E. Barral).

L'**eau bromée** produit à chaud un précipité *jaune clair* (E. Barral).

PIPÉRAZINE (Di-éthylène-imine), $C^2H^4 \left\langle \begin{matrix} AzH \\ AzH \end{matrix} \right\rangle C^2H^4$

Cristaux incolores, déliquescents, inodores, ayant une saveur fraîche et piquante se rapprochant de celle du chlorure d'ammonium. Elle est très soluble dans l'eau, dans l'alcool et l'éther.

L'**iodure de bismuth et de potassium** produit, dans les solutions de pipérazine, un précipité *rouge rubis*.

La **morphine** donne avec la pipérazine une *coloration violacée* (Manseau).

Le **persulfate de sodium** produit une *coloration jaune* (E. Barral).

Quelques gouttes d'une **solution alcoolique d'iode** produisent un précipité *jaune*, soluble à chaud (E. Barral).

En ajoutant III à IV gouttes de **formol** en solution, puis quelques gouttes d'**acide sulfurique** à quelques cristaux de pipérazine, on obtient une *coloration jaune*; en chauffant, la coloration vire à l'*orangé*, au *rouge*, enfin au *noir* (E. Barral). L'acide sulfurique formolé ajouté à une solution de pipérazine produit seulement une teinte jaune.

ADRÉNALINE, $C^{10}H^{15}AzO^3$ (?)

Substance cristalline, en cristaux tabulaires ou en aiguilles prismatiques, gris blanchâtre, légère, en petits cristaux de saveur légèrement amère, laissant une sensation d'engourdissement; soluble dans l'eau et les alcalis, sauf dans l'ammoniaque; elle forme des sels avec les acides.

Les solutions d'adrénaline peuvent être stérilisées sans altération. Chauffée à 205°, elle devient brune, fond et se décompose. On emploie généralement le chlorhydrate ou le tartrate, sous forme de pastilles, dont on fait des solutions au millième. Elle est très stable à l'état sec.

Les solutions deviennent *roses*, puis *brunissent* par l'action de l'air et de la chaleur.

Le **perchlorure de fer** produit une *coloration vert émeraude* en milieu acide, *noir violet* en milieu neutre, *rouge carmin* en milieu alcalin.

L'**iode** et l'**ammoniaque** donnent une *coloration rose.*

Les réactifs ordinaires des alcaloïdes ne donnent aucun précipité.

L'azotate d'argent, le **chlorure d'or** sont *réduits* en milieu alcalin.

L'adrénaline possède des propriétés **vaso-constrictives** très puissantes.

QUATRIÈME PARTIE

MARCHE SYSTÉMATIQUE DE L'ANALYSE QUALITATIVE

Les réactions des différents corps nous permettront de reconnaître si un élément ou une combinaison simple existe ou n'existe pas dans une substance à analyser. Mais, le problème est bien différent lorsqu'il s'agit d'une *analyse complète*, c'est à-dire de trouver *tous* les éléments d'une matière complètement inconnue et de prouver qu'elle renferme *seulement* les éléments trouvés. La connaissance des réactions ne suffit plus ; il faut procéder à l'analyse en suivant une marche systématique, afin de s'assurer rapidement, au moyen des réactifs généraux, de la présence ou de l'absence des différents éléments ; les réactions spéciales seront alors utilisées pour confirmer la présence réelle des éléments trouvés.

Ces réactions, utilisées pour mettre en évidence les éléments d'une substance soumise à l'analyse, ne sont pas choisies au hasard ; chacune d'elles doit être, non seulement raisonnée, mais encore *produite rigoureusement d'une certaine façon et dans un ordre déterminé.*

Les méthodes analytiques sont toutes fondées sur le même principe : l'usage de *réactifs généraux*, permettant de diviser tous les corps en classes nettement tranchées. Ces classes comprennent un nombre de corps à peu près égal, possédant tous, au même degré, les réactions qui ont servi à les grouper.

En appliquant ensuite une autre série de caractères, on établit dans chacune des classes de nouvelles divisions et subdivisions, destinées à éliminer un certain nombre de corps ; après quelques essais, généralement peu nombreux, on acquiert la certitude que les éléments de la substance à analyser appartiennent à telle ou telle classe, ou à l'une de ses divisions ou subdivisions. Les réactions particulières de chacun de ces éléments viendront ensuite confirmer ou infirmer le résultat.

En ne suivant pas une marche méthodique, c'est-à-dire en provoquant des réactions dans un ordre quelconque, non seulement on n'est jamais certain de déterminer tous les éléments, mais on s'expose à les confondre entre eux, car dans chacune des séparations en classes et subdivisions, au moyen d'un réactif, on suppose éliminés les éléments d'un groupe précédent.

C'est surtout dans l'analyse chimique, qu'*il ne faut pas avoir d'opinions préconçues.* Il faut, au contraire, commencer une analyse avec l'*idée préconçue* que tous les éléments peuvent se rencontrer ; dans le cours des opérations, on constatera leur présence ou leur absence.

Afin d'éviter les oublis et les confusions, chacun des essais effectués, positif ou négatif, *doit être soigneusement noté.*

MÉTHODE PRATIQUE DE L'ANALYSE QUALITATIVE MINÉRALE

Pour faciliter aux commençants les opérations méthodiques de l'*analyse qualitative minérale complète*, pour leur éviter les oublis et les conduire avec certitude à la détermination des éléments d'une matière minérale quelconque soumise à l'analyse, nous indiquons d'abord l'*ordre* dans lequel on doit effectuer les recherches.

Dans le cas d'un mélange de corps minéraux et organiques, l'analyse qualitative minérale doit être précédée, soit d'une *analyse immédiate* destinée à séparer les constituants sans les altérer, soit de la *destruction des matières organiques*.

ORDRE A SUIVRE

1° **Réaction au papier de tournesol.**

2° **Faire les essais préliminaires.**

3° **Dissoudre la substance**, si elle est solide.

4° **Chercher l'ammoniaque.**

5° Voir si la solution donne **un précipité par l'eau.**

6° Chercher séparément les **acides : arsénique, phosphorique, oxalique, silicique, borique, fluorhydrique, organiques.** — Voir pages 412 et 445.

7° Chercher les **acides : cyanhydrique, ferrocyanhydrique, ferricyanhydrique, sulfocyanique.** — Voir le tableau, page 456. — Ces acides empêchent ou altèrent un grand nombre de réactions ; on les élimine par ébullition prolongée avec de l'acide sulfurique concentré.

8° **Déterminer et séparer les métaux** dans la dissolution. — Voir les tableaux, page 446.

9° **Déterminer et séparer les acides** dans la dissolution ne contenant plus que des sels alcalins. — Voir les tableaux, page 454.

10° **Vérifier**, au moyen des réactions caractéristiques, particulières à chacune des substances trouvées, si celles-ci **existent réellement.**

11° **Se méfier des erreurs par incompatibilités.**

L'*analyse complète* d'une substance minérale *quelconque* présente parfois des difficultés provenant le plus souvent de certains corps, dont la présence gêne ou empêche plus ou moins complètement les réactions et la précipitation de quelques éléments. D'autre part, l'analyse est facilitée par quelques recherches préliminaires permettant de déceler, à l'aide de réactions très simples, l'existence de certains éléments. Enfin, quelques recommandations ne sont pas superflues pour éviter les erreurs.

Ces recherches, qui viennent d'être résumées dans l'*ordre à suivre*, seront d'abord expliquées, pour en faire comprendre l'utilité, avant d'étudier les *essais préliminaires*, la *dissolution des corps solides*, la *recherche des métaux et des acides.*

1° **Réaction.** — Elle est peu importante pour les corps solides.

Au contraire, il est indispensable de connaître la réaction d'une dissolution, car celle-ci peut contenir des composés insolubles dans l'eau, mais dissous grâce à un acide ou à un alcali; dans la recherche systématique des métaux, ces composés peuvent être précipités par un réactif général dont la réaction est différente. Ces cas particuliers sont indiqués dans le résumé schématique de la recherche des métaux.

Pour prendre la *réaction d'un corps solide*, on place un peu du corps solide sur un morceau de *papier de tournesol sensible* et on ajoute une goutte d'eau à l'aide d'un agitateur. Comme la teinte est généralement masquée par la couleur de la poudre, on retourne le morceau de papier pour distinguer nettement la couleur de la tache.

Une réaction *acide* indiquera un *acide libre* ou un *sel neutre à réaction acide.*

Une réaction *alcaline* proviendra d'un *alcali caustique*, d'un *carbonate alcalin*, d'une *base alcalino-terreuse*, d'un *sel à acide faible*, d'un *phosphate alcalin trimétallique*, etc.; quelques oxydes très peu solubles tels que les oxydes de zinc, de magnésium, d'argent, communiquent au papier de tournesol une légère teinte bleue, permettant de les distinguer de leurs carbonates, neutres au tournesol.

Pour avoir la *réaction d'une solution*, on en porte une goutte, à l'aide d'un agitateur, sur un morceau de papier de tournesol; plus simplement, on trempe une petite partie d'un fragment de papier de tournesol dans le liquide.

Lorsque la *solution* est *très acide* et fait virer le tournesol au *rouge pelure d'oignon*, on met dans un tube à essais 1 à 2 centimètres cubes du liquide à analyser et on ajoute I ou II gouttes d'une solution concentré de *carbonate de sodium* : s'il se produit une *effervescence* sans précipité, c'est que la liqueur contient un *acide libre*. On ajoute alors goutte à goutte du carbonate de sodium, jusqu'à cessation de l'effervescence et réaction alcaline; s'il se produit un *précipité* à froid ou à l'ébullition, c'est que le liquide contient des *métaux* dont les carbonates sont insolubles dans l'eau. Dans une solution acide, on peut avoir des sels insolubles dans l'eau, mais solubles dans les acides, tels que des phosphates, oxalates, etc. Si l'addition d'une goutte de carbonate de sodium produit un précipité, l'acidité est due à un sel neutre à réaction acide.

Une *solution alcaline* peut contenir des *alcalis*, des *carbonates alcalins*, des *bases alcalino-terreuses*, des *sels à réaction alcaline*. Elle peut aussi contenir des *oxydes* et des *sels dissous* dans un excès d'alcali ou d'un cyanure alcalin; pour les rechercher, on met 2 ou 3 centimètres cubes de la liqueur dans un tube à essais, on fait couler goutte à goutte de l'acide chlorhydrique étendu le long de la paroi en agitant légèrement après chaque addition; un précipité se forme dans le cas d'une dissolution d'un composé insoluble dans l'eau.

Pour les *gaz*, on plonge dans l'atmosphère gazeuse un papier de tournesol sensible humecté d'une goutte d'eau.

2° **Essais préliminaires.** — Opérations permettant d'avoir rapidement des indications sur la présence ou l'absence de certains éléments, tout en employant très peu de substance. Ils sont indiqués plus loin.

Lorsque la substance à analyser est une dissolution, on en évapore à siccité quelques centimètres cubes; le résidu sert pour les essais préliminaires.

3° **Dissolution.** — Avant de procéder à la recherche systématique des métaux et des acides, dont la séparation est basée sur la précipitation des métaux et des acides dans une solution, il faut procéder à la dissolution de la substance. Du reste, cette dissolution servira bien souvent de complément à l'essai préliminaire, en provoquant des réactions caractéristiques de la présence de certains éléments.

4° **Ammoniaque.** — Il faut rechercher l'ammoniaque au commencement d'une analyse, non seulement pour ne pas l'oublier à la fin de la recherche des métaux, mais pour être prévenu que certaines réactions peuvent être empêchées, que certains précipités ne se présentent pas avec leur couleur ordinaire, etc...

On recherche l'ammoniaque en chauffant un peu de la poudre ou de la solution avec un excès de soude caustique; il se dégage du gaz ammoniac, reconnaissable à son odeur et aux autres réactions déjà indiquées.

5° **Précipité par l'eau.** — L'eau dissocie quelques sels, stables seulement en présence d'un excès d'acide; il se précipite un *sous-sel, insoluble dans l'eau*, soluble dans les acides.

Pour faire cette réaction, on met environ 1 centimètre cube de la solution dans un tube à essais; en ajoutant goutte à goutte de l'eau distillée jusqu'à 10 ou 15 volumes, on voit se former un *précipité blanc* avec les sels d'*antimoine* (soluble dans l'acide tartrique) et les sels de *bismuth* (insoluble dans l'acide tartrique), un léger trouble avec les sels d'*étain*; au bout de quelque temps, un *précipité jaune* avec les sulfates et azotates de *mercure*.

Pour les solutions d'azotate de bismuth, lorsque le sel est très pur, l'addition d'eau distillée ne produit pas de précipité ; on le provoque en ajoutant une trace d'un chlorure ou d'acide chlorhydrique.

6° **Acides à rechercher séparément.** — Dans le cas d'une solution acide, qu'elle ait été donnée ou obtenue par la dissolution d'un corps solide au moyen d'un acide, il peut exister des sels insolubles dans l'eau, dissous grâce à un excès d'acide ; l'ammoniaque peut les précipiter avec les métaux du quatrième groupe. Ce sont les combinaisons des acides : *phosphorique, oxalique, silicique, borique, fluorhydrique, organiques*, avec les métaux des quatrième, cinquième, sixième groupes et le magnésium.

A ces acides, on doit ajouter l'acide *arsénique*, dont la précipitation par l'hydrogène sulfuré n'est jamais complète et peut même ne pas se produire. Il est important de le rechercher, afin de le transformer, par ébullition avec une solution d'acide sulfureux, en acide arsénieux complètement précipitable par l'hydrogène sulfuré.

L'acide arsénique sera recherché (Voy. p. 178) par le réactif nitro-molybdique à chaud et par l'azotate d'argent, en prenant les précautions indiquées.

L'acide phosphorique est décelé (p. 280) au moyen du réactif nitro-molybdique *à froid*.

L'acide oxalique (p. 343) réduit à chaud le permanganate de potassium en présence de l'acide sulfurique étendu, réaction insuffisante. En solution ne contenant pas d'acide autre que l'acide acétique (après addition d'ammoniaque, puis d'acide acétique à un liquide acide), le chlorure de calcium produit un précipité blanc, insoluble dans l'acide acétique, soluble dans l'acide chlorhydrique.

L'acide silicique est décelé en évaporant à siccité le liquide acidulé par l'acide chlorhydrique; il reste un résidu insoluble dans l'acide chlorhydrique étendu.

L'acide borique se reconnaît à la coloration verte qu'il communique à la flamme, en présence de l'acide sulfurique (p. 283).

L'*acide fluorhydrique* est mis en évidence en chauffant, avec de l'acide sulfurique concentré, le produit sec ou le résidu de l'évaporation d'une solution; il se dégage des fumées blanches corrodant le verre.

Les *acides organiques* charbonnent par la chaleur, excepté les acides formique, acétique, oxalique, cyanhydriques.

7° **Acides cyanhydriques.** — Les acides : cyanhydrique, ferrocyanhydrique, ferricyanhydrique, cobalticyanhydrique, etc., sulfocyanique, sont reconnus facilement au moyen de leurs réactions (p. 350 à 357). Comme ils empêchent ou altèrent un grand nombre de réactions en formant des sels doubles, il faut les éliminer ou les décomposer par une ébullition prolongée avec de l'acide sulfurique concentré.

8° **Détermination des métaux.** — On recherchera et séparera les métaux dans une *solution neutre ou légèrement acide*, d'après les tableaux de la *détermination analytique* des métaux, en faisant attention aux remarques du *résumé schématique de la recherche des métaux*.

Lorsque la solution est fortement acide, on met dans un verre à expériences 2 ou 3 centimètres cubes de la solution avec deux ou trois fois son volume d'eau et un petit fragment de papier de tournesol; on ajoute goutte à goutte une solution étendue d'*ammoniaque*, jusqu'à réaction légèrement alcaline au tournesol. On fait ensuite tomber, à l'aide d'un agitateur, I ou II gouttes de la liqueur primitive acide, jusqu'à réaction légèrement acide. Dans cette liqueur ainsi préparée on recherchera les métaux.

9° **Détermination des acides.** — La liqueur primitive, donnée ou provenant de la dissolution de la matière solide, est traitée par le carbonate de sodium à l'ébullition, comme cela est indiqué à la détermination analytique des acides (p. 454), afin d'éliminer tous les métaux, excepté les métaux alcalins. On obtient ainsi la *liqueur des sels alcalins* (L. A.), privée des métaux lourds, qui gêneraient les réactions.

10° **Vérifications.** — Lorsqu'un élément a été trouvé par la méthode systématique de détermination des métaux, il faut *vérifier, au moyen des réactions caractéristiques, si cet élément existe réellement.* Il peut arriver, surtout aux commençants, de faire des erreurs d'interprétation dans les séparations, d'oublier ou d'intervertir les réactifs, de ne pas obtenir une réaction dans un liquide trop acide ou trop alcalin. La vérification, faite sans opinion préconçue, montrera l'erreur ; on devra recommencer la séparation en suivant bien exactement les indications de la marche systématique.

11° **Incompatibilités.** — L'analyse terminée, il faut vérifier, à l'aide des caractères de solubilité et des réactions des corps, s'il n'y a pas incompatibilité ; par exemple, une solution transparente ne peut pas contenir à la fois de l'acide sulfurique et du baryum ; l'hydrogène sulfuré ne peut pas exister en même temps que le chlore ; etc.

ESSAIS PRÉLIMINAIRES

On désigne sous le nom d'*essais préliminaires*, des opérations chimiques, rapidement faites, destinées à donner des ***renseignements très précieux, souvent certains,*** sur la présence ou l'absence d'un grand nombre de substances.

Ces essais ne sont pas suffisants, car ils ne permettent pas de déceler tous les éléments. Ils devront être complétés par l'analyse systématique de la substance dissoute ; seule, la recherche systématique des métaux et des acides permettra de trouver *tous* les éléments minéraux.

On examine d'abord les **caractères extérieurs, organoleptiques** de la substance : **état solide ou liquide, couleur, éclat, odeur, densité grossière, dureté,**

cristallisation, etc. — L'examen superficiel ou à la loupe montrera si la substance est **homogène**, ou si elle paraît être un **mélange**.

Suivant que le corps est solide ou liquide, les essais préliminaires sont un peu différents. Pour les dissolutions, on évaporera un peu du liquide, afin d'avoir un résidu solide qui servira à faire les réactions de l'essai préliminaire. Enfin, dans le cas d'un liquide tenant en suspension des particules solides, on les séparera par filtration.

A. — CORPS SOLIDES

Pour les différentes opérations de l'essai préliminaire, on emploie la substance finement pulvérisée ou en très petits fragments.

I. — ACTION DE LA CHALEUR

Chauffer (Voy. p. 9) très peu de substance dans un petit tube en verre vert fermé à un bout (fig. 128 et 129), d'abord modérément, puis fortement. On observe l'une des réactions suivantes :

1° **PAS DE CHANGEMENT**. — Absence de matières organiques, de sels hydratés, de corps facilement fusibles ou volatils. Toutefois, il peut se dégager de l'anhydride carbonique sans modification appréciable.

2° **CHANGEMENT DE COULEUR**, sans fondre avant le rouge ; elle devient :

Jaune. — **Oxyde ou carbonate de zinc** (poudre blanche) ; redeviennent blancs par refroidissement.

Jaune brun. — **Bioxyde d'étain** (substance blanche), devient jaune clair par refroidissement.

Jaune orangé. — **Oxyde de bismuth** (poudre blanche ou jaune clair), fusible au rouge vif, devenant jaune pâle par refroidissement.

Orangé foncé. — **Bichromate** (rouge orangé) et

chromate neutre (jaune) *de potassium*, fusibles au rouge.

Rouge foncé, puis **violet noir. — Oxyde mercurique** (jaune ou rouge orangé), devenant rouge orangé par refroidissement, donnant au rouge un sublimé de mercure.

Rouge brun. — Minium (rouge) et **litharge** (jaune ou jaune orangé), fusible au rouge.

Brun foncé. — Protoxyde ou carbonate de manganèse (blanc ou blanc jaunâtre), conserve la coloration brun foncé par refroidissement. — **Oxyde ou carbonate de cadmium** (blanc), devenant souvent brun rougeâtre à froid.

Noir. — Oxyde ferrique (ocreux), reprenant une coloration rouge brun par refroidissement. — **Hydrate cuivrique** (bleu), dégage de l'eau et reste noir. — **Carbonate de cuivre** (vert), reste noir. — **Hydrate** et **carbonate de nickel** (verts). — **Carbonate ferreux** (blanc gris), gris ocreux à froid. — **Substances organiques** de condensation supérieure à C^2; le résidu noir, chauffé dans un tube à essais avec de l'eau régale, reste insoluble.

Bleu. — Sel de cobalt (rose en présence de l'eau), redevenant rose par hydratation.

Blanc, avec dégagement de vapeur d'eau. — Sels hydratés colorés, *devenant blancs* par déshydratation : **sulfate de cuivre** (bleu), **sulfate ferreux**' (vert clair), etc. Ils reprennent leur coloration par hydratation.

3° **DEGAGEMENT D'EAU.** — Elle provient de l'eau de cristallisation, de l'eau d'hydratation, de l'humidité, de la décomposition de corps contenant à la fois de l'hydrogène et de l'oxygène (sel d'ammonium, sel organique, etc.), de l'eau mécaniquement interposée (le corps décrépite).

Généralement, les corps contenant de l'eau de cristallisation fondent facilement, puis redeviennent solides, pour fondre de nouveau au rouge. Plusieurs boursouflent beaucoup en perdant l'eau de cristallisation (aluns, borax, etc.). On détermine la réaction au papier de tournesol des gouttelettes d'eau, condensées à la partie supérieure du tube. Si la réaction est **alcaline**, elle est due **à l'ammoniaque**; **acide**, elle provient d'un **acide volatil** : chlorhydrique, bromhydrique, iodhydrique, sulfureux, sulfurique, azotique, acétique, etc., fluorhydrique (le verre est dépoli).

4° **FORMATION D'UN SUBLIMÉ.** — La matière contient une ou des substances volatiles; dans le cas de plusieurs corps, on a généralement des sublimés séparés. Ils ont les colorations suivantes :

Blanc, sans fusion. — **Sel d'ammonium** (chauffé avec de la soude, dégage AzH^3). — **Anhydride arsénieux** (soluble dans la soude; chauffé dans un petit tube avec du charbon en poudre, donne un anneau gris noirâtre métallique). — **Chlorure mercureux** (noircit par AzH^3).

Blanc, avec fusion. — **Oxyde d'antimoine** (chauffé au chalumeau sur le charbon, avec CO^3Na^2, donne des fumées blanches, une large auréole blanche et un globule cassant, transformé en poudre blanche insoluble par l'acide azotique à chaud). — **Chlorure mercurique** (devient jaune par la soude). — **Chlorure de plomb** (la masse fondue est jaune; chauffé au chalumeau sur le charbon, avec CO^3Na^2, donne une auréole jaune et un globule mou lentement soluble dans l'acide azotique). — **Acide oxalique** (dans la solution acétique, le chlorure de calcium produit un précipité blanc). — **Acide benzoïque, acide salicylique** et autres **acides organiques** solides et volatils (voir les réactions particulières).

Jaune. — **Soufre**, sublimé sous forme de *gouttes brun rouge*, devenant solides par refroidissement en prenant une couleur *jaune* ou *brun jaune*. Il provient du soufre libre ou de la décomposition des **sulfures, bisulfures**

(pyrites), **polysulfures** ou **hyposulfites** métalliques. — **Iodure mercurique** (poudre *rouge*) devenant peu à peu rouge cristallin. — **Sulfure d'arsenic** (fig. 128), la masse fondue est orangée; sublimé jaune rouge à chaud, jaune ou orangé à froid, *soluble dans l'ammoniaque*. Il peut provenir de la décomposition des sulfoarséniures.

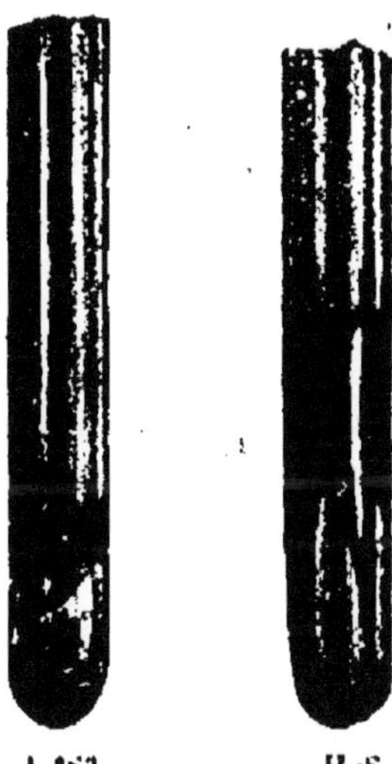

Fig. 128 et 129.
Tubes fermés à un bout avec sublimé.

Gris métallique. — **Mercure** en gouttelettes brillantes, provenant de la décomposition, par la chaleur, de composés du mercure; en mettant une parcelle d'*iode* dans le tube et chauffant, ce sublimé se transforme en iodure mercurique *jaune*, devenant peu à peu rouge cristallin. — **Arsenic**, provenant de la sublimation de l'*arsenic* libre ou de la *décomposition des arséniures*; il se dépose sous forme d'un miroir brillant, facile à déplacer, soluble dans l'hypochlorite de soude, transformé par l'acide azotique en acide arsénique. Pour rechercher l'arsenic dans un composé arsenical quelconque, on le chauffe dans le petit tube avec un peu de *charbon*; il se forme un *anneau gris métallique d'arsenic*.

Noir. — **Sulfure de mercure** noir ou rouge (fig. 129); insoluble dans l'acide azotique chaud; chauffé dans le tube ouvert, donne SO^2 et un *sublimé de mercure métallique*. — **Iode**; *vapeurs violettes*; le sublimé, dissous dans I ou II gouttes d'alcool, donne une coloration bleue avec l'eau amidonnée. — **Antimoine**, provenant de la décomposition des antimoniures; anneau très près de la substance chauffée, non volatil, fondu sur les bords.

5° **FUSION SANS VOLATILISATION. — Sels alcalins et alcalino-terreux.** — *Boursouflent* : aluns, borates, etc. — On fait les deux essais suivants :

a. Faire tomber, dans le sel fondu, un petit morceau de *charbon* ; il brûle avec éclat : **azotate**, laissant un résidu de carbonate alcalin bleuissant le tournesol ; **chlorate**, laissant un résidu de chlorure, neutre au tournesol, dont la solution acidulée par l'acide azotique précipite par l'azotate d'argent.

b. Chauffer avec du *bisulfate de potassium* (Voy. plus loin).

6° **DÉGAGEMENT D'UN GAZ.**

Comburant, rallumant une allumette présentant quelques points en ignition : **oxygène**, provenant de la décomposition d'un **peroxyde**, d'un **azotate**, **chlorate**, **permanganate**, etc. — **Protoxyde d'azote**, produit de la décomposition de l'azotate d'ammonium.

Anhydride sulfureux, gaz à odeur spéciale, précipitant le réactif Denigès (azotate de cadmium-aniline); provient de la décomposition de **sulfites**, de **sulfates** des métaux lourds, etc.

Vapeurs rutilantes, ayant une coloration jaune orangé, colorant le sulfate de diphénylamine dont on imprègne une baguette de verre ; proviennent de la décomposition des **azotates** et des **azotites**.

Anhydride carbonique, donnant un précipité blanc avec l'eau de chaux ou de baryte ; donné par les **carbonates** et les **oxalates**.

Oxyde de carbone, gaz inodore, brûlant avec une flamme bleue; il provient de la décomposition des **oxalates** et des **formiates**.

Chlore, gaz jaune verdâtre à odeur caractéristique, reconnu au moyen de l'eau d'aniline ; produit de décomposition de certains **chlorures**.

Brome, vapeurs orangées, rougissant le papier de fluorescéine ; provient de la décomposition de **bromures**.

Iode, vapeurs violettes, bleuissant le papier amidonné; par décomposition de certains **iodures**.

Cyanogène, odeur spéciale, brûle avec une flamme pourpre; produit dans la décomposition des **cyanures** des métaux lourds.

Hydrogène sulfuré, noircit le papier à l'acétate de plomb; formé dans la décomposition par la chaleur d'un **sulfure hydraté** ou d'un **hyposulfite**.

Ammoniaque, odeur caractéristique, bleuit le papier de tournesol, noircit l'azotate mercureux, etc.; produit de la décomposition d'un **sel d'ammonium**, d'un **cyanure** contenant de l'eau, ou d'une **matière organique azotée** (dans ce cas, la substance charbonne et dégage des produits empyreumatiques).

Hydrogène phosphoré, gaz à odeur alliacée, brûlant avec une flamme blanche bordée de vert; produit par la décomposition des **phosphites** et des **hypophosphites**.

Acides chlorhydrique, bromhydrique, etc., produits de la dissociation de quelques **sels hydratés**, de **sels acides**, etc.

7° **ACTION DU BISULFATE DE POTASSIUM.** — Dans le tube, on met un peu de substance avec trois à cinq fois son poids de bisulfate de potassium; en chauffant, il se produit un dégagement de :

Vapeurs rutilantes, de coloration jaune orangé, bleuissant le sulfate de diphénylamine; elles indiquent un **azotite** ou un **azotate**.

Brome, vapeurs rouge orangé; elles proviennent d'un **bromure**.

Iode, vapeurs violettes, bleuissant le papier amidonné; provenant de la décomposition d'un **iodure**.

Acide chlorhydrique, donnant des fumées blanches à l'air, très abondantes en présence de l'ammoniaque; il indique un **chlorure**.

Acide fluorhydrique, émettant des fumées blanches,

dépolissant la partie supérieure du tube; il provient de la décomposition des **fluorures** et des **fluosilicates**.

Acides acétique, etc., caractérisés par leur odeur ; ils proviennent de la décomposition des **acétates**, etc.

8° **CARBONISATION. — Matières organiques.** Les substances organiques se décomposent en produisant généralement des gaz inflammables et en laissant un résidu de charbon ; toutefois, un certain nombre d'acides organiques (oxalique, formique, acétique, série du cyanogène) ou leurs sels charbonnent rarement ; aussi, ces acides sont-ils recherchés avec les acides minéraux.

Les gaz qui se dégagent ont une réaction **alcaline** dans le cas de **matières azotées** ; **acide** pour les substances **non azotées**.

Après avoir constaté la présence de la matière organique, on *incinère* un peu de la substance en présence de l'air, afin d'obtenir *le résidu contenant les matières minérales.*

Généralement, ce résidu est *alcalin* et donne par les acides un dégagement d'*anhydride carbonique*. Dans l'incinération, les sels des acides alcalins se sont transformés en carbonates.

9° **DÉCRÉPITATION.** — Quelques **sels anhydres : chlorure de sodium, azotates de plomb** et de **baryum** (ces derniers dégagent des vapeurs rutilantes), décrépitent fortement quand on les chauffe.

D'autres sels, contenant de l'eau interposée, se *brisent* en *décrépitant faiblement.*

Cette propriété se remarque surtout chez un certain nombre de **minéraux anhydres : galène, blende, fluorine, barytine, sidérose, aragonite**, etc.

II. — PRODUITS D'OXYDATION

La substance est grillée dans un tube ouvert aux deux bouts (fig. 130). On obtient :

1° **UNE ODEUR** de :

Anhydride sulfureux, provenant de l'oxydation du **soufre**, d'un **sulfure**, d'un **hyposulfite**, d'un **sulfoarséniure**, d'un **sulfo-antimoniure**, etc.

Fig. 130. — Tube recourbé avec un sublimé de mercure.

Cyanogène, par décomposition d'un **cyanure**.

Alliacée, indiquant la présence de l'**arsenic**.

2° **SUBLIMÉ A ÉCLAT MÉTALLIQUE** :

Mercure, en gouttelettes brillantes (fig. 130) ; provient de la décomposition d'un **sel de mercure**.

Arséniure, volatilisé sans oxydation bien apparente ; on a généralement aussi un anneau blanc d'anhydride arsénieux.

3° **SUBLIMÉ BLANC** :

Anhydride arsénieux, en octaèdres brillants, soluble dans la soude ; il provient de l'oxydation des **arséniures**, **sulfoarséniures** (avec dégagement de SO^2 et d'odeur alliacée).

Oxyde d'antimoine, soluble dans HCl et $NaOH$, la solution dans HCl étendu précipite en rouge orangé par H^2S ; il provient de l'oxydation des **antimoniures** et **sulfo-antimoniures** (avec dégagement de SO^2).

4° **SUBLIMÉ COLORÉ ET FONDU** :

Persulfures ; il se dégage en même temps SO^2.

Sulfoantimoniures ; on a aussi SO^2 et Sb^2O^3.

Sulfoarséniures ; il se fait un sublimé de As^2O^3, il se dégage SO^2 et une odeur alliacée. — Etc...

On observe aussi la plupart des réactions indiquées pour l'action de la chaleur dans un tube fermé à un bout.

III. — COLORATION DE LA FLAMME

Le fil de platine (Voy. p. 21) doit être bien décapé et ne communiquer *aucune coloration à la flamme* non éclairante d'un brûleur Bunsen. S'il donne une coloration, on le *trempe successivement et alternativement dans la flamme, dans de l'acide chlorhydrique concentré, dans l'eau*, dans l'acide chlorhydrique, dans la flamme, etc., en répétant ces opérations jusqu'à ce qu'il ne colore plus la flamme.

Le fil de platine *bien décapé* est trempé dans l'eau distillée, puis dans la substance solide pulvérisée, ou directement dans la dissolution ; on l'approche lentement du bord externe de la flamme, vers la partie inférieure, on promène le fil de platine dans les différentes zones. On répète l'opération en trempant le fil de platine dans l'*acide chlorhydrique*, puis dans la substance. Ces diverses opérations doivent être répétées plusieurs fois, car on n'obtient souvent une coloration qu'après plusieurs essais successifs.

Après l'action de l'acide chlorhydrique, on cherchera si la substance colore la flamme en présence de l'*acide sulfurique* concentré (borate).

L'emploi de *verres de couleur* permet d'éteindre certaines radiations, telles que celles du sodium, qui masquent beaucoup de colorations.

On peut obtenir les colorations suivantes :

1° **ROUGE carmin. — Lithium** ; la coloration paraît violette à travers le verre bleu.

Rouge vif. — Strontium ; paraît rouge pourpre à travers le verre bleu.

Rouge orangé. — Calcium ; coloration gris verdâtre à travers le verre bleu.

2° **JAUNE VIF. — Sodium**; éteint par le verre bleu.

3° **VERT émeraude. — Cuivre.** — *Acide borique* (avec SO^4H^2).

Vert jaunâtre. — Baryum.

Vert bleuâtre. — Bromure de bismuth. — Phosphates (faible).

4° **BLEU. — Chlorure de cuivre. — Bromure de cuivre. — Chlorure de bismuth.**

Bleu d'azur faible. — Plomb.

Bleu livide pâle. — Arsenic. — Antimoine.

5° **VIOLET pâle. — Potassium**; violet rouge à travers le verre bleu.

Violet bleuâtre. — Sels d'ammonium.

Violet vif. — Chlorure mercureux.

6° **UNE PERLE** au borax, saturée d'oxyde de cuivre, puis trempée dans un *chlorure*, *bromure* ou *iodure*, colore la flamme en :

Bleu azur pourpré, pour un **chlorure**;

Bleu verdâtre ou bordée de vert, avec un **bromure**;

Vert émeraude intense, avec un **iodure**.

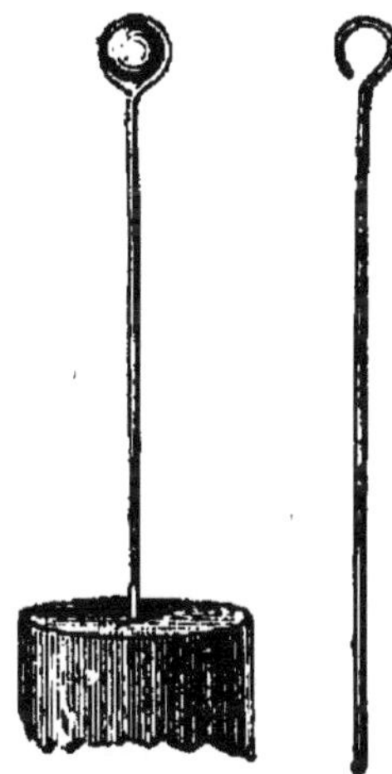

Fig. 131. — Fil de platine pour perles.

IV. — PERLE AU BORAX

On fait d'abord une perle dans la boucle d'un fil de platine (fig. 131) au feu d'oxydation (F. O), puis au feu de réduction (F. R.); on examine la perle à chaud et à froid. — (Voy. p. 20.)

En remplaçant le borax par le *sel de phosphore*, on obtient des colorations analogues à celles obtenues avec le borax; mais elles sont beaucoup plus vives à chaud et s'affaiblissent bien plus par refroidissement. Avec les silicates, il reste un squelette de silice.

COULEUR DES PERLES AU BORAX

Oxyde de :	Feu d'oxydation.		Feu de réduction.	
	A chaud.	A froid.	A chaud.	A froid.
Fe.	Jaune rouille.	Jaune clair.	Vert sale.	Vert bouteille.
Ni.	Jaune brun.	Jaune brun clair.	Jaune gris.	Grise.
Cr.	Jaune verdâtre.	Vert jaunâtre.	Vert sale.	Vert émeraude.
Sb.	Jaune clair.	Incolore.	Grise.	Grise.
Pb.	Jaune clair.	Incolore.	Grise.	Grise.
Ag.	Jaune clair.	Jaune irisé.	Grise.	Grise.
Bi.	Jaune clair.	Jaune clair.	Grise.	Grise.
Cu.	Verte.	Bleu clair.	Vert sale.	Rouge.
Co.	Bleue.	Bleue.	Bleue.	Bleue.
Mn.	Violet améthyste.	Violet améthyste.	Rose ou incolore.	Rose ou incolore.

La silice reste insoluble sous forme de squelette.

V. — ESSAIS SUR LE CHARBON

Le charbon seul agit comme *réducteur faible* ; mais il devient un réducteur énergique avec les *adjuvants* : carbonate de sodium sec, poudre de charbon, oxalate de potassium, cyanure de potassium, etc.

En chauffant au chalumeau sur le charbon, comme cela a été indiqué page 31, on a les réactions suivantes :

1° **FUSION** et **PÉNÉTRATION** dans le charbon ; la substance peut donner une perle sans enduit. Cela indique très probablement des **sels alcalins.**

2° **RÉSIDU BLANC,** infusible, soit immédiatement, soit après fusion préalable dans l'eau de cristallisation. Cela indique surtout un **sel de magnésium, calcium,**

strontium, baryum, aluminium, zinc; la **silice** et les **silicates**.

Pour reconnaître quelques-uns de ces sels, on ajoute à cette masse blanche calcinée 1 ou II gouttes d'**AZOTATE DE COBALT** et on chauffe *au rouge*; après refroidissement, on a une *masse*:

Verte, indiquant l'**oxyde de zinc**.

Bleue, pour l'**alumine**, quelques **silicates**, la **silice** (excepté la silice cristallisée).

Bleue, fondue, pour les **phosphates**, les **borates**, quelques **silicates**.

Bleu violet, pour les **phosphates de calcium, strontium, baryum**; le **bioxyde d'étain**.

Violette, pour le **phosphate** et l'**arséniate de magnésium**.

Rose, pour la **magnésie**.

Gris noirâtre, avec quelques **composés du calcium**, du **strontium** et du **baryum**.

3° SANS ALTÉRATION de la substance colorée. — **Bioxyde de manganèse, sesquioxyde de fer, oxyde de nickel, cobalt, chrome**, etc., dont la coloration est, en général, caractéristique.

4° FORMATION D'UN GLOBULE ET D'UN ENDUIT; on mélange un peu de la poudre avec du carbonate de sodium sec et 1 goutte d'eau; en chauffant fortement dans la flamme réductrice, on obtient :

a. ***GLOBULE*** ou ***GRAIN MÉTALLIQUE SANS ENDUIT***. — **Or**, fondu, jaune, soluble dans l'eau régale en un liquide jaune. — **Cuivre**, fondu, rouge, soluble dans l'acide azotique en un liquide bleu. — **Fer, cobalt, nickel**, grains non fondus, grisâtres, solubles dans l'acide chlorhydrique. — **Platine**, grains non fondus, blanc gris, solubles dans l'eau régale.

b. ***ENDUIT AVEC OU SANS GLOBULE***.

Enduit blanc. — **Arsenic**; enduit éloigné, facile à déplacer, donnant à la flamme réductrice une coloration bleu clair et une *odeur alliacée. Pas de globule.*

Antimoine; *enduit blanc*, légèrement bleuâtre, large, (fig. 132), peu volatil; communique à la flamme réductrice une coloration *verdâtre. Vapeurs blanches*. Il y a souvent un *globule cassant*, dégageant des vapeurs blanches et s'entourant de cristaux blancs quand on a cessé de souffler. L'acide azotique transforme le globule en une poudre blanche d'acide antimonique insoluble.

Fig. 132. — Enduit et globule d'antimoine.

Zinc; *enduit jaune à chaud, blanc à froid*, difficilement volatil. Dans la flamme de réduction, le zinc brûle avec une flamme très brillante, verdâtre. *Pas de globule.*

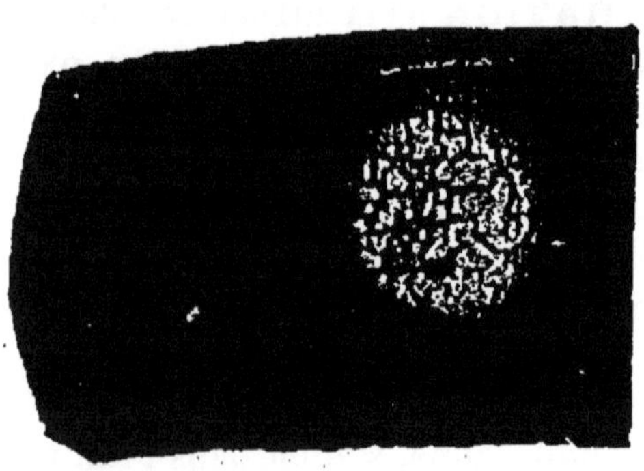

Fig. 133. — Enduit et globule d'étain.

Étain; *enduit blanc*, très rapproché de l'essai (fig. 133). *Globule* blanc, brillant, malléable, *soluble dans l'acide chorhydrique*; l'acide azotique concentré le transforme à chaud en une poudre blanche, insoluble dans l'eau et les acides.

Enduit jaune. — Plomb; *enduit* (fig. 134) *jaune citron* à chaud, jaune de soufre à froid, blanc bleuâtre en couche mince. On remarque parfois une auréole blanche de sulfate de plomb. Il colore la flamme de réduction en *bleu faible.* Le *globule* est *très malléable, mou, insoluble dans l'acide chlorhydrique, lentement soluble dans l'acide azotique.*

Fig. 134. — Enduit et globule de plomb.

Bismuth ; *enduit jaune orangé, foncé à chaud, jaune citron à froid* (oxyde), blanc jaunâtre en couche mince (carbonate). L'enduit est déplacé, sans coloration, par la flamme de réduction. Le *globule est cassant*, cristallin, *soluble dans l'acide azotique*; cette solution précipite par l'eau.

Cadmium ; *enduit jaune foncé* (fig. 135), épais près de l'essai; plus loin, *brun rougeâtre* ou orangé en couche mince, un peu irisé sur les bords. Facilement déplacé par la flamme oxydante ou réductrice sans coloration. Fumées. *Pas de globule*, le métal étant trop volatil.

Fig. 135. — Enduit de cadmium.

Argent; *léger enduit brun rougeâtre* très rapproché. S'il y a aussi de l'arsenic, de l'antimoine ou du plomb, leurs auréoles disparaissent d'abord et celle de l'argent reste avec une coloration rouge et parfois rouge cramoisi. *Globule blanc*, brillant, *soluble dans l'acide azotique.*

5° DÉFLAGRATION. — Azotates ; il reste un résidu

alcalin au tournesol. — **Chlorates**; le résidu contient un *chlorure*. — **Perchlorates**; le résidu contient un *chlorure*. — **Bromates**; le résidu renferme un *bromure*. — **Iodate**; il reste un *iodure*. — **Permanganates**; le résidu *colore la perle en violet*, etc.

6° DÉGAGEMENT.

Anhydride sulfureux provenant d'un **sulfure**, etc.

Odeur alliacée; composé de **l'arsenic**.

Ammoniaque; **sel ammoniacal**.

7° RECHERCHE DU SOUFRE. — On mélange intimement un peu de la substance en poudre avec trois à quatre fois son poids de *carbonate de sodium* et un peu de *poudre de charbon*; on chauffe au chalumeau sur le charbon à la flamme *réductrice*. Le résidu, écrasé avec une goutte d'eau *sur une pièce d'argent ou sur un papier à l'acétate de plomb*, donne une **tache noire** s'il y a du **soufre**.

Tous les composés du soufre donnent cette réaction : **soufre, sulfures, hyposulfites, sulfites, sulfates, persulfates**, etc.

VI. — ACTION DES ACIDES

1° ACIDE CHLORHYDRIQUE. — Dans un tube à essais, on met un peu de la substance en poudre *avec un peu d'eau*; on incline le tube et on fait couler goutte à goutte de l'acide chlorhydrique le long de la paroi; un grand nombre de sels se *dissolvent simplement*; d'autres donnent un **dégagement gazeux** :

Anhydride carbonique, provenant d'un **carbonate**; trouble l'eau de chaux ou de baryte.

Anhydride sulfureux, odeur caractéristique, précipite en blanc le réactif Denigès (bisulfite-aniline); produit par un **sulfite** ou un **hyposulfite** (précipité blanc de soufre).

Hydrogène sulfuré, provenant d'un **sulfure**; odeur d'œufs pourris, noircit le papier à l'acétate de plomb.

Acide cyanhydrique, formé dans la décomposition d'un **cyanure**, odeur d'essence d'amandes amères, bleuit le papier à la teinture de gaïac et au sulfate de cuivre.

Vapeurs rutilantes, produites par un **azotite.**

Chlore, par un **peroxyde**, un **chromate**, un **hypochlorite**, un **chlorate**, etc.; odeur, coloration violette avec l'eau d'aniline sodée.

Ou un **précipité** :

Soufre, provenant de la décomposition d'un polysulfure, d'un hyposulfite, etc.

Silice, par décomposition d'un silicate.

2° ACIDE AZOTIQUE. — A une autre partie de la poudre, ou à celle qui a servi à l'essai de l'acide chlorhydrique, *après lavage complet à l'eau distillée*, on ajoute de l'acide azotique. Il se produit une **dissolution** simple; ou une **transformation** :

Minium, poudre rouge, soluble en partie avec résidu brun de bioxyde de plomb. — **Anhydride arsénieux**, transformé en acide arsénique. — **Oxyde d'antimoine** en acide antimonique, poudre blanche insoluble, etc.

L'acide azotique peut mettre en liberté du chlore, de l'iode, etc.

3° ACIDE SULFURIQUE.

La **matière noircit**, indiquant la présence d'une **matière organique.**

Il se dégage un **gaz incolore** : *acides fluorhydrique* (**fluorure**), *chlorhydrique* (**chlorure**), *bromhydrique*, *cyanhydrique ; anhydride sulfureux, hydrogène sulfuré, anhydride carbonique, oxygène* (**bioxydes, chromates, permanganates**, etc.), *oxyde de carbone* (**formiates, oxalates, cyanures**), brûlant avec une flamme bleue.

Il se dégage des **vapeurs colorées** : *rutilantes* (**azotites** et **azotates**); *rouge brun* (**bromure**); *jaune verdâtre* de chlore (**chlorure** avec un oxydant, **hypochlorite, chlorate**); *violettes* (**iodure**).

En ajoutant du **CUIVRE** à l'acide sulfurique, il se

dégage : des *vapeurs rutilantes* (**azotate**) ; du *chlore* (**chlorate**).

B. — CORPS LIQUIDES

I. NATURE DU LIQUIDE OU DU DISSOLVANT. — On prendra le point d'ébullition du liquide (voir page 64). L'odeur, avant ou après distillation, permettra de reconnaître un grand nombre de liquides volatils ou de dissolvants : éther, chloroforme, acide acétique, etc. Les propriétés physiques, les réacions, etc., seront utilisées pour déterminer le liquide.

II. COULEUR. — 1° Elle peut être due à des **sels colorés** de : **fer** (d'un vert clair ou d'un jaune plus ou moins brun); **nickel** (verts); **cobalt** (roses); **chrome** (verts ou violets); **platine** (jaune plus ou moins brun); **or** (jaunes); **cuivre** (bleus ou verts).

En ajoutant goutte à goutte au liquide une solution étendue de carbonate de sodium, jusqu'à ce qu'il ne se dégage plus d'anhydride carbonique s'il y a effervescence, on obtient un précipité *coloré de carbonate*, dont la teinte est généralement caractéristique. Cependant, lorsque la solution contient plusieurs métaux, le précipité peut avoir une teinte incertaine; dans ce cas, à 1 centimètre cube de la solution étendue de 10 fois son volume d'eau, on ajoute goutte à goutte, en agitant, une solution de carbonate de sodium très étendue, de façon à précipiter successivement les divers carbonates métalliques.

2° La coloration peut provenir d'un **métalloïde**; en ajoutant un excès de carbonate de sodium, on a une *décoloration* : **Iode**; colore le chloroforme en rouge améthyste; bleuit le papier amidonné. — **Brome**; colore le chloroforme en jaune plus ou moins brun; rougit le papier de fluorescéine. — **Chlore**; le liquide, à peine teinté en jaune ou même incolore, possède une odeur caractéristique, met en liberté l'iode de l'iodure de potassium.

3° La coloration est due à un **acide**. — En ajoutant de l'*acide sulfureux*, il y a *décoloration* : **Manganates**; la solution verte est alcaline et vire au rouge par les acides. — **Permanganates**; la solution est rouge améthyste; elle est décolorée à chaud en présence d'un peu d'acide sulfurique.

Par addition de l'*acide sulfureux*, la coloration jaune ou orangée est devenue verte : **Chromates** (jaunes) et **bichromates** (rouge orangé).

L'*acide sulfureux* n'a pas produit de changement : **Ferrocyanures** (jaunes), précipitent en bleu par le perchlorure de fer. — **Ferricyanures** (rouge verdâtre), précipitent en bleu par le sulfate ferreux, donnent une simple coloration vert foncé par le perchlorure de fer.

Par l'*acide sulfurique*, il se dégage de l'hydrogène sulfuré et il se précipite du soufre : **Polysulfures** (jaunes); par l'acétate de plomb, on a un précipité noir. — **Sulfocarbonates** (rouges); l'acétate de plomb produit un précipité rouge.

III. PRODUIT DE L'ÉVAPORATION. — On évapore quelques gouttes à siccité sur un fragment de porcelaine ou sur une lame de platine; on a :

1° PAS DE RÉSIDU. — **Eau.** — **Dissolvants neutres.** — **Dissolvants acides**, volatils; rougissent le papier de tournesol; chercher l'acide.

Ammoniaque; bleuit le tournesol, noircit l'azotate mercureux. — **Sels ammoniacaux**; fumées blanches; précipité jaune brun par le réactif de Nessler, etc., etc.

2° RÉSIDU. — S'il *charbonne*, **matières organiques**. — Ce résidu sec est employé pour faire les essais préliminaires.

IV. ODEUR. — **Acides volatils libres : chlorhydrique, azotique, cyanhydrique, acétique**, etc. — **Ammoniaque** et certains **sels ammoniacaux** tels que le carbonate d'ammonium.

V. ACTION DE L'EAU. — Ajouter un grand excès

d'eau, avec I goutte de solution très étendue de chlorure de sodium; on a un :

Précipité blanc. — Sel d'antimoine; précipité soluble dans l'acide tartrique. — **Sel de bismuth**; précipité insoluble dans l'acide tartrique, soluble dans HCl. — **Sel d'étain**; simple louche. — **Sel de plomb**; dans les solutions de sels de plomb basiques, si l'eau contient de l'acide carbonique, précipité de carbonate soluble dans l'acide acétique. — **Sous-sels mercureux et mercuriques**, jaunes.

VI. COLORATION DE LA FLAMME. — On fait les essais de coloration de la flamme en employant soit la solution, soit le produit de l'évaporation de quelques gouttes de cette solution, en opérant comme pour les corps solides.

VII. RÉACTION AU TOURNESOL. — Pour les solutions, il est très important de déterminer la réaction au tournesol.

1° NEUTRE. — Eau distillée. — Dissolvants neutres. — Sels neutres, ne rougissant pas et ne bleuissant pas le tournesol.

2° ACIDE. — *a.* **Par l'eau,** donne un *précipité blanc* : **sels d'antimoine, de bismuth, d'étain.**

b. **Par I ou II gouttes de CO^3Na^2.** — *Précipité* : **sels neutres,** excepté ceux des métaux alcalins. — *Dégagement de* CO^2 : **acides libres** ou **sels acides.**

c. **Par neutralisation exacte avec CO^3Na^2,** précipité : *sels insolubles* dans l'eau.

d. **Par excès de CO^3Na^2,** précipité : **métaux,** excepté les métaux alcalins (dont les carbonates sont solubles dans l'eau). Les carbonates étant un peu solubles dans l'acide carbonique, il faut faire bouillir pendant cinq minutes.

3° ALCALINE. — *a.* **Alcalis solubles : ammoniaque; potasse** et **soude caustiques.**

b. **Hydrates d'oxydes des alcalino-terreux :**

chaux; strontiane; baryte. Ils donnent un précipité blanc par l'anhydride carbonique.

c. **Carbonates alcalins**; dégagent de l'anhydride carbonique par l'acide chlorhydrique.

d. **Borates alcalins** et sels alcalins à acide très faible.

e. **HCl produit un précipité** : voir le résumé schématique de la recherche des métaux, page 442.

VIII. ACTION DES ACIDES. — Voir l'essai préliminaire des corps solides, page 429.

DISSOLUTION

Pulvériser finement la substance par les méthodes indiquées (page 6). Dans le cas d'un *métal* ou d'un *alliage*, le réduire en *limaille, feuilles minces, tournure*, etc.

Essayer de dissoudre la substance successivement dans **l'eau, l'acide chlorhydrique, l'acide azotique, l'eau régale.** Toutefois, de préférence, les *métaux* devront être traités directement par l'*acide azotique*, et le résidu par l'*eau régale.*

Chacun des essais de dissolution peut produire :

1° **Dégagement gazeux**;

2° **Changement d'aspect** ou **transformation**;

3° **Dissolution complète**; procéder à l'analyse par voie humide;

4° **Dissolution partielle.** Filtrer; si l'évaporation de quelques gouttes du liquide filtré laisse un résidu, analyser ce liquide;

5° **Résidu**; le soumettre à l'essai suivant. Après traitement par tous les acides, s'il reste un résidu *complètement insoluble*, chercher séparément et successivement les corps insolubles dans l'eau et les acides.

Dans le cas d'une *combinaison simple*, la substance se dissout ou ne se dissout pas dans tel ou tel dissolvant. Il faut cependant savoir que certains corps *très peu solubles*, tels que le sulfate de calcium, peuvent paraître se dissoudre un peu dans tous les dissolvants.

Pour les *combinaisons complexes*, des parties différentes peuvent se dissoudre dans les divers dissolvants, donnant ainsi un moyen de séparation des différentes matières. Mais, en général, cette apparente simplification est illusoire, car le temps employé pour faire plusieurs analyses simples est souvent plus long que celui nécessité par une seule analyse difficile.

Après traitement par un acide, le liquide sera *évaporé presque à siccité* et traité par de l'eau légèrement acidulée avec de l'acide chlorhydrique. Cette évaporation est surtout très importante pour les cas de dissolutions dans l'acide azotique et surtout dans l'eau régale.

I. — TRAITEMENT PAR L'EAU

Dans un tube à essais ou dans un ballon, on met 1 à 2 grammes de la substance, on ajoute *10 à 12 fois son volume d'eau distillée* et on chauffe à l'ébullition.

Si l'on obtient une *solution limpide*, on soumet cette dissolution à l'analyse par voie humide.

S'il reste un *résidu*, même après une ébullition prolongée, on laisse déposer et on filtre, en laissant le résidu autant que possible dans le tube ou dans le ballon.

On évapore sur une petite capsule de platine ou de porcelaine quelques gouttes du liquide clair; *s'il ne reste pas de résidu*, c'est que la *substance est insoluble dans l'eau. S'il reste un résidu*, la *substance est partiellement soluble dans l'eau*; on fait bouillir à plusieurs reprises avec de l'eau distillée, pour dissoudre complètement la partie soluble; on analyse la solution, après évaporation si elle est trop étendue.

Le résidu insoluble sera soumis au traitement suivant.

II. — TRAITEMENT PAR L'ACIDE CHLORHYDRIQUE

La substance insoluble dans l'eau, séparée du liquide, est traitée, dans un tube ou dans un ballon, par de l'*acide chlorhydrique pur étendu de 4 à 5 volumes d'eau*; si la substance ne se dissout pas ou se dissout incomplètement, on chauffe à l'ébullition. Si la dissolution n'est pas complète, on laisse déposer, on décante le liquide clair dans un verre ou dans un petit ballon, on ajoute de l'*acide chlorhydrique concentré* et on *fait bouillir*.

Dans ces traitements par l'acide chlorhydrique, il peut se produire :

1° **DÉGAGEMENT GAZEUX**. — *Anhydride carbonique* (**carbonates**). — *Hydrogène sulfuré* (**sulfures**). — *Chlore* (**peroxydes, chromates, permanganates**, etc.). — *Acide cyanhydrique* (**cyanures insolubles** dans l'eau). — *Anhydride sulfureux* (**sulfites, hyposulfites** insolubles dans l'eau). — *Hydrogène phosphoré* (**phosphures**);

2° **PRÉCIPITÉ**. — *Soufre* (**hyposulfites, polysulfures**). — *Silice* sous forme de *gelée* (**silicates** insolubles dans l'eau, décomposés par l'acide chlorhydrique);

3° **DISSOLUTION** simple, sans réaction particulière. — *Oxydes*. — *Sels dissociés par l'eau* (d'**antimoine**, de **bismuth**, *sous-sels* **mercureux** et **mercuriques**, etc.) — *Sels insolubles dans l'eau* : **phosphates, arsénites, arséniates, oxalates, borates, fluorures**, etc., insolubles dans l'eau, mais solubles dans l'acide chlorhydrique.

III. — TRAITEMENT PAR L'ACIDE AZOTIQUE

Le résidu insoluble dans l'acide chlorhydrique doit d'abord être bien lavé à l'eau distillée, jusqu'à *élimination totale de l'acide chlorhydrique*. On le traite ensuite par *l'acide azotique concentré, à froid et à chaud*; s'il se dégage des vapeurs rutilantes, cela indique une oxydation.

1° **DISSOLUTION.** — **Métaux** dissous à l'état d'azotates. — **Sulfures** insolubles dans l'acide chlorhydrique, décomposés par l'acide azotique avec formation d'*acide sulfurique* et parfois de *soufre libre*.

Les **sulfures** de **mercure**, de **platine**, d'**or**, sont insolubles dans l'acide azotique.

2° **TRANSFORMATIONS.** — **L'étain** est transformé en *acide stannique*, blanc, insoluble dans l'eau et les acides. — **L'antimoine** est changé en *acide antimonique* blanc, insoluble dans l'eau et les acides. — **Soufre**, provenant des *sulfures*, mis en liberté ou oxydé en acide sulfurique. — **Sulfure d'arsenic**, transformé en acide arsénique et soufre. — **Calomel**, dissous et transformé en sel mercurique. — **Silice**, produite par la décomposition de silicates. — **Minium**, dissous partiellement avec résidu brun de bioxyde de plomb, etc.

IV. — TRAITEMENT PAR L'EAU RÉGALE

Sans laver le résidu insoluble dans l'acide azotique, on le traite à l'ébullition par un *mélange de deux volumes d'acide chlorhydrique et un volume d'acide azotique.*

DISSOLUTION. — **Or, platine**, à l'état de chlorures. — **Sulfures** de **mercure**, de **platine**, d'**or**; le soufre de ces sulfures est *transformé* plus ou moins complètement en *acide sulfurique*.

V. — CORPS INSOLUBLES DANS L'EAU ET LES ACIDES

Plusieurs de ces corps ont été trouvés par l'essai préliminaire.

1° **BRULENT AU ROUGE.** — **Soufre**; par la chaleur, *fond*, *brunit*, devient visqueux et *brûle avec une* *flamme bleue* en donnant de l'anhydride sulfureux à odeur caractéristique. — **Carbone**, *noir*, chauffé à l'air, brûle avec incandescence en produisant CO^2.

2° **SONT COLORÉS.** — **Sesquioxyde de chrome** ; *vert*, donne une *perle verte*. — **Fer chromé** ; *gris de fer* un peu bleuâtre ou brun noir ; avec le borax, produit une *perle verte*. — **Bioxyde d'étain** naturel (cassitérite), *brun noir* foncé, à éclat métallique ; chauffé au chalumeau sur le charbon, donne un *globule blanc, brillant, soluble dans l'acide chlorhydrique*.

3° **NOIRCISSENT** par l'hydrogène sulfuré ou le sulfure d'ammonium. — **Sels de plomb** ; chauffés au chalumeau *sur le charbon avec du carbonate de sodium*, donnent une *auréole jaune* et un *globule métallique mou*, insoluble dans l'acide chlorhydrique, *soluble lentement dans l'acide azotique. Le résidu contient le métalloïde, soufre* du sulfate, *chlore* du chlorure, *brome, iode*. Les **chlorure, bromure et iodure de plomb** sont un peu solubles dans l'eau, surtout à chaud ; aussi ont-ils été généralement trouvés dans la solution aqueuse. Le **sulfate de plomb**, insoluble dans l'eau, est un peu soluble dans les acides concentrés et chauds ; il *se dissout un peu dans l'acide tartrique*, la solution précipite en jaune par le bichromate de potassium. — **Sels d'argent** ; chauffés au chalumeau sur le charbon avec du carbonate de sodium, donnent un *globule blanc, brillant, soluble dans l'acide azotique chaud*. Le résidu contient le chlore, brome, iode, etc. Le **cyanure d'argent** est décomposé par la chaleur avec dégagement de cyanogène.

4° **NE SONT PAS NOIRCIS** par l'hydrogène sulfuré. — **Acide stannique** ; poudre blanche, donnant sur le charbon une *auréole blanche* peu large et un *globule blanc*, brillant, *mou, soluble dans l'acide chlorhydrique*. — **Acide antimonique** ; sur le charbon, donne un *enduit blanc* et un *globule cassant, insoluble dans l'acide chlorhydrique*, transformé en une poudre blanche par l'acide azotique.

— **Fluorure de calcium** ; translucide ; chauffé avec de l'acide sulfurique concentré, dégage des *vapeurs blanches corrodant le verre.* — **Alumine** fortement calcinée ; soluble dans la soude caustique bouillante. — **Silice et silicate** ; on les désagrège par fusion avec un mélange de carbonates de sodium et de potassium secs.

5° SULFATES DE BARYUM, STRONTIUM, CALCIUM. — Bien mélanger un peu de la substance en poudre avec du *carbonate de sodium sec* et du *charbon pulvérisé*; chauffer au chalumeau sur le charbon dans la *flamme réductrice.* Un peu du résidu, avec 1 goutte d'eau, *noircit une pièce d'argent* ; l'autre partie du résidu, dissoute dans l'eau acidulée par l'acide chlorhydrique, sert à voir la coloration de la flamme et à faire quelques réactions.

On peut aussi *faire bouillir* le produit, *bien pulvérisé, avec une solution concentrée de carbonate de sodium* et filtrer bouillant. Dans le liquide clair, on cherche l'*acide sulfurique.* Le *précipité,* lavé à l'eau bouillante, est traité par l'*acide chlorhydrique étendu,* qui dissout le carbonate alcalino-terreux formé par double décomposition ; la solution acide contient les chlorures des métaux; ceux-ci seront cherchés par leurs réactions.

La **méthode générale** pour la recherche des corps insolubles dans l'eau et dans les acides, consiste à fondre au rouge la substance avec un *mélange de carbonates de sodium et de potassium* ; on traite le produit par l'eau, et on analyse séparément le résidu et la dissolution.

DISSOLUTION DES MÉTAUX

A. MÉTAL USUEL. — 1° Métaux altérables à l'air humide, *décomposant l'eau* avec dégagement d'hydrogène : **potassium; sodium.**

2° Métaux *solubles dans l'acide chlorhydrique* avec dégagement d'hydrogène. — **Magnésium**; au rouge, le métal brûle avec une très vive lumière. — **Zinc**; la soude et l'ammoniaque produisent dans la dissolution un précipité soluble dans un excès de réactif; le sulfure d'ammonium donne un précipité blanc. — **Aluminium**; la soude produit un précipité blanc soluble dans un excès de réactif; l'ammoniaque un précipité insoluble dans un excès. — **Cadmium**; dans la solution peu acide, l'hydrogène sulfuré donne un précipité jaune. — **Fer**; par l'ammoniaque précipité ocreux. — **Étain**; l'acide azotique transforme le métal en un précipité blanc. — **Nickel**; solution verte, donnant par l'ammoniaque un précipité vert, soluble dans un excès en un liquide bleu. — **Cobalt**; solution rose, donnant par l'ammoniaque un précipité bleu, soluble dans un excès en un liquide brun rougeâtre.

3° *L'acide azotique transforme* le métal en une *poudre blanche*, insoluble dans l'eau. — **Antimoine**; la poudre blanche est soluble à chaud dans l'acide tartrique. — **Étain**; la poudre est insoluble dans l'acide tartrique.

4° *Le métal se dissout* seulement *dans l'eau régale*. — **Or**; solution jaune, réduite à froid par le sulfate ferreux. — **Platine**; solution jaune rougeâtre, réduite à l'ébullition par le sulfate ferreux.

B. ALLIAGES ET AMALGAMES. — On traite directement par l'acide azotique; l'*étain* et l'*antimoine* sont transformés en une *poudre blanche* insoluble dans l'eau; l'*or* et le *platine* restent insolubles.

La dissolution azotique est évaporée à siccité au bain-marie; le résidu est dissous dans l'eau distillée. On recherche les métaux par la méthode générale.

RECHERCHE SYSTÉMATIQUE DES MÉTAUX

Sous prétexte de faciliter aux commençants l'étude de la chimie analytique, beaucoup de méthodes d'enseignement envisagent successivement le cas d'un sel simple et celui du mélange de plusieurs sels. L'expérience nous a montré que ces méthodes sont *mauvaises*, et qu'il est préférable de se servir d'une seule méthode s'appliquant à tous les cas.

Dans la recherche systématique des métaux, on emploie successivement les réactifs généraux d'insolubilisation suivants : *acide chlorhydrique*, *hydrogène sulfuré*, *ammoniaque* en présence du *chlorure d'ammonium*, *sulfure d'ammonium*, *carbonate d'ammonium*, réactifs destinés à séparer, à l'état de combinaisons insolubles, des groupes de métaux possédant les mêmes propriétés ; dans chacun de ces groupes, les métaux seront ensuite séparés à l'aide d'autres réactifs; puis, leur présence sera confirmée par leurs réactions caractéristiques.

Pour ne pas compliquer la *méthode de détermination des métaux* par les remarques sur les cas spéciaux, et pour indiquer aussi dans quel groupe peuvent se rencontrer les métaux rares, non étudiés dans cette détermination, nous donnons d'abord un *résumé schématique de la recherche des métaux*.

RÉSUMÉ SCHÉMATIQUE DE LA RECHERCHE DES MÉTAUX

Réactif : **Acide chlorhydrique.**

I. — Dans une solution **acide**, précipité *blanc de chlorures* des **MÉTAUX DU PREMIER GROUPE : Plomb** (précipitation incomplète). — **Mercure au minimum.** — **Argent.**

II. — Dans une solution **alcaline** ou neutre, précipités de :

1° *Chlorures* des métaux précédents ;

2° *Acides silicique, borique, antimonique, molybdique, organiques* peu solubles ;

3° *Oxychlorure d'antimoine*, soluble dans un excès de HCl ;

4° *Soufre* provenant de la décomposition des polysulfures (précipité immédiat et dégagement de H^2S) et des hyposulfites (précipité au bout de quelque temps et dégagement de SO^2) ;

5° *Sulfures d'As, Sb, Sn, Au*, en dissolution dans les *sulfures alcalins*, les *alcalis caustiques*, l'*ammoniaque* (As). HCl précipite les sulfures ;

6° *Oxydes de Pb, Sn, Al, Zn*, solubles dans HCl ;

7° *Oxydes et sels métalliques* en solution dans AzH^3 (*Ag, Cu, Cd, As*) ; HCl les précipite, puis les dissout ;

8° *Sels métalliques* en dissolution dans l'*hyposulfite de sodium*; HCl, au bout de quelque temps, dégage SO^2 et précipite du soufre ou un sulfure ;

9° *Sels métalliques* en dissolution dans un *cyanure alcalin* (odeur d'essence d'amandes amères); HCl, ajouté goutte à goutte, donne un précipité soluble (excepté métaux du premier groupe) dans un excès de HCl. On fait bouillir avec HCl pour chasser CAzH.

Réactif : **Hydrogène sulfuré** dans une solution acide.

I. — Précipités **colorés de sulfures métalliques.** — Le **sulfure d'ammonium** les sépare en deux groupes : les **sulfures insolubles dans le sulfure d'ammonium** (métaux du deuxième groupe) et les **sulfures solubles dans le sulfure d'ammonium** (métaux du troisième groupe).

II. — Précipité **blanc laiteux de soufre,** produit par la décomposition de l'hydrogène sulfuré, provoquant la réduction de :

1° *Sels ferriques* transformés en sels ferreux. La (L. P.), colorée en jaune, devient rouge par le sulfocyanate de potassium ;

2° *Acide chromique* et *chromates,* réduits en Cr^2O^3 soluble dans HCl. La (L. P.), jaune ou rouge orangé, donne une perle verte ;

3° *Acide permanganique,* réduit en sel de manganèse. La (L. P.), rouge améthyste, est décolorée à chaud par l'acide oxalique avec SO^4H^2 ;

4° *Chlore* et *hypochlorites.* La (L. P.) a une odeur spéciale caractéristique et colore en bleu le réactif Denigès à chaud ;

5° *Brome* et *hypobromites.* La (L. P.), colorée en jaune orangé ou jaune, a une odeur caractéristique et colore en rose le papier de fluorescéine ;

6° *Iode.* La (L. P.), colorée en brun, bleuit l'amidon ;

7° *Acides chlorique, bromique, iodique.* Décomposés par HCl ;

8° *Composés oxygénés de l'azote.* Réactions caractéristiques, voir p. 270;

9° SO^3 et *sulfites.* Par HCl, la (L. P.) dégage SO^2 à chaud et réduit MnO^4K;

10° *Ac. ferricyanhydrique.* La (L. P.) verdâtre, précipite en bleu par SO^4Fe.

MÉTAUX DU DEUXIÈME GROUPE. — Sulfures insolubles dans le sulfure d'ammonium.

Mercure au maximum (noir). — **Platine** (noir). — **Plomb** (noir).

Bismuth (noir). — **Cuivre** (noir). — **Cadmium** (jaune vif).

Métaux rares : Palladium (noir). — Rhodium (noir). — Osmium (brun noir).

MÉTAUX DU TROISIÈME GROUPE. — Sulfures solubles dans le sulfure d'ammonium.

Or (brun noir). — **Arsenic** (jaune). — **Antimoine** (orangé).

Étain au minimum (marron). — **Étain au maximum** (jaune).

Métalloïdes rares : Sélénium (jaune à froid, rouge à chaud). — Tellure (brun).

Métaux rares : Germanium (blanc). — Iridium (brun). — Vanadium (brun). — Molybdène (coloration bleue, puis précipité noir brun). — Tungstène (brun clair).

Réactif : **Ammoniaque et chlorure d'ammonium** (après oxydation).

I. — **MÉTAUX DU QUATRIÈME GROUPE.** — I. Précipités de **sesquioxydes** :

Fer (ocreux). — **Chrome** (vert). — **Aluminium** (blanc).

Métaux rares : Uranium (jaune). — Indium. — Gallium. — Glucinium. — Thorium. — Zirconium. — Yttrium. — Cérium. — Lanthane. — Didyme. — Titane. — Tantale. — Niobium.

II. — **Sels** des métaux du cinquième et du sixième groupe **insolubles dans AzH^3** :

1° *Phosphates;* la (L. P.) précipite à froid par le réactif nitromolybdique;

2° *Silicates;* HCl dans (L. P.) concentrée, pr. gélatineux;

3° *Fluorures;* le résidu sec, chauffé avec SO^4H^2, dégage des vapeurs corrodant le verre;

4° *Borates;* avec SO^4H^2 colore la flamme en vert;

5° *Oxalates;* réduisent MnO^4K, précipitent par $CaCl^2$;

6° *Sels des acides organiques;* le résidu sec *charbonne.*

Remarque : les acides tartriques, citrique, etc.; les saccharoses, glucoses, etc.; la glycérine, empêchent la précipitation par AzH^3. S'ils existent dans (L. P.) (sirop, etc.), précipiter par HCl et par H^2S les métaux des trois premiers groupes, évaporer à siccité, incinérer et reprendre par l'eau.

Réactif : **Sulfure d'ammonium,** en présence de **AzH^4Cl et AzH^3.**

MÉTAUX DU CINQUIÈME GROUPE. — Précipités **colorés de sulfures métalliques, solubles dans les acides, insolubles dans les alcalis.**

Cobalt (noir). — **Nickel** (noir). — **Manganèse** (rose chair). — **Zinc** (blanc).

Métal rare : Thallium (noir); chlorure peu soluble.

Réactif : **Carbonate d'ammonium,** en présence de **AzH^4Cl et AzH^3.**

MÉTAUX DU SIXIÈME GROUPE. — Précipités *blancs* de **carbonates insolubles dans le chlorure d'ammonium.**

Baryum. — Strontium. — Calcium.

MÉTAUX DU SEPTIÈME GROUPE. — Métaux non précipités par les réactifs précédents.

Magnésium. — Potassium. — Sodium. — Lithium. — Ammonium.

Métaux rares : Césium. — Rubidium.

I

DÉTERMINATION ANALYTIQUE DES MÉTAUX

MÉTAUX DU PREMIER GROUPE

Métaux dont les sels, **en solution acide**, sont précipités par **l'acide chlorhydrique**.

A la liqueur primitive (L. P.), on ajoute goutte à goutte HCl tant qu'il se fait un précipité ; celui-ci est recueilli sur un filtre et lavé à l'eau froide. On l'épuise sur le filtre par l'eau bouillante ; dans le liquide filtré, SO^4H^2 produit un précipité blanc.................. **Plomb.**

Le résidu est traité sur le filtre par AzH^3 étendu....	Résidu noir insoluble..............	**Mercure au minimum.**
	La liqueur filtrée précipite par AzO^3H dilué.....	**Argent.**

Le précipité formé par HCl étant séparé par filtration, on fait passer **un courant d'hydrogène sulfuré** dans le **liquide chaud**, jusqu'à **précipitation complète.** Le précipité contient les métaux des 2e et 3e groupes à l'état de sulfures ; la liqueur, les métaux des 4e, 5e, 6e et 7e groupes.

Le précipité des **sulfures, bien lavé à l'eau bouillante,** est mis à digérer avec de l'**ammoniaque** et du **sulfure d'ammonium,** à une température de 60-70°, pendant une dizaine de minutes. La filtration sépare : 1° un résidu **A** contenant les métaux du 2e groupe ; 2° une liqueur **B** contenant les métaux du 3e groupe.

MÉTAUX DU DEUXIÈME GROUPE

Sulfures insolubles dans les acides étendus et dans le sulfure d'ammonium.

Le précipité, *bien lavé à l'eau bouillante*, est traité à chaud par AzO^3H étendu de 2 volumes d'eau :

Résidu insoluble ; lavé, séché et chauffé dans un tube, donne :......			Sublimé noir.......	**Mercure au maximum.**
			Résidu non volatil.	**Platine.**
Dissolution.	En ajoutant SO^4H^2, précipité blanc...... ..			**Plomb.**
	La liqueur filtrée est additionnée d'AzH^3...	Précipité blanc......		**Bismuth.**
		Dissolution..	Bleue...............	**Cuivre.**
			Avec KCy et $(AzH^4)^2S$, précipité jaune ..	**Cadmium.**

MÉTAUX DU TROISIÈME GROUPE

Sulfures insolubles dans les acides étendus, mais solubles dans le sulfure d'ammonium.

A la solution dans $(AzH^4)^2S$, ajouter HCl en excès. Si le précipité contient autre chose que du soufre, le laver et le faire tomber dans un tube avec très peu d'eau ; ajouter un volume égal de HCl et faire bouillir jusqu'à ce qu'il ne se dégage plus H^2S ; on a :

Résidu. — Traité par AzH^3........	Résidu ; dans la L. P., SO^4Fe précipité noir..	**Or.**
	Dissolution ; par HCl, précipité jaune.......	**Arsenic.**
Dissolution. — Ajouter Zn ; le résidu noir, bien lavé, est traité par HCl à 1/2....	Résidu ; par AzO^3H devient blanc..........	**Antimoine.**
	Dissolution ; par H^2S, précipité marron.....	**Étain.**

Chasser H^2S par l'ébullition ; ajouter quelques gouttes d'AzO^3H et faire bouillir quatre à cinq minutes.

A une très petite portion de la solution, ajouter un

excès de AzH^4Cl et AzH^3 ; faire bouillir. S'il s'est produit un précipité, chercher séparément les acides phosphorique, silicique, fluorhydrique, borique, oxalique, organiques ; les détruire ou les éliminer :

Acide phosphorique. — L'éliminer à l'état de phosphate ferrique (voy. p. 281). Dans le précipité, chercher Al^2O^3 entraînée ; pour cela, traiter par la soude, filtrer, saturer le liquide par HCl et précipiter Al^2O^3 par AzH^3.

Acide silicique. — Ajouter HCl, évaporer à siccité, reprendre le résidu par HCl étendu.

Acide fluorhydrique. — Évaporer à sec avec SO^4H^2, après avoir cherché les alcalino-terreux.

Acide borique. — Le précipité qui sera obtenu par AzH^3 et AzH^4Cl, sera lavé avec une dissolution bouillante de AzH^4Cl.

Acide oxalique. — Calciner le produit de l'évaporation ; ou mieux, le détruire en faisant bouillir avec AzO^3H et $(AzO^3)^2Mn$.

Acides organiques. — Calciner le produit de l'évaporation.

Si la solution a été trop diluée par ces traitements successifs, la concentrer.

MÉTAUX DU QUATRIÈME GROUPE

Sesquioxydes, précipités par l'ammoniaque en présence du chlorure d'ammonium.

La liqueur, débarrassée des acides précédents, est additionnée d'un grand excès de AzH^4Cl (volume égal), puis de AzH^3, portée à l'ébullition et filtrée rapidement. Le précipité contient les métaux du 4e groupe ; la liqueur, ceux des 5e, 6e et 7e groupes.

Le précipité, bien lavé à l'eau bouillante (contenant AzH^4Cl s'il y a de l'acide borique), est égoutté, délayé dans un grand excès de potasse caustique, porté à l'ébullition et filtré.

Résidu. — Le faire bouillir avec KOH et PbO^2..........	Résidu ; laver, dissoudre dans HCl étendu ; par le ferrocyanure, précipité bleu....................	**Fer.**
	Dissolution ; par acide acétique, préc. jaune.....	**Chrome.**
Dissolution. — Aciduler avec HCl ; par AzH^3, précipité gélatineux...........................		**Aluminium.**

MÉTAUX DU CINQUIÈME GROUPE

Sulfures précipités par le **sulfure d'ammonium,** après élimination des métaux précédents ; sulfures **solubles dans les acides étendus, insolubles dans les alcalis.**

A la solution alcalinisée par AzH^3, séparée du groupe des métaux précédents, ajouter un excès de $(AzH^4)^2S$, chauffer vers 60° et filtrer. Le précipité contient les sulfures des métaux du 5e groupe ; la liqueur, les métaux des 6e et 7e groupes.

Laver le précipité, l'égoutter, le faire bouillir avec HCl concentré tant qu'il se dégage H^2S ; filtrer. A la solution, ajouter KOH en excès, chauffer :

Résidu. — Dissoudre dans HCl ; neutraliser avec CO^3Na^2 ; ajouter acide acétique en léger excès ; H^2S donne :.........	Précipité ; dissoudre dans AzO^3K ; ajouter sol. concentrée AzO^2K ; après 10 à 20 minutes...........	Précipité jaune....	**Cobalt.**
		Solution...	**Nickel.**
	Dissolution ; par AzH^3, précipité couleur chair......		**Manganèse.**
Dissolution. — Acidulée par acide acétique, H^2S produit un précipité blanc..................			**Zinc.**

MÉTAUX DU SIXIÈME GROUPE

Métaux alcalino-terreux, dont les **carbonates sont insolubles dans les sels ammoniacaux.**

On détruit $(AzH^4)^2S$ par HCl, on fait bouillir pour

chasser H^2S, on filtre. Ajouter un excès d'**ammoniaque** et de **carbonate d'ammonium**, chauffer à l'ébullition quatre à cinq minutes. Le précipité contient les métaux du 6e groupe; la liqueur, ceux du 7e groupe.

Le précipité est lavé à l'eau bouillante ; le dissoudre dans très peu d'acide chlorhydrique dilué :

Dans une partie de la solution, $2HFl,SiFl^4$ donne :...........	Précipité blanc.............	**Baryum.**
	Solution ; par CO^3Ca, précipité blanc.................	**Strontium.**
Dans une autre partie de la solution, ajouter SO^4H^2 dilué, filtrer, aciduler avec l'acide acétique ; par l'oxalate d'ammonium, précipité blanc..		**Calcium.**

MÉTAUX DU SEPTIÈME GROUPE

Métaux ne précipitant pas avec les réactifs précédents.

A une partie de la liqueur, ajouter du phosphate de sodium ; par agitation, précipité cristallin. **Magnésium.**

Évaporer le liquide à siccité, calciner au rouge pour chasser les sels ammoniacaux. S'il y a du magnésium, le précipiter par l'eau de baryte, filtrer, évaporer, calciner. Redissoudre dans très peu d'eau, ajouter $PtCl^4$ (ou de l'acide picrique), agiter fortement :

Précipité jaune cristallin..............................		**Potassium.**
Dissolution ; chasser Pt par H^2S.....	Une partie de la liqueur : avec le pyroantimoniate de K, précipité blanc ; colore la flamme en jaune...........	**Sodium.**
	Une autre partie concentrée : alcalinisée avec KOH, précipité blanc par PO^4HNa^2, flamme rouge carmin.......	**Lithium.**
La liqueur primitive, chauffée avec KOH en excès, donne un dégagement de AzH^3 bleuissant le papier de tournesol.................		**Ammonium.**

RECHERCHE SYSTÉMATIQUE DES ACIDES MINÉRAUX

Les remarques, faites pour la recherche systématique des métaux (p. 441), s'appliquent aussi à la détermination des acides.

Dans la recherche systématique des acides, on emploie successivement deux réactifs généraux d'insolubilisation: l'*azotate de baryum* et l'*azotate d'argent.* Pour chaque groupe d'acides, précipités par les réactifs généraux, nous établissons des subdivisions pour permettre de séparer plus facilement les nombreux acides de chacun de ces groupes.

Plusieurs précipités ne sont pas complètement insolubles dans l'eau ; d'autre part, quelques séparations sont assez délicates.

Lorsqu'un produit à analyser contient plus de deux ou trois acides, la séparation systématique devient très difficile. Il est alors plus avantageux de déterminer d'abord dans quels groupes et subdivision du groupe se trouvent ces acides ; puis, de rechercher séparément et successivement, au moyen de leurs *réactions caractéristiques,* les acides du groupe ou des subdivisions, pour lesquels le résultat a été positif.

Parmi les acides minéraux, on rencontre quelques acides organiques, dont les sels ne charbonnent pas toujours par la chaleur.

Les acides doivent être à l'état de sels des métaux alcalins.

RÉSUMÉ SCHÉMATIQUE DE LA RECHERCHE DES ACIDES

ACIDES DU PREMIER GROUPE

Réactif : **Azotate de baryum** dans une solution **alcalinisée par l'ammoniaque.**

Acides dont le sel de baryum est insoluble dans l'eau.

1° Acides précipités par H^2S ou $(AzH^4)^2S$, trouvés dans **la recherche des bases.** Leur sel de baryum est soluble dans l'acide chlorhydrique.

Acide stannique. — Acide antimonique. — Acide arsénieux. — Acide arsénique. — Acide chromique. — Acide manganique. — Acide permanganique.

2° Acides trouvés dans l'**essai préliminaire** ; le sel de baryum est soluble ou décomposé par HCl :

Acide carbonique. — Acide sulfureux. — Acide hyposulfureux.

3° Acides dont le **sel de baryum est insoluble dans l'acide chlorhydrique.**

Acide sulfurique. — Acide silicique — Acide hydrofluosilicique.

4° Acides dont le **sel de baryum est soluble dans l'acide chlorhydrique.**

Acide phosphorique. — Acide oxalique. — Acide borique. — Acide fluorhydrique.

5° Sels organiques qui **charbonnent** par la chaleur : leur sel de baryum est soluble dans HCl.

Acide tartrique. — Acide citrique. — Acide benzoïque. — Acide succinique. — Etc.

ACIDES DU DEUXIÈME GROUPE

Réactif : **Azotate d'argent** en solution **neutre** ou **légèrement acidulée avec de l'acide acétique.**

1° Acides reconnus dans l'**essai préliminaire** ; leur **sel d'argent est soluble** ou **décomposé par AzO^3H.**

Acide sulfhydrique. — Acide azoteux. — Acide hypochloreux. — Acide bromique.

2° Acides dont les **sels d'argent sont insolubles dans AzO^3H.**

I. — **Acide iodhydrique. — Acide bromhydrique. — Acide chlorhydrique.**

II. — **Acide sulfocyanique. — Acide ferrocyanhydrique. Acide ferricyanhydrique. — Acide cyanhydrique.**

ACIDES DU TROISIÈME GROUPE

Acides **non précipités** par les réactifs précédents.

Acide chlorique. — Acide azotique. — Acide acétique. — Acide formique.

DÉTERMINATION ANALYTIQUE DES ACIDES

Éliminer tous les métaux, excepté les métaux alcalins : à la (L. P.), ajouter un léger excès de **carbonate de sodium,** faire bouillir trois à quatre minutes, filtrer ; dans le liquide filtré, neutraliser l'excès de CO^3Na^2 par l'acide acétique ajouté goutte à goutte et en très léger excès; faire bouillir et concentrer. Cette **liqueur des sels alcalins** (L. A.), **contient tous les acides à l'état de sels alcalins.**

ACIDES DU PREMIER GROUPE

Acides dont le sel de baryum est insoluble dans l'eau.

1° Éliminer successivement par $\mathbf{H^2S}$ et par $\mathbf{(AzH^4)^2S}$, les acides trouvés dans la recherche des bases; décomposer l'excès de $(AzH^4)^2S$, par l'acide acétique à l'ébullition, filtrer.

2° Acides trouvés dans les **essais préliminaires :**

Par HCl, le sel de baryum ou la liqueur primitive dégage un gaz......	Troublant l'eau de chaux....		**Carbonate.**
	Odeur de SO^2; avec HCl, le gaz se dégage..........	De suite.....	**Sulfite.**
		Au bout de qq. temps, avec précip. de S.	**Hyposulfite.**

Les acides précédents ayant été éliminés de la L. A., on concentre la liqueur; on ajoute quelques gouttes d'$\mathbf{AzH^3}$, pour rendre le liquide légèrement **alcalin**, puis $\mathbf{(AzO^3)^2Ba}$, tant qu'il se forme un précipité. Le précipité contient les acides du 1er groupe (excepté les précédents) à l'état de sel de Ba ; la liqueur, ceux des 2e et 3e groupes.

Le précipité barytique, *lavé avec très peu d'eau froide*, est traité par HCl :

3° *Précipité insoluble dans HCl*.........	Réduire sur C avec CO^3Na^2 ; le résidu noircit Ag........	**Sulfate.**
	Une peu de L. P., évap. à sec avec HCl, résidu ins. HCl..	**Silicate.**
	Le préc., avec SO^4H^2, dégage à chaud HFl...............	**Hydrofluosilicate.**

4° *Dissolution du précipité dans HCl.* — Essayer successivement :	Par AzO^3H et réactif nitro-molybdique, précip. jaune....		**Phosphate.**
	Par AzH^3, puis ac. acétique et $CaCl^2$, précip. blanc........		**Oxalate.**
	Par Zn, dégagement d'iode..		**Iodate.**
	Produit de l'évaporation de la solution..	Alcool et SO^4H^2, flamme verte..	**Borate.**
		SO^4H^2 à chaud, dég. HFl.....	**Fluorure.**

5° Une partie de la dissolution précédente est agitée avec de l'**éther** qui dissout les acides organiques. Le produit de l'évaporation, repris par l'eau, est neutralisé exactement par CO^3Na^2 ; rechercher les acides organiques.

ACIDES DU DEUXIÈME GROUPE

Acides dont le sel de baryum est soluble dans l'eau, et dont le sel d'argent est insoluble dans l'eau.

1° Acides reconnus au moyen de l'**essai préliminaire.** — Une partie de la (L. P.) est additionnée de SO^4H^2 ; à froid ou à chaud, on a un dégagement de :

Gaz odorants.	Fétide, de H^2S, noircissant le papier à l'acétate de plomb.	**Sulfure.**
	Vapeurs rutilantes.	**Azotite.**
	Chlore, L. P., réactions des hypochlorites	**Hypochlorite.**
	Brome, rougissant le papier de fluorescéine....	**Bromate.**

2° La liqueur, débarrassée des acides précédents par ébullition avec de l'acide acétique (ou sulfurique, si bromate), est acidulée avec **AzO^3H**, puis additionnée **d'azotate d'argent.** — Le précipité, séparé du liquide (contenant les acides du 3e groupe), est *chauffé au rouge pour détruire les cyanures.*

I. — Le résidu est traité par un peu d'eau, *Zn* et *SO^4H^2* étendu ; après filtration, on met une partie de la dissolution dans un tube avec CS^2, puis on ajoute 1 goutte d'eau de chlore; par agitation :

CS^2 se colore en:	Violet; l'eau amidonnée colore en bleu........................	**Iodure.**
	Brun; à chaud, vapeurs rougissant papier fluorescéine........	**Bromure.**
Si coloration violette, ajouter eau de chlore goutte à goutte en agitant; la coloration violette disparaît peu à peu, il se produit une coloration brune		**Bromure.**
Au résidu sec de la liqueur, ajouter $Cr^2O^7K^2$ et SO^4H^2, distiller. Les vapeurs rouges recueillies dans AzH^3 donnent un liquide jaune....................................		**Chlorure.**

II. — La (L. P.), chauffée avec SO^4H^2, dégage de l'acide cyanhydrique.

A la (L. A.), ajouter $FeCl^3$:.	Coloration rouge, soluble dans l'éther.............		**Sulfocyanate.**
	Précipité bleu ; par SO^4Cu, précipité marron........		**Ferrocyanure.**
	Dissolution ; ajouter HCl, puis SO^4Fe.	Précipité bleu......	**Ferricyanure.**
		Dissolution ; ac. picrique, col. rouge à chaud...	**Cyanure.**

ACIDES DU TROISIÈME GROUPE

Acides dont les sels de baryum et d'argent sont solubles dans l'eau.

Ajouter à la liqueur un léger excès de CO^3Na^2; faire bouillir, filtrer et concentrer.

Une partie du liquide est évaporée à sec et le résidu chauffé au rouge; repris par l'eau acidulée avec AzO^3H, il donne, par AzO^3Ag, un précipité blanc..... **Chlorate.**

La (L. P.), chauffée avec deux volumes de SO^4H^2 et Cu, dégage des vapeurs rutilantes .... **Azotate.**

La (L. P.), chauffée avec CO^3Na^2, puis neutralisée exactement par AzO^3H, est additionnée d'un excès de $FeCl^3$; après filtration, faire bouillir pendant quelques minutes :

Précipité ocreux.....	Le produit de l'évaporation d'un peu de (L. P.), chauffé avec As^2O^3, dégage l'odeur cacodylique..........................	**Acétate.**
	La liqueur, séparée des acides du 1er et du 2e groupe, réduit AzO^3Ag..........................	**Formiate.**

AUTRE MÉTHODE DE SÉPARATION DES CHLORURES, BROMURES ET IODURES

La recherche des chlorures, bromures et iodures, par la méthode générale indiquée précédemment, est assez délicate; on peut lui substituer, surtout en l'absence de cyanures, le procédé suivant :

A 4 ou 5 centimètres cubes de la solution, on ajoute un volume égal d'*acide sulfurique* et une dizaine de gouttes de *perchlorure de fer* officinal; en chauffant, il se dégage des vapeurs violettes, bleuissant le papier amidonné.................................. **Iodure.**

On chasse tout l'iode par l'ébullition, en insufflant de l'air à l'aide d'un tube recourbé. On ajoute au liquide refroidi 1 centimètre cube de solution saturée de *bichromate de potassium*; en chauffant, il se dégage des vapeurs orangées, rougissant le papier de fluorescéine. **Bromure.**

A une autre partie de la solution, on ajoute volume

égal d'*acide sulfurique* et un centimètre cube d'une solution concentrée de *bichromate de potassium*; on chauffe à l'ébullition, en insufflant de l'air, pour chasser l'iode et le brome. Au liquide refroidi, on ajoute un centimètre cube d'une solution concentrée de *permanganate de potassium*; il se dégage du chlore, reconnaissable à son odeur et à l'aide du réactif Denigès (Voy. p. 236). **Chlorure.**

DESTRUCTION DES MATIÈRES ORGANIQUES

Pour rechercher les éléments minéraux contenus en très faibles proportions dans une matière organique ou organisée, il est indispensable de les isoler en procédant à la *destruction des matières organiques*. Utilisée surtout dans les *recherches toxicologiques*, cette opération peut être employée dans un grand nombre de cas, par exemple pour la recherche des composés minéraux contenus en très petite quantité dans un médicament, une matière alimentaire, etc.; nous les indiquons très sommairement, renvoyant aux traités de toxicologie pour leur description complète.

1° **INCINÉRATION.** — Étudiée précédemment (Voy. p. 17), cette méthode rapide et brutale de destruction des matières organiques convient seulement dans les cas où les substances minérales ne contiennent pas des sels ou des métaux volatils. En présence du carbone, certains oxydes et sels fixes peuvent être réduits, avec mise en liberté du métal; si ce métal est volatil, il peut être volatilisé et disparaître complètement.

Pour les solutions ou les substances très humides, on élimine d'abord, par évaporation (Voy. p. 61) ou dessiccation (Voy. p. 57), l'eau qu'elles contiennent. Après dessiccation complète ou presque complète, on chauffe le résidu dans une capsule de platine ou de porcelaine que l'on introduit peu à peu dans le coffret (fig. 26) d'un four à moufle (fig. 27 et 34) porté au rouge, en ayant soin de déterminer progressivement la décomposition des matières organiques. On peut aussi chauffer la capsule à l'aide d'un brûleur Bunsen (fig. 110).

2° **MÉTHODE DE FRÉSÉNIUS ET BABO.** — Les matières organiques sont mélangées à leur poids d'acide chlorhydrique de densité 1,12 étendu d'environ son volume d'eau, de façon à former une bouillie claire. Dans le produit, chauffé au bain-marie vers 70-80°, on projette de temps en temps quelques cristaux de chlorate de potassium. Le chlore naissant agit comme oxydant pour transformer, en présence de l'eau, l'hydrogène en acide chlorhydrique, le carbone en acide carbonique, les métaux en chlorures.

Dans le liquide jaune obtenu, contenant encore quelques matières organiques, on fait passer à chaud un courant d'anhydride carbonique pour éliminer le chlore, on filtre et recherche les éléments minéraux.

L'étain, l'antimoine, ont été plus ou moins transformés en chlorures volatils; aussi, pour les rechercher sans les perdre, doit-on opérer la réaction dans un appareil distillatoire.

3° **MÉTHODE DE A. GAUTIER.** — Dans une capsule de porcelaine, on chauffe le produit avec 30 à 35 p. 100 de son poids d'*acide azotique* pur, d'abord modérément tant qu'il se forme une mousse jaunâtre abondante, puis plus activement jusqu'à commencement de carbonisation. Lorsque la masse noire s'attache aux parois de la capsule, on laisse refroidir; sur la masse tiède, on verse de l'*acide azotique* pur, dans la proportion de 10 p. 100 du poids primitif. Lorsque le dégagement de vapeurs rutilantes a cessé, on verse 6 p. 100 d'*acide sulfurique* pur et on chauffe de nouveau jusqu'à ce qu'il ne se dégage plus d'acide azotique. Le résidu de ce traitement est pulvérisé et épuisé par l'eau bouillante. Dans le résidu peuvent rester les sulfates insolubles de plomb, baryum, strontium, peut-être de calcium; le liquide est analysé par la méthode ordinaire ou par des méthodes spéciales, telles que celle de Marsh pour l'arsenic.

Dans cette méthode, il n'y a pas perte de substance par volatilisation, car les métalloïdes sont oxydés au maximum, les métaux transformés en sulfates non volatils à cette température.

4° **PROCÉDÉ DE DENIGÈS.** — La substance (200 grammes) est mélangée dans une capsule de 2 litres, avec son poids d'acide azotique à 40° Baumé et 5 centimètres cubes d'une solution de permanganate de potassium à 2 p. 100. En chauffant, la désagrégation est complète après un temps qui varie d'un quart d'heure à une demi-heure, suivant l'état de division de la masse et la nature des organes; à la mousse du début fait place une ébullition tranquille.

A ce moment, on met le liquide dans une capsule d'un litre, on la couvre d'un grand entonnoir de verre dont le bord atteint le commencement du bec de la capsule; on chauffe à l'ébullition pendant au moins deux heures, jusqu'à ce que le volume soit réduit à 70 ou 80 centimètres cubes, en évitant que le liquide noircisse.

On ajoute alors au liquide 80 à 100 grammes d'acide sulfurique pur; il se dégage d'abondantes vapeurs rutilantes et la masse brunit. A partir de ce moment, on fait tomber, à l'aide d'un petit entonnoir de Joulie, goutte à goutte de l'acide azotique, on chauffe; on répète plusieurs fois l'addition d'acide azotique.

On obtient finalement un liquide incolore ou à peine jaunâtre, contenant tous les métaux.

5° **PROCÉDÉ DE BOURCET.** — Employé surtout pour rechercher de très petites quantités d'iode, ce procédé consiste à humecter la matière finement hachée ou pulvérisée, avec une solution de potasse pure et à dessécher dans l'étuve à 110°. On pulvérise la masse sèche et on la fond avec de la potasse caustique pure dans une capsule de nickel ou de fer.

La masse refroidie est épuisée par l'eau bouillante; le liquide filtré, refroidi, est presque neutralisé par de l'acide sulfurique au dixième, ajouté très lentement pour éviter toute élévation de température. Au liquide légèrement alcalin, on ajoute la moitié de son volume d'alcool à 95° pour précipiter la plus grande partie du sulfate de potassium; on filtre, lave le sulfate de potassium à l'alcool à 30°; le liquide est évaporé à un petit volume et additionné d'alcool pour précipiter le sulfate de potassium. En répétant plusieurs fois la concentration et la précipitation par l'alcool, on élimine à peu près complètement le sulfate de potassium; finalement, on évapore à sec dans une capsule de nickel ou de fer et on calcine pour détruire les dernières traces de matières organiques.

DÉTERMINATION DES CORPS ORGANIQUES

Les combinaisons du carbone sont extrêmement nombreuses; aussi, ne peut-on songer à les rechercher par une méthode analytique systématique, excepté dans quelques cas particuliers.

D'une manière générale, on cherchera à séparer les corps organiques les uns des autres, ainsi que des substances minérales, en les isolant, par les procédés de l'*analyse immédiate*, dans un état de pureté aussi grand que possible; puis, on les *identifiera* en déterminant leur *fonction chimique*, leurs *constantes physiques*, leurs *réactions de précipitation*, leurs *réactions colorées*.

ANALYSE IMMÉDIATE

L'analyse immédiate a pour but d'isoler, *sans leur faire subir d'altération*, les différents corps contenus dans un mélange. Elle est employée pour l'analyse des médicaments et des produits industriels complexes, pour isoler les divers principes contenus dans les végétaux et les tissus animaux, etc. Dans les recherches scientifiques, elle est constamment employée pour isoler les uns des autres les corps formés dans une réaction.

On emploie les moyens *mécaniques*, *physiques* et *chimiques*.

I. — MOYENS MÉCANIQUES

Les moyens mécaniques sont surtout utilisés pour faciliter la séparation des différents groupes de corps ; ils permettent rarement d'isoler directement certains principes.

EXPRESSION. — En comprimant, dans un espace à paroi perméable, un mélange contenant un liquide et un solide pulvérulent, le liquide compris entre les interstices du solide est expulsé et passe à travers la paroi. C'est une filtration sous pression.

Fig. 136. — Presse à vis.

On peut se contenter d'enfermer la substance dans un linge, dont on fait un nouet; on le serre entre les mains ou à l'aide d'une pince, de préférence en roulant le linge autour du mélange et en le tordant. On agit plus efficacement en introduisant le nouet en étoffe contenant le mélange dans le cylindre creux, à paroi perforée, d'une presse à vis (fig. 136); pour éviter de provoquer la rupture de l'étoffe, il faut avoir soin de presser lentement.

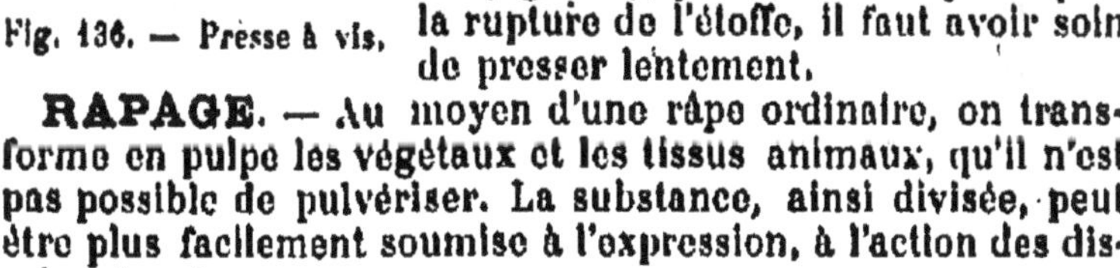

RAPAGE. — Au moyen d'une râpe ordinaire, on transforme en pulpe les végétaux et les tissus animaux, qu'il n'est pas possible de pulvériser. La substance, ainsi divisée, peut être plus facilement soumise à l'expression, à l'action des dissolvants, etc.

ESSORAGE. — Cette opération a pour but d'effectuer la séparation d'un mélange de corps solides et d'une petite quantité de liquide, sans exercer de compression.

En mettant le mélange, par exemple des cristaux imprégnés d'eau mère, sur un corps poreux tel qu'une *plaque de plâtre*, du *papier non collé*, une *brique*, de la *por-*

celaine dégourdie, le liquide s'imbibe par capillarité dans le corps poreux. On peut aussi employer la *succion* à l'aide de la trompe, ou les *essoreuses à force centrifuge.*

FILTRATION. — Utilisée pour séparer les solides et les liquides, lorsque ceux-ci sont en quantité suffisante, la *filtration* est d'un emploi constant dans l'analyse immédiate (p. 49); il en est de même de la *décantation* (p. 46) et des autres opérations permettant de séparer les solides et les liquides.

ENTRAINEMENT MÉCANIQUE. — Au moyen d'un courant d'eau, on peut souvent séparer, d'une gangue, les corps plus ténus ou ayant une densité différente. Par exemple, de la pomme de terre, on séparera la fécule à peu près pure, en faisant couler un filet d'eau sur de la pomme de terre râpée.

II. — MOYENS PHYSIQUES

Les propriétés physiques des différents corps sont très fréquemment employées pour effectuer les séparations.

ACTION DES DISSOLVANTS. — La dissolution, qui a été étudiée précédemment (p. 38), doit subir quelques modifications pour être appliquée à l'analyse immédiate, le corps à dissoudre étant fréquemment noyé dans une grande masse de produits insolubles. Les modifications sont les suivantes :

La **macération** consiste à mettre en contact, pendant longtemps et à la température ordinaire, la masse solide avec le dissolvant ; on l'active en agitant fréquemment ; on sépare par la filtration, suivie souvent d'une expression. Elle est employée lorsque les produits sont altérables à température élevée, et lorsqu'il s'agit de séparer les corps solubles à froid d'autres corps insolubles ou peu solubles à froid.

La **digestion** est une macération faite à chaud, mais à une température inférieure à celle de l'ébullition du dissolvant. On place le récipient dans une étuve ou dans un bain-marie à température constante; lorsque le liquide est volatil, on met le mélange en digestion dans un ballon auquel on adapte un réfrigérant disposé à reflux.

La décoction est une digestion qui s'opère à la température d'ébullition du dissolvant. On met le liquide et

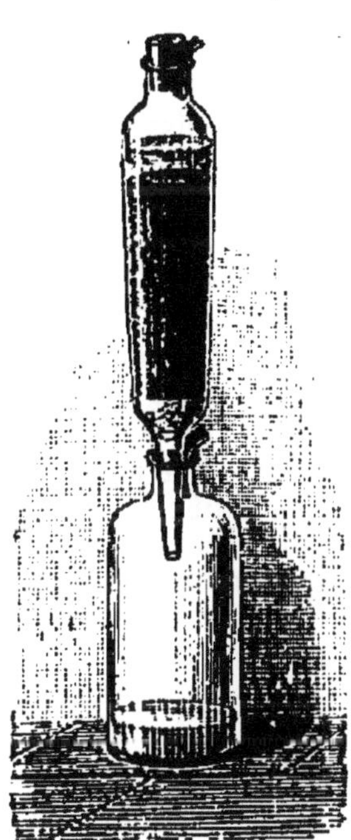

Fig. 137.
Appareil à déplacement.

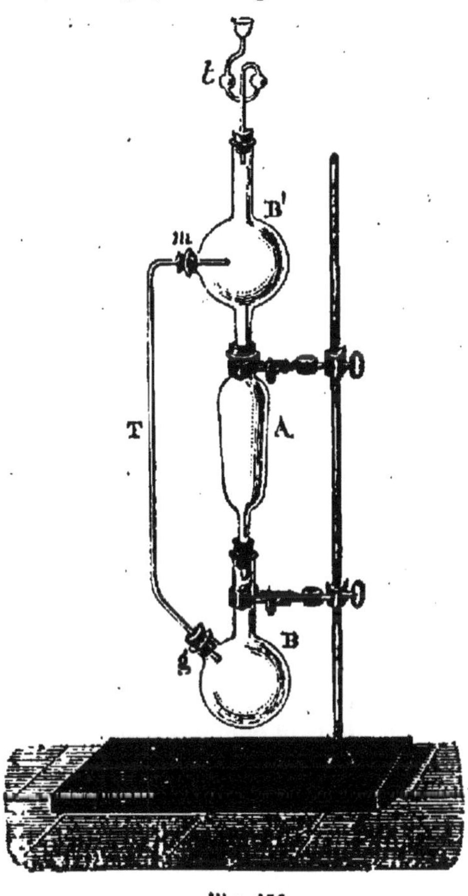

Fig. 138.
Digesteur de Payen.

les substances dans un ballon muni d'un réfrigérant à reflux.

La lixiviation est un des procédés les plus parfaits, permettant de dissoudre les principes solubles d'un mélange, complètement et avec une petite quantité de dissolvant.

La substance pulvérisée, desséchée si le dissolvant est autre que l'eau, est introduite dans l'allonge droite d'un appareil à déplacement (fig. 137), dont le col a été obstrué par de la laine de verre ; cette allonge est fixée dans le col d'un flacon, entre lequel on interpose un fragment de bois ou du papier replié plusieurs fois, pour que la pression soit celle de l'atmosphère. Sur la substance, régulièrement tassée, on verse le liquide dissolvant ; celui-ci pénètre dans la masse, la traverse peu à peu et tombe dans le flacon. Ce lavage par déplacement est méthodique. Pour les dissolvants volatils, on fait usage d'appareils complètement clos, celui de Payen (fig. 138), par exemple, afin d'éviter la déperdition du dissolvant.

On se sert de **digesteurs** pour faire la lixiviation à chaud; pour cela, on dispose les appareils de manière à épuiser la substance à l'aide d'un très faible volume du dissolvant. Celui-ci étant choisi volatil, se trouve constamment régénéré par la distillation; après condensation, il retombe sur la substance.

Le digesteur de Payen (fig. 138) se compose d'une allonge A destinée à contenir la substance, d'un ballon bitubulé B destiné à recevoir le liquide ayant traversé la substance, d'un ballon tritubulé B' pour la condensation des vapeurs, et d'un tube à boules *t* servant de fermeture hydraulique. Les vapeurs produites dans le ballon B iront, par le tube *g*T*m*, se condenser dans le ballon B'.

Pour appliquer la lixiviation à très peu de matière, on peut se servir de l'un des dispositifs A ou B, indiqués par Damoiseau (fig. 139 et 140); la partie contenant la matière est composée d'un tube métallique MN ou de verre *mn*, adapté par la partie inférieure au col d'un matras *b* ou *b'*. Les tubes B ou A communiquent en haut avec un réfrigérant RR' ou *vv'*, par le tube T ou *t*.

L'appareil de Cazeneuve, celui de Kopp, etc., sont basés sur le même principe.

DISTILLATION. — La *distillation simple* (p. 62) est

employée pour séparer un liquide volatil d'une substance fixe ; mais, lorsqu'il s'agit de séparer entre eux plusieurs liquides volatils, on doit utiliser la **distillation fractionnée**, basée sur le principe suivant : en faisant bouillir un mélange de deux corps ayant des points d'ébullition différents, on constate que la température, comprise d'abord entre les points d'ébullition des composants, s'élève peu à peu jusqu'à celui du corps

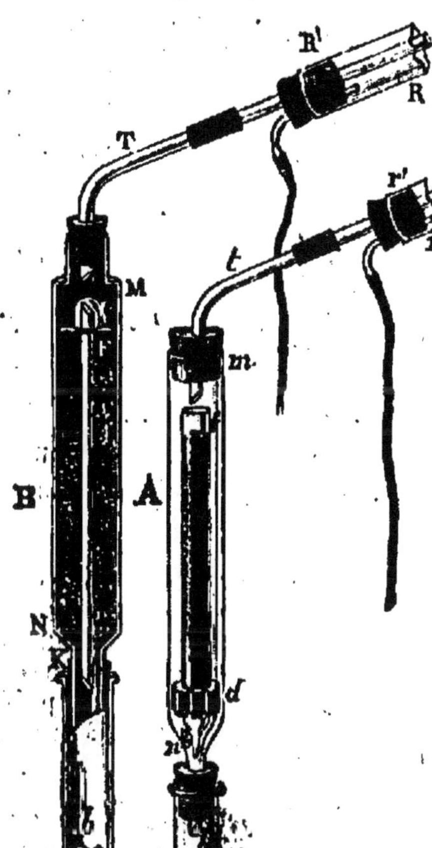

Fig. 139 et 140.
Lixiviation à chaud.

Fig. 141.
Tube à boules de Wurtz.

le moins volatil. En recueillant *séparément* les liquides condensés entre des intervalles de température régulièrement espacés, les premières parties sont plus riches en produit plus volatil. En répétant la distillation avec les premières parties, on aura d'abord un liquide contenant une plus forte proportion du liquide le plus volatil, etc.

En condensant partiellement les vapeurs produites dans la distillation, on évite une série de distillations; c'est le résultat que l'on obtient à l'aide du tube à boules de Wurtz (fig. 141), présentant deux boules destinées à refroidir et à condenser partiellement la vapeur.

L'appareil Le Bel et Henninger (fig. 142) consiste en une série de boules A, B, C, soufflées sur un même tube MN; des étranglements e, e' (fig. 143), ménagés au-dessous de chacune des boules, sont munis chacun d'une toile métallique

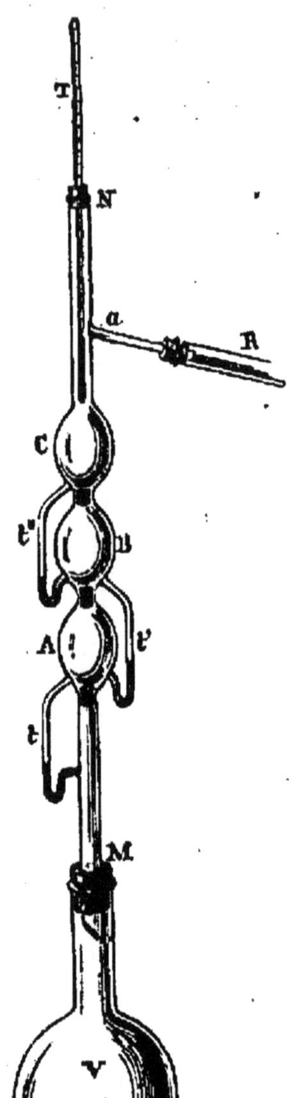

Fig. 142. — Appareil distillatoire Le Bel et Henninger.

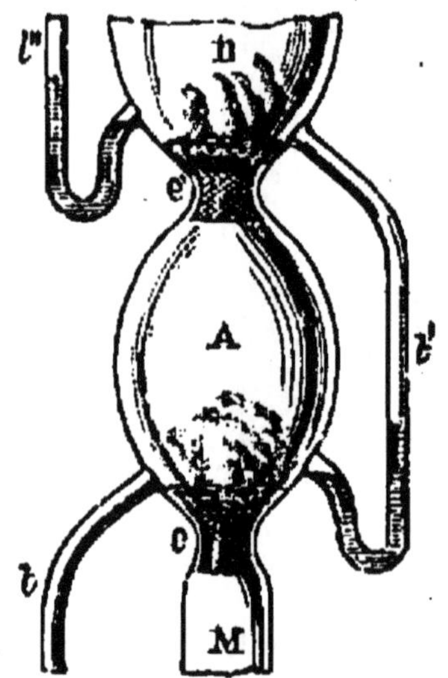

Fig. 143. — Appareil distillatoire Le Bel et Henninger (Détail).

en platine, façonnée en capsule ou en tampon, destinée à laisser passer la vapeur et à retenir le liquide. Des tubes latéraux *t*, *t'*, *t''* permettent au liquide condensé de retourner à la boule inférieure. L'appareil est adapté au col M d'un ballon V; il est muni à la partie supérieure N d'un thermomètre T. Un tube latéral *a*, adapté à un réfrigérant R, permet de condenser les vapeurs.

Pour distiller les corps altérables, pour séparer certains liquides non séparables par distillation sous la pression ordinaire, on emploie la *distillation dans le vide* ou *sous pression réduite.* Par ce moyen, on peut effectuer des distillations fractionnées (fig. 144), en ayant soin d'adapter au

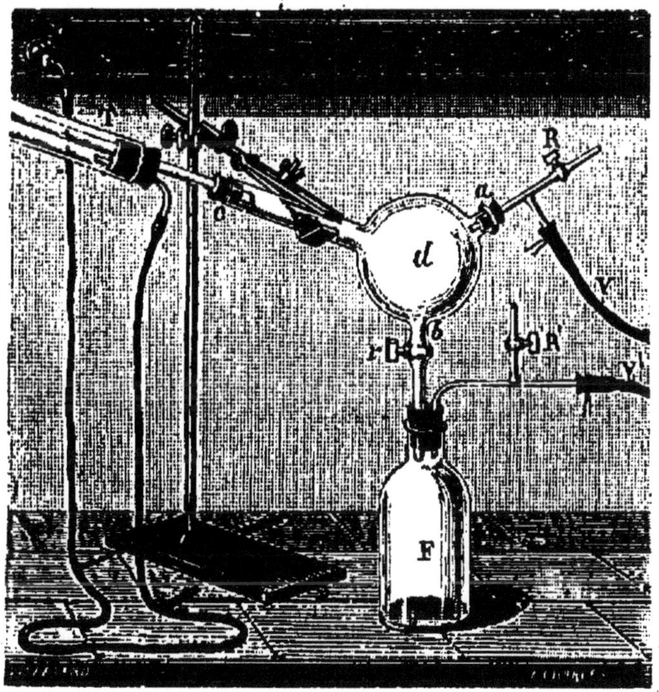

Fig. 144. — Distillation fractionnée dans le vide.

réfrigérant un ballon tritubulé *d*, muni d'un tube *b* à robinet *r*. Sans interrompre la distillation et sans laisser entrer l'air, on ferme le robinet *r* pendant qu'on sépare le liquide condensé dans le flacon F, après avoir laissé entrer l'air en ouvrant le robinet R'. On change le flacon F, on fait de nouveau le vide en F et on ouvre le robinet V pour faire tomber dans le flacon F le liquide condensé en *d*.

DISTILLATION AVEC LA VAPEUR D'EAU. — Beaucoup de corps, peu ou à peine volatils sans décomposition, peuvent être volatilisés et séparés par un courant de vapeur d'eau ; ce procédé permet souvent de les obtenir dans un très grand état de pureté.

Pour cela, on fait bouillir la substance avec de l'eau dans une cornue, à laquelle est adaptée une allonge ou un réfrigérant. Afin d'obtenir une température plus élevée, on fait encore passer, dans une cornue contenant la substance, de la vapeur d'eau surchauffée par son passage dans un tube de cuivre enroulé en spirale et chauffé à l'aide d'un brûleur Bunsen.

SUBLIMATION. — Cette opération, qui consiste à condenser, sous forme solide, un corps réduit à l'état de vapeurs, permet souvent la séparation et la purification des corps organiques solides et volatils.

On opère la sublimation dans un ballon ou simplement dans un tube à essais, dont le fond repose sur un bain de sable chauffé progressivement ; le sublimé se dépose sur les parois du verre refroidies par l'air. On peut encore sublimer entre deux verres de montre séparés par une feuille de papier à filtrer et maintenus par deux bandes de laiton.

DISSOLUTION. — Pour séparer les corps organiques les uns des autres, la dissolution (p. 38) est le moyen le plus employé. En faisant un choix judicieux des divers dissolvants, on arrive très fréquemment à une séparation rapide de plusieurs corps organiques, les caractères de solubilité dans les divers dissolvants étant extrêmement variables.

Les principaux dissolvants neutres, employés pour la dissolution simple aussi bien que pour l'épuisement, sont les suivants : *l'eau*, *l'alcool éthylique*, *l'alcool méthylique*, *l'acide acétique, l'acétone, l'alcool amylique, le benzène, le chloroforme, le sulfure de carbone, l'éther acétique, la ligroïne* (essence de pétrole), *l'éther de pétrole*, etc.

Pour faire des *essais méthodiques* de dissolution, la poudre *sèche* sera traitée successivement par ces dissolvants, en commençant par les derniers. Lorsqu'on aura plusieurs essais à effectuer, il faudra, avant de faire agir un nouveau dissolvant, s'assurer que l'épuisement a été complet, puis faire évaporer le liquide imprégnant la substance ; dans ces cas, on aura avantage à se servir de l'un des appareils à épuisement déjà décrits (p. 464 et 465).

Inversement, dans une dissolution, on cherchera à faire naître un précipité en ajoutant un autre liquide, par exemple de l'eau, pour précipiter le camphre de l'alcool camphré.

CRISTALLISATION. — Le liquide, obtenu dans le traitement par un dissolvant, est soumis à l'évaporation lente, afin de déterminer la cristallisation (Voy. p. 65) des substances enlevées par le dissolvant ; en général, on arrivera à séparer des cristaux qui pourront être caractérisés par leur forme cristalline, le point de fusion, la solubilité ou l'insolubilité dans un autre dissolvant, par les réactions chimiques.

Dans beaucoup de cas, le dissolvant abandonnera plusieurs sortes de cristaux, séparés de substances différentes, que l'examen permettra de reconnaître.

DIALYSE. — Dans les mélanges très complexes, contenant surtout des matières albuminoïdes, la dialyse (Voy. p. 64) rend de très grands services pour la séparation des cristalloïdes ; on l'utilise très fréquemment, surtout dans les recherches de chimie biologique.

III. — MOYENS CHIMIQUES

Les propriétés chimiques des différents corps peuvent être utilisées pour faire entrer les corps à séparer dans des combinaisons présentant des propriétés physiques différentes.

ACIDES. — Ils sont employés le plus fréquemment pour dissoudre les bases insolubles ou peu solubles dans l'eau, en les transformant en sels solubles; la dissolution de ces sels, séparée des parties insolubles, sera évaporée pour obtenir le sel cristallisé.

Dans les dissolutions de sels solubles, on se servira d'un acide pour précipiter un acide peu soluble ; c'est ainsi que l'addition d'un acide à une solution de benzoate de sodium produit un précipité d'acide benzoïque.

Généralement, on se sert des acides chlorhydrique, sulfurique, acétique, etc., étendus au préalable.

BASES. — Inversement, les bases sont utilisées pour rendre solubles, en les transformant en sels, les acides insolubles ou peu solubles dans l'eau. Elles servent à précipiter, d'une dissolution saline, une base insoluble dans l'eau; celle-ci peut ensuite être séparée par filtration ou par agitation du liquide avec un dissolvant neutre, insoluble dans l'eau.

On peut encore mélanger la substance humide avec une base telle que la chaux, dessécher le produit et l'épuiser à l'aide d'un réactif approprié (alcaloïdes).

Les bases employées sont : la soude et la potasse caustiques, l'ammoniaque, la chaux, la baryte.

SELS MINÉRAUX. — En ajoutant un sel minéral à une solution contenant un corps pouvant donner une combinaison insoluble, on arrive à séparer ce corps sous forme d'un précipité insoluble. Lorsqu'on soupçonnera la présence de plusieurs corps précipitant par un même réactif, on opérera par *précipitation fractionnée*, afin de chercher à séparer ainsi les divers corps.

Dans d'autres circonstances, l'addition d'un sel insolubilise une matière sans produire de combinaison chimique; par exemple, en ajoutant du chlorure de sodium à une dissolution d'un savon, celui-ci est insolubilisé.

Les *sels des métaux lourds*, surtout l'*acétate de plomb*, le *sous-acétate de plomb*, le *sulfate de cuivre*, l'*azotate d'argent*, l'*azotate mercurique*, etc..., sont le plus fréquemment employés. Le précipité obtenu, séparé par filtration et lavé, est mis en suspension dans l'eau et décomposé par l'hydrogène sulfuré.

RECHERCHE DE QUELQUES ACIDES ORGANIQUES

Parmi les nombreux acides organiques, quelques-uns se rencontrent plus fréquemment. Les acides formique, acétique, oxalique, cyanhydrique, ont été reconnus en même temps que les acides minéraux ; leurs sels ne noircissent généralement pas quand on les chauffe sur une lame de platine.

Pour séparer les acides organiques, on les divise en trois groupes : 1° acides très peu solubles dans l'eau ; 2° acides volatils ; 3° acides organiques fixes.

1° **ACIDES PEU SOLUBLES.** — A la dissolution pas trop étendue, on ajoute un léger excès d'acide sulfurique ; s'il y a un précipité cristallin, on filtre après une demi-heure de repos. Le précipité, soluble dans l'alcool, insoluble dans le chloroforme, donne la réaction de Mohler (p. 341)...................... **Acide benzoïque.**

Le précipité, soluble dans l'alcool et dans le chloroforme, se colore en violet par le perchlorure de fer............................ **Acide salicylique.**

Une parcelle du précipité, insoluble dans l'alcool, donne la réaction de la murexide.............. **Acide urique.**

Un peu du précipité, bouilli avec de l'hypobromite de sodium, produit un précipité brun kermès.......... **Acide hippurique.**

2° **ACIDES VOLATILS.** — Dans un tube à essais, auquel est adapté un tube abducteur recourbé, on distille le liquide additionné d'acide sulfurique, après séparation du précipité contenant des acides précipités.

Un peu du liquide réduit l'azotate d'argent.......................... **Acide formique.**

Une autre portion du liquide, chauffée avec de l'acide sulfurique et de l'alcool, dégage une odeur de :	éther acétique.....	**Acide acétique.**
	ananas.....	**Acide butyrique.**
	pommes.....	**Acide valérianique.**

Du reste, le liquide distillé possède l'odeur caractéristique de ces acides.

3° **ACIDES FIXES.** — Dans le résidu de la distillation, on recherche successivement les acides fixes, en faisant réagir les réactifs caractéristiques sur une petite portion de ce liquide.

Le liquide jaune, chauffé avec du cyanure de potassium, devient rouge................ **Acide picrique.**

Le liquide décolore à chaud le permanganate de potassium ; alcalinisé par l'ammoniaque, puis acidifié par l'acide acétique, il donne un précipité blanc par le chlorure de calcium.................... **Acide oxalique.**

A un centimètre cube du liquide, on ajoute quelques gouttes de solution de sulfate de cuivre, puis 2 grammes environ de zinc, pour éliminer tous les oxydants, si la liqueur en contient; après cinq minutes de contact, on verse ce liquide réduit dans un mélange de 2 centimètres cubes de réactif résorcinique et de 2 centimètres cubes d'acide sulfurique ; en chauffant vers 140°, il se produit une coloration rouge violacé intense... **Acide tartrique.**

On ajoute à 1 centimètre cube de liquide, son volume de sulfate acide de mercure (p. 130), puis 2 ou 3 volumes d'eau ; on filtre s'il y a lieu. En chauffant à l'ébullition, puis ajoutant II à III gouttes de solution de permanganate de potassium, on a un précipité blanc........ **Acide citrique.**

Après neutralisation exacte, le perchlorure de fer donne,

dans un peu du liquide, un précipité rouge brun....... **Acide succinique.**

Une partie du liquide, chauffée à l'ébullition, puis additionnée goutte à goutte d'une solution de permanganate de potassium, dégage de l'aldéhyde.... **Acide lactique.**

Une autre portion du liquide est additionnée de 10 centimètres cubes d'eau et de 1 centimètre cube d'acétate mercurique ; on agite, on filtre s'il y a lieu et on ajoute II gouttes de permanganate de potassium ; en chauffant le liquide clair à l'ébullition, il se forme un précipité blanc d'oxalacétate mercurique........ **Acide malique.**

PRINCIPAUX ALCALOIDES DE L'OPIUM
(d'après Denigès)

On met dans un tube à essais 2 ou 3 centimètres cubes d'acide sulfurique pur, et on y projette un peu ($0^{gr},01$ environ) de l'alcaloïde libre ou salifié à essayer ; on agite en secouant le tube et observant, dès le début, l'aspect du mélange.

1° *Le mélange prend une coloration très nette :*

a. Jaune serin, passant au violet par addition d'une goutte de formol. Le mélange, chauffé au bain-marie bouillant, devient rouge carmin en moins d'une minute.. **Narcotine.**

b. Jaune d'or, puis rapidement orangée, passant au rouge brun par addition d'une goutte de formol...... **Narcéine.**

c. Jaune orangé très stable, obtenue presque instantanément, et ne changeant pas sensiblement par une goutte de formol............................ **Thébaïne.**

d. D'abord violette, puis violet rouge. Par une goutte de formol, la teinte vire au rouge, puis au violet intense................................... **Papavérine.**

2° *Le mélange reste incolore ou prend une teinte jaune brunâtre extrêmement faible.* — On l'abandonne quatre à cinq minutes à lui-même, puis on ajoute une goutte de formol et l'on agite. On a une coloration :

a. Jaune, d'abord très faible, fonçant lentement. On ajoute encore un peu d'alcaloïde, on agite ; il se produit rapidement une teinte carmin............. **Morphine.**

b. Jaune, fonçant assez vite. L'addition d'un peu de l'alcaloïde donne rapidement une teinte violette, puis d'un violet bleu.............................. **Codéine.**

c. Rouge, virant bientôt au rouge violacé, bleuâtre et sépia. En chauffant au bain-marie bouillant, la teinte devient verte.......................... **Apomorphine.**

d. Rouge, devenant peu à peu rouge sang ou rouge carmin; au bain-marie bouillant, on obtient rapidement une teinte carmin............. **Oxydimorphine.**

PRINCIPAUX ALCALOIDES ET GLUCOSIDES

Les méthodes générales de Stas ou de Dragendorff pour la séparation des alcaloïdes végétaux et de quelques composés non azotés sont du domaine de la toxicologie ; nous nous contenterons de donner une méthode d'identification de ces substances isolées.

I. ALCALOIDES VOLATILS. — Ces alcaloïdes peuvent être séparés par distillation, en présence d'un excès de soude caustique, de la solution concentrée au préalable. Le liquide distillé a une *odeur forte*, souvent caractéristique; on le neutralise avec de l'acide oxalique, on évapore à siccité au bain-marie ; le résidu est dissous dans l'eau, additionné d'un léger excès de soude caustique pour mettre l'alcaloïde en liberté; celui-ci est enlevé en agitant le liquide avec de l'éther.

Après évaporation de l'éther, il reste l'alcaloïde, dont l'odeur est généralement caractéristique. On en met une goutte sur un verre de montre et on ajoute II ou III gouttes d'eau chlorée saturée; il se produit :

Une solution rouge sang................. **Nicotine.**

Pas de coloration, mais un précipité blanc. **Conicine.**

Chauffée avec une goutte d'acide chlorhydrique, il se dégage une odeur de souris ; une solution éthérée d'iode produit des aiguilles vertes............... **Spartéine.**

II. ALCALOIDES FIXES. — Dans un verre de montre, on met une parcelle de l'alcaloïde à essayer, on ajoute II ou III gouttes d'acide sulfurique concentré et on mélange avec un agitateur ; on observe :

1° Une coloration carmin, sans dissolution. **Salicine.**

2° Une solution, avec un liquide coloré en :

a. Rouge à fluorescence verte, devenant rouge par quelques gouttes d'eau.................. **Vératrine.**

b. Jaune, devenant violette par une trace de $Cr^2O^7K^2$ .... **Picrotoxine.**

c. Brun ; l'eau bromée donne une coloration { rouge brun..... **Aconitine.** / rouge violet..... **Digitaline.**

d. Fluorescence bleue, surtout marquée après addition d'eau .... **Quinine et Quinidine.**

3° La substance se dissout sans coloration. En frottant un cristal de bichromate de potassium sur les parties mouillées par la solution, on a :

Coloration bleue ou violette .... **Strychnine.**

Pas de coloration bleue ; en chauffant très légèrement :

Coloration jaune intense. En chauffant une parcelle de la substance avec I goutte de soude et quelques gouttes d'alcool, on a une coloration rouge.......... **Santonine.**

Pas de coloration jaune. Dans un verre de montre, une parcelle de l'alcaloïde est mise avec quelques gouttes d'acide azotique :

a. Coloration rouge devenant parfois jaune : par I goutte de $SnCl^2$: { Devient violette..... **Brucine.** / Ne change pas ; avec l'acide sulfurique formolé, colorations orangée, rouge, violette. **Morphine**

b. Pas de coloration. On évapore à siccité ou au bain-marie, on ajoute quelques gouttes d'alcool et 1 goutte de soude.	Coloration violacée ou bleu violacé ; des traces d'alcaloïde dilatent la pupille	**Atropine.**
	Odeur de menthe poivrée ; le réactif résorcinique est coloré en bleu.	**Cocaïne.**
	Pas d'odeur, pas de coloration. Le ferrocyanure de potassium donne des cristaux jaune d'or (Voy. p. 371)	**Cinchonine.**

TABLE ALPHABÉTIQUE

Les chiffres **gras** (**389**) indiquent les réactions des corps; les chiffres *italiques* (*421*) se rapportent à la recherche analytique ; les chiffres romains (123) indiquent les opérations, instruments, réactifs, etc.

A

Abrastol, **389**.
Acétanilide, **339**.
Acétate d'aniline, 123.
— de plomb, 99, **149**.
— — — (Sous-), 99, **149**.
— de potassium, 107.
— de sodium, 91.
— d'urane, 100.
Acétates, **338**, *421*, *457*.
Acétique (Acide), 79, **338**, *432*, *453*, *473*.
Acétone ordinaire, **327**.
Acétones (cétones), **321**, 327.
Acide acétique, 79, **338**, *432*, *453*, *473*.
— antimonique, **180**, *438*, *442*, *452*.
— arsénieux (ou anhydride), **173**, *417*, *430*, *452*.
— arsénique, **173**, *452*.
— azoteux, **268**, **270**, **271**, *453*.
— azotique, 74, **268**, **270**, **273**, *432*, *453*.
— benzoïque, **340**, *417*, *453*, *472*.
Acide borique, **282**, *442*, *446*, *452*.
— bromhydrique, **243**, *453*.
— bromique *443*, *452*.
— butyrique, **339**, *473*.
— cacodylique, **386**.
— carbonique, 79, **296**, *452*.
— chloreux, **240**.
— chlorhydrique, 73, **237**, *432*, *453*.
— chlorique, **241**, *443*, *453*.
— chromique, **199**, *443*, *452*.
— citrique, 80, **348**, *453*, *473*.
— cyanhydrique, **350**, *432*, *453*.
— disulfurique, **260**.
— ferricyanhydrique, **355**, *444*, *453*.
— ferrocyanhydrique, **354**, *453*.
— fluorhydrique, 78, **234**, *446*, *452*.
— formique, **336**, *453*, *473*.
— hippurique, *472*.
— hydrofluosilicique, 78, **286**, *452*.
— hydrosulfureux, **257**.
— hypochloreux, **240**, *453*.

Acide hypophosphoreux, 277.
— hyposulfureux, 257, *452*.
— iodhydrique, 247, *453*.
— iodique, 249, *443*.
— lactique, 340, *473*.
— malique, 346, *473*.
— manganique, 211, *452*.
— métaphosphorique, 278.
— métatungstique, 135.
— molybdique, 188, *442*.
— orthophosphorique, 279.
— oxalique, 79, 343, *417*, *446*, *452*, *473*.
— perchlorique, 242.
— permanganique, 211, *443*, *452*.
— phosphoreux, 277.
— phosphorique, 279, *448*, *452*.
— phospho-antimonique, 135.
— phospho-molybdique, 134.
— phospho-tungstique, 136.
— picrique, 80, 132, 315, *473*.
— pyrophosphorique, 279.
— salicylique, 341, *417*, *472*.
— sélénieux, 263.
— sélénique, 263.
— silicique, 284, *442*, *448*, *452*.
— stannique, *438*, *452*.
— succinique, 345, *453*, *473*.
— sulfanilique - naphtylamine, 130.
— sulfhydrique, 75, 253, *453*.
— sulfocyanique, 356, *453*.
— sulfureux, 77, 258, *444*, *452*.
— sulfurique, 75, 260, *452*.
— — de Nordhausen, 260.
— — formolé, 130.
— tantalique, 204.
Acide tartrique, 79, 347, *453*, *473*.
— tellureux, 265.
— tellurique, 265.
— titanique, 203.
— tungstique, 189.
— uranique, 204.
— urique, *472*.
— valérianique, 339, *473*.
— vanadique, 190.
Acides, 73, 471.
— organiques, 335, *417*, *442*, *445*, *446*.
— — (détermination), *443*.
— — (recherche), *442*.
— — bibasiques, 343.
— — monobasiques, 336.
Aconitine, 134, *476*.
Action de la chaleur, 9, *415*.
— — l'eau, *432*.
— des acides, *429*.
— — dissolvants, 463.
Adrénaline, 404.
Agitateurs, 45.
Alcaloïdes de l'opium (Principaux), *474*.
— et glucosides (recherche), *475*.
— naturels, 360.
Alcool amylique, 71, 311.
— éthylique, 70, 309.
— méthylique, 71, 309.
Alcools, 305.
— (Diagnose des), 307.
— primaires, 306.
— secondaires, 307.
— tertiaires, 307.
Aldéhyde acétique (ordinaire), 325.
— benzoïque, 326.
— formique, 323.
Aldéhydes, 321, 323.
Aldoses, 328.
Alliages, *440*.
Alumine, *426*, *439*, *442*

Aluminium, 85, 142, **195**, **196**, *426*, *440*, *444*, *449*.
Amalgames, *440*.
Amiante, 24, 49.
Amidon, **335**.
Amines, **357**.
Ammoniac (Gaz), 81, **230**.
Ammoniaque, 81, **230**, 266, *411*, *432*.
Ammonium 142, **230**, *417*, *420*, *424*, *429*, *432*, *445*, *450*.
Analyse immédiate, *461*.
— microchimique, 45.
— qualitative, 1.
— quantitative, 1.
— spectrale, 25.
Anilides, **358**.
Aniline, **357**.
— (Acétate d'), 123.
Antimoine, 142, **179**, **181**, *418*, *424*, *425*, *427*, *433*, *436*, *437*, *440*, *444*, *447*.
Antimoniates, **181**.
Antimonique (Anhydride), **180**, *438*, *442*, *452*.
Antimoniures, *422*.
Antipyrine, 123, **395**.
Apomorphine, **365**, *475*.
Appareils à déplacement, 464.
— à filtration chaude, 52.
— de Marsh, **175**.
— distillatoires, 63.
— Dussart et Blondlot, **276**.
— Le Bel et Henninger, 467.
— Mitscherlich, **275**.
Aragonite, *421*.
Argent, 141, **143**, *425*, *428*, *438*, *442*, *446*.
Arrhénal, **387**, **388**.
Arsenic, 142, **172**, *418*, *422*, *424*, *426*, *429*, *444*, *447*.
— dans les corps organiques, *293*.
— (réactions générales), **174**.
Arséniate de magnésium, *426*.
Arséniates, 141, **177**, *436*.
Arsénieux (Anhydride), **173**, *417*, *430*, *452*.
Arsénique (Acide), **173**, *452*.
Arsénites, **177**, *436*.
Arséniures, *422*.
Asaprol, **389**.
Asparagine, 134.
Atropine, 132, **374**, *477*.
Azotate d'ammonium, 100.
— d'argent, 99, **143**.
— — baryum, 96, *421*.
— — bismuth, 99.
— — cadmium-aniline, 126.
— — cobalt, 96.
— — plomb, 99, 102, **148**, *421*.
— — potassium, 92, 100.
— — sodium, 100.
— — strontium, 95.
— mercureux, 98, **155**.
— mercurique, 99, **155**.
Azotates, **269**, *419*, *420*, *428*, *430*, *431*, *457*.
Azote, **266**, *288*.
Azoteux (Acide), **268**, **270**, **271**, *453*.
Azotite de potassium, 92.
Azotites, **268**, **269**, **270**, **271**, *419*, *420*, *429*, *430*, *455*.
Azotique (Acide), 74, **268**, **270**, **273**, *432*, *453*.

B

Baguettes de charbon de bois, 35.
— de kaolin, 31.
Bain-marie, 61.
— à niveau constant, 62.
Bain de sable, 62.
— d'huile, 62.
Ballons, 39.
Baryte, **218**, *434*.

Barytine, *421*.
Baryum, **142**, **218**, *424*, *426*, *445*, *450*.
Bases (réactifs), 80, 471.
Benzène, **72**, **305**.
Benzoates, **341**.
Benzoïque (Acide), **340**, *417*, *453*, *472*.
Berbérine, 134.
Bichromate de potassium, 92, *415*.
Bichromates, *432*.
Bioxyde d'azote, **268**.
— d'étain, *415*, *426*, *438*.
— d'hydrogène, 112.
— de manganèse, 101, *426*.
— — sodium, 101.
— — plomb, 102, **147**.
Bioxydes, *430*.
Bismuth, **142**, **160**, **161**, *425*, *428*, *433*, *436*, *444*, *447*.
— (Bromure de), *424*.
— (Oxyde de), *415*.
— (Peroxyde de), 101.
— (Sous-nitrate de), **161**.
Bisulfate de potassium, 105.
Bisulfite de sodium, **90**.
— — — pyridine, **117**.
Bisulfure de fer, **191**.
Bisulfures, *417*.
Bitartrate de potassium, 103.
Blende, *421*.
Borate de sodium, 90.
Borates, **282**, *426*, *434*, *436*, *445*, *455*.
Borax (borate de sodium), 90, 105.
Borique (Acide), **282**, *442*, *446*, *452*.
— (Anhydride), **282**.
Bromates, **245**, *429*, *455*.
Brome, 83, **242**, *290*, *431*, *443*.
Bromhydrique (Acide), **243**, *453*.
Bromique (Acide), *443*, *452*.
Bromoforme, **302**.
Bromure de cuivre, *424*.
— — plomb, *438*.
— — potassium, 91.
Bromures, 140, **244**, *419*, *420*, *424*, *430*, *436*, *457*.
Brucelles, 34.
Brucine, 134, 135, **369**, *416*.
Brûleur à flamme circulaire, 16.
— Bunsen, 10, **11**, **22**, 43.
Butyrates, **339**.
Butyrique (Acide), **339**, *473*.

C

Cacodylate de sodium, **356**, **388**.
Cacodylique (Acide), **388**.
Cadmium, **142**, **167**, **168**, *428*, *440*, *444*, *447*.
Cadmium-aniline (Azotate de), **126**.
Caféine, **132**, **134**, **375**.
Calcination, **12**, 59.
— d'un précipité, 60.
Calcium, **142**, **221**, **222**, *423*, *425*, *426*, *445*, 450.
Calomel, **152**, *417*, *424*, *437*.
Capsules, **41**, 62.
Carbazol, 123.
Carbonate d'ammonium, 88.
— de baryum, 96, 106.
— — calcium, 106.
— — cadmium, *416*.
— — cuivre, *416*.
— — manganèse, *416*.
— — nickel, *416*.
— — plomb, **148**.
— — potassium, 104.
— — sodium, 90, 104.
— — zinc, *415*.
— ferreux, *416*.
Carbonates, 141, **296**, *419*, *429*, *434*, *436*, *454*.
Carbone, 85, **287**, **294**, *438*.
— et composés organiques, **287**.

Carbone (Oxyde de), **295**.
— (Sulfure de), 72, **298**.
Carbonique (Anhydride ou Acide), 79, **296**, *452*.
Carbures acétyléniques, **300**.
— cycliques, **304**.
— d'hydrogène, **299**.
— éthyléniques, **299**.
— forméniques, **299**.
Cérium, 142, **203**, *444*.
Céruse, 102, **148**.
Césium, 142, **233**, *445*.
Cétones, **321**, 327.
Cétoses, **328**.
Chalumeau, 26.
— à gaz, 19, 20.
Charbon, **31**.
— artificiel, 33.
— entouré de plâtre, 32.
Chauffage, 36, 42.
— dans un tube, 9.
Chaux, 106, **221**, *434*.
— sodée, 106.
Chloral, 126, **325**.
Chlorate de potassium, 92, 101.
Chlorates, **241**, *419*, *429*, *430*, *431*, *457*.
Chlore, 82, **236**, *290*, *431*, *443*.
— (Eau de), 82, **236**.
Chloreux (Acide), **240**.
Chlorhydrique (Acide), 73, **237**, *432*, *453*.
Chlorique (Acide), **241**, *443*, *453*.
Chlorites, **240**.
Chloroforme, 72, **301**.
Chlorure d'ammonium, 87.
— d'antimoine, 98, **179**, **180**.
— d'argent, **143**.
— de baryum, 95.
— — bismuth, *424*.
— — calcium, 94.
— — chaux, 95.
— — chrome, 97.
— cuivreux, 120, **163**.
Chlorure cuivrique, **163**, *424*.
— de méthyle, **301**.
— — palladium et de sodium, 98.
— — platine, 98, 132, **159**.
— — plomb, **146**, *417*, *438*.
— — sodium, 88, *421*.
— ferrique, 96.
— lutéo-cobaltique, 126.
— mercureux, **152**, *417*, *424*, *437*.
— mercurique, 98, 132, **153**, *417*.
— d'or, 98.
— stanneux, 97, **184**.
— stannique, **185**.
Chlorures, 140, **237**, *419*, *420*, *424*, *430*, *456*, *458*.
Chromate de plomb, **149**.
— — strontium, 95.
— neutre de potassium, 92, *416*.
Chromates, **199**, *430*, *432*, *436*, *443*.
Chrome, 142, **197**, *425*, *431*, *444*, *449*.
Chromique (Acide), **199**, *443*, *452*.
Chromiques (Sels), **198**.
Cinchonine, **371**, *477*.
Citrates, **349**, *453*, *478*.
Citrique (Acide), 80, **348**, *453*, *478*.
Classification analytique des métaux, 141.
Cobalt, 142, **208**, *416*, *425*, *426*, *431*, *440*, *445*, *449*.
Cocaïne, **372**, *477*.
Codéine, 138, **368**, *475*.
Cœsium (césium), 142, **233**.
Coffret de four à moufle, 18.
Colchicine, **382**.
Collargol, **384**.
Coloration de la flamme, 21, *423*, *433*.

Cône en platine, 55.
Conicine (ou cicutine), 134, **362**, *476*.
Corps insolubles, *437*.
— simples (réactifs), 82.
Couleur des liquides, *432*.
Coupellation, 20.
Coupelle, 20.
Couple zinc-cuivre, 86.
Crésol, **316**.
Crésylol, **316**.
Creusets, 14, 36, 62.
— de platine, 12, 14.
— — porcelaine, 14, 15.
Cristallisation, 65, 470.
Cristallisoir, 65.
Cristaux de Roussin, 361.
Cryogénine, **398**.
Cuiller de platine, 17.
Cuivre, 86, 142, **163**, **164**, *424*, *425*, *426*, *431*, *444*, *447*.
Cuivreux (Sels), **164**.
Cuivriques (Sels), **164**.
Curcuma (Papier de), 110.
Cyanhydrique (Acide), **350**, *432*, *453*.
Cyanhydriques (Acides), *443*.
Cyanogène, **350**.
Cyanure d'argent, *438*.
— de potassium, 93, 103.
— mercurique, **154**.
Cyanures, **351**, *420*, *422*, *430*, *436*, *456*.

D

Décantation, 46.
— à la trompe, 48.
Décoction, 464.
Delphinine, 134.
Dérivés halogénés du formène, **301**.
Désagrégation, 36.
Dessiccateurs, 59.
Dessiccation, 57.
Destruction des matières organiques, *458*.
Détermination analytique des acides, *454*.
— — — métaux, *446*.
— — — corps organiques, *461*.
Détonation, 21.
Dextrines, **334**.
Dextrose, **329**.
Dialyse, 64, 470.
Dialyseur, 64.
Diamidogène, **266**.
Diazotation, 137.
Didyme, 142, **217**, *444*.
Digesteur de Cazeneuve, 465.
— — Kopp, 465.
— — Payen, 465.
Digesteurs, 465.
Digestion, 463.
Digitaline, 134, **381**, *476*.
Diiodoforme, **304**.
Dionine, 138.
Diphénylamine, 122.
Diphénylène-imine, 123.
Dissolution, 38, 411, *434*, *469*.
— des métaux, *439*.
Dissolvants neutres, 70, *432*, *433*.
— acides, *432*.
Distillation, 62, 465.
— avec la vapeur d'eau, 469.
— fractionnée, 466.
— — dans le vide, 468.
Disulfurique (Acide), **260**.
Division des métaux, 8.
— mécanique, 5.
Dormiol, **394**.

E

Eau, 70, **250**, *432*, *433*.
— bromée, 83.
— chlorée, 82.

Eau d'aniline, 121.
— de baryte, 82.
— — chaux, 82.
— distillée, 70.
— iodée, 83.
— oxygénée, 112, 251.
— régale, 75.
Éléments des corps organiques (recherche), 287.
Emétine, 134, 379.
Emétique, 180.
Emploi du chalumeau, 25.
Empois d'amidon, 123.
Entonnoirs, 50, 51, 53.
Entraînement mécanique, 463.
Ergotinine, 377.
Essais microchimiques, 65.
— préliminaires, 410, *414*.
— sur le charbon, *425*.
Essence d'amandes amères, 328.
Essorage, 462.
Etain, 87, 142, 184, *427*, *433*, *437*, *440*, *444*, *447*.
— (Bioxyde d'), 415.
— (réactions générales), 185.
Etnanal, 325.
Ether de pétrole, 72.
— éthylique, 72.
Ethers, 305.
Ethylène, 299.
Etonnement, 5.
Etuve à double enveloppe, 57.
— de Gay-Lussac, 58.
— électrique de Regaud et Fouilland, 57.
Évaporation, 61.
Examen spectroscopique, 25.
Expression, 462.

F

Fehling (Liqueur de), 127.
Fer, 86, 142, 190, *425*, *426*, *431*, *440*, *444*, *449*.
Fer chromé, *438*.
Ferreux (Réactions des sels), 192.
Ferricyanhydrique (Acide), 355, *444*, *453*.
Ferricyanure de potassium, 94.
Ferricyanures, 355, *432*, *456*.
Ferriques (Sels), 193, *448*.
Ferrocyanhydrique (Acide), 354, *453*.
Ferrocyanure de potassium, 94.
Ferrocyanures, 354, *432*, *456*.
Fils de platine, 23, 24, 30.
Filtration, 49, 463.
— à la trompe, 53.
Filtres, 49, 50.
Fiole à jet, 56.
— d'Erlenmeyer, 39, 40.
— pour filtration à la trompe, 53.
Flacon de Mariotte, 57.
Flamme, 22, 34.
— d'oxydation, 29, 34.
— d'une bougie, 27.
— de réduction, 29, 35.
Flammes (Coloration des), 21, *423*, *433*.
Fluor, 234.
Fluorescéine, 109.
Fluorhydrique (Acide), 78, 234, *446*, *452*.
Fluorine, *421*.
Fluorure d'ammonium, 106.
— de calcium, 106, *439*.
Fluorures, 234, *421*, *430*, *436*, *445*, *455*.
Fluosilicates, *421*.
Flux noir, 103.
Fondants, 37.
Formaldéhyde, 323.
Formène, 299.
— (Dérivés halogénés du), 301.

Formiates, *419, 430, 457*.
Formique (Acide), 336, *453, 473*.
Formol, 323.
Four à moufle, 21.
— Braly, 20, 36.
— Forquignon et Leclerc, 17, 36.
Fourneau à gaz, 43.
— — incinérer, 18.
— — moufle, 21.
Fragmentation, 5.
Fructose, 331.
Furfurol, 326.
Fusion, 37.

G

Gaïacol, 319.
Galactose, 332.
Galène, *421*.
Gallium, 142, 217, *444*.
Germanium, 142, 187, *444*.
Glucine, 205.
Glucinium, 142, 205, *444*.
Glucose, 329.
Glucosides, 379, *475*.
Glycérine, 311.
Glycogène, 335.
Glycolamine, 134.
Grillage, 14.
Grille à analyses, 19.

H

Hédonal, 393.
Hermophényl, 385.
Héroïne, 366.
Hippurique (Acide), *472*.
Hydrate cuivrique, *416*.
— de baryte, 104, 218.
— — chaux, 222.
— — chloral, 325.
— — nickel, *416*.
Hydrates de carbone, 334.
Hydrazine, 266.
Hydrazines, 358.
Hydrocarbures, 72.
— acétyléniques, 300.
— aromatiques, 304.
— cycliques, 304.
— éthyléniques, 299.
— forméniques, 299.
Hydrofluosilicates, *455*.
Hydrofluosilicique (Acide), 78, 286, *452*.
Hydrogène, 84, *288*.
— arsénié, 174.
— naissant, 84.
— phosphoré, 277.
— sélénié, 282.
— sulfuré, 75, 253, *453*.
— telluré, 264.
Hydrocarbonate de magnésium, 224.
Hydroquinone, 320.
Hydrosulfite de sodium, 89.
Hydrosulfites, 257.
Hydrosulfureux (Acide), 257.
Hydroxylamine, 267.
Hypoazotide, 268.
Hypobromite de sodium, 89, 113.
Hypobromites, 245, *443*.
Hypochloreux (Acide), 240, *453*.
Hypochlorite de calcium, 95.
— — sodium, 88.
Hypochlorites, 240, *430*, *443*, *455*.
Hypophosphites, *420*.
Hypophosphoreux (Acide), 277.
Hyposulfite de sodium, 89.
Hyposulfites, 257, *418*, *420*, *429*, *430*, *436*, *456*.
Hyposulfureux (Acide), 257, *452*.

I

Incinération, 17, 60, *458*.
Incompatibilités, 444.
Indigo (Sulfate d'), 108.

Iodure de plomb, 146, *438*.
— — potassium, 91.
— mercureux, 153.
— mercurique, 153, *418*.
Iodures, 140, 247, *420*, *424*, *430*, *456*, *457*.
Iridium, 142, 188, *444*.

K

Kermès, 180.

L

Lactates, 340, *478*.
Lactique (Acide), 340, *478*.
Lactose, 333.
Laine de verre, 49.
Lampe à alcool, 9.
Lanoline, 389.
Lanthane, *444*.
Lavage continu, 57.
— du précipité, 55.
Lévulose, 331.
Ligroïne, 72.
Liqueur de Fehling, 127.
Litharge, *416*.
Lithine, 232.
Lithium, 142, 232, *428*, *445*, *450*.
Lixiviation, 464.
— à chaud (Appareils pour la), 466.

M

Macération, 463.
Magnésie, 106, 223, *426*.
lyse qualitative, 406.
Marsh (Appareil de), 175.
Marteau en acier, 5.
Matières organiques, *421*, *430*, *432*.
— — azotées, *420*, *421*.
Matras, 39.
Médicaments nouveaux, 383.
Mélange de carbonates de sodium et de potassium, 104.
Mercure, 87, 141, 142, 152, 155, *418*, *422*, *433*, *436*, *442*, *444*, *446*.
— (Azotates de), 155.
— (Chlorures de), 152, 153.
— (Cyanure de), 154.
— (Iodures de), 153.
— (Oxydes de), 154.
— (Sulfates de), 155.
— (Sulfure de), 154.
Mercureux (Dérivés), 152, 157, *442*, *446*.
Mercuriques (Dérivés), 153, 157, *444*, *447*.
Métalloïdes et dérivés, 234.
Métaphénylène-diamine, 125.
Métaphosphates, 279.
Métaphosphorique (Acide), 278.
Métatungstique (Acide), 135.
Métaux, 141, *437*.
— dans les corps organiques, *293*.
— (Détermination des), 413.
Méthode de A. Gautier, *459*.
— de Frésénius et Babo, *459*.
— pratique de l'analyse

Molet e, .

Molybdate d'ammonium, 88.
Molybdène, 142, 188, *444*.
Molybdique (Acide), 188, *442*.
Morphine, 132, 138, 363, *475*, *476*.
Mortier d'Abich, 7.
— d'agate, 7, 8.
— de Joulie, 6.
Mortiers, 5, 6.
Moufle, 18, 20.

N

Nacelles, 16.
Naphtols, 317.
Narcéine, 134, 138, *474*.
Narcotine, 134, 138, 367, *474*.
Nature du dissolvant, *431*.
Nickel, 142, 205, 206, *425*, *426*, *431*, *440*, *445*, *449*.
Nicotine, 134, 361, *475*.
Niobium, *444*.
Nitroprussiate de sodium, 91.
Nitoprussiates. 357.

O

Odeur, *432*.
Opérations, 4.
— par voie sèche, 9.
— — humide, 38.
Or, 142, 171, *426*, *431*, *437*, *440*, *444*, *447*.
Orangé dedimethylaniline, 109.
— Poirrier, 111, 109.
Oxalate d'ammonium, 88.
— de potassium, 103.
Oxalates, 141, 343, *419*, *430*, *436*, *445*, *455*.
Oxalique (Acide), 79, 343, *417*, *446*, *452*, *473*.
Oxychlorure d'antimoine, 179, *442*.
Oxydation, 12.
— dans le tube ouvert aux deux bouts, 12.
Oxyde cuivreux, 107, 163.
— cuivrique, 107, 164, *442*.
— d'antimoine, 180, *417*, *430*.
— d'argent, *442*.
— — bismuth, *415*.
— — cadmium, *416*, *442*.
— — carbone, 295.
— — chrome, 426, *438*.
— — cobalt, 426.
— — manganèse, 211, *416*.
— — nickel, 426.
— — plomb, 147, *442*.
— — zinc, 214, *415*, *442*.
— d'étain, *442*.
— ferreux, 191.
— ferrique, 191, *416*, *426*.
— mercureux, 154.
— mercurique, 102, 154, *416*.
— salin de fer, 191.
— — de plomb, 147.
Oxydes, 140, *436*.
Oxydimorphine, *475*.

Oxygène, 84, **249**, **288**.
— naissant, 84.
Ozone, **249**.

P

Palladium, **142**, **169**, *444*.
Papavérine, 138, *474*.
Papier à filtrer, 49.
— à l'acétate de plomb, 111.
— à l'iodate de potassium, 111.
— amidonné, 110.
— au chlorure de cobalt, 112.
— — nitroprussiate de sodium, 111.
— — sulfocyanate de potassium, 111.
— de curcuma, 110.
— — fluorescéine, 110.
— de géorgine, 112.
— de tournesol, 109.
— — ioduré, 111.
— ioduré amidonné, 110.
— réactif de Mann, 112.
— — des iodures, 111.
Parabichlorure de benzène hexachloré, 126.
Pentachlorure d'antimoine, **180**.
Perborates, **284**.
Percarbonate de potassium, 93.
Percarbonates, **298**.
Perchlorates, **241**, *429*.
Perchlorique (Acide), **242**.
Perchlorure de fer, 96.
Perles au borax, 29, *424*.
Permanganate de potassium, 94.
Permanganates, **211**, *419*, *429*, *430*, *432*, *436*.
Permanganique (Acide), **211**, *443*, *452*.
Peroxyde de bismuth, 101.
Peroxydes, *419*, *430*, *436*.
Persulfates, **261**.
Persulfures, *422*.
Phénacétine, **400**.
Phénol, **313**.
Phénols, **312**.
— (Recherche des), **312**.
Phénylhydrazine, 130.
Phloridzine, 134.
Phloroglucine, **321**.
Phosphate de baryum, *426*.
— — calcium, *426*.
— — magnésium, *426*.
— — sodium, 90.
— — strontium, *426*.
Phosphates, 141, **279**, *424*, *426*, *436*, *445*, *455*.
Phosphites, *420*.
Phosphoantimonique (Acide), 135.
Phosphomolybdique (Acide), 134.
Phosphore ordinaire, **274**.
— (Recherche du), **275**.
— rouge, **274**.
— dans les corps organiques, *292*.
Phosphoré (Hydrogène), **277**.
Phosphoreux (Acide), **277**.
Phosphorique (Acide), **279**, *448*, *452*.
— (Anhydride), **278**.
Phosphotungstique (Acide), 136.
Phosphures, **277**, *436*.
Phtaléine du phénol, 108.
Picrique (Acide), 80, 132, **315**, *473*.
Picrotoxine, 134, **181**, *476*.
Pilocarpine, **378**.
Pinces à bouts de platine, 23.
— — creusets, 15.
— — matras, 44.
Pipérazine, **404**.
Pipérine, 134.

Pipette, 46.
Pissette, 56.
Platine, 142, **159**, *426*, *431*, *437*, *440*, *444*, *447*.
Platinocyanure de potassium, 136.
Plissage d'un filtre, 49.
Plomb, 141, **146**, **149**, *424*, *425*, *427*, *433*, *438*, *442*, *444*, *446*, *447*.
Plombite de sodium, 125.
Point d'ébullition, 64.
Polysulfures, **256**, *418*, *430*, *432*, *436*.
Porphyrisation, 8.
Potasse caustique, 80, 103, **226**, *433*.
Potassium, 142, **225**, **226**, *424*, *439*, *445*, *450*.
Précipitation, 44.
— fractionnée, 471.
Précipité par l'eau, 411.
Procédé de Bourcet, *460*.
— — Denigès, *460*.
Produit de l'évaporation, *432*.
Produits d'oxydation, *421*.
Protargol, **384**.
Protoxyde d'azote, **267**, *419*.
— de plomb, 102, **147**.
Pseudo-morphine, 132.
Pulvérisation, 6.
Pyramidon, **396**.
Pyroantimoniate de potassium, **93**.
Pyrocatéchine, **320**.
Pyrogallol, 120, **321**.
Pyrophosphates, **279**.
Pyrophosphorique (Acide), **279**.
Pyrosulfurique (Acide), **260**.

Q

Quinidine, *476*.
Quinine, **370**, *476*.

R

Râpage, 462.
Réactif acide métatungstique, 135.
— — phospho-antimonique, 135.
— — phospho-molybdique, 134.
— — sulfanilique-naphtylamine, 130.
— — sulfurique formolé, 130.
— alloxanique, 115.
— à la phénylhydrazine, 130.
— au gaïacol, 120.
— azoto-molybdique, 116.
— bromhydrique de Denigès, 114.
— de Barral, 126.
— de Behrens, 120.
— de Berg, 131.
— de Bertrand, 136.
— de Bouchardat, 133.
— de Braun, 126.
— de Candussio, 130.
— de Carnot, 118.
— de Cazeneuve, 115.
— de Crismer, 129.
— de Denigès, 114, 115, 116, 117, 121, 123, 124, 126, 130, 131.
— de Desbassyns de Richemond, 123.
— de Dragendorff, 133.
— de Dupouy, 120.
— d'Ehrlich, 137.
— d'Erdmann, 137.
— de Fluckiger, 137.
— de Frœhde, 136.
— de Granval et Lajoux, 123.
— de Huxley, 127.
— de Knorr, 115.

Réactif de Koninck, 119.
— de Léger, 119.
— de Leys, 129.
— de Lustgarten, 131.
— de Mandelin, 136.
— de Mann, 112.
— de Marmé, 133.
— de Mathieu-Plessy, 128.
— de Mayer, 134.
— de Meillière, 116.
— de Millon, 128.
— de Nessler, 113.
— de Pinerula, 127.
— de Scheibler, 135, 136.
— de Schlagdenhauffen, 137.
— de Schulze, 135.
— de Schwartzenbach et Delfs, 136.
— de Sonnenschein, 134, 137.
— de Stahl, 112.
— de Tanret, 134.
— de Tollens, 129.
— de Trommsdorff, 124.
— d'Uffelmann, 128.
— de Villiers et Fayolle, 122.
— de Wavelet, 116.
— de Wenzel, 137.
— des chlorates, 122.
— du cuivre au pyrogallol, 115.
— fuchsine-bisulfite, 129.
— glycéro-ferrique, 125.
— iodo-ioduré, 133.
— iodure de mercure et de potassium, 134.
— iodure de bismuth et de potassium, 133.
— de cadmium et de potassium, 133.
— luteo-cobaltique, 126.
— nitro-molybdique, 116.
— nitroso-cobaltique, 119.
— phospho-molybdique, 119.
Réactif phospho-tungstique, 136.
— résorcinique, 122.
— silicotungstate de sodium, 136.
— sulfate mercurique acide, 130.
— sulfocarbonique, 118.
— sulfomolybdate de sodium, 136.
— sulfo-molybdique, 116.
— sulfo-nitro-molybdique, 116.
— sulfo-sélénite d'ammonium, 137.
— sulfo-vanadate d'ammonium, 136.
— Ymonnier, 128.
Réactifs, 36, 67.
— acides, 73.
— basiques, 80.
— corps simples, 82.
— des alcaloïdes, 131.
— dissolvants neutres, 70.
— fondants, 103.
— matières colorantes, 107.
— oxydants, 21.
— (Papiers), 109.
— réducteurs, 103.
— sels employés en dissolution, 87.
— sels utilisés à l'état solide, 100.
— spéciaux, 112.
Réaction au tournesol, 408, *409*, *488*.
— de Bach, 252.
Réactions, 139.
Réalgar, *174*.
Recherche des acides minéraux, *451*.
— — organiques, *472*.
— des alcaloïdes et des glucosides, *475*.
— des alcaloïdes de l'opium, *174*.

Recherche des métaux, *441*.
Récipients, 39.
Réducteurs, 103.
— adjuvants, 34, 103.
Réduction sur le charbon, 34.
Réfrigérant de Liébig, 63.
Résorcine, **320**.
Résumé schématique de la recherche des acides, *452*.
— — des métaux, *442*.
Rhodium, 142, **169**, *444*.
Rouge de Congo, 109.
Rubidium, 142, **233**, *445*.
Ruthénium, 142, **170**.

S

Saccharine, **359**.
Saccharose, **332**.
Saccharoses, 328, **332**.
Salicine, **383**, *476*.
Salicylates, **342**.
Salicylique (Acide), **341**, *417*, *472*.
Salophène, **402**.
Santonine, **380**, *476*.
Saponine, 134.
Scie à couper le charbon, 33.
Sel de phosphore, 105.
Séléniates, **263**.
Sélénieux (Anhydride), **263**.
Sélénié (Hydrogène), **262**.
Sélénique (Acide), **263**.
Sélénites, **263**.
Sélénium, 142, **262**, *444*.
Séléniures, **263**.
Sels employés en dissolution (réactifs), 87, 471.
Séparation des solides et des liquides, 45.
Sidérose, *421*.
Silicate de sodium, 91.
Silicates, **285**, *426*, *430*, *436*, *439*, *445*, *455*.
Silicique (Acide ou Silice), **284**, **285**, *425*, *426*, *437*, *439*, *442*, *448*, 452.
Silicique (Anhydride), **284**.
Silicotungstate de sodium, 136.
Siphons, 47.
Sodium, 85, 142, **228**, *424*, *439*, *445*, *450*.
Solanine, 379.
Soude caustique, 80, 103, **228**, *433*.
Soufre, **252**, *417*, *422*, *437*, *442*.
— (Recherche du), **253**, *429*.
Sous-acétate de plomb, 99, **149**.
Sozoiodol, **386**.
Spartéine, **377**, *476*.
Spectroscope de poche, 25.
Stanneux (Réactions des sels), **186**.
Stannique (Acide), *438*, *452*.
Stanniques (Réactions des sels), **187**.
Strontiane, **220**, *434*.
Strontium 142, **220**, *423*, *426*, *445*, 450.
Strychnine, **368**, *476*.
Sublimation, 469.
Substances organiques, *416*.
Succinate d'ammonium, 88.
Succinates, **345**.
Succinique (Acide), **345**, *453*, *473*.
Sucramine, 359.
Sucres, **328**.
Sulfanilique - naphtylamine (Acide), 130.
Sulfate d'aluminium, 97.
— — baryum, **218**, *439*.
— — cadmium, 98.
— — calcium, 95, **222**, *439*.
— — cuivre, 98, *416*.
— — diphénylamine, **122**.
— — diphénylène-imine, **123**.

Sulfate de magnésium, 94.
— — manganèse, 96.
— — nickel, 96.
— — plomb, **148**, *438*.
— — potassium, 92.
— — sodium, 90.
— — strontium, 95, **220**, *439*.
— — zinc, 96.
— ferreux, 97, 107, 416.
— mercureux, **155**.
— mercurique, **155**.
— mercurique acide, 130.
Sulfates, 141, **261**, *419*, *455*.
Sulfhydrate de sulfure de sodium, 89.
Sulfhydrates de sulfures, **256**.
Sulfhydrique (Acide), 75, **253**, *453*.
Sulfite de sodium, 90.
— (Bi-) de sodium, 90.
Sulfites, **259**, *419*, *429*, *436*, *444*, *454*.
Sulfoantimoniure, *422*.
Sulfoarséniures, *422*.
Sulfocarbonates, *432*.
Sulfocyanate de potassium, 94.
Sulfocyanates, **356**, *456*.
Sulfocyanhydrique (Acide), **356**, *453*.
Sulfo-molybdate de sodium, 136.
Sulfo-sélénite d'ammonium, 137.
Sulfo-vanadate d'ammonium, 136.
Sulfonal, **390**.
Sulfure d'ammonium, 87, 88.
— d'antimoine, **180**, *442*.
— d'arsenic, **174**, *418*, *437*, *442*.
— de carbone, **72**, **298**.
— d'étain, *442*.
— de fer, **191**.
— d'or, *437*, *442*.
Sulfure de platine, *437*.
— — plomb, **148**.
— — sodium, 89.
— — zinc, **215**.
— mercurique, **154**, *418*, *437*.
Sulfures, 140, **254**, **255**, **256**, *417*, *420*, *422*, *429*, *436*, *437*, *455*.
Sulfuré (Hydrogène), **253**.
Sulfureux (Anhydride ou acide), 77, **258**, *444*, *452*.
Sulfurique (Acide), 75, **260**, *452*.
— — de Nordhausen, **260**.
— — (di), **260**.
— — formolé, 130.
— — (per), **261**.
— (Anhydride), **260**.
Support de Berthelot, 43.
Supports, 23.

T

Tamisage, 7.
Tanin, 132.
Tantale, 142, **204**, *444*.
Tantalique (Acide), 204.
Tartrate acide de sodium, 91.
Tartrates, **347**.
Tartrique (Acide), 79, **347**, *453*, *473*.
Tas en acier, 5.
Teinture de curcuma, 109.
— — tournesol, 107.
Tellurates, **265**.
Tellure, 142, **264**, *444*.
Telluré (Hydrogène), **264**.
Tellureux (Anhydride), **265**.
Tellurique (Acide), **265**.
Tellurites, **265**.
Tellurures, **264**.
Température d'ébullition, 64.
Tétronal, **392**.
Thallium, 141, **158**, *445*.

Thébaïne, 134, 138, *474*.
Théobromine, 134, 376.
Thermodine, 403.
Thorium, 142, 202, *444*.
Thymol, 316.
Titane, 142, 203, *444*.
Titanique (Acide), 203.
Toile métallique, 7, 42.
Toluène, 72.
Traitement par l'eau, *435*.
— — l'acide azotique, *436*.
— — chlorhydrique, *436*.
— — l'eau régale, *437*.
Trépied, 43.
Triangles, 17.
Trichlorure d'antimoine, 179.
Trinitrophénol, 315.
Trional, 392.
Trompe, 54.
Tropéoline D, 109.
Tubes à boules de Wurtz, 466.
— à essais, 41.
— fermés à un bout, 9.
— ouverts aux deux bouts, 12.
Tungstène, 142, 189, *444*.
Tungstique (Acide), 189.
Tuyaux de pipe en terre, 31.

U

Uranique (Acide), 204.
Uranium, 142, 204, *444*.
Urique (Acide), *472*.

V

Valérianates, 339.
Valérianique (Acide), 339, *473*.
Vanadique (Acide), 190.
Vanadium, 142, 190, *444*.
Vapeurs rutilantes, 268.
Vases à précipitation chaude, 39, 40.
— à précipiter, 40.
— à réactions, 41.
Vératrine, 373, *476*.
Vérifications, 414.
Verres à précipiter, 44.
— de couleur, 25.
— — montre, 60.

X

Xanthates, 298.

Y

Yttrium, *444*.

Z

Zinc, 85, 142, 214, 215, *426*, *427*, *439*, *444*, *449*.
Zinc-cuivre (Couple), 86.
Zirconium, 142, *445*.

TABLE DES MATIÈRES

Préface v
Introduction 1

PREMIÈRE PARTIE

Opérations 4

I. — Division mécanique 5
II. — Opérations par voie sèche 9
1° *Action de la chaleur* 9
2° *Oxydation* 12
3° *Coloration de la flamme* 21
4° *Emploi du chalumeau* 25
5° *Perles* 29
6° *Essais sur le charbon* 31
7° *Désagrégation* 36
III. — Opérations par voie humide 38
1° *Dissolution* 38
2° *Précipitation* 44
3° *Séparation des solides et des liquides* 45

DEUXIÈME PARTIE

Réactifs 67

Dissolvants neutres 70
Acides 73
Bases 80
Corps simples 82
Sels employés en dissolution 87

Sels utilisés à l'état solide.............................. 100
Matières colorantes.............................. 107
Papiers réactifs.............................. 109
Réactifs spéciaux.............................. 112
Réactifs des alcaloïdes.............................. 131

TROISIÈME PARTIE

Réactions.............................. 139

Classification analytique des métaux.............................. 141
Métaux et dérivés.............................. 143
Métalloïdes et dérivés.............................. 234
Carbone et composés organiques.............................. 287
Recherche qualitative des éléments des corps organiques. 287
Carbone.............................. 294
Carbures d'hydrogène.............................. 299
Alcools.............................. 305
Phénols.............................. 312
Aldéhydes et cétones.............................. 321
Sucres.............................. 328
Hydrates de carbone.............................. 334
Acides organiques.............................. 335
Acides organiques non carboxylés (cyanhydrique, etc.).. 350
Amines, imides.............................. 357
Alcaloïdes naturels.............................. 360
Glucosides.............................. 379
Médicaments nouveaux.............................. 383

QUATRIÈME PARTIE

Marche systématique de l'analyse qualitative. 406

Méthode pratique de l'analyse qualitative minérale...... 407
Essais préliminaires.............................. 414
a. Corps solides.............................. 415
b. Corps liquides.............................. 431

Dissolution.............................. 434
Recherche systématique des métaux.............................. 441
Résumé schématique de la recherche des métaux....... 442
Détermination analytique des métaux.............................. 446
Recherche systématique des acides minéraux.............................. 451
Résumé schématique de la recherche des acides......... 452

Détermination analytique des acides........................ 454
Autre méthode de séparation des chlorures, bromures et iodures........................ 457
Destruction des matières organiques........................ 458
Détermination des corps organiques :........................ 461
Analyse immédiate........................ 461
Recherche de quelques acides organiques........................ 472
Principaux alcaloïdes de l'opium........................ 474
Principaux alcaloïdes et glucosides........................ 475

Table alphabétique........................ 478
Table des matières........................ 494

7630-03. — Corbeil. Imprimerie Éd. Crété.

www.ingramcontent.com/pod-product-compliance
Ingram Content Group UK Ltd.
Pitfield, Milton Keynes, MK11 3LW, UK
UKHW020256230726
13925UKWH00001B/73

9 782013 541237